普通高等院校建筑专业“十三五”规划精品教材

基于 BIM 的土建类毕业设计（建筑方向）

主　编　卫　涛　李威兰　苁明会

副主编　欧阳志　李　文　王中有

参　编　何　玭　沈佳燕　周　煜

徐　瑾　杜重远　刘　雄

华中科技大学出版社

中国·武汉

内 容 提 要

本书以一个真实项目来介绍土建类基于 BIM 的毕业设计(建筑方向)完成的全过程。该选题以一栋地上 15 层的高层建筑为例,介绍在使用 BIM 技术的条件下,运用 Revit 软件进行设计的一般流程。本书内容深入浅出、通俗易懂,使读者更深刻地巩固所学知识、更好地进行设计与绘图操作。另外,作者为本书录制了近 16 小时的高清教学视频,以帮助读者更加高效地学习。

本书共分为 6 章,介绍了地面、外墙、内墙、楼面、楼梯、电梯、坡道、栏杆、雨篷、卫生间设备、无障碍设施、门窗、百叶、檐口、烟囱、坡屋顶等建筑专业构件的制作方法,完全按照房屋建筑设计的全过程,来描述建模、绘图、出图、计算工程量的方式和方法。本书着重介绍了族的建立、插入、修改、统计的过程,族与各类型构件之间的对应关系,针对作为难点的参数内容,进行区分讲解,如实例参数与类型参数、族参数与共享参数。

本书内容翔实、实例丰富、结构严谨、讲解细腻,特别适合大中专院校、培训班的教师与学生以及建筑设计、结构设计相关的从业人员使用;也可供房地产开发、建筑施工、工程造价、建筑表现相关从业人员使用。

图书在版编目(CIP)数据

基于 BIM 的土建类毕业设计:建筑方向/卫涛,李威兰,苏明会主编.—武汉:华中科技大学出版社,2019.12

普通高等院校建筑专业“十三五”规划精品教材

ISBN 978-7-5680-5391-4

Ⅰ.①基… Ⅱ.①卫… ②李… ③苏… Ⅲ.①土木工程-建筑设计-计算机辅助设计-毕业实践-高等学校-教材 Ⅳ.①TU201.4

中国版本图书馆 CIP 数据核字(2019)第 184243 号

基于 BIM 的土建类毕业设计(建筑方向) 卫 涛 李威兰 苏明会 主编

Jiyu BIM de Tujianlei Biye Sheji(Jianzhu Fangxiang)

策划编辑:周永华　　封面设计:原色设计

责任编辑:周永华　　责任校对:李 弋

责任监印:朱 玢

出版发行:华中科技大学出版社(中国·武汉)　电话:(027)81321913

武汉市东湖新技术开发区华工科技园　邮编:430223

录　排:华中科技大学惠友文印中心

印　刷:武汉华工鑫宏印务有限公司

开　本:850mm×1065mm 1/16

印　张:16.5

字　数:348 千字

版　次:2019 年 12 月第 1 版第 1 次印刷

定　价:49.80 元

本书配套下载资源及获取方式

为了方便读者高效学习，本书特意提供以下配套下载资源。

☐ 16 小时同步 AVI 教学视频。

☐ 本书案例的 CAD 图纸文件。

☐ 本书案例分步骤 RVT 项目文件。

☐ 本书案例的 RFA 族文件。

☐ 本书涉及的 PDF 图集文件。

☐ 建筑与结构专业的 SketchUp 模型(方便读者从三维角度来了解此栋建筑)。

本书高清教学视频观看路径

手机端:使用微信扫描课程二维码，并添加到微信的收藏中，即可随时随地进入课堂。

PC 端:华中科技大学出版社官网(http://www.hustp.com/)→资源中心→建筑分社→在搜索框中切换类别为“课程名称”，输入书名即可查阅本书资源。

课程二维码

本书配套下载资源获取路径

华中科技大学出版社官网(http://www.hustp.com/)→资源中心→建筑分社→在搜索框中切换类别为“图书名称”，输入书名搜索本书信息，在内容简介中按照提示下载本书配套下载资源。

资源二维码

主编简介

卫涛　1999 年毕业于武汉城市建设学院城市规划与建筑系。Autodesk 认证 Revit 讲师、城乡规划讲师、建筑工程师。国内建筑软件教学的先行者与开拓者。拥有 11 年建筑设计院一线工作经验，9 年高校土建相关本科专业一线教学经验。研究方向为基于 BIM 的设计软件在建筑专业中的发展与应用。曾经出版过 SketchUp、AutoCAD、天正建筑、PKPM、Revit、3ds Max、V-Ray、房屋建筑学和装配式建筑等方面的近 30 部技术图书。创办了卫老师环艺教学实验室，并制作了大量建筑、结构、给排水、电气、造价和 BIM 等领域的高质量教学视频。参加过卫老师环艺教学实验室远程培训的学员数以万计，不仅遍布祖国各地，而且还有数百位海外学子利用便利的网络进行深造。

李威兰　湖南高速铁路职业技术学院铁道建筑系建筑设计技术专业教研室主任，湖南省防水工技能鉴定考评员。主要从事建筑设计、城市规划、景观环境艺术教学及相关科研工作，先后负责建筑构造与识图精品课程开发、建筑设计技术专业建设、建筑模型制作实训基地建设、建筑工程技术专业群建设等工作。主要讲授居住区规划设计、建筑构造与识图、建筑节能 BIM、建筑应用软件、建筑建模 Revit 等课程，主编并参编相关专业教材多种，并多次获得“优秀教师”称号；连续多年指导和带领学生参加建筑建模等大赛，屡次获奖；参与完成湖南省双一流专业群等省市级科研项目 7 项；开发专利 2 项。

苏明会　副教授，从事土木工程及相关专业的教学及科研工作，主要研究方向为地质灾害防治与治理。主持湖北省教育厅科研项目“鄂西北桃源滑坡的成因及其动力学机制研究”，参与湖北省教研项目“土木工程专业（交通土建方向）毕业设计改革创新研究与实践”，主持完成精品课程土力学和岩土工程教学团队建设，主编《建筑结构》《土木工程概论》《砌体结构》等教材，公开发表学术论文十余篇。

普通高等院校建筑专业"十三五"规划精品教材

总　　序

《管子》一书中《权修》篇中有这样一段话："一年之计，莫如树谷；十年之计，莫如树木；百年之计，莫如树人。一树一获者，谷也；一树十获者，木也；一树百获者，人也。"这是管仲为富国强兵而重视培养人才的名言。

"十年树木，百年树人"即源于此。它的意思是说，培养人才是国家的百年大计，既十分重要，又不是短期内可以奏效的事。"百年树人"并不是非得 100 年才能培养出人才，而是比喻培养人才的远大意义，要重视这方面的工作，并且要预先规划，长期、不间断地进行。

当前我国建筑业发展形势迅猛，急缺大量的建筑建工类应用型人才。全国各地建筑类学校以及设有建筑规划专业的学校众多，但能够做到既符合当前改革形势又适用于目前教学形式的优秀教材却很少。针对这种现状，亟需推出一系列切合当前教育改革需要的高质量优秀专业教材，以推动应用型本科教育办学体制和运作机制的改革，提高教育的整体水平，并且有助于加快改进应用型本科办学模式、课程体系和教学方法，形成具有多元化特色的教育体系。

这套系列教材整体导向正确，科学精练，编排合理，指导性、学术性、实用性和可读性强。符合学校、学科的课程设置要求。以建筑学科专业指导委员会的专业培养目标为依据，注重教材的科学性、实用性、普适性，尽量满足同类专业院校的需求。教材内容大力补充新知识、新技能、新工艺、新成果。注意理论教学与实践教学的搭配比例，结合目前教学课时减少的趋势适当调整了篇幅。根据教学大纲、学时、教学内容的要求，突出重点、难点，体现建设"立体化"精品教材的宗旨。

以发展社会主义教育事业，振兴建筑类高等院校教育教学改革，促进建筑类高校教育教学质量的提高为己任，为发展我国高等建筑教育的理论、思想，对办学方针、体制，教育教学内容改革等进行了广泛深入的探讨，以提出新的理论、观点和主张。希望这套教材能够真实的体现我们的初衷，真正能够成为精品教材，受到大家的认可。

中国工程院院士 何镜

前　　言

毕业设计教学过程是完成培养计划、实现培养目标的一个非常重要的环节，是学习深化与升华的重要过程，是学生学习、研究与实践成果的全面总结。毕业设计教学工作可以培养学生综合运用所学知识解决工程实际问题的能力，培养学生优良的思维模式，培养勇于探索、勇于实践和开拓创新的精神。尤其是工科院校，在毕业设计教学工作环节，对学生创新思维和创新能力的培养方面具有得天独厚的条件和优势，这是因为大学期间毕业设计教学环节是任何其他教学环节或课程所无法比拟与替代的，没有哪门课程或哪个教学环节能如此全面地训练学生的各种能力、强化素质教育。毕业设计环节是每一个学生必须完成的，每个学生由一名指导教师指导，完成一个题目，该题目完全由学生独立完成，而每个学生完成的标准也不同，可以说具备个性培养与创新教育的充分条件。毕业设计也是所有教学环节中时间最长的，基本上长达一个学期，使得综合训练在时间上能充分保证。因此毕业设计是有条件且容易实施创新教育的环节之一，也是现阶段实施创新教育的重要突破口。

从 2014 年开始，在住房城乡建设部的大力推动下，各省、市、自治区相继就 BIM 的推广应用制定了相关政策。到目前，我国已初步形成 BIM 技术应用标准体系，为 BIM 的快速发展奠定了坚实的基础。2016 年是 BIM 政策的“井喷年”，各地纷纷出台 BIM 推广意见。目前的 BIM 指导意见提出的规划目标的时间节点是 2020 年末，要求在新立项项目的勘察设计、施工、运营维护中，集成应用 BIM 的项目比重达到 90%。中华人民共和国自然资源部和各地建设主管部门也在加快相关配套政策的制定与发布，加快推广 BIM 技术应用。目前已出台三项 BIM 标准，《建筑信息模型应用统一标准》（GB/T 51212—2016）、《建筑信息模型分类和编码标准》（GB/T 51269—2017）和《建筑信息模型施工应用标准》（GB/T 51235—2017），另有《建筑工程信息模型存储标准》正在编制中，《建筑工程设计信息模型交付标准》与《制造工业工程设计信息模型应用标准》正在报批中。随着我国 BIM 标准的制定和不断完善，我国 BIM 技术的发展会进一步加快。

2018 年的两会举世瞩目，令人惊喜的是，两会代表提出了高校土建类专业增加 BIM 技术课程的提案，为 BIM 技术的普及应用奠定了良好的人才基础。各大院校比较普遍的做法是在计算机辅助设计课程体系中增加一门 Revit 软件操作基础课，增加一门 BIM 应用技术的专业课，在毕业设计中增加 BIM 方向的选题。作者在 2016 年已经在学院工程管理专业中指导了 4 个学生的 BIM 方向的毕业设计，2017 年指导学生的人数上升到 10 人，2018 年增加了在地铁站建设项目中应用 BIM 技术的题目，2019 年增加了 BIM 与装配式建筑相结合的题目。所有题目均基于真实项目,项目类型有高层住宅、酒店、医院、科研楼、大学生活动中心、综合楼、大学系馆以及地铁站等,积累了宝贵的经验。

目前使用 Revit 设计的土建类(建筑专业＋结构专业)BIM 模型大致分为两种类型:分专业与合专业。分专业指建筑专业、结构专业各有一个模型,合专业指建筑专业与结构专业合在一个模型中。笔者一直采用分专业的方式,优势是可以分专业统计工程量、分专业输出施工图;缺点是两个模型有一些重复的工作量。这个图书系列采用的是一个案例,分建筑、结构两个专业。本书针对的是建筑专业,毕业设计的题目暂定为"×××建筑信息模型(BIM)设计(建筑专业)"。

本书特色

□ 长达 16 小时的高清教学视频并配同步讲解,以加深理解。

□ 多专业之间的分工协作,以了解设计院的工作模式。

□ 以族为核心的主导思路,以快速掌握 Revit 软件。

□ 知其然更要知其所以然的教学方式,以掌握多变的建筑形式。

□ 真实的典型案例,以针对毕业设计之后马上面临的实际工作。

□ 使用快捷键的作图习惯,以提高作图效率。

□ 以专门的 QQ 群(群号为 157244643)提供售后服务,以扫清读者最后的疑惑。

适合阅读本书的读者

□ 建筑学、土木工程、工程管理、工程造价和城乡规划等相关专业的大中专院校学生。

□ 建筑学、土木工程、工程管理、工程造价和城乡规划等相关专业的大中专院校教师。

□ 从事建筑设计的人员。

□ 从事结构设计的人员。

□ 从事给排水、暖通、电气设计的人员。

□ 从事 BIM 室内设计的人员。

□ Revit 二次开发人员。

□ 房地产开发人员。

□ 建筑施工人员。

□ 工程造价从业人员。

□ 建筑表现从业人员。

□ 建筑软件、三维软件爱好者。

□ 需要一本案头必备查询手册的人员。

本书由武汉华夏理工学院卫涛、湖南高速铁路职业技术学院李威兰、苏明会担任主编,由欧阳志、李文、王中有担任副主编,由何玭、沈佳燕、周煜、徐瑾、杜重远、刘雄担任参编。参加编写的人员还有陈帅、邹芷琪、陈兴芳、陈晓慧、胡艳、朱爱玲、高静雯、汤梦晗、杜维月、徐梦瑶、李科瑶、黄殷婷、陈星任、曹浩、柳志龙、张润东、李容、刘依莲、阳桥。本书的编写承蒙武汉华夏理工学院领导、同仁的支持与关怀！要感谢武汉华夏理工学院科研部的老师们对此书研究方向提出宝贵的意见与诚恳的建议！还要感谢华中科技大学出版社的编辑在本书的策划、编写与统稿中所给予的帮助！

虽然我们对本书中所述内容都尽量核实，并多次进行文字校对，但因时间所限，书中可能还存在疏漏和不足之处，恳请读者批评指正。

卫涛

于武汉光谷

目　　录

第1章　布置毕业设计的任务

毕业设计是指高等院校本科专业中二科学生毕业前夕应完成的总结性的独立作业，也是教学实践环节的核心内容，旨在培养学生综合运用所学理论知识和技能解决实际问题的能力。在导师的带领下，学生就选定的课题进行工程设计和研究，涉及设计、计算、作图、工艺选择、方案论证以及合理化建议等，最后提交设计成果。题目有与生产、科学研究任务结合的真实题目，亦可做模拟的题目。学生在完成毕业设计之后，经导师检查合格才能申请进行毕业设计答辩。通过答辩并且设计成果经评定合格才能毕业。

基于BIM的建筑设计是土木工程、建筑学、城乡规划及相关学科近年来的热门毕业设计选题方向。这样的选题可以让学生在一个学期的毕业设计学习中为以后的社会工作打下坚实的基础。

1.1　设计任务书

设计任务书亦称“计划任务书”或“设计计划任务书”，是确定毕业设计方向、内容和要求的基本文件。它只是对毕业设计成果的主要方面和基本问题勾画出一个雏形，还不能对成果的具体模式、格局、结构等做出详尽的安排。

1.1.1　设计条件

毕业设计的指导老师提供各层平面图(可能包括地下室平面图)、屋顶平面图、四个方向的立面图、至少1张剖面图、各类型详图、装修表、门窗表等。这些内容将作为毕业设计的直接依据。学生不需要再进行建筑设计，只需针对图纸使用Revit软件进行BIM模型(建筑专业方向)的设计。

基于BIM的课题是理论联系实际、运用理论知识解决实际工程问题的课题。要求运用所学的理论知识，结合相关的规范、质量管理标准，进行BIM模型的设计工作，做到功能合理、因地制宜。充分发挥想象力和创造力，解决好BIM模型的包容性、可视性、集成性问题。

土建类相关专业是实践性非常强的专业，毕业设计要为即将到来的实际工作打下坚实的基础。在住房城乡建设部明确要求使用BIM模型取代传统图纸的情况下，选择BIM方向作为毕业设计的选题方向显得顺理成章，而且势在必行。

毕业设计的时间一般在四年制本科(土木工程、工程管理、工程造价等)的第8学期、五年制本科(如建筑学、城乡规划)的第 10 学期,时长为 13 周至 15 周。可以根据学生的水平和教学进度合理调配每周的任务,一般的时间安排如下。

第一周,学习 Revit 建筑设计。

第二周,学习 Revit 族的设计。

第三周, 设计项目中的族。

第四周,设计项目中的轴网与标高。

第五周,设计项目中的柱与墙。

第六周,设计项目中的楼板。

第七周,设计项目中的屋顶。

第八周,设计项目的围合墙体。

第九周,设计项目中的门窗。

第十周,设计项目中的楼梯。

第十一周,设计项目中的玻璃幕墙。

第十二周,建筑与结构专业模型检查。

第十三周,统计项目中建筑材料的用量。

第十四周,装订成册,制作演示用 PPT,准备答辩。

1.1.2 设计要求

运用 BIM 技术,统一使用 Autodesk(欧特克)公司的 Revit 软件,根据老师提供的施工图文件进行建筑信息模型(BIM)设计(建筑专业)。具体要求如下。

(1) 尽量少用或不用“内建模型”命令建模。因为用“内建模型”命令建立的模型没有族类型,如图 1.1 所示。这样无法对构件进行标注,无法生成施工图。

(2) 使用标记与标注,让建筑信息模型集成建筑施工图,如图 1.2 所示。这是 BIM 技术集成性的一个体现。

(3) 使用“明细表/数量”和“材质提取”命令,统计出建筑专业相关工程量。应统计的工程量包括:填充墙(以体积为单位),如图 1.3 所示,墙体装饰保温材料(以面积为单位),如图 1.4 所示,楼地面装饰保温材料(以面积为单位),门窗玻璃(以面积为单位),混凝土散水(以体积为单位),混凝土雨篷(以体积为单位),栏杆扶手(以长度为单位),烟囱混凝土用量(以体积为单位),卫生器具(以数量为单位),门窗表等。

(4) 提交的成果。提交的成果有 RVT 项目文件、RFA 族文件、XLS 表格(统计建筑专业的工程量)、PPT 演示文档。

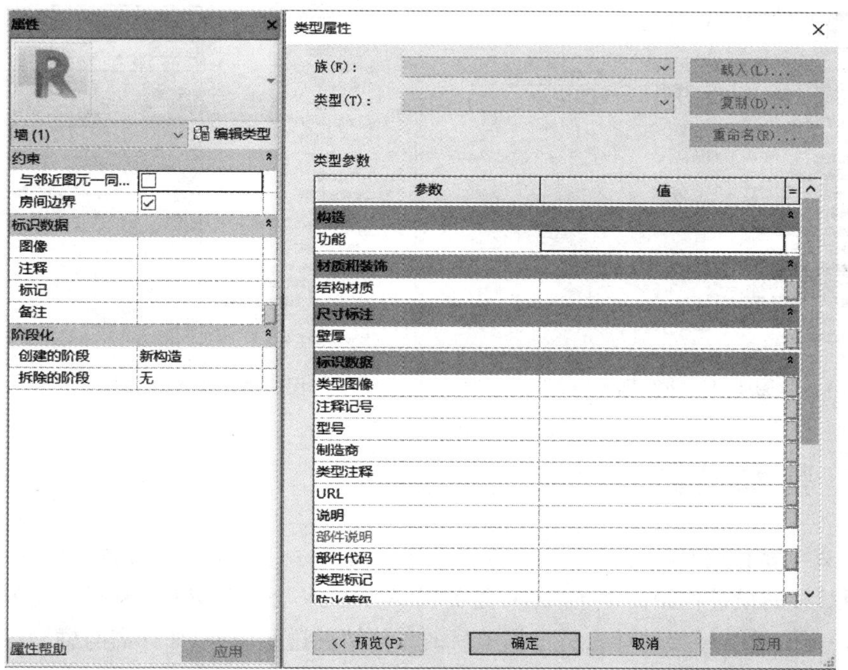

图 1.1　内建模型

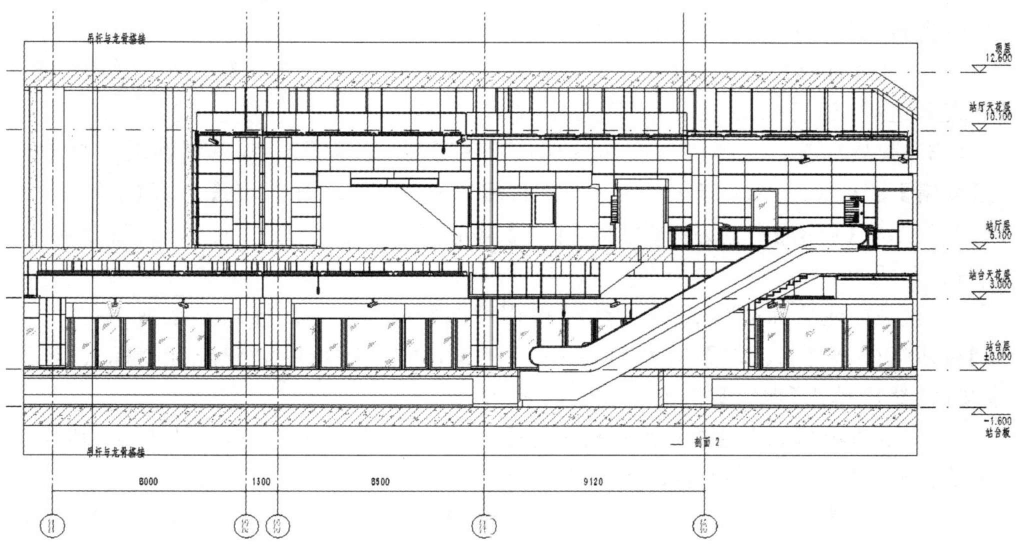

图 1.2　BIM 模型集成施工图

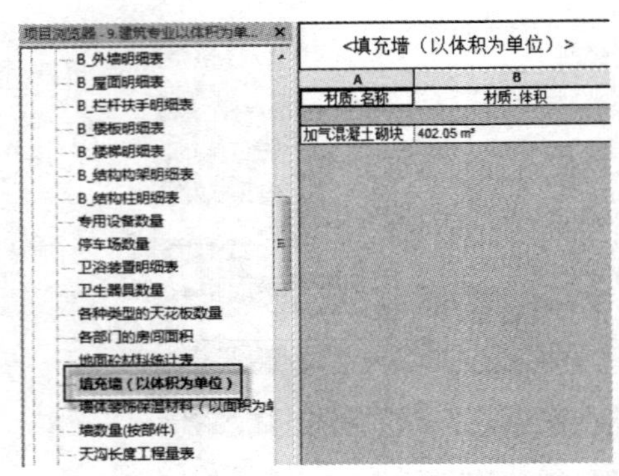

图 1.3　墙充墙

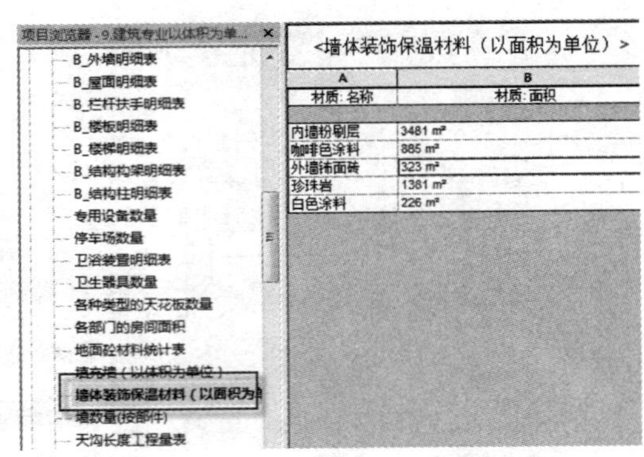

图 1.4　墙体装饰保温材料

1.2　基本设置

本节主要介绍对设计任务书有所了解之后,如何对 Revit 软件进行一些设置工作,以方便后续的设计作图。由于 Revit 是美国 Autodesk 公司开发的,因此与我国的制图要求有一些差距,需要设计人员根据项目的具体情况进行调整,如标高与轴网等。

1.2.1　定义标高族

本小节建族的方法是,打开一个现有的标高族,对其进行修改,然后另存为族文件,得到自己需要的族。具体操作如下。

(1) 打开标高族。单击【应用程序】→【打开】,然后依次单击【注释】→【符号】→【建筑】,选择“标高标头_上. rfa”族文件,如图 1.5 所示。

注意:在建筑专业中,一般用“F”代表楼层;而在结构专业中,用“层”代表楼层,以示区别。

(2) 调整标签。选择屏幕操作区标高标头中的“名称”文字,在属性对话框中单击【编辑】按钮,如图 1.6 所示。在弹出的【编辑标签】对话框中,在【前缀】中输入“建筑:”字样,在【后缀】中输入“F”字样,单击【确定】按钮,如图 1.7 所示。修改成功后,如图 1.8 所示。

(3) 保存建筑标高标头族。单击【应用程序】→【另存为】→【族】,在弹出的【另存为】对话框中,将【文件名】中的“标高标头_上”RFA 族文件改为“建筑标高标头”RFA 族文件,然后单击【保存】按钮,如图 1.9 所示。

(4) 新建项目。单击【项目】→【新建】,在弹出的【新建项目】对话框中,切换为“建筑样板”选项,单击【确定】按钮完成操作,如图 1.10 所示。

注意:载入族之后,项目中确实没有任何反应,这是正常的。只有执行相应的命令后,新载入的族才会出现在界面中。

(5) 插入建筑标高标头族。单击【插入】→【载入族】,在弹出的【载入族】对话框中选择前面制作好的“建筑标高标头”RFA 族文件,单击【打开】按钮以载入项目之中,如图 1.11 所示。

(6) 进入南立面视图。在【项目浏览器】面板中,单击【视图】→【立面】→【南】选项,进入南立面视图,可以观察到屏幕操作区的标高与【项目浏览器】的标高一一对

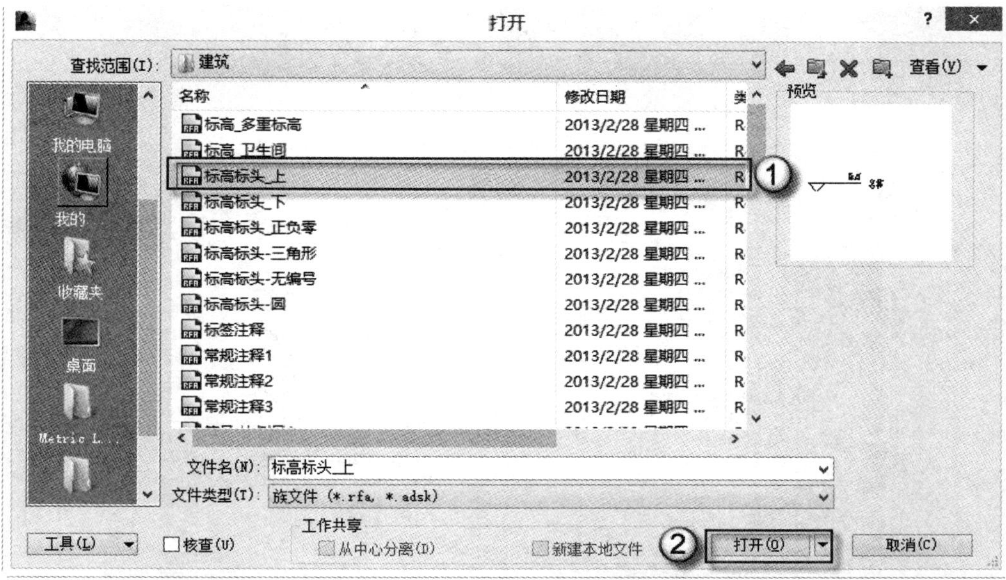

图 1.5　打开标高族

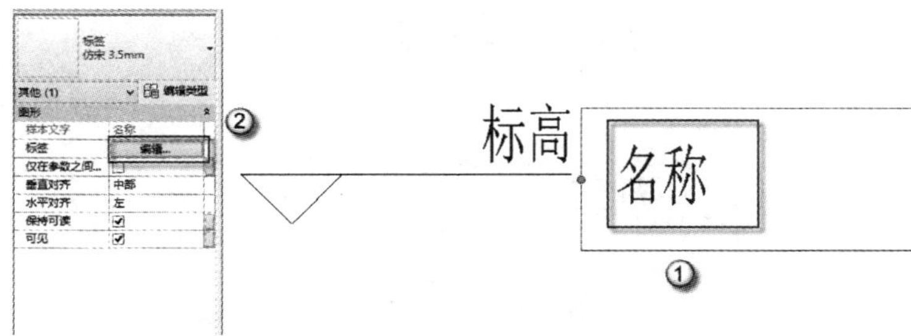

图 1.6　调整标签

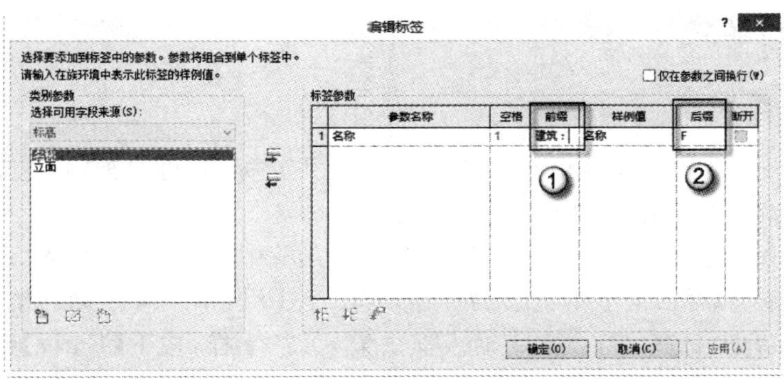

图 1.7　编辑标签

标高 建筑: 名称F

图 1.8　标高标头完成

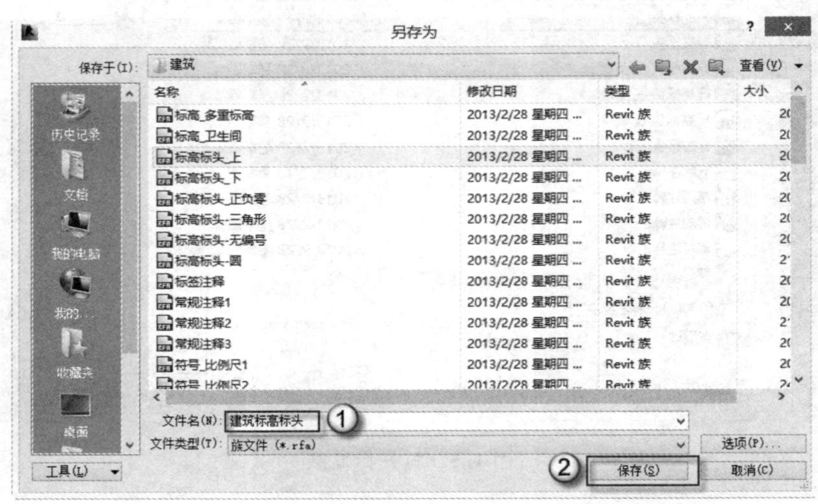

图 1.9　保存建筑标高标头族

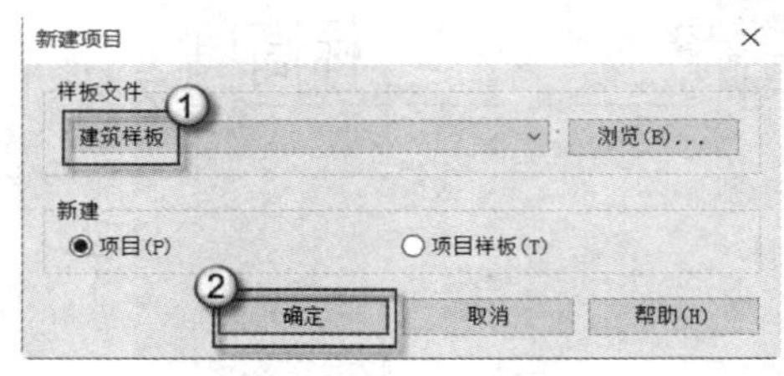

图 1.10　新建项目

应,如图 1.12 所示。

注意:“场地”标高没有具体标高数值与其相对应,因为建筑场地不可能像楼层平面一样完全平整,总会有各种起伏变化。

1.2.2　建筑标高

在使用 Revit 进行建筑设计的时候,往往是先定标高,再定轴网;先定建筑标高,再定结构标高。具体操作如下。

(1) 重命名标高。双击“标高 1”,在文字输入框中输入“1”字样,按下【Enter】键,在弹出的【Revit】对话框中单击【是】按钮,如图 1.13 所示。修改标高 2 的标高数值为“5.400”,双击“标高 2”,在文字输入框中输入“2”字样,按下【Enter】键,在弹出的【Revit】对话框中单击【是】按钮,如图 1.14 所示。此时可以观察到【项目浏览器】面板中的“楼层平面”与标高一一对应了,如图 1.15 所示。

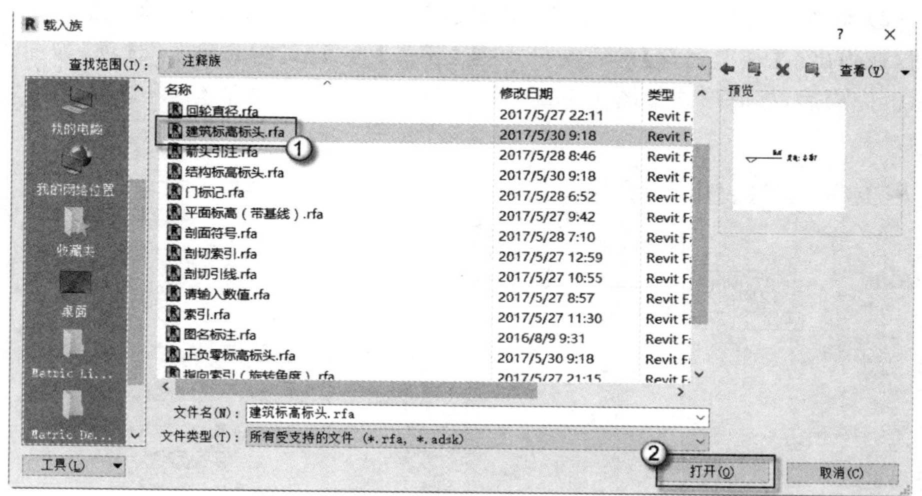

图 1.11　插入建筑标高标头族

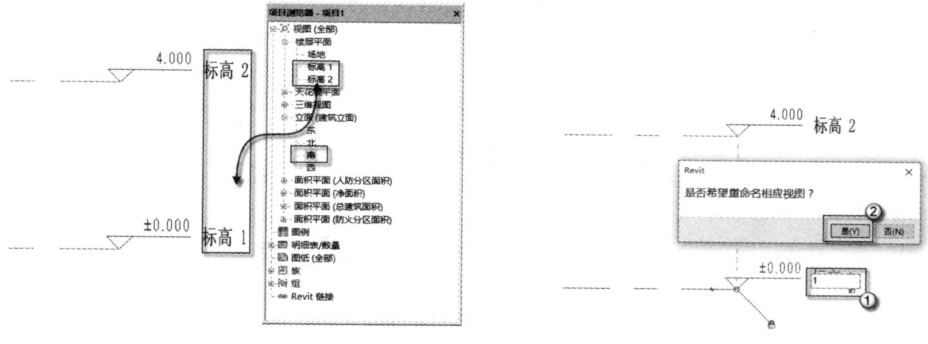

图 1.12　进入南立面视图

图 1.13　命名标高 1

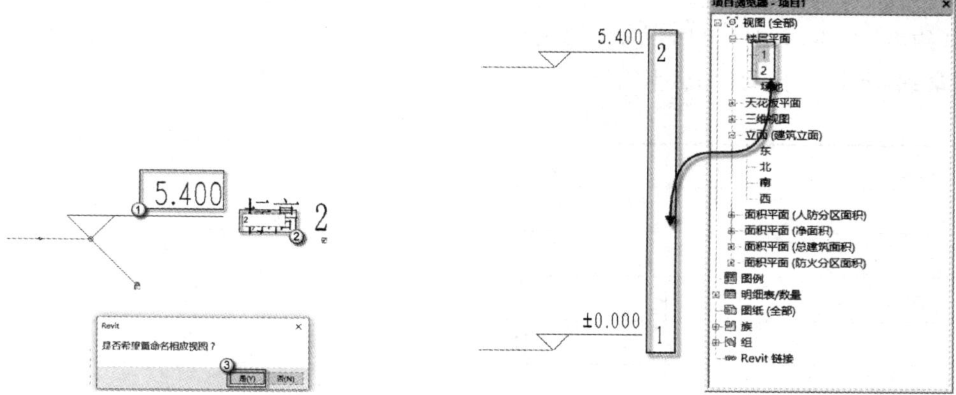

图 1.14　命名标高 2

图 1.15　标高与楼层平面相对应

(2) 调整标高类型。在【视图】中选择【2】标高，在【属性】面板中单击【编辑类型】按钮，在弹出的【类型属性】对话框中，设置【符号】为“建筑标高标头”选项，如图 1.16 所示。完成后，标高形式如图 1.17 所示。可以观察到，标高带有“建筑”这样的专业字样。

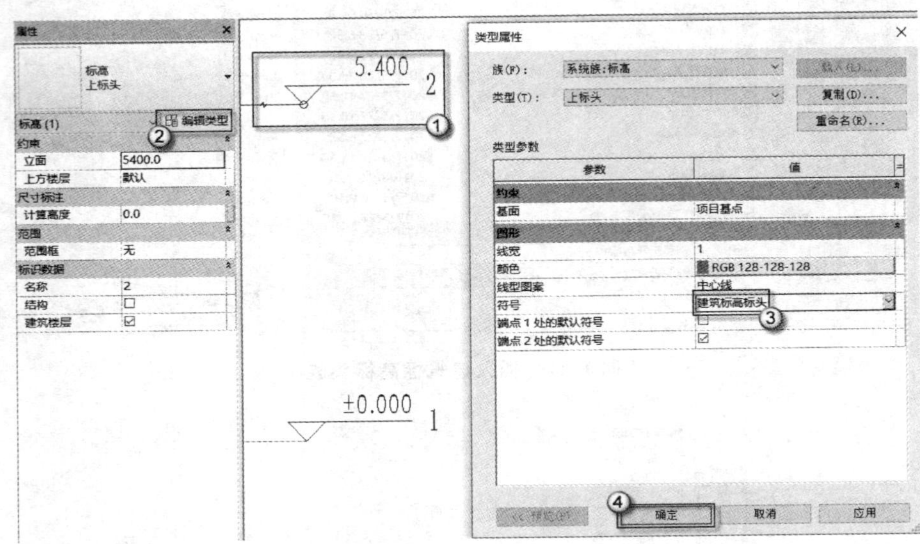

图 1.16　调整标高类型

5.400 建筑：2F

图 1.17　建筑标高

(3) 复制生成 3F 标高。整栋高层建筑的建筑专业标高如表 1.1 所示，可以根据此表格来绘制项目的建筑专业标高。选择 2F 标高，按下【CO】键，发出“复制”命令，勾选“约束”选项，向上复制标高，并输入“4500”个单位，如图 1.18 所示。完成后，可以观察到 3F 标高自动生成，不需要更改标高名称，如图 1.19 所示。

表 1.1　建筑专业标高

层号	建筑标高/m	层高/m
1	±0.000	5.400
2	5.400	4.500
3	9.900	2.800
4	12.700	2.800
5	15.500	2.800
6	18.300	2.800

续表

层号	建筑标高/m	层高/m
7	21.100	2.800
8	23.900	2.800
9	26.700	2.800
10	29.500	2.800
11	32.300	2.800
12	35.100	2.800
13	37.900	2.800
14	40.700	2.800
15	43.500	2.800
屋顶	46.300	—

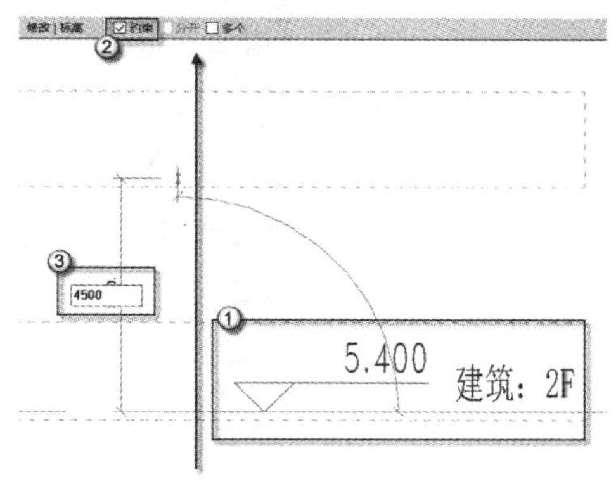

图 1.18　复制生成 3F 标高

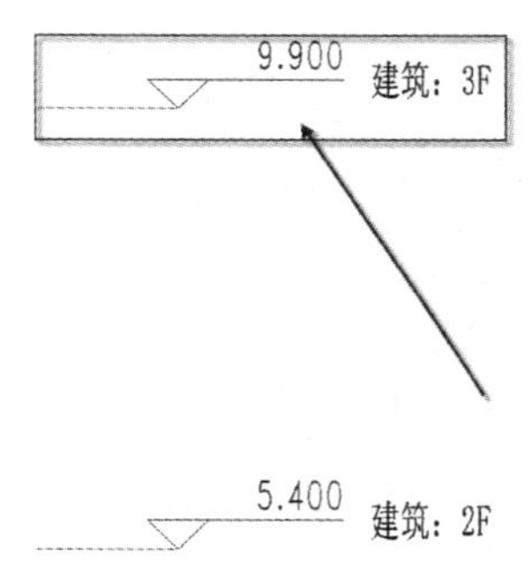

图 1.19　3F 标高

（4）阵列生成 4F～屋顶 F 标高。选择 3F 标高，按下【AR】键，发出“阵列”命令，去掉“成组并关联”的勾选，在【项目数】栏中输入“14”，勾选“约束”选项，向上阵列的过程中输入“2800”个单位，如图 1.20 所示。完成后，可以观察到生成了 4F～16F 的标高，如图 1.21 所示。本栋高层建筑一共 15 层，“16F”的写法有误，应当是“屋顶 F”，需要修改。

注意：4F～15F 共有 12 层，屋顶层是 1 层，然后还需要加上作为基准的 3F，12＋1＋1＝14。因此【项目数】一栏中应当填写“14”。

（5）修改生成屋顶 F 标高。单击 16F 标高，在文字输入框中输入“屋顶”字样，如图 1.22 所示。这样可以生成屋顶 F 的标高。

在【视图】→【楼层平面】栏中，只有【1】、【2】、【场地】平面。刚刚复制、阵列生成的标高在此处均无对应的楼层平面，如图 1.23 所示。

（6）生成楼层平面。单击【视图】→【平面视图】→【楼层平面】，在弹出的【新建楼层平面】对话框中选择所有的标高，单击【确定】按钮，如图 1.24 所示。完成后可以观

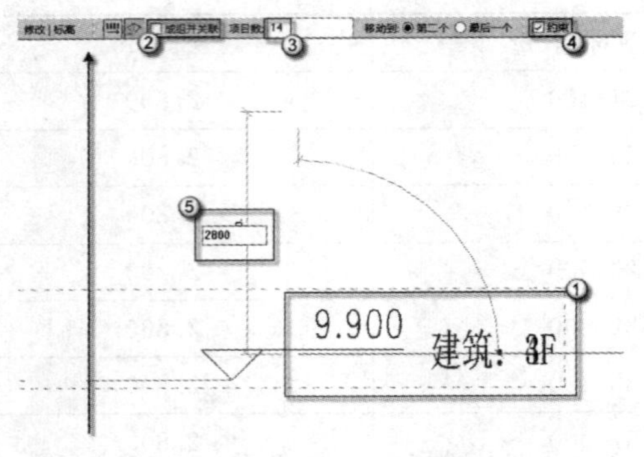

图 1.20　阵列生成标高

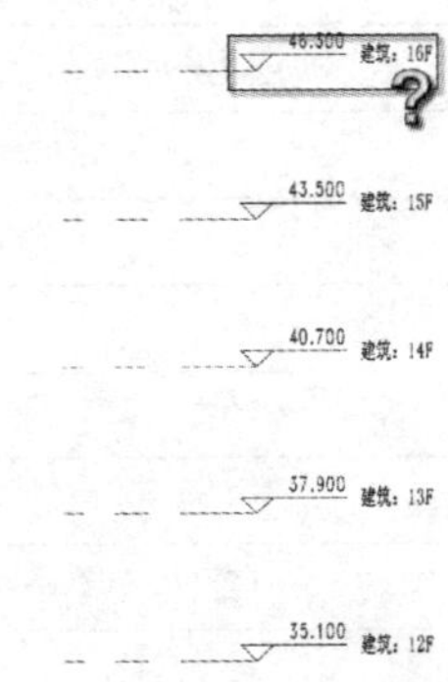

图 1.21　16F 名称有误

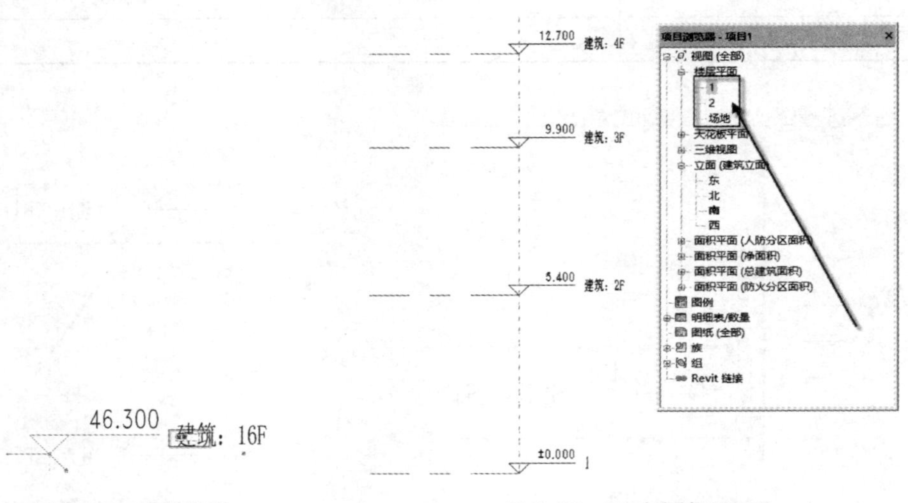

图 1.22　修改标高

图 1.23　无对应楼层平面

说明：在 Revit 中有两种方法生成标高，一是使用“标高”命令(快捷键是【LL】)；二是对已有的标高使用“复制”或“阵列”命令。只有用“标高”命令生成的新标高，在楼层平面中才有与其对应的楼层平面视图，否则只能使用【视图】→【平面视图】→【楼层平面】命令生成楼层平面视图。

察到在【视图】→【楼层平面】栏中有了所需的楼层平面视图，如图 1.25 所示。

1.2.3　用速博插件生成定位轴网

速博插件 Extensions 是一款可以与 Revit 配套使用的增强工具包，这个工具包提供了丰富的增强功能，可以提升设计人员之间的协同工作效率，同时还集成了实用的 Web 服务和可靠的设计内容，这个插件仅适用于 64 位操作系统。

(1) 轴网生成器。单击【Extensions】→【建模】→【轴网生成器】，在弹出的【轴网生成器】对话框中选择【轴网】，如图 1.26 所示。

(2) 水平(字母)轴线。按照表 1.2 的内容，在【轴网生成器】对话框中切换【编号】为“A B C …”选项，在【水平轴线】栏中输入相应的数字，如图 1.27 所示。

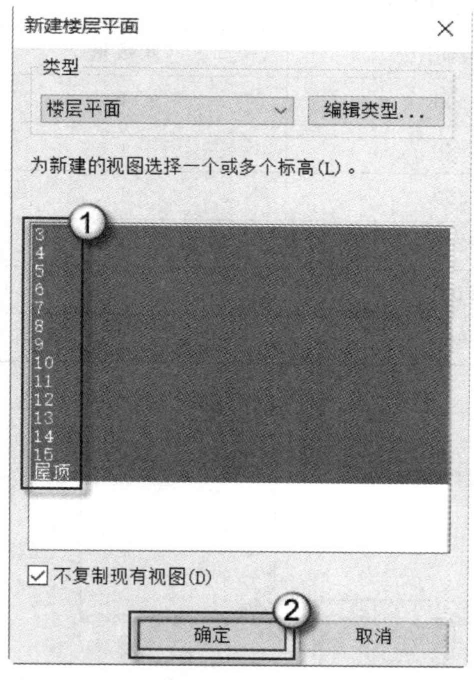

图 1.24　新建楼层平面

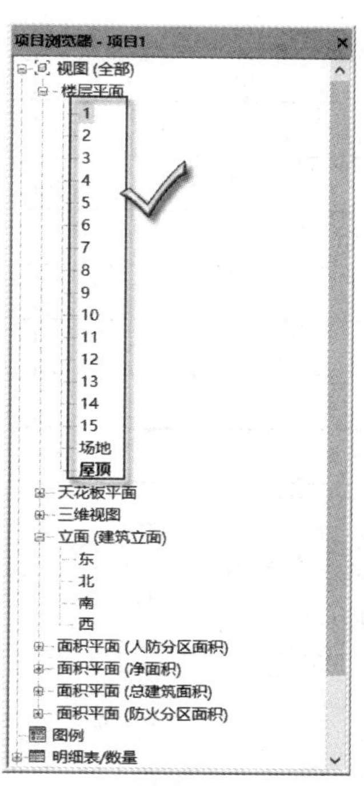

图 1.25　生成楼层平面

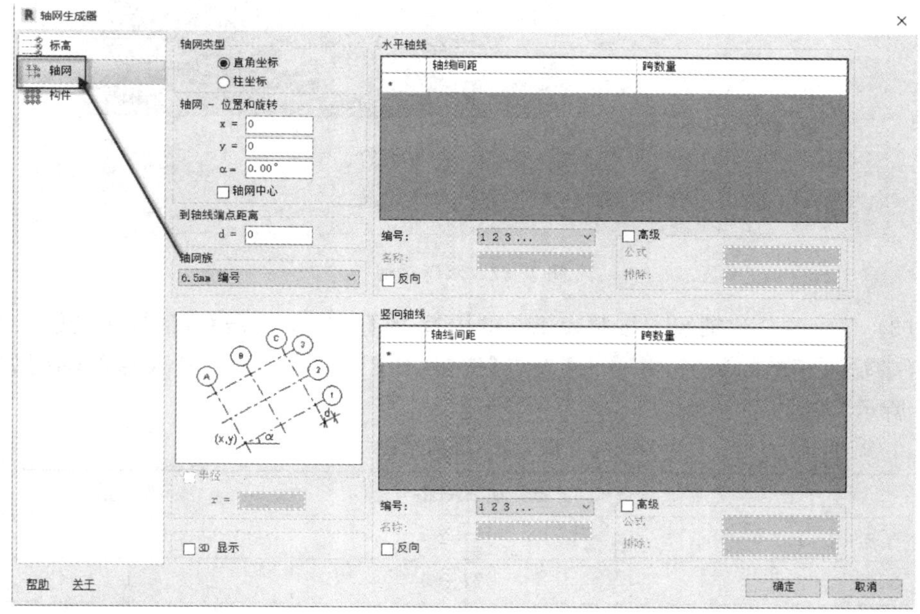

图 1.26　轴网生成器

表 1.2 水平轴线

序号	轴线间距	跨数量
1	4800	1
2	750	1
3	1550	1
4	2200	1
5	2100	1
6	3600	1

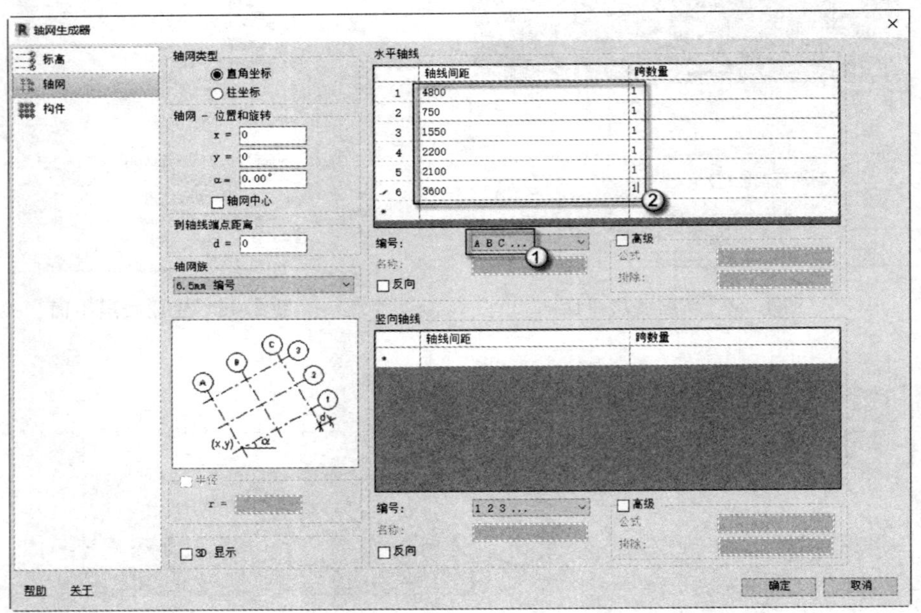

图 1.27 水平轴线

(3) 竖向(数字)轴线。按照表 1.3 的内容,在【轴网生成器】对话框中的【竖向轴线】栏中输入相应的数字,并单击【确定】按钮,如图 1.28 所示。完成后的轴网如图 1.29 所示。

表 1.3 竖向轴线

序号	轴线间距	跨数量
1	4482	1
2	2700	1
3	1600	1

续表

序号	轴线间距	跨数量
4	3000	1
5	1500	1
6	900	1
7	1300	2
8	900	1
9	1500	1
10	3000	1
11	1600	1
12	2700	1

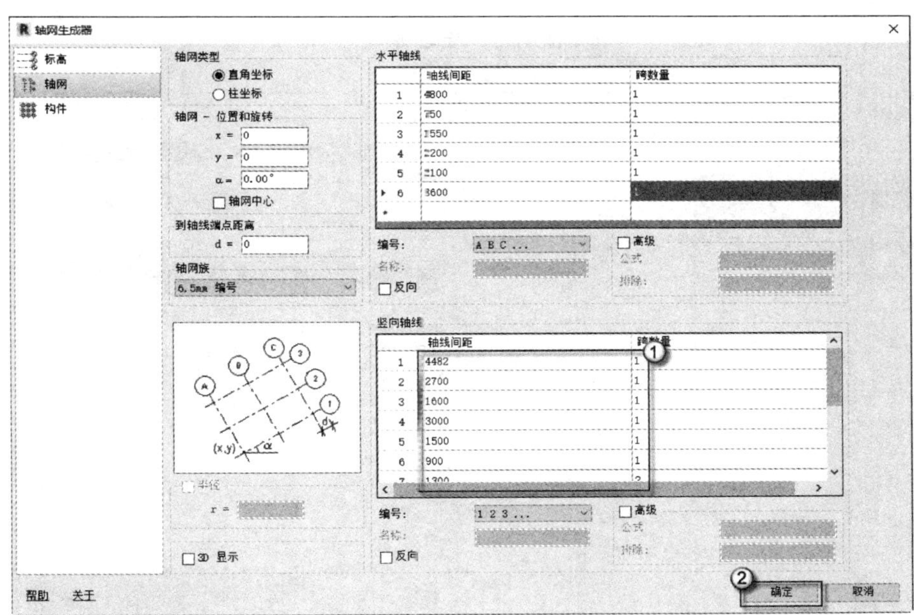

图 1.28　竖向轴线

(4) 修改轴网轴号端点。选择任意轴网，在【属性】面板中单击【编辑类型】按钮，在弹出的【类型属性】对话框中勾选“平面视图轴号端点 1(默认)”选项，单击【确定】按钮完成操作，如图 1.30 所示。完成后如图 1.31 所示。

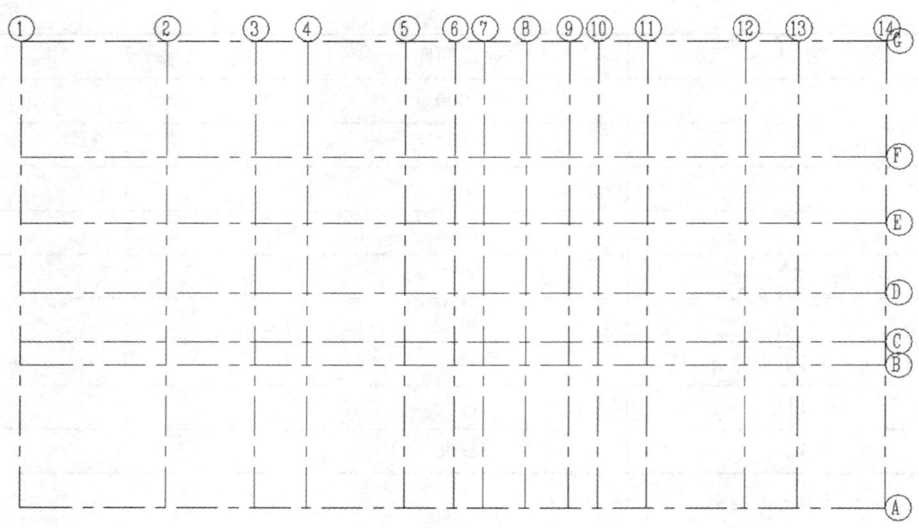

图 1.29　完成轴网

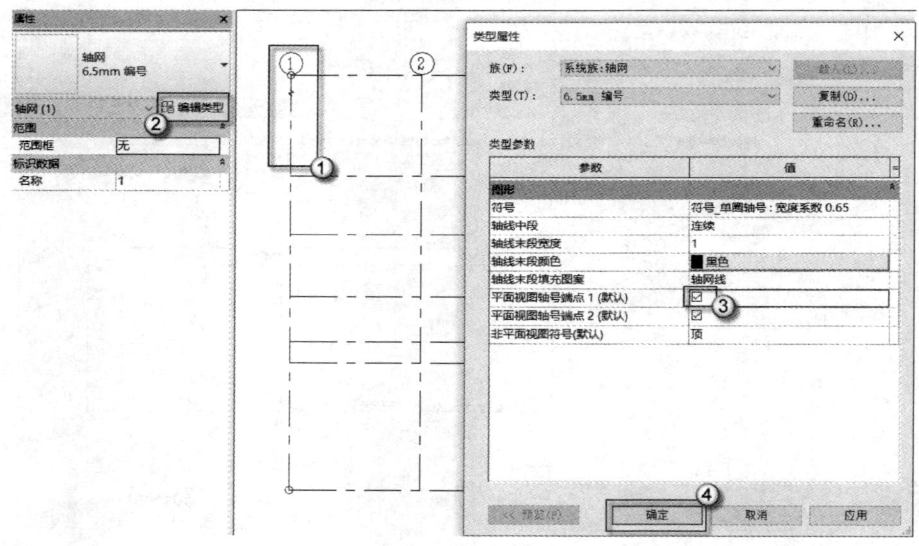

图 1.30　修改轴网轴号端点

(5) 修改字母轴部分轴号。在本例中有(1/B)(1/F)这两个附加轴线，在速博插件中无法生成附加轴线，所以需要手动进行修改。双击轴号数字，在文字输入框中输入相应的数字，完成后如图 1.32 所示。

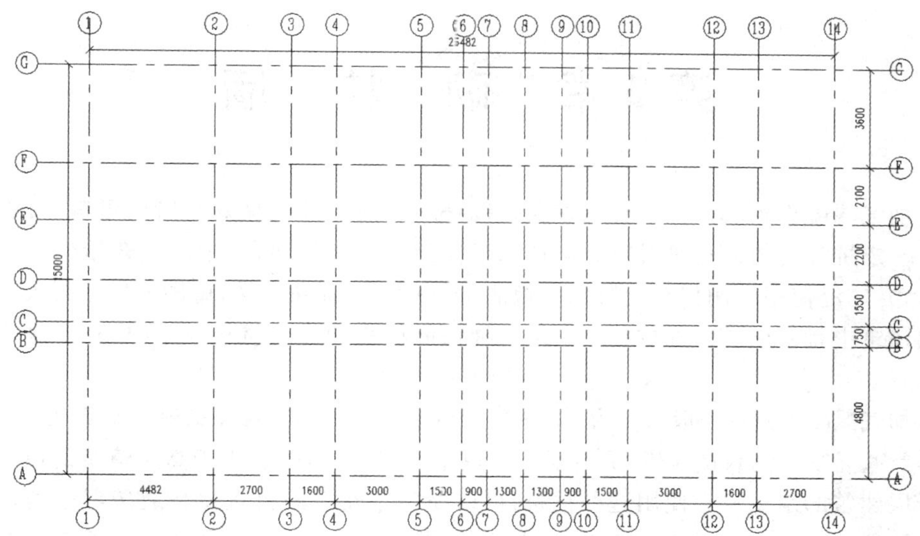

图 1.31　修改完成

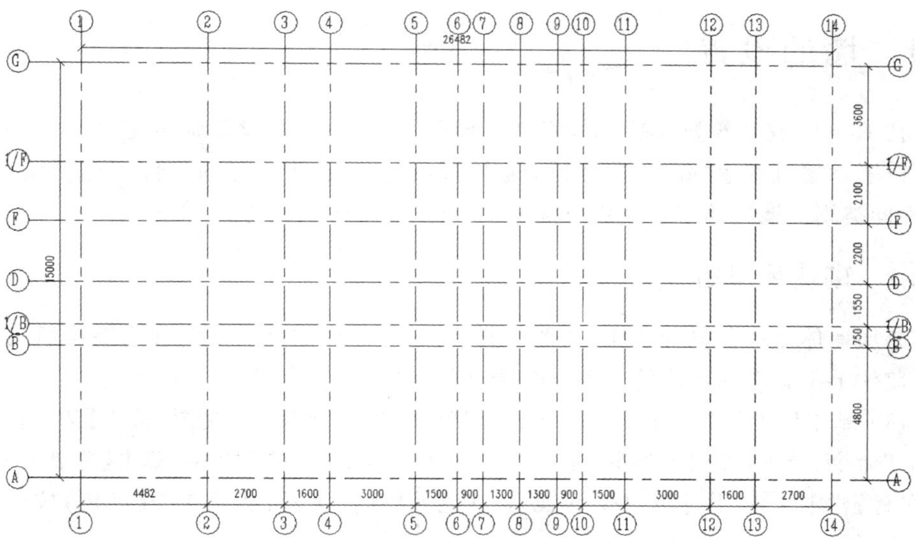

图 1.32　附加轴线

第2章　砌　块　墙

加气混凝土砌块是一种轻质多孔、保温隔热、防火性能良好、可钉、可锯、可刨和具有一定抗震能力的建筑材料。早在二十世纪三十年代初期，中国就开始生产这种产品，并广泛使用。例如在上海国际饭店、上海大厦、福州大楼、中国人民银行大楼等高层建筑中就使用了这种材料。它是一种性能优良的建筑材料，并且具有环保等优点。

加气混凝土砌块一般密度为500～700 kg/m^3，只相当于黏土砖和灰砂砖的1/4～1/3，普通混凝土砌块的1/5，是混凝土砌块中较轻的一种，适用于高层建筑的填充墙和低层建筑的承重墙。使用这种材料，可以使整个建筑的自重比普通砖混结构建筑的自重低40%以上。由于建筑自重减轻，地震破坏力小，所以大大提高了建筑物的抗震能力。

2.1　墙的设置

在Revit的【建筑】选项卡中，墙是系统自带族，不需要设计师再定义，直接使用就可以了。建筑专业"墙"的快捷键是【WA】，在使用这个命令时要注意选择墙的类别，不同类别的墙的功能与使用方法都不一样，需要区别对待。

2.1.1　砌块叠层墙

叠层墙体是一种复合墙体，从剖面上来看，这种墙体至少由两种子墙体组成，是由子墙体上下叠合而形成的一种复合墙，所以叫做"叠层墙"。

(1) 基本墙的设置。打开"建筑轴网"项目，进入建筑1F视图，按下【WA】键发出"墙"命令，单击【编辑类型】按钮，在弹出的【类型属性】对话框中，单击【复制】按钮，在【名称】栏中输入"住宅楼-1-13F-砌块-红色外墙砖"字样，然后单击【确定】按钮，如图2.1所示。

(2) 结构设置。单击【编辑】按钮，在【厚度】栏中输入"250"个单位，单击【按类别】按钮，在弹出的【材质浏览器】对话框中选择"混凝土砌块"材质，单击【无】按钮，在弹出的【填充样式】对话框中选择"砌体-加气砼"样式，然后单击【确定】按钮，如图2.2所示。

(3) 保温层设置。单击【插入】→【向上】按钮，在【功能】栏中选择"保温层/空气"命令，在【厚度】栏中输入"30"个单位。单击【按类别】按钮，在弹出的【材质浏览器】对话框中选择【隔热层】→【珍珠岩】。单击【无】按钮，在弹出的【填充样式】对话框中选

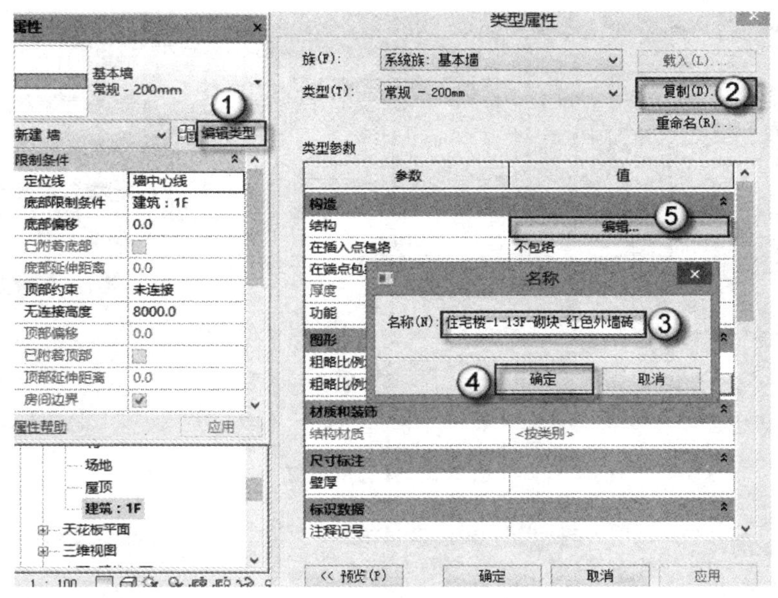

图 2.1　基本墙的设置

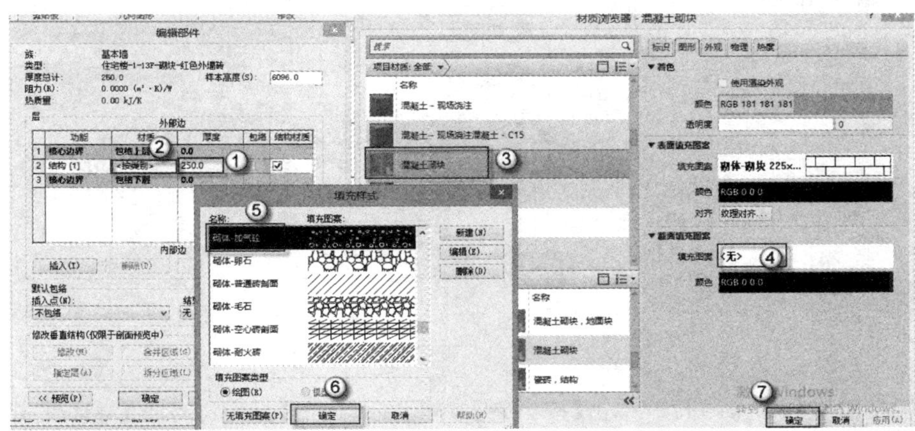

图 2.2　结构设置

择“分区 02”样式，然后单击【确定】按钮，如图 2.3 所示。

(4) 面层设置。单击【插入】按钮，在【功能】栏中选择“面层 1[4]”选项，在【厚度】栏中输入“10”个单位。单击【按类别】按钮，在弹出的【材质浏览器】对话框中选择【砖石】→【砖，立砌砖层】，将【砖，立砌砖层】重命名为“红色外砖墙”。单击【无】按钮，在弹出的【填充样式】对话框中选择“分区 04”样式，然后单击【确定】按钮，如图 2.4 所示。

(5) 面层 2 设置。单击【插入】按钮，在【功能】栏中选择“面层 2[5]”选项，在【厚

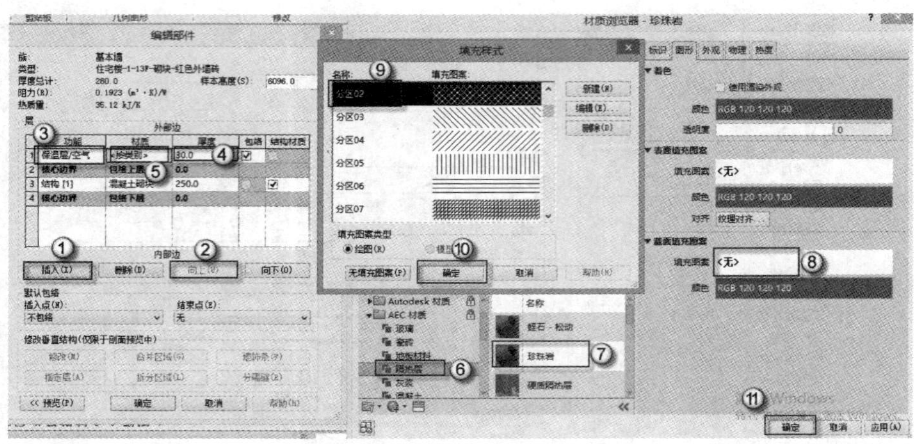

图 2.3　保温层设置

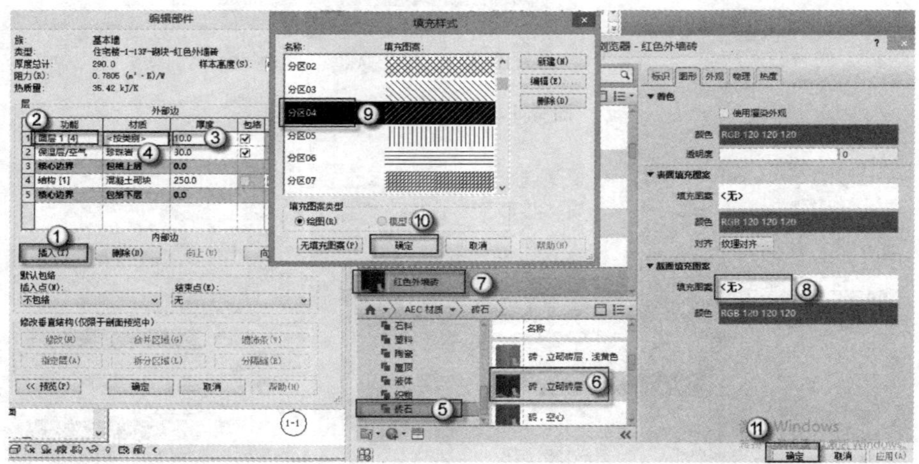

图 2.4　面层设置

度】栏中输入“10”个单位。单击【按类别】按钮，在弹出的【材质浏览器】对话框中选择【其他】→【粉刷，米色，平滑】按钮，将【粉刷，米色，平滑】重命名为“内墙粉刷层”。单击【无】按钮，在弹出的【填充样式】对话框中选择“松散-砂浆/粉刷”样式，然后单击【确定】按钮，如图 2.5 所示。单击【外观】按钮，在【颜色】栏选择“RGB 255 255 255”，在【类型】栏选择“平滑”，然后单击【确定】按钮，如图 2.6 所示。

(6) 类型属性设置。单击【确定】按钮回到【类型属性】对话框，在【在插入点包络】和【在端点包络】栏中均选择“外部”，然后单击【确定】按钮，如图 2.7 所示。

(7) 基本墙设置。单击【编辑类型】按钮，在弹出的【类型属性】对话框中，单击【复制】按钮，在【名称】栏中输入“住宅楼-1-13F-砌块-白色外墙砖”字样，然后单击【确定】按钮，如图 2.8 所示。

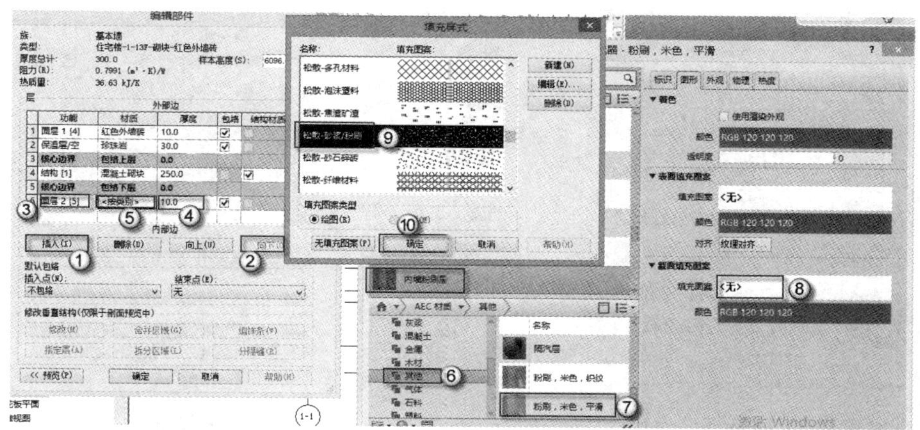

图 2.5　面层 2 设置

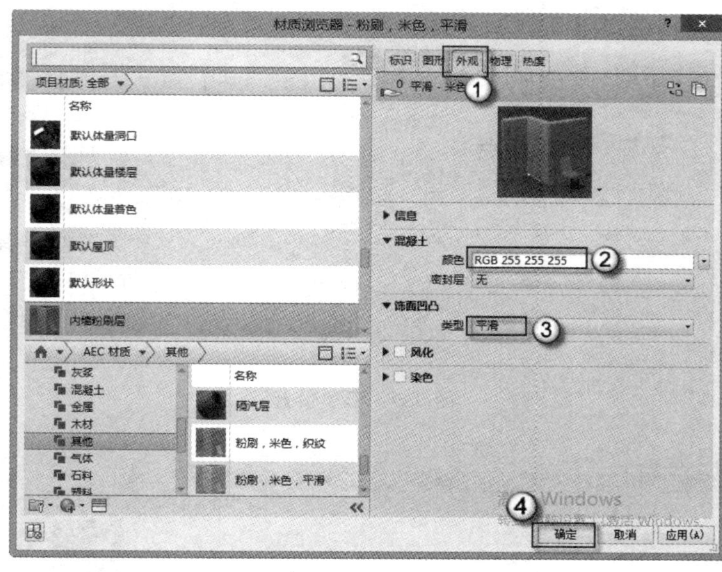

图 2.6　面层的外观设置

(8) 面层设置。单击【编辑】按钮和【红色外墙砖】按钮，在弹出的【材质浏览器】对话框中选择【砖石】→【砖，普通，灰色】，将其重命名为“白色外砖墙”。单击【无】按钮，在弹出的【填充样式】对话框中选择“分区 04”样式，然后单击【确定】按钮，如图 2.9所示。

(9) 面层的外观设置。单击【外观】选项卡，单击②所在的按钮，在弹出的【选择文件】对话框中选择③处的图像，单击【打开】按钮，不勾选“浮雕图案”选项，勾选“染色”选项，选择“RGB 255 255 255”，然后单击【确定】按钮，如图 2.10 所示。在所有对话框中均单击【确定】按钮，完成基本墙设置。

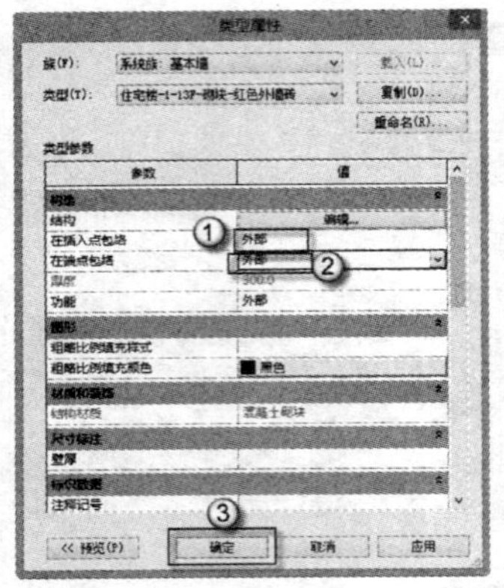

图 2.7　类型属性设置

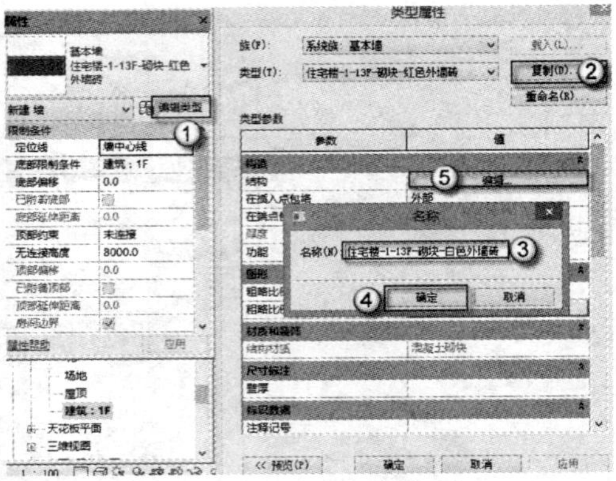

图 2.8　基本墙设置

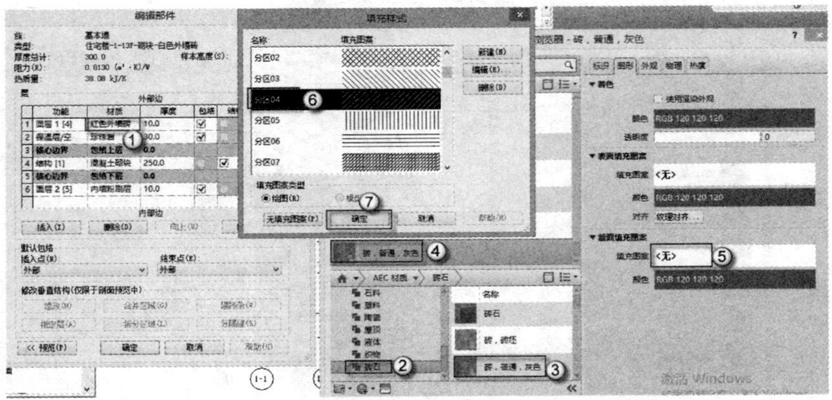

图 2.9　面层设置

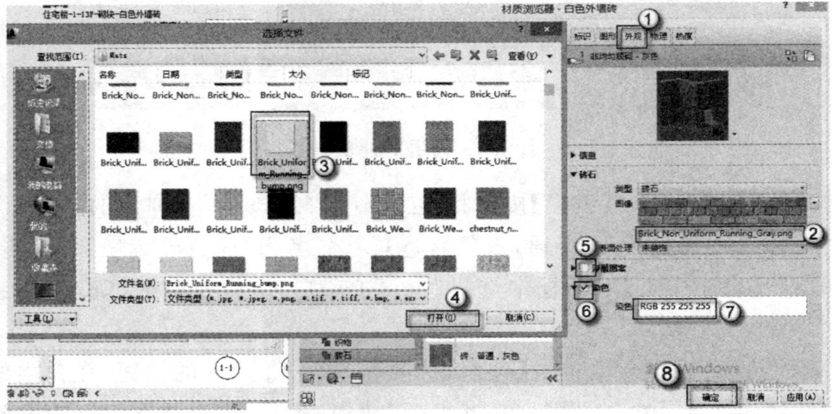

图 2.10　面层的外观设置

（10）定义叠层墙。按下【WA】键发出“墙”命令，在【属性】面板中选择【叠层墙】→【外部-砌块勒脚砖墙】，如图 2.11 所示。单击【编辑类型】按钮，在弹出的【类型属性】对话框中，单击【复制】按钮，在【名称】栏中输入“住宅楼-1-13F-砌体-外墙”字样，然后单击【确定】按钮，如图 2.12 所示。

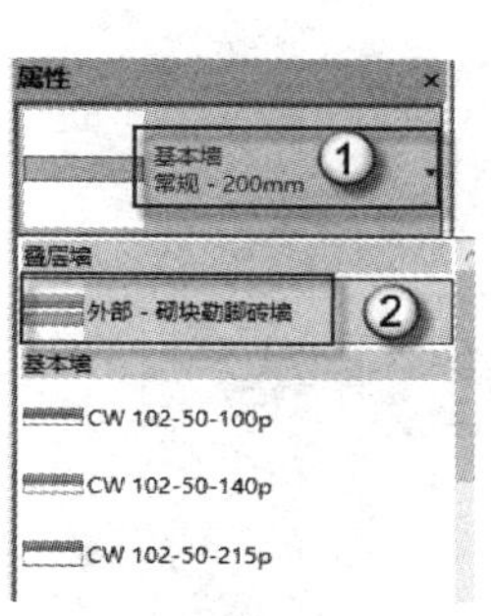

图 2.11　选择叠层墙

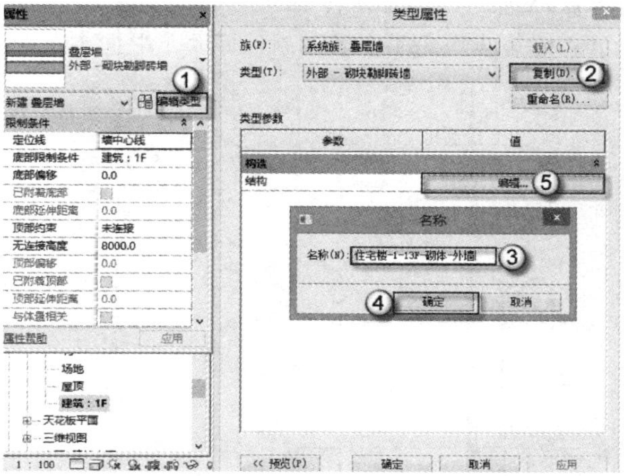

图 2.12　类型属性设置

（11）编辑部件的设置。单击【编辑】按钮，在弹出的【编辑部件】对话框中，【名称】栏中【1】为“住宅楼-1-13F-砌块-白色外墙砖”选项，【2】为“住宅楼-1-13F-砌块-红色外墙砖”选项，单击【可变】按钮，在【宽度】栏中输入“300”个单位，然后单击【确定】按钮，如图 2.13 所示。

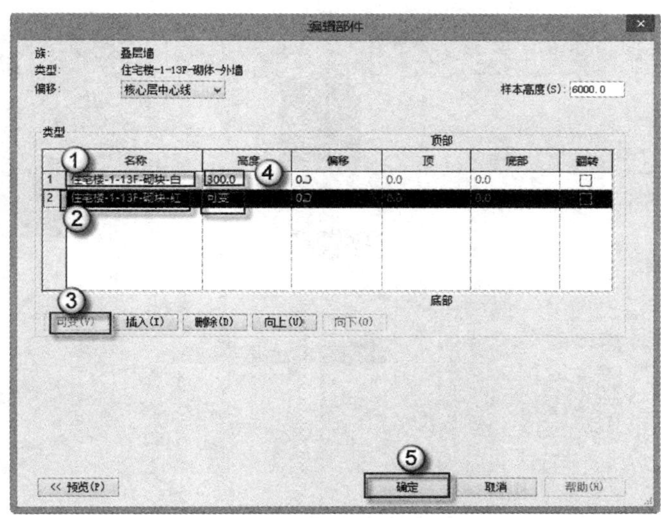

图 2.13　编辑部件的设置

(12) 绘制检查。进入楼层平面2视图,按下【WA】键,如图2.14所示,绘制一道墙。按下【F4】键,查看三维效果,单击【视觉样式】按钮,选择【真实】,查看砖墙效果,如图2.15所示。在主程序栏中单击【管理】→【材质】,在弹出的【材质浏览器】对话框中,选择"红色外墙砖"材质,单击【外观】选项卡,单击③所在的按钮,在弹出的【纹理编辑器】对话框中的【旋转】栏输入"0"个单位,单击【完成】→【确定】按钮,如图2.16所示。墙体设置好后如图2.17所示。根据本节内容可对其他外墙进行设置。

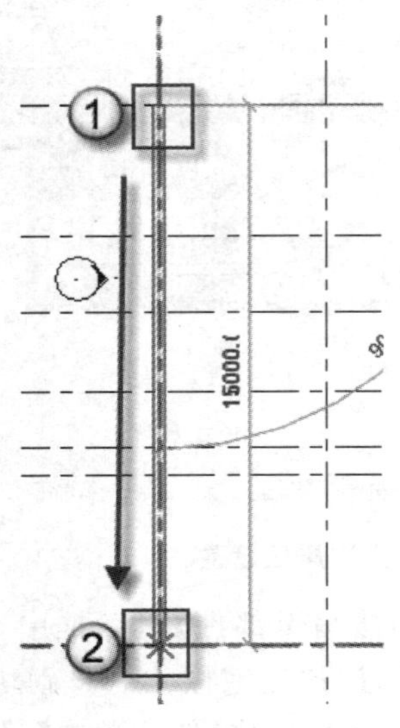

图2.14 绘制墙

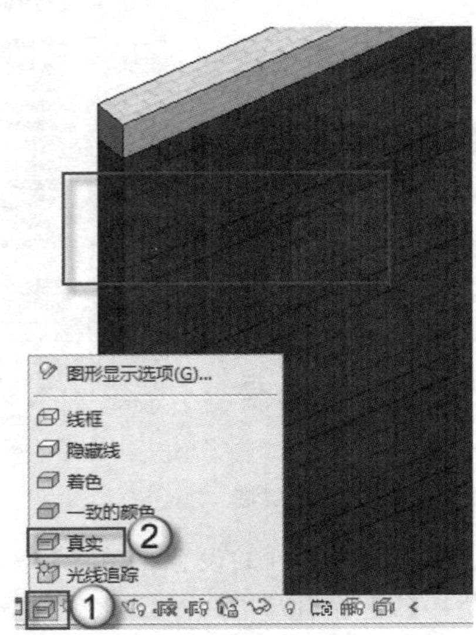

图2.15 查看真实效果

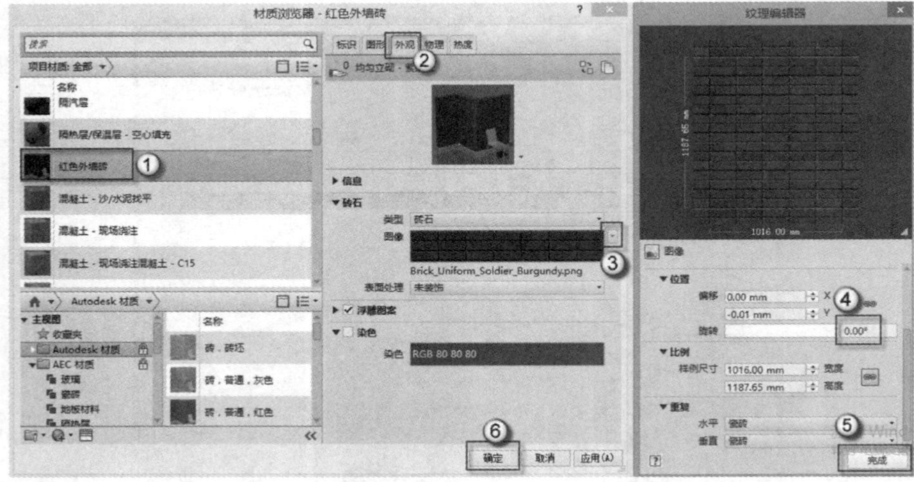

图2.16 材质修改

图 2.17　外墙真实效果

2.1.2　内墙设置

内墙采用系统自带的“基本墙”族来制作，需要对墙体设置好相应的材质，以便后面使用“明细表”功能统计工程量。

(1) 砌体内墙设置。按下【WA】键发出“墙”命令，单击【编辑类型】按钮，在弹出的【类型属性】对话框中，单击【复制】按钮，在【名称】栏中输入“住宅楼-砌体-内墙-200厚”字样，然后单击【确定】按钮，如图 2.18 所示。

(2) 200 厚砌体内墙设置。单击【编辑】按钮，弹出【编辑部件】对话框，在【结构】层【厚度】栏中输入“200”个单位，选择【保温层】一栏，单击【删除】按钮，如图 2.19 所示。单击【红色外墙砖】按钮，在弹出的【材质浏览器】对话框中，选择“内墙粉刷层”选项，单击【确定】按钮，如图 2.20 所示。

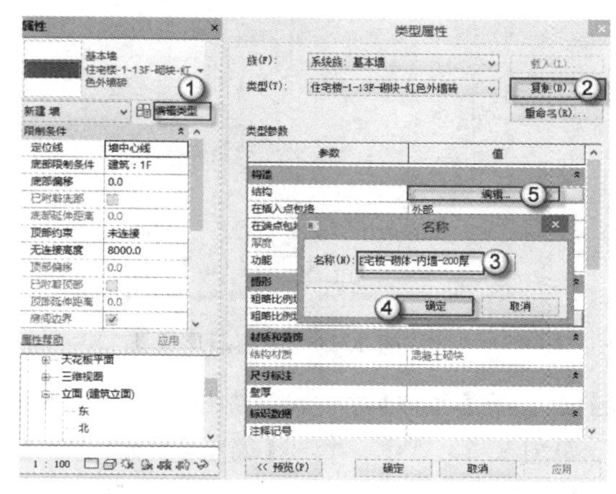

图 2.18　砌体内墙设置

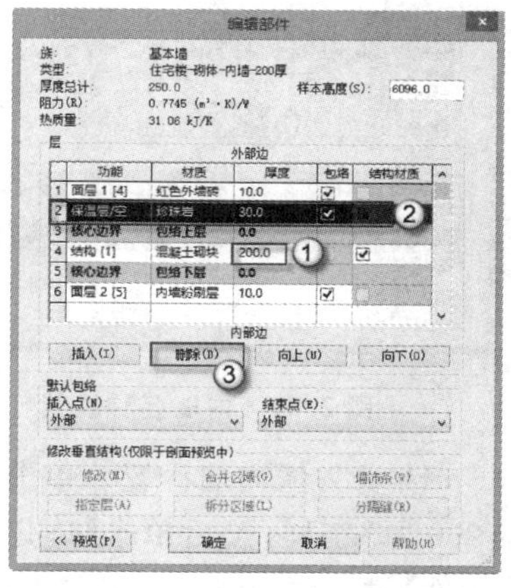

图 2.19　编辑部件

(3) 100 厚砌体内墙设置。单击【复制】按钮，在【名称】栏中输入“住宅楼-砌体-内墙-100 厚”字样，然后单击【确定】按钮，如图 2.21 所示。单击【编辑】按钮，弹出

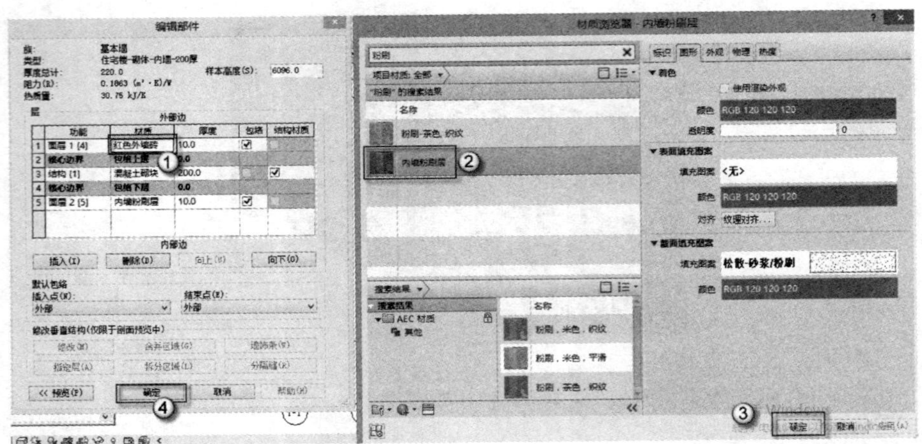

图 2.20 内墙材质设置

【编辑部件】对话框,在【结构】层【厚度】栏中输入“100”个单位,单击【确定】按钮,如图 2.22 所示。

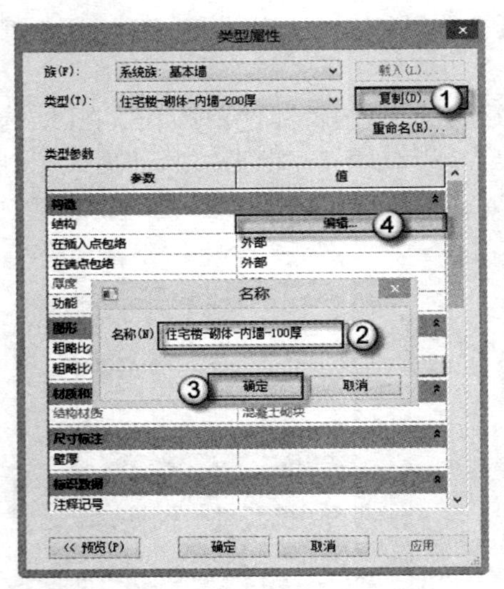

图 2.21 内墙名称设置

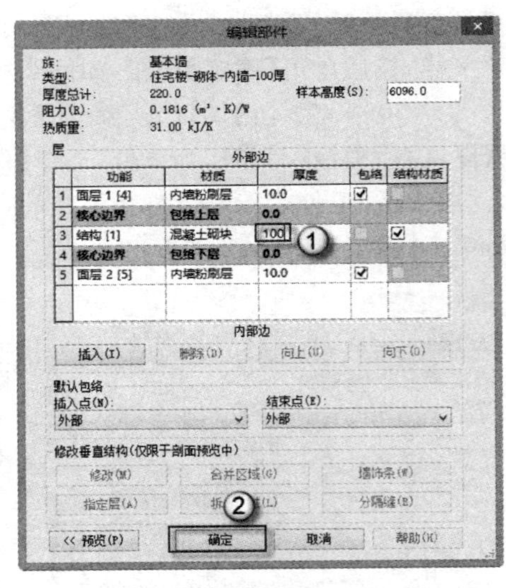

图 2.22 内墙厚度设置

(4) 剪力墙内墙设置。单击【复制】按钮,在【名称】栏中输入“住宅楼-剪力墙-内墙-200 厚”字样,然后单击【确定】按钮,如图 2.23 所示。单击【编辑】按钮,弹出【编辑部件】对话框,在【结构】层【厚度】栏中输入“200”个单位,单击【混凝土砌块】按钮,在弹出的【材质浏览器】对话框中,选择“混凝土-现场浇注”选项,单击【填充图案】按钮,在弹出的【填充样式】对话框中选择“混凝土-钢砼”样式,单击【确定】按钮,如图 2.24 所示。

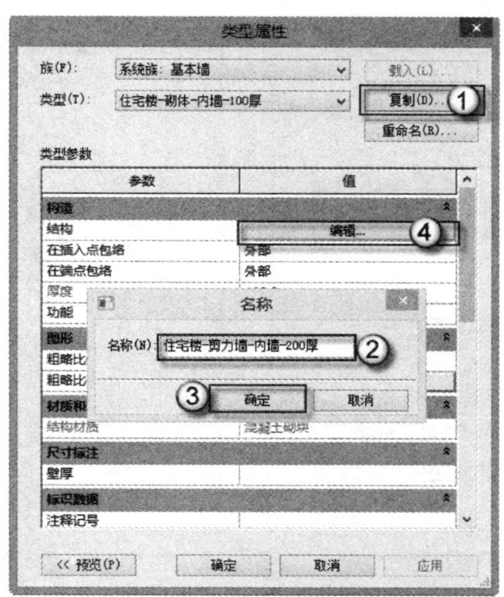

图 2.23　剪力墙内墙名称设置

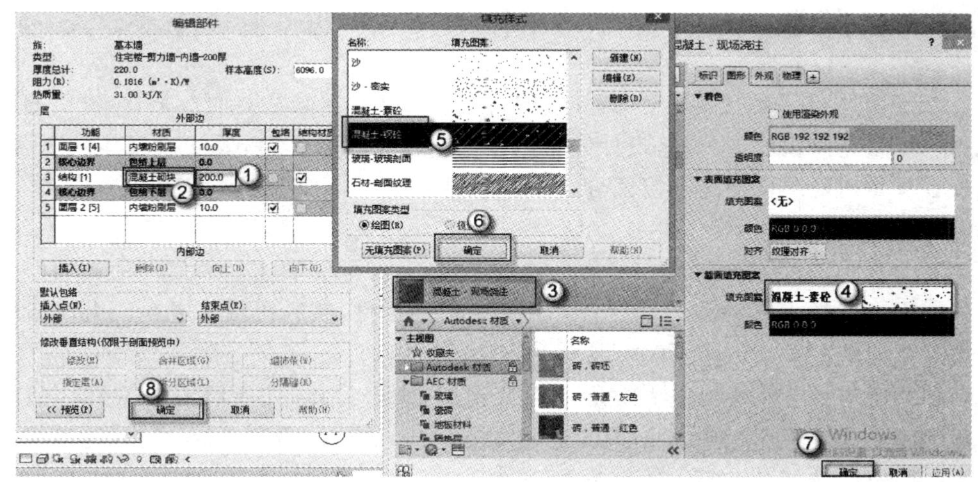

图 2.24　材质设置

（5）300 厚剪力墙内墙设置。单击【复制】按钮，在【名称】栏中输入“住宅楼-剪力墙-内墙-300 厚”字样，然后单击【确定】按钮，如图 2.25 所示。单击【编辑】按钮，弹出【编辑部件】对话框，在【结构】层【厚度】栏中输入“300”个单位，单击【确定】按钮，如图 2.26 所示。

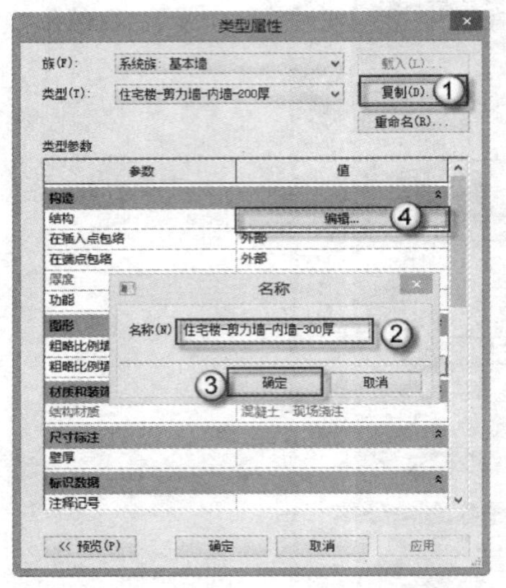

图 2.25　剪力墙内墙名称设置

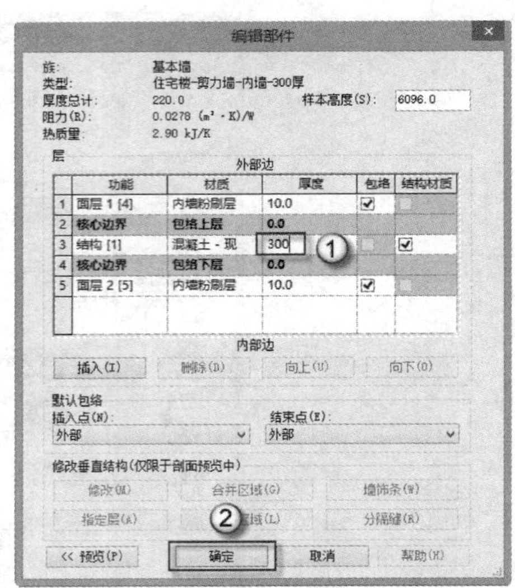

图 2.26　厚度设置

2.2　二层墙

二层墙体与一层墙体相对,其外墙的材质不一样。因为从立面上来看,材质的变化可以丰富造型设计,是建筑设计的常用手法。在设置墙体时,要注意墙体的命名,以便在算量时对不同墙体加以区分。

2.2.1　二层外墙

在 Revit 中,可以在上部楼层选择下部楼层的构件,然后再粘贴进去。由于墙体上下楼层对应的关系,这种复制、粘贴的方法经常用到。

(1) 绘制二层外墙。进入楼层平面 2 视图,选择外墙,按下【Ctrl+C】键,如图 2.27所示。在主程序栏中单击【粘贴】→【与选定的标高对齐】按钮,在弹出的【选择标高】对话框中,选择“3”选项,然后单击【确定】按钮,如图 2.28 所示。

(2) 修改外墙。按下【F4】键,选中粘贴的外墙,在【底部偏移】栏中输入“0”个单位,单击【应用】按钮,如图 2.29 所示。

(3) 绘制其他外墙。根据上述两个步骤将另外一边的外墙复制粘贴到二层,如图 2.30 所示。回到楼层平面 2 视图,配合【Ctrl】键,同时选中如图 2.31 所示的外墙。按下【Ctrl+C】键,在主程序栏中单击【粘贴】→【与选定的标高对齐】按钮,在弹出的【选择标高】对话框中,选择“3”选项,然后单击【确定】按钮。按下【F4】键,配合【Ctrl】键,选中粘贴的外墙,在【底部偏移】栏中输入“0”个单位,单击【应用】按钮,如图 2.32 所示。

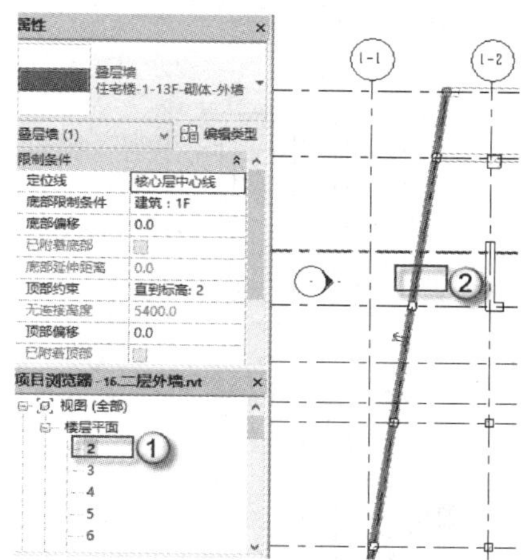

图 2.27　复制外墙

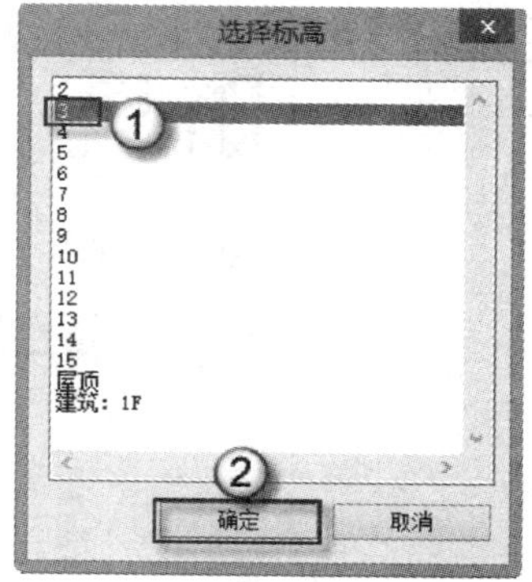

图 2.28　粘贴外墙

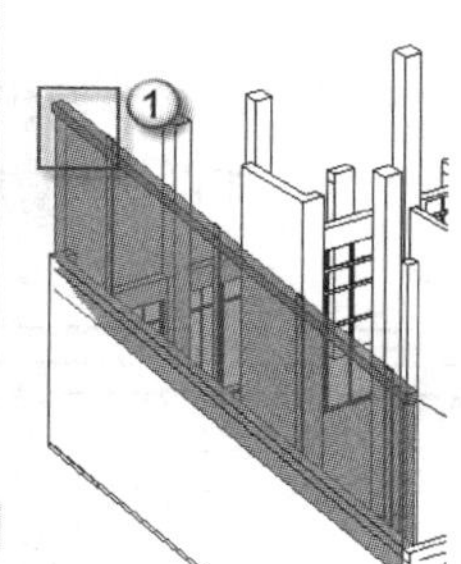

图 2.29　修改外墙

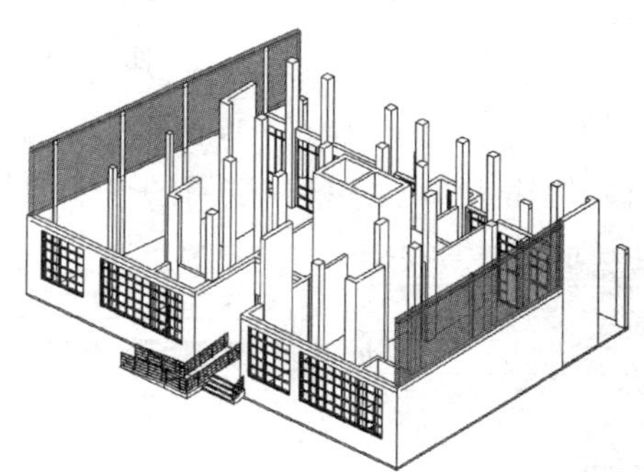

图 2.30　两侧外墙

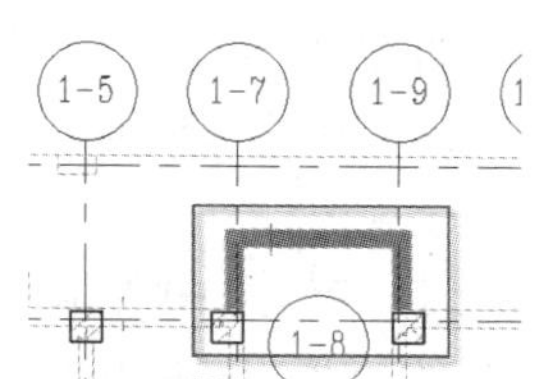

图 2.31　选中外墙

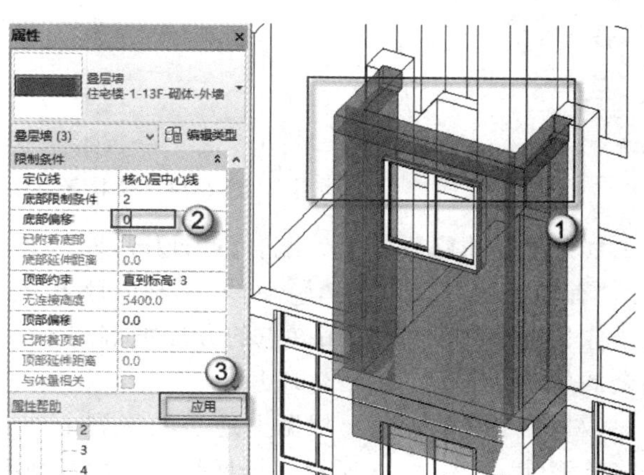

图 2.32　修改外墙

(4) 修改外墙上的窗。选中外墙上的窗,在【底高度】栏中输入“825”个单位,单击【应用】按钮,如图 2.33 所示。

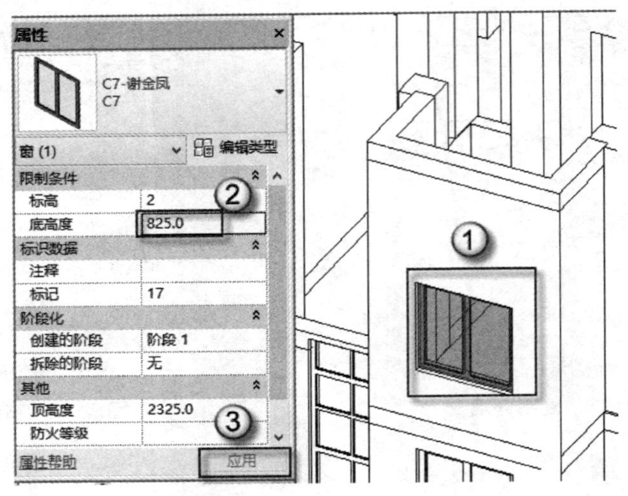

图 2.33　修改外墙上的窗

(5) 绘制复杂外墙。返回楼层平面 2 视图,按下【WA】键发出“墙”命令,在【底部偏移】栏输入“0”个单位,按照③～⑥的位置绘制外墙,如图 2.34 所示。

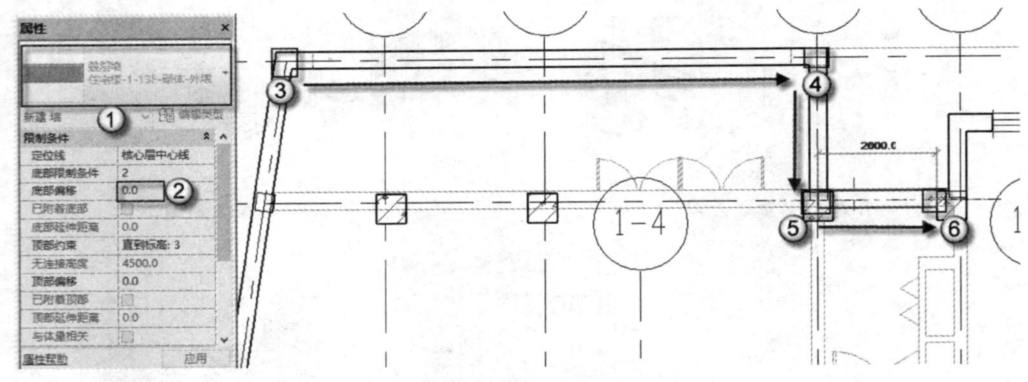

图 2.34　绘制复杂外墙

(6) 镜像并修改外墙。配合【Ctrl】键,同时选中①②③处的外墙,按下【MM】键发出“有轴镜像”命令,选择1-8轴线(④轴的位置)作为镜像轴,如图 2.35 所示。选中要镜像且要修改的外墙,用夹点的方法把端点从①处拉至②处,如图 2.36 所示。将剩余的外墙绘制好,如图 2.37 所示。

(7) 绘制其他外墙。根据上述步骤将剩余外墙复制粘贴到二层,选中外墙上的窗将其删除,如图 2.38 所示。返回楼层平面 2 视图,选中粘贴的外墙,用夹点的方法把墙的端点从①处拉至②处,如图 2.39 所示。按下【F4】键,查看绘制好的二层外墙,如图 2.40 所示。

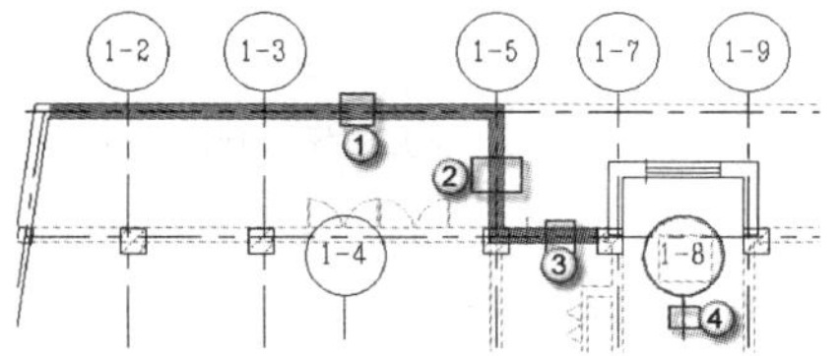

图 2.35　镜像外墙

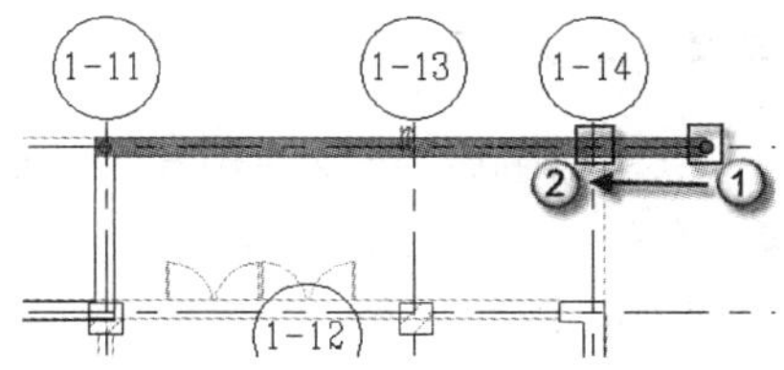

图 2.36　修改外墙

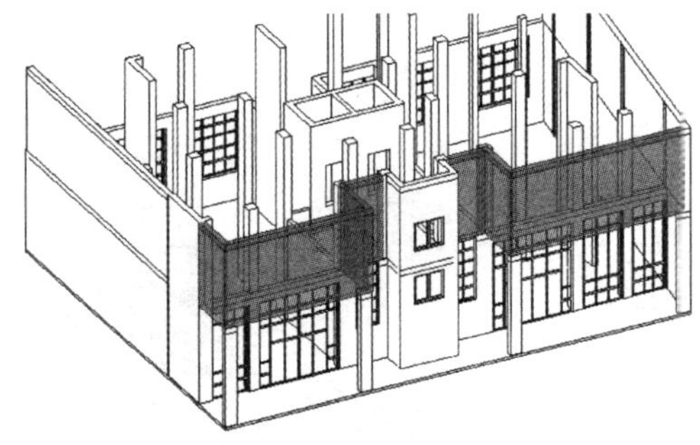

图 2.37　绘制好外墙

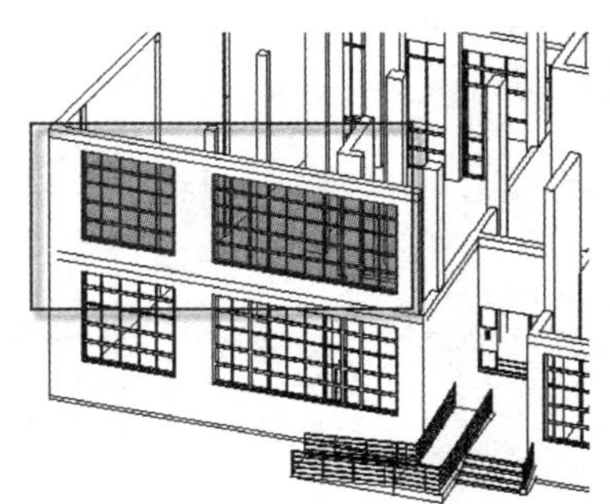

图 2.38　删除窗

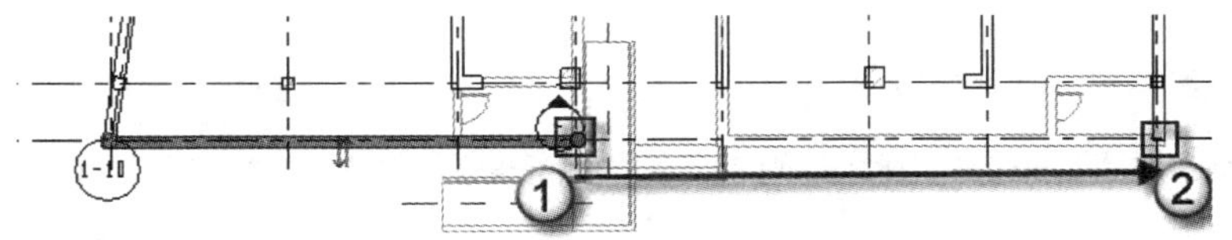

图 2.39　修改外墙端点

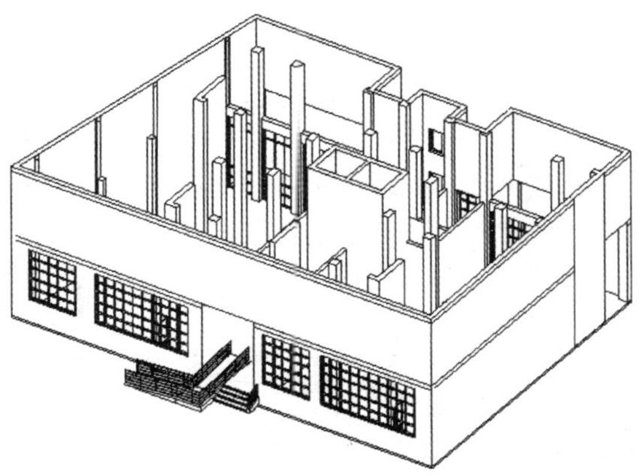

图 2.40　二层外墙三维视图

2.2.2 二层内墙

二层的内墙也可以使用复制、粘贴墙体的方法来绘制。注意粘贴后的墙体要重命名,有的还需要更改墙厚,具体操作如下。

(1) 电梯间内墙。回到楼层平面 2 视图,根据上述绘制外墙的步骤,配合【Ctrl】键,同时选中如图 2.41 所示的内墙。按下【Ctrl+C】键,在主程序栏中单击【粘贴】→【与选定的标高对齐】按钮,在弹出的【选择标高】对话框中,选择“3”选项,然后单击【确定】按钮。按下【F4】键,配合【Ctrl】键,选中粘贴的内墙,在【底部偏移】栏中输入“0”个单位,单击【应用】按钮,如图 2.42 所示。

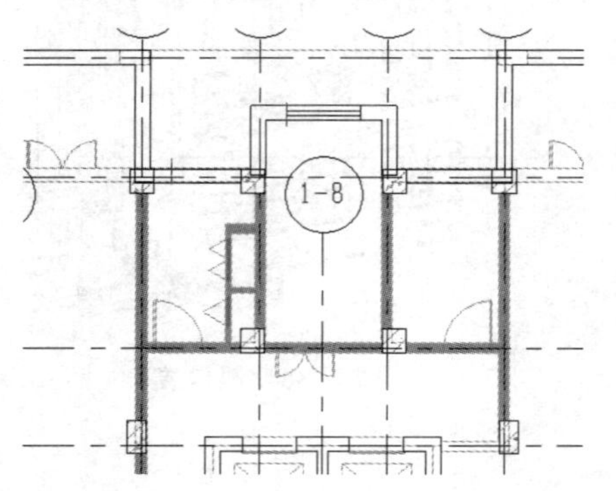

图 2.41 选择内墙

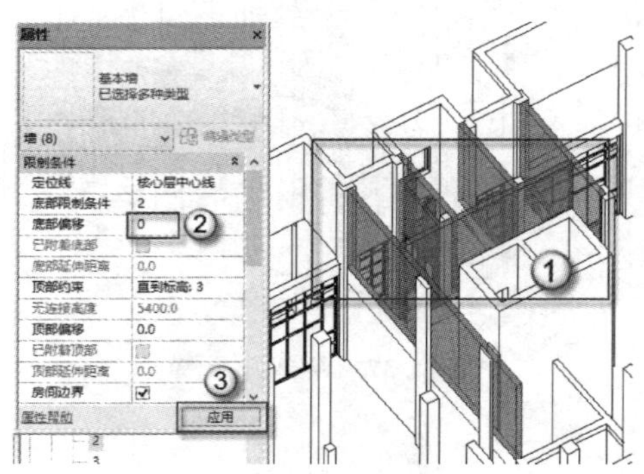

图 2.42 修改内墙偏移值

(2) 修改内墙。选中内墙上的窗,在【底高度】栏中输入“300”个单位,单击【应用】按钮,如图 2.43 所示。返回楼层平面 2 视图,选中需要修改的内墙,用夹点的方法把墙的端点从①处拉至②处,如图 2.44 所示。根据此步骤将其他需要修改的内墙修改好,如图 2.45 所示。

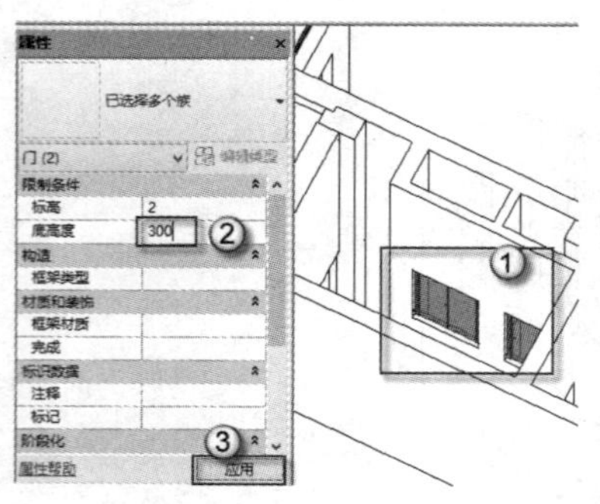

图 2.43 修改内墙上的窗

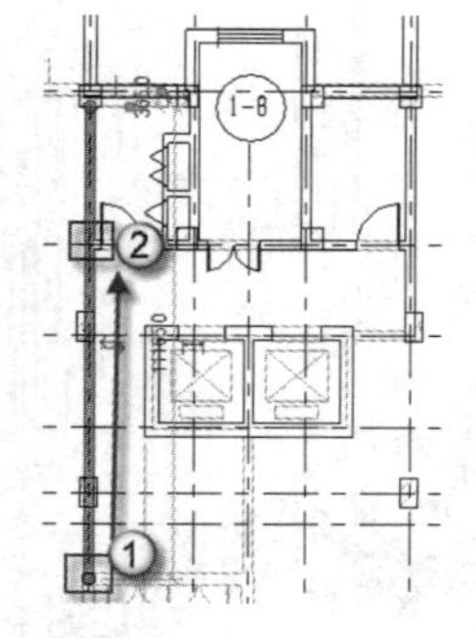

图 2.44 修改内墙端点

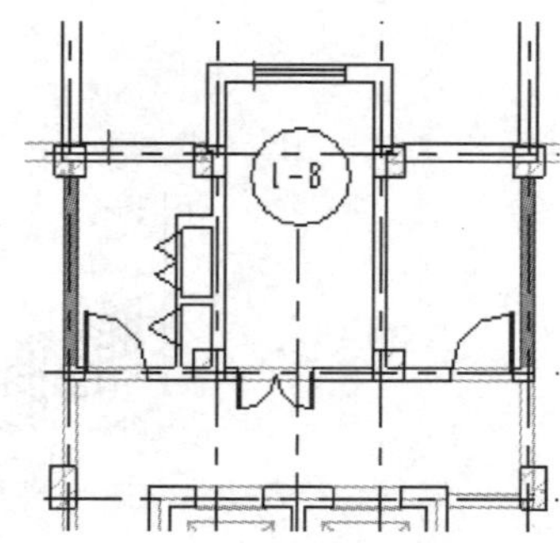

图 2.45 修改好的内墙

(3) 绘制内墙。将楼梯间的门删除,如图 2.46 所示。按下【WA】键发出“墙”命令,选择“住宅楼-砌块-内墙-200 厚”选项,在【底部偏移】栏输入“0”个单位,然后在相应位置(从③处至④处)绘制内墙,如图 2.47 所示。

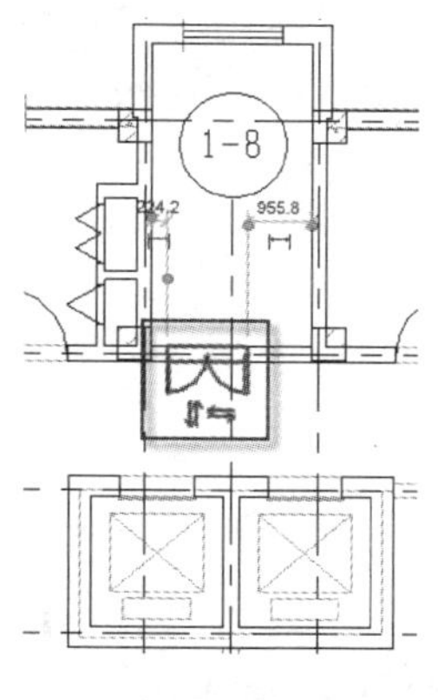

图 2.46　删除门

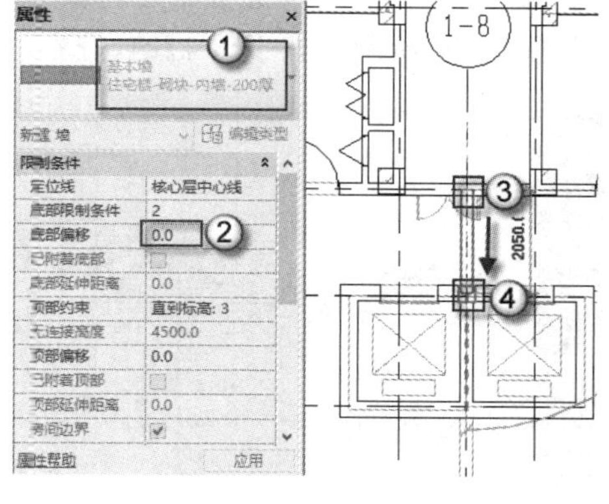

图 2.47　绘制内墙

(4) 绘制门洞墙。按下【WA】键发出“墙”命令，在【顶部约束】栏选择“直到标高：2”选项，在【顶部偏移】栏中输入“2200”个单位，然后在相应的位置绘制门洞墙，如图 2.48 所示。

(5) 调整门洞墙。选中绘制好的门洞墙，按下【MV】键，调整门洞墙，如图 2.49 所示。选中门洞墙，单击【MM】键发出“有轴镜像”命令，然后单击选中②处的轴线作为镜像轴，如图 2.50 所示。将门洞墙镜像完成。

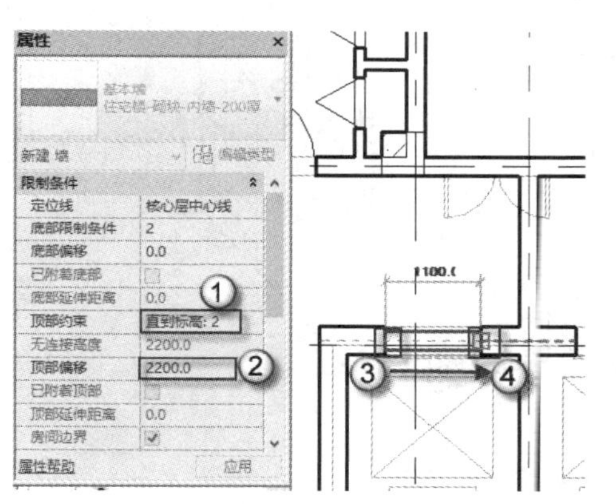

图 2.48　绘制门洞墙

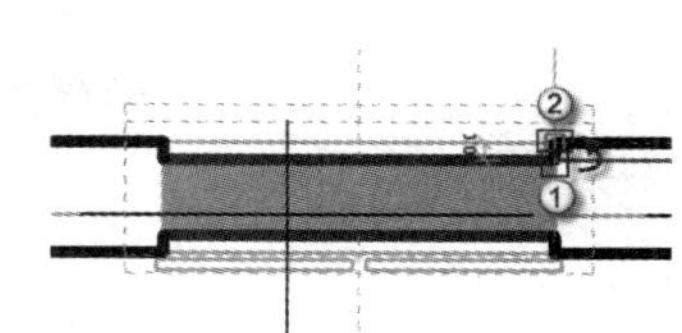

图 2.49　调整门洞墙

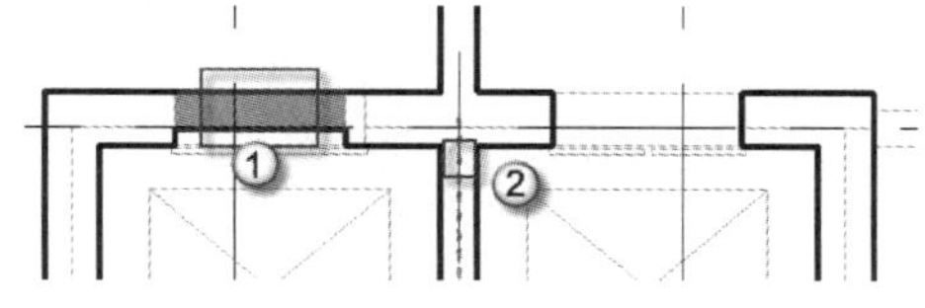

图 2.50　镜像门洞墙

(6) 绘制其他内墙。根据上述步骤，按下【WA】键发出“墙”命令，在【顶部约束】栏选择“直到标高：3”选项，在【顶部偏移】栏中输入“0”个单位，然后在相应的位置绘制门洞墙,如图 2.51 所示。选中需要调整的内墙,按下【MV】键发出“移动”命令,调整内墙,如图 2.52 所示。按下【F4】键,查看二层内墙三维视图,如图 2.53 所示。

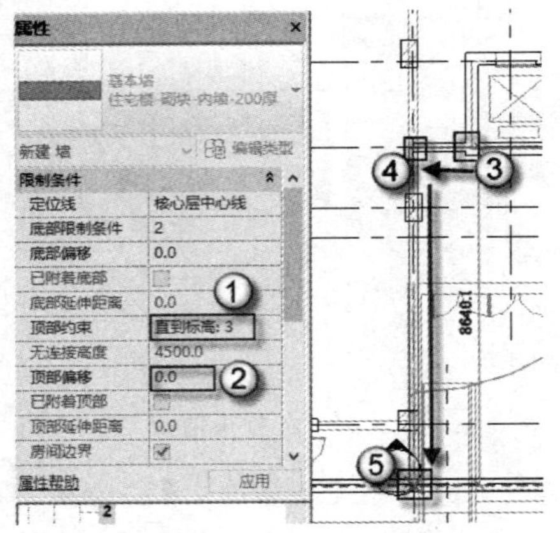

图 2.51　绘制其他内墙

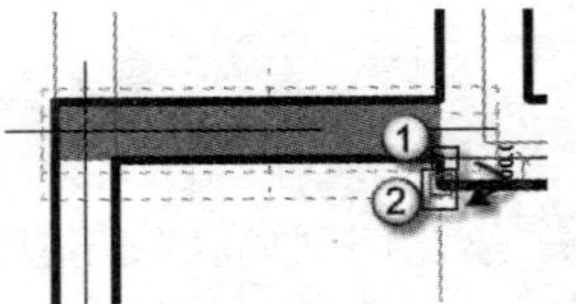

图 2.52　调整其他内墙

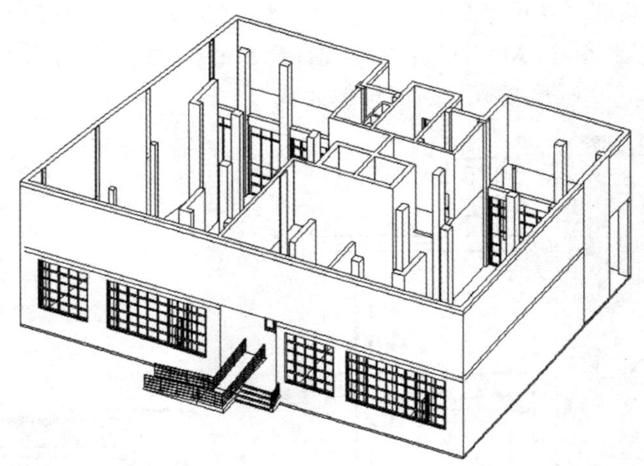

图 2.53　二层内墙三维视图

第3章　门　窗　族

门与窗是建筑物中两个重要的围护构件。门在建筑中的作用主要是交通联系，并兼顾采光和通风。窗的作用是采光、通风和眺望。在设计门窗时，必须根据有关规范和建筑的功能要求决定其形式及尺寸大小，并符合《建筑模数协调标准》(GB/T 50002—2013)的要求，以降低成本和适应建筑工业化生产的需要。

虽然 Revit 软件自带门窗族，但是其不符合我国建筑制图的相关要求，因此需要根据项目的特点，自定义门窗族。

3.1　商铺门窗

本案例的一层为商铺，层高 5.4 m。商铺的门窗在编号上以 S 开头，是商铺汉语拼音的第一个字母。由于一层层高比较高，商铺门窗的高度会比中间层的门窗高一些，其剖切面的选择也应向上提升，否则在项目中会不显示。

3.1.1　商铺窗 SC3

窗是建筑构造物之一。窗扇的开启形式应方便使用、安全、易于清洁。本案例是高层建筑，一层的商铺属于公共建筑范畴，应有固定窗扇的措施。

(1) 选择“公制窗”族样板。单击【程序】→【新建】→【族】，在弹出的【新族-选择样板文件】对话框中选择“公制窗”文件，单击【打开】按钮，进入窗族的设计界面，如图 3.1 所示。

(2) 新建族类型。单击菜单栏中的【族类型】按钮，在弹出的【族类型】对话框中单击【新建】按钮，弹出【名称】对话框，在【名称】一栏中输入“SC3”字样，单击【确定】按钮，如图 3.2 所示。

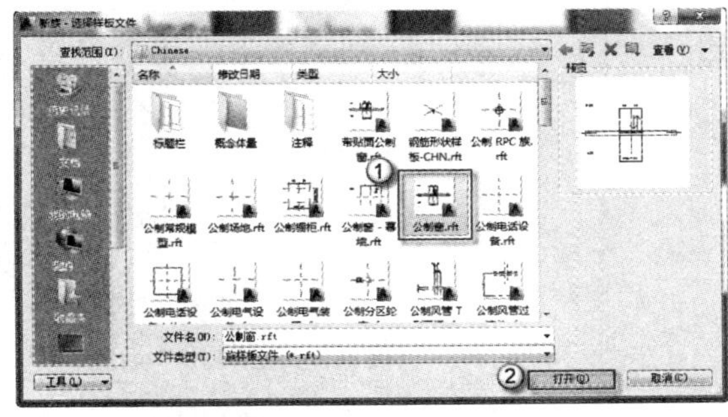

图 3.1　选择样板文件

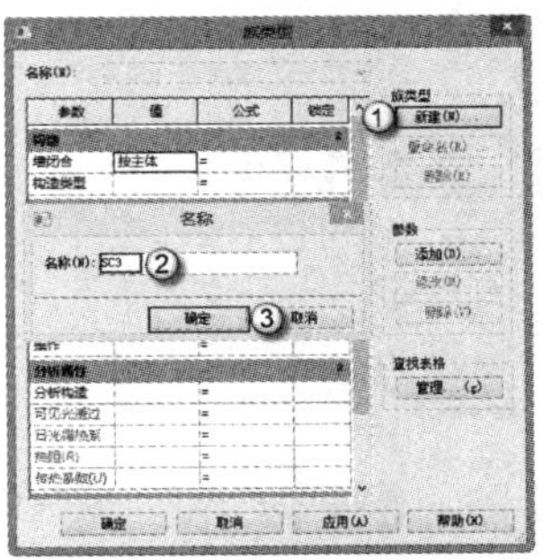

图 3.2　创建 SC3

(3) 修改窗的尺寸标注。继续在【族类型】对话框中,选择屏幕操作区【尺寸标注】标签,在【高度】栏中输入“3300”个单位,在【宽度】栏中输入“1200”个单位,在【默认窗台高】栏中输入“2200”个单位,单击【确定】按钮,如图 3.3 所示。

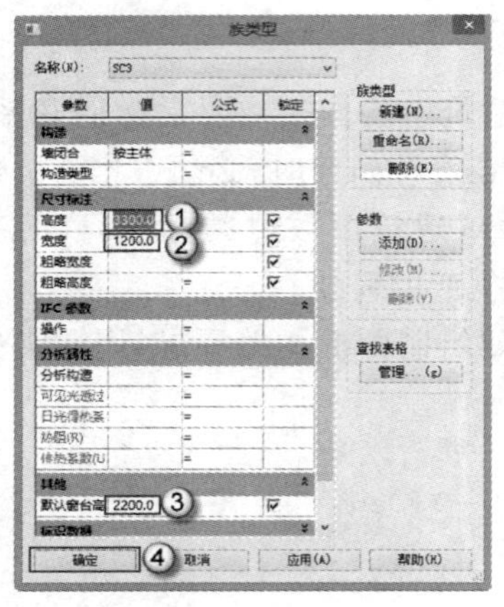

图 3.3　修改窗的尺寸标注

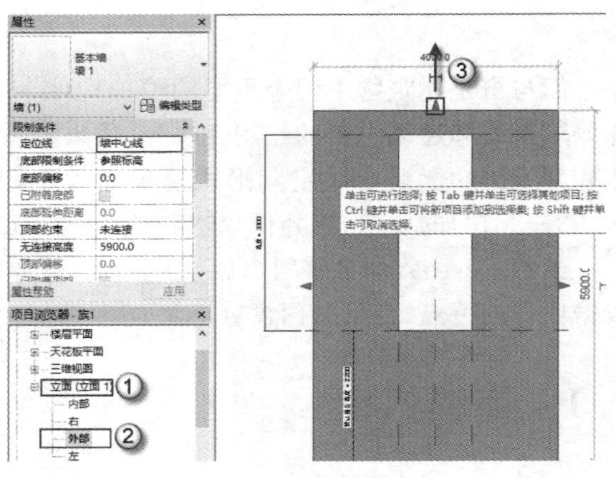

图 3.4　拖动箭头

注意:要保证窗全部被包在墙内,应将墙体按照图示箭头方向向上拖动,直至墙完全包住窗,如图 3.4所示。

(4) 绘制辅助线。单击【项目浏览器】中的【立面(立面 1)】→【外部】,可以进入 SC3 的外部立面视图,按下【RP】键,依次绘制【偏移量】为“600”个单位和【偏移量】为“700”个单位的辅助线,再绘制间距为 700 mm、700 mm、700 mm、600 mm、600 mm 的辅助线,如图 3.5 所示。

(5) 绘制 SC3 窗框。单击【创建】→【拉伸】,进入【修改 | 编辑拉伸】界面,用菜单中的绘制工具将窗框绘制完成,如图 3.6 所示。修改 SC3 窗框的位置及厚度。进入【属性】面板,在【拉伸起点】栏中输入“80”个单位,在【拉伸终点】栏中输入“120”个单位,绘制完成后,单击【√】按钮。

注意:此处窗框间距为 40 个单位,且由于窗框的厚度为 40 mm,左立面图中门以 100 mm 为中心线,因此在此处的【拉伸终点】栏中输入“120”,【拉伸起点】栏中输入“80”。

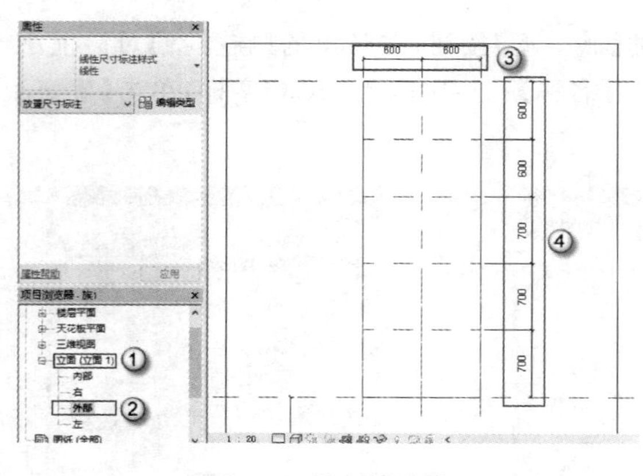

图 3.5　绘制辅助线

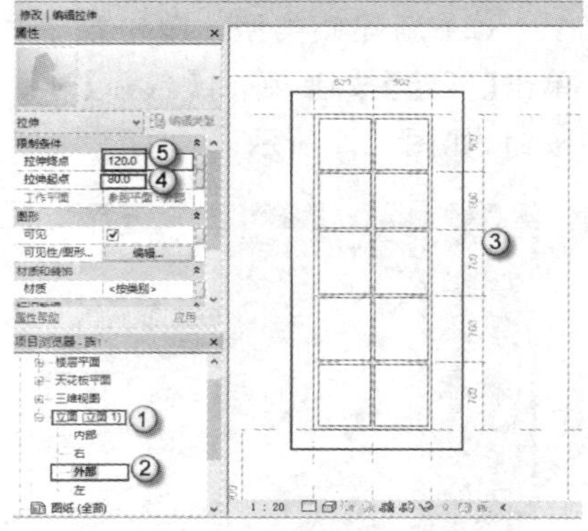

图 3.6　绘制 SC3 窗框

(6) 修改 SC3 窗框的可见性。在窗框的【属性】面板中,单击【图形】标签下的【可见性/图形替换】后的【编辑】按钮，弹出【族图元可见性设置】对话框，去掉“平面/天花板平面视图”和“当在平面/天花板平面视图中被剖切时(如果类别允许)”的勾选，单击【确定】按钮，如图 3.7 所示。

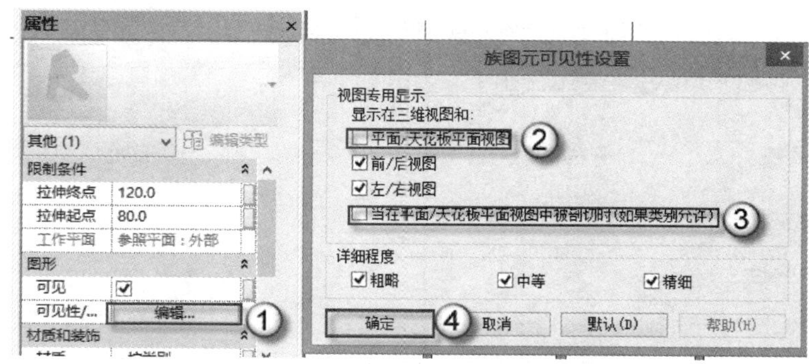

图 3.7　修改 SC3 窗框可见性

(7) 添加材质参数。在窗框的【属性】面板中，单击【材质和装饰】标签下【材质】栏【按类别】右侧的空白按钮(即【关联族参数】按钮)，弹出【关联族参数】对话框，单击【添加参数】按钮，如图 3.8 所示。弹出【参数属性】对话框，单击选择“共享参数”选项，单击【选择】按钮，弹出【未指定共享参数文件】对话框，单击【是】按钮，弹出【编辑共享参数】对话框，如图 3.9 所示。

注意：族参数不能出现在明细表或标注中，而共享参数可以。所以为了保证用 Revit 做完的工程可以直接导入其他算量软件中，应尽量使用共享参数。

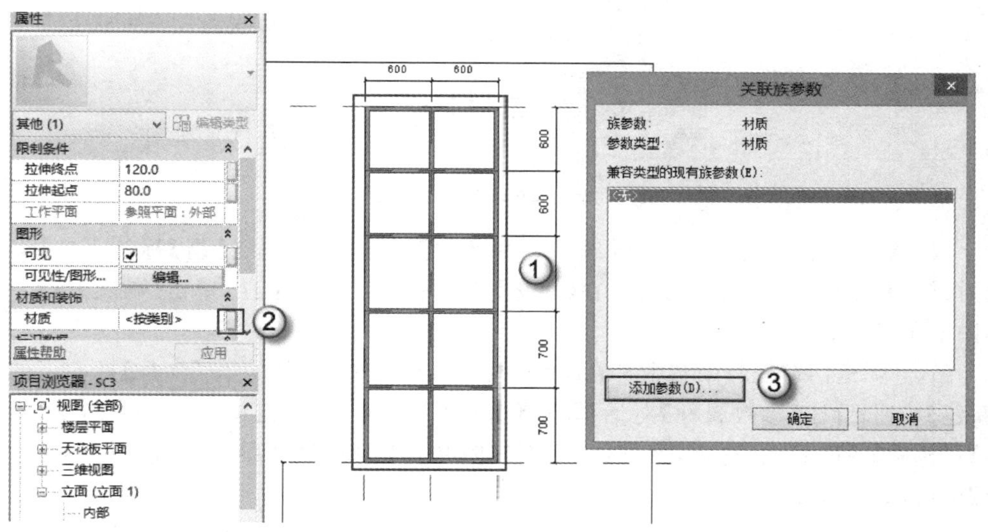

图 3.8　添加材质参数

(8) 创建共享参数文件。在弹出的【编辑共享参数】对话框中，单击【共享参数文件】下的【创建】按钮。弹出【创建共享参数文件】对话框，选择合适的路径，在【文件名】栏中输入“门窗材质”，单击【保存】按钮，如图 3.10 所示。

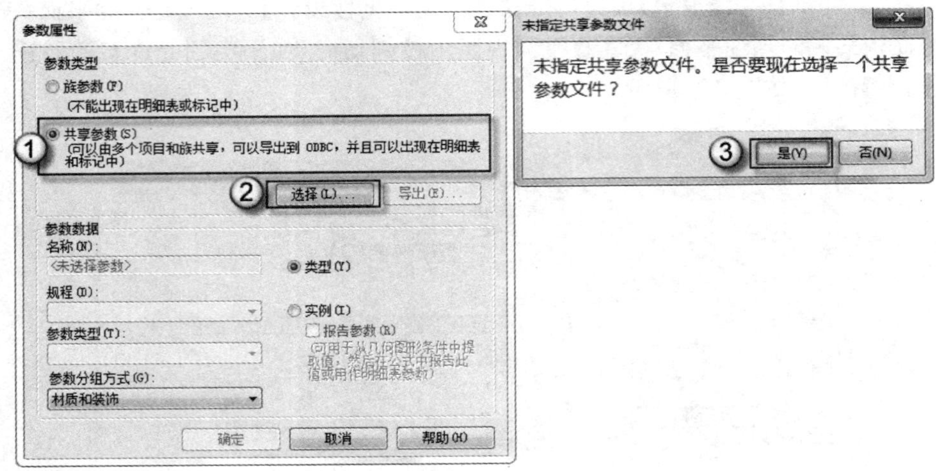

图 3.9 参数属性

图 3.10 创建共享参数文件

(9) 新建门窗框材质组。在【编辑共享参数】对话框中，单击【组】标签下的【新建】按钮，弹出【新参数组】对话框，在【名称】栏中输入“门窗”字样，单击【确定】按钮，如图 3.11 所示。

注意：在【参数属性】对话框中，【参数类型】不可以选择“长度”选项，一定要改为“材质”选项，此处极容易出错，应引起重视。

(10) 新建门窗框材质参数。在【编辑共享参数】对话框中，单击【参数】标签下的【新建】按钮，弹出【参数属性】对话框，在【名称】栏中输入“门窗框材质”，在【参数类型】一栏中选择“材质”选项，单击【确定】按钮，单击【编辑共享参数】对话框中的【确定】按钮，如图 3.12 所示。

(11) 添加门窗框材质参数。在门窗框的【属性】面板中，单击【材质和装饰】标签下【材质】栏【按类别】右侧的空白按钮(即【关联族参数】按钮)，单击【添加参数】按钮，弹出【参数属性】对话框，单击选择“共享参数”选项，在弹出的【共享参数】对话框中的【参数组】一栏中选择“门窗”选项，在【参数】中选择“门窗框材质”选项，单击【确定】按钮，如图 3.13 所示。

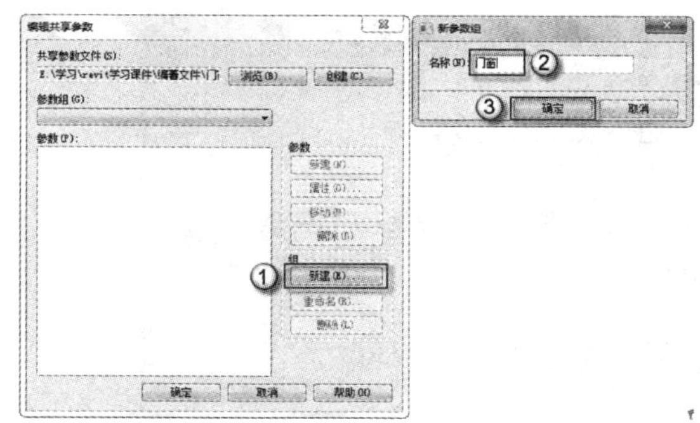

图 3.11　新建门窗框材质组

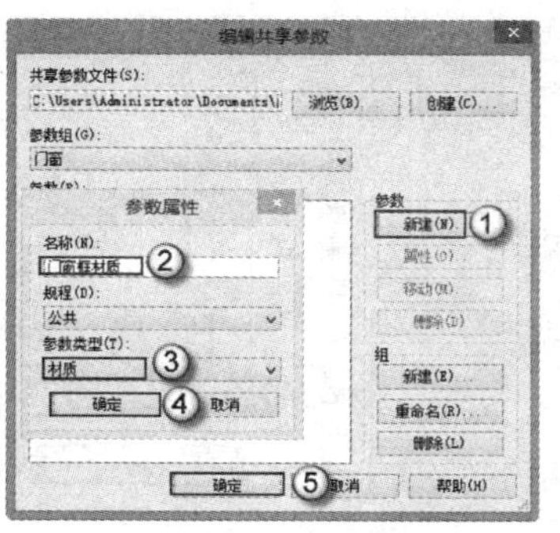

图 3.12　新建门窗框材质参数

（12）绘制 SC3 窗户玻璃。单击【项目浏览器】中的【立面（立面 1）】→【外部】，可以进入 SC3 的外部立面视图。单击【创建】→【拉伸】，进入【修改 | 编辑拉伸】界面，用菜单中的绘制工具将 SC3 窗户玻璃完成，如图 3.14 所示。在【属性】面板中，在【拉伸终点】栏中输入“110”个单位，在【拉伸起点】栏中输入“90”个单位。绘制完成后，单击【√】按钮。

注意：此处窗框的厚度为 20 mm，左立面图中门以 100 mm 为中心线，因此在此处的【拉伸终点】栏中输入“110”，【拉伸起点】栏中输入“90”。

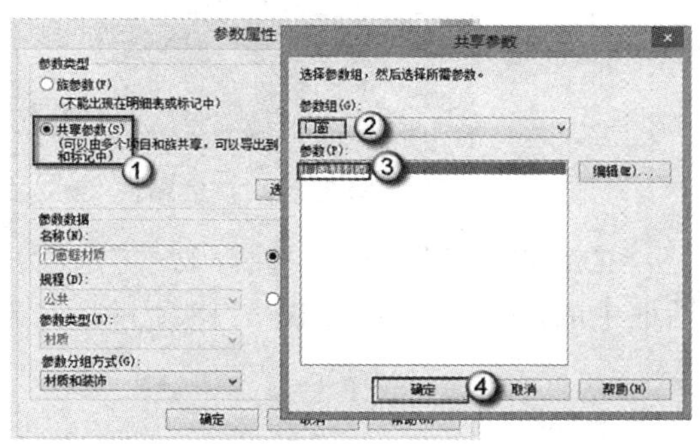

图 3.13　添加门窗框材质参数

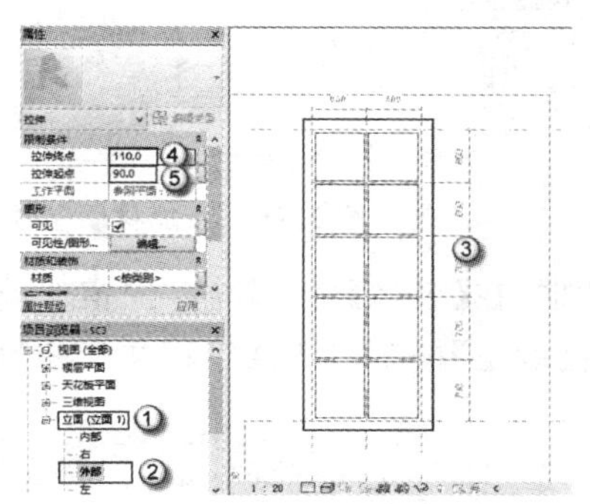

图 3.14　绘制 SC3 窗户玻璃

（13）修改 SC3 窗户玻璃的可见性。在【属性】面板中，单击【图形】标签下的【可见性/图形替换】后的【编辑】按钮，弹出【族图元可见性设置】对话框，去掉“平面/天花板平面视图”和“当在平面/天花板平面视图中被剖切时（如果类别允许）”的勾选，单击【确定】按钮，如图 3.15 所示。

（14）添加材质参数。选择窗框对象，在【属性】面板中，单击【材质和装饰】标签下【材质】栏【按类别】右侧的空白按钮（即【关联族参数】按钮），弹出【关联族参数】对话框，单击【添加参数】按钮，如图 3.16 所示。弹出【参数属性】对话框，选择“共享参数”选项，单击【选择】按钮，如图 3.17 所示。会弹出【未指定共享参数文件】对话框，单击【是】按钮，弹出【编辑共享参数】对话框。

（15）新建门窗玻璃材质参数。在【共享参数】对话框中，单击【编辑】按钮，在弹出的【编辑共享参数】对话框中，单击【参数】标签下的【新建】按钮，弹出【参数属性】对

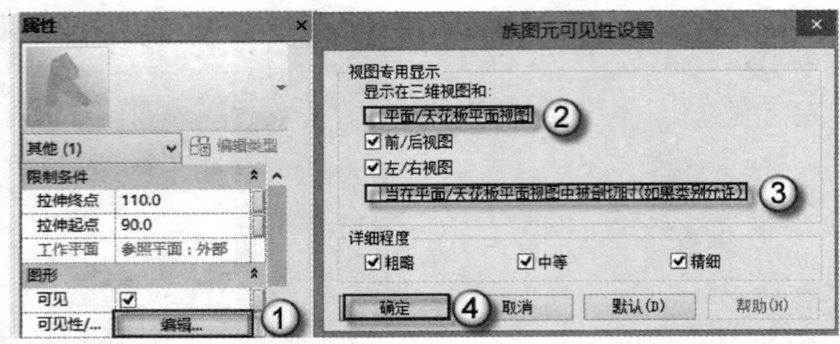

图 3.15 修改 SC3 窗户玻璃的可见性

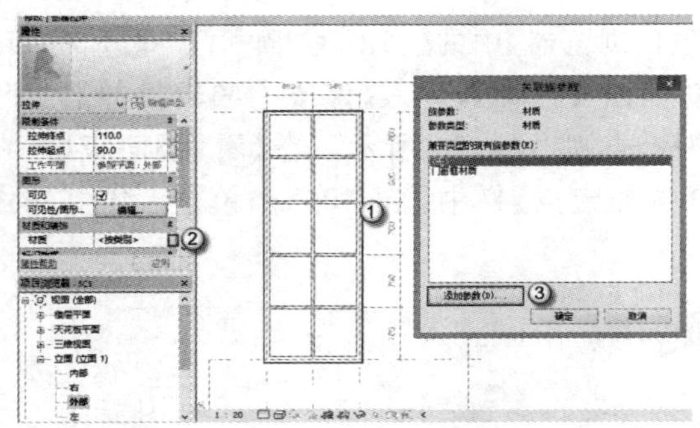

图 3.16 添加材质参数

图 3.17 参数属性

话框，在【名称】栏中输入“门窗玻璃材质”，在【参数类型】一栏中选择“材质”选项，单击【确定】按钮，单击【编辑共享参数】对话框中的【确定】按钮，如图 3.18 所示。

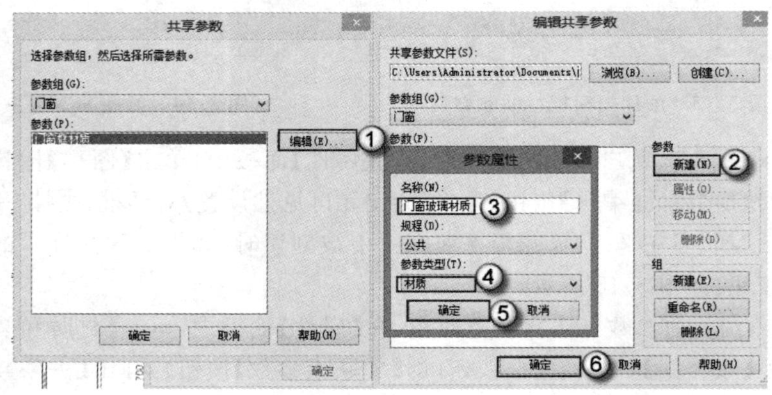

图 3.18 新建门窗玻璃材质参数

(16) 添加门窗玻璃材质参数。在门窗玻璃的【属性】面板中，单击【材质和装饰】标签下【材质】栏【按类别】右侧的空白按钮(即【关联族参数】按钮)，单击【添加参数】按钮，弹出【参数属性】对话框，选择“共享参数”选项，单击【确定】按钮，弹出【共享参数】对话框，在【参数组】一栏中选择“门窗”选项，在【参数】中选择“门窗玻璃材质”选项，单击【确定】按钮，如图3.19所示。

(17) 绘制SC3的立面打开方向符号线。单击【项目浏览器】中的【立面(立面1)】→【外部】，进入窗的外部立面视图。单击【注释】→【符号线】，将【子类型】改为“立面打开方向(投影)”，绘制如图3.20所示窗的打开方向符号线。

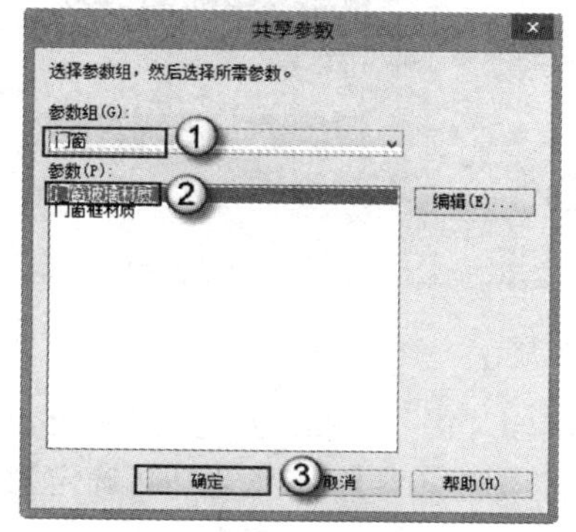

图3.19　添加门窗玻璃材质参数

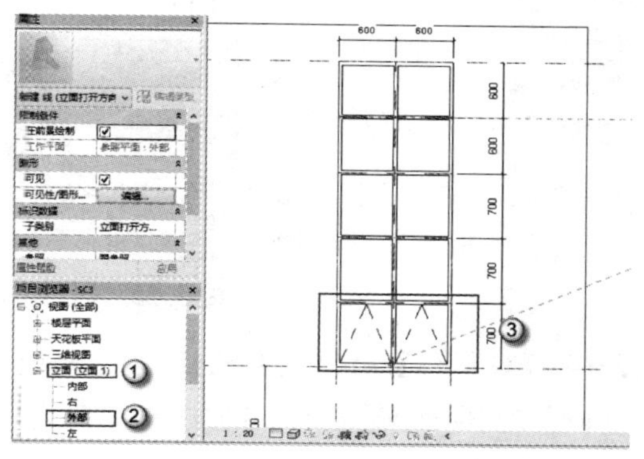

图3.20　绘制SC3的立面打开方向符号线

(18) 绘制SC3的平面可见线。单击【项目浏览器】中的【楼层平面】→【参照标高】，进入窗的参照标高视图。单击【注释】→【符号线】，将【子类型】改为“窗(投影)”选项，绘制如图3.21所示的两根线。这两根线就是窗族插入墙体后在平面图中的两根投影线。

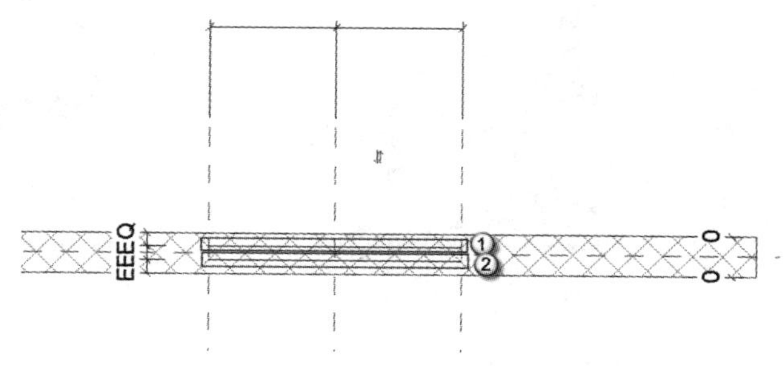

图3.21　绘制SC3的平面可见线

(19) 编辑门窗玻璃材质。单击【族类型】按钮，弹出【族类型】对话框，单击【材质和装饰】标签下【门窗玻璃材质】的【按类别】按钮，弹出【材质浏览器】对话框，选择【主视图】→【Autodesk材质】→【玻璃】→【玻璃】，单击【玻璃】材质将其添加到【项目材质】。选择【项目材质】中的“玻璃”材质，单击【材质浏览器】对话框中的【确定】按钮。如图3.22所示。

(20) 编辑门窗框材质。单击【族类型】按钮，弹出【族类型】对话框，单击【材质和装饰】标签下【门窗框材质】的【按类别】按钮，弹出【材质浏览器】对话框，选择【主视

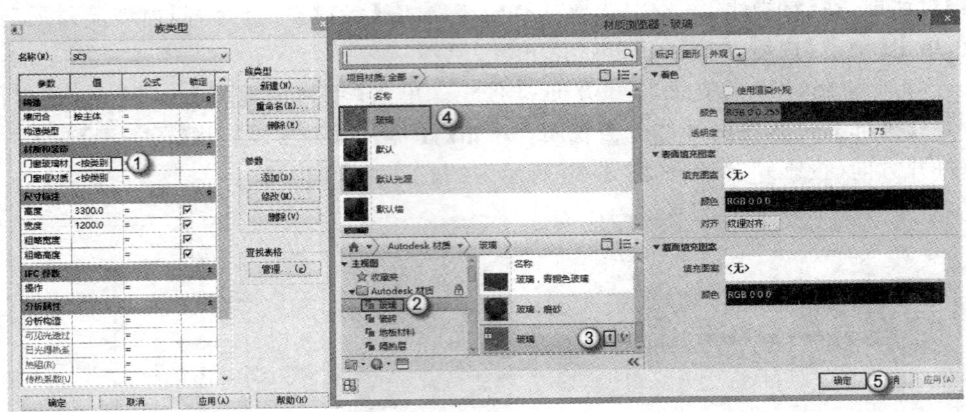

图 3.22　编辑门窗玻璃材质

图】→【AEC 材质】→【金属】→【铝,蓝色阳极电镀】,单击【铝,蓝色阳极电镀】材质,将其重命名为“断桥铝”,并将其收藏到收藏夹,单击【材质浏览器】对话框中的【确定】按钮,如图 3.23 所示。

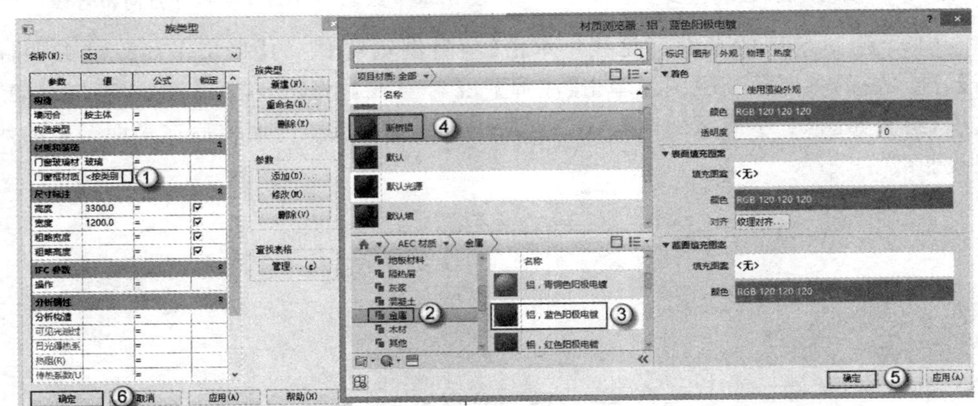

图 3.23　编辑门窗框材质

(21) 保存族 SC3。单击【保存】按钮,将文件保存到指定位置,方便以后使用。按下【F4】键,查看建好的窗族及相应的参数,如图 3.24 所示。

3.1.2　商铺门 SM1

商铺门位于一层,属于公共建筑的范畴。它的形式为金属玻璃门,门板应有加固防盗的相关措施。具体绘制操作如下。

(1) 选择“公制门”族样板。单击【程序】→【新建】→【族】,在弹出的【新族-选择样板文件】对话框中选择“公制门”文件,单击【打开】按钮,进入门族的设计界面,如图 3.25 所示。

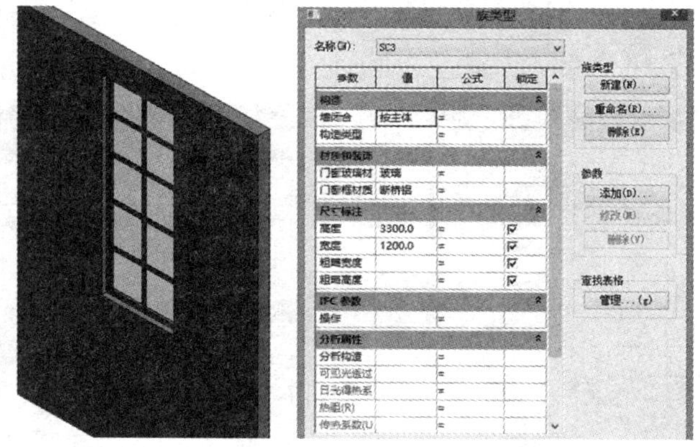

图 3.24　族 SC3 最终效果图及其属性

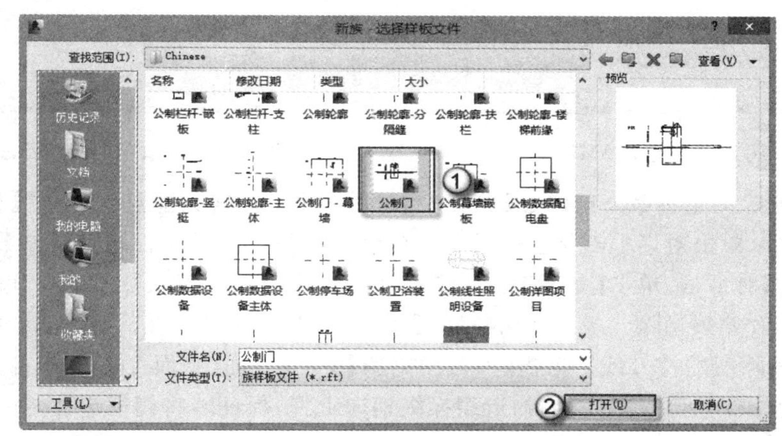

图 3.25　选择样板文件

（2）删除公制门框架。配合【Ctrl】键，依次选中内外侧“框架/竖梃：拉伸”，如图 3.26 所示。按下键盘的【Delete】键，将其删除。删除后效果如图 3.27 所示。

图 3.26　选定“框架/竖梃：拉伸”

图 3.27　删除“框架/竖梃：拉伸”

（3）新建族类型。单击【族类型】按钮，在弹出的【族类型】对话框中单击【新建】按钮，弹出【名称】对话框，在【名称】一栏中输入“SM1”字样，单击【确定】按钮，如图 3.28所示。

（4）修改门的尺寸标注。继续在【族类型】对话框中，在屏幕操作区【尺寸标注】

标签中的【高度】栏中输入“4800”个单位,在【宽度】栏中输入“4150”个单位,单击【确定】按钮,如图 3.29 所示。

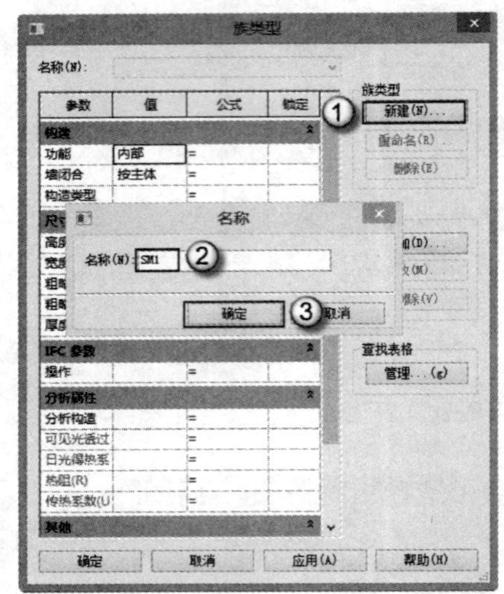

图 3.28 创建 SM1

图 3.29 修改门的尺寸标注

(5) 删除多余参数。继续在【族类型】对话框中,选择【其他】标签下的【框架投影外部.】参数,单击对话框右侧【参数】下的【删除】按钮,弹出【是否删除族参数“框架投影外部.”?】对话框,单击【是】按钮。重复上述步骤,将“框架投影内部.”和“框架宽度”两个无效参数删除。最后单击【确定】按钮,结束族类型编辑。如图 3.30 所示。

(6) 删除门的符号线。单击【项目浏览器】中的【立面(立面 1)】→【外部】,可以进入 SM1 的外部立面视图,将墙的造型操纵柄向上拖,保证墙将门框包住,并删除门的符号线,如图 3.31 所示。

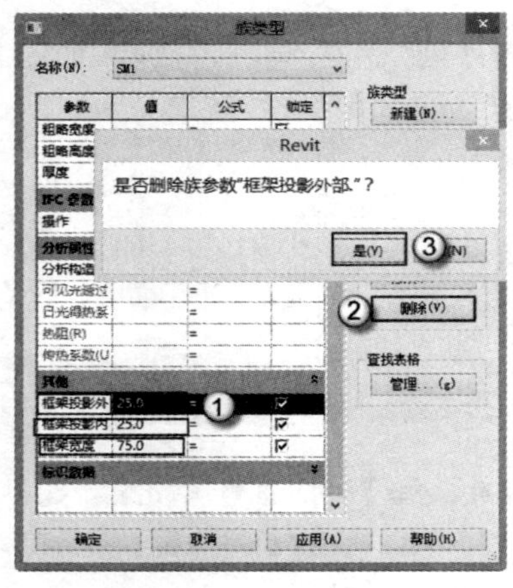

图 3.30 删除多余参数

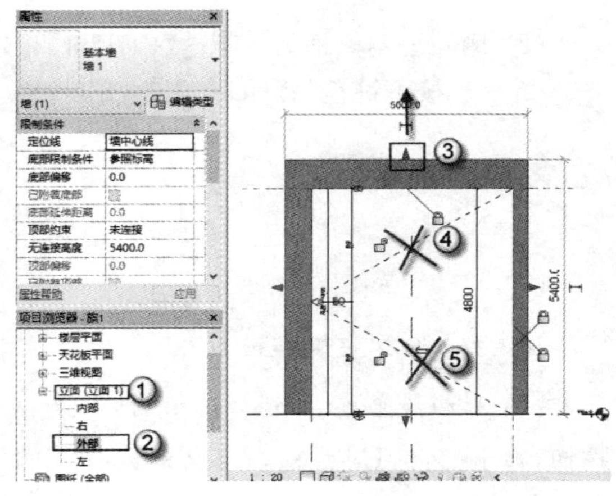

图 3.31 SM1 的外部立面视图

(7) 绘制辅助线。按下【RP】键,在【偏移量】一栏中输入相关数值(具体数值详见配套下载资源中的CAD图纸文件),绘制相应的辅助线,如图3.32所示。

(8) 绘制门框。单击【创建】→【拉伸】,进入【修改 | 编辑拉伸】界面,用菜单中的绘制工具将门框绘制完成,如图3.33所示。绘制完成后,单击【√】按钮。

注意:此处应熟练掌握偏移量的运用,从左向右绘制时,偏移对象在上方;从右向左绘制时,偏移对象在下方。所绘制的门框间距均为"40"个单位。

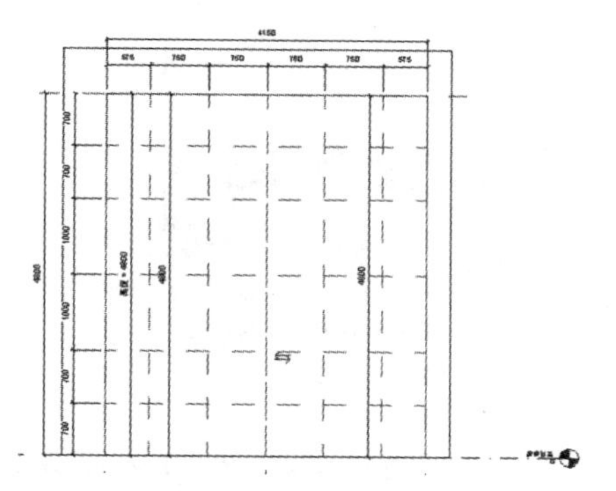

图3.32 绘制辅助线

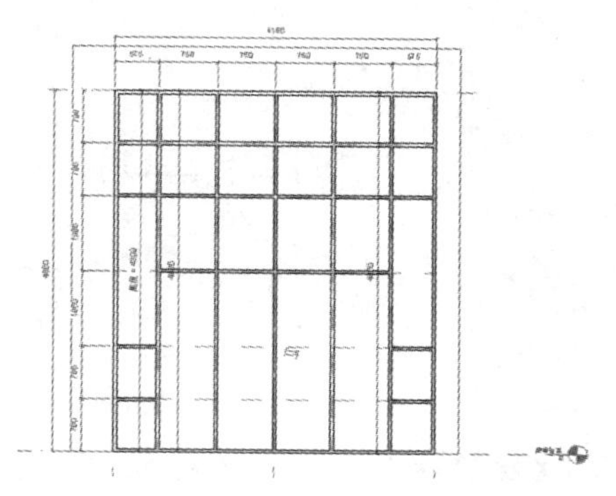

图3.33 绘制门框

(9) SM1的左立面视图。单击【项目浏览器】中的【立面(立面1)】→【左】,可以进入普通门SM1的左立面视图,如图3.34所示。

(10) 修改门框的位置及厚度。单击选择上面绘制好的门框,打开【属性】面板,在【拉伸终点】栏中输入"95"个单位,在【拉伸起点】栏中输入"55"个单位,如图3.35所示。

注意:此处门框的厚度为40 mm,左立面图中门以75 mm为中心线,因此在此处的【拉伸终点】栏中输入"95",【拉伸起点】栏中输入"55"。

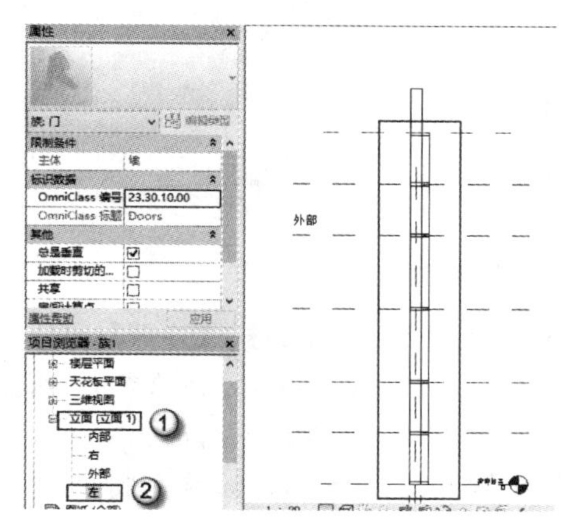

图3.34 SM1的左立面视图

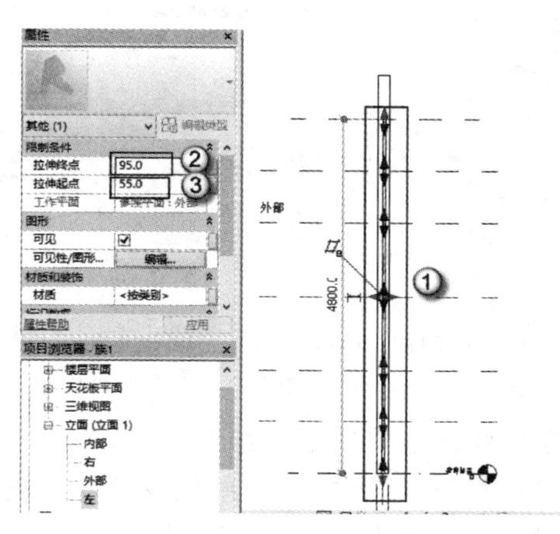

图3.35 修改门框的位置与厚度

(11) 修改门框的可见性。在门框的【属性】面板中,单击【图形】标签下的【可见性/图形替换】后的【编辑】按钮,弹出【族图元可见性设置】对话框,去掉"平面/天花板平面视图"和"当在平面/天花板平面视图中被剖切时(如果类别允许)"的勾选,单击【确定】按钮,如图3.36所示。

注意:在建筑施工图的楼层平面图中,根据相应的规范要求,是不允许出现门框的。而Revit的门族在默认情况下,平面图是有门框的,因此略做调整。

(12) 添加SM1门框材质参数。在门框的【属性】面板中,单击【材质和装饰】标

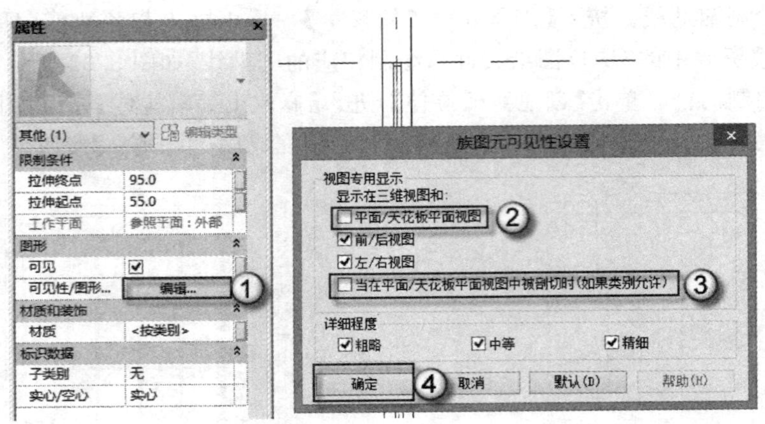

图 3.36　修改门框的可见性

签下【材质】栏【按类别】右侧的空白按钮，弹出【关联族参数】对话框，单击【添加参数】按钮。弹出【参数属性】对话框，单击选择“共享参数”选项，单击【选择】按钮，弹出【共享参数】对话框，在【参数组】一栏中选择“门窗”选项，在【参数】中选择“门窗框材质”选项，单击【确定】按钮。如图 3.37 所示。

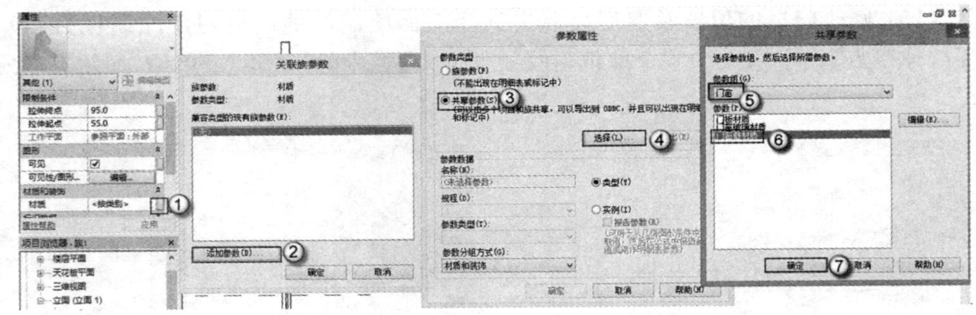

图 3.37　添加 SM1 门框材质参数

注意：此处门板的厚度为 20 mm，左立面图中门以 75 mm 为中心线，因此在此处的【拉伸终点】栏中输入“85”，【拉伸起点】栏中输入“65”。

(13) 绘制 SM1 门板。单击【项目浏览器】中的【立面(立面 1)】→【外部】，可以进入 SM1 的外部立面视图。单击【创建】→【拉伸】，进入【修改 | 编辑拉伸】界面，用菜单中的绘制工具将门板绘制完成，并修改 SM1 门板的厚度。在【属性】面板中，在【拉伸终点】栏中输入“85”个单位，在【拉伸起点】栏中输入“65”个单位，绘制完成后，单击【√】按钮。如图 3.38 所示。

(14) 修改 SM1 门板的可见性。在门板的【属性】面板中，单击【图形】标签下【可见性/图形替换】后的【编辑】按钮，弹出【族图元可见性设置】对话框，去掉“平面/天花板平面视图”和“当在平面/天花板平面视图中被剖切时(如果类别允许)”的勾选，单击【确定】按钮，如图 3.39 所示。

(15) 添加 SM1 门板材质参数。依次在门框的【属性】面板中，单击【材质和装

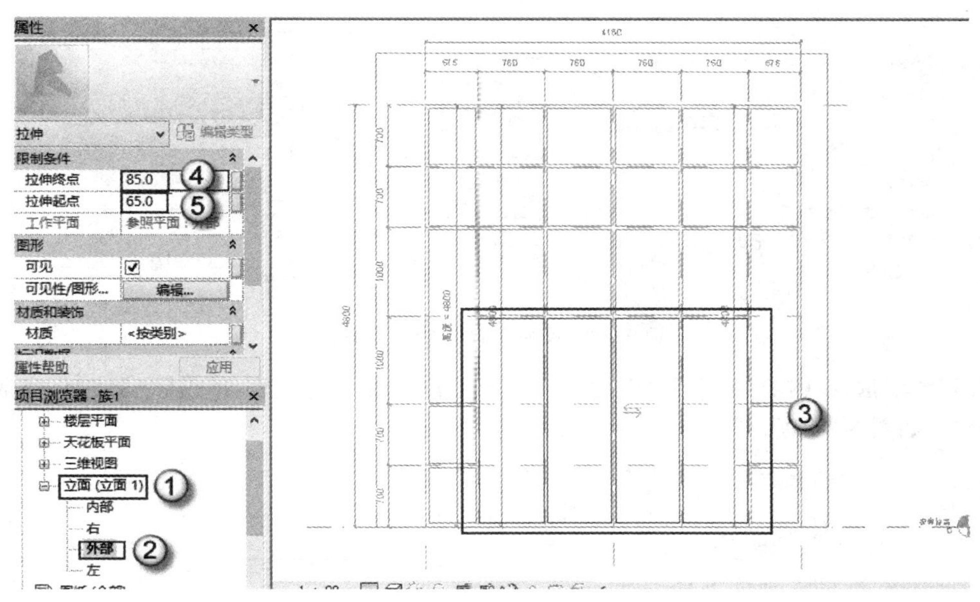

图 3.38　绘制 SM1 门板

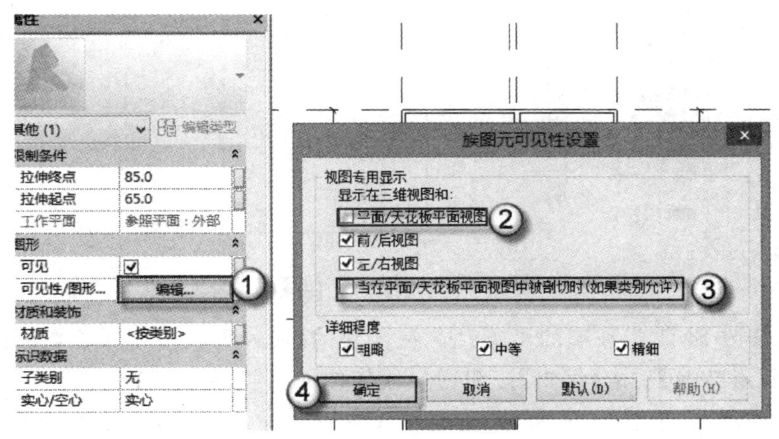

图 3.39　修改 SM1 的门板的可见性

饰】标签下【材质】栏【按类别】右侧的空白按钮，弹出【关联族参数】对话框，单击【添加参数】按钮。弹出【参数属性】对话框，单击选择“共享参数”选项，单击【选择】按钮，弹出【共享参数】对话框，在【参数组】一栏中选择“门窗”选项，在【参数】中选择“门窗框材质”选项，单击【确定】按钮。如图 3.40 所示。

（16）绘制 SM1 门玻璃。单击【项目浏览器】中的【立面(立面 1)】→【外部】，可以进入 SM1 的外部立面视图，单击【创建】→【拉伸】，进入【修改 | 编辑拉伸】界面，用菜单中的绘制工具将 SM1 门玻璃完成，并在【属性】面板中，在【拉伸终点】栏中输入

注意：此处门玻璃的厚度为 20 mm，左立面图中门以 75 mm 为中心线，因此在此处的【拉伸终点】栏中输入“85”，【拉伸起点】栏中输入“65”。

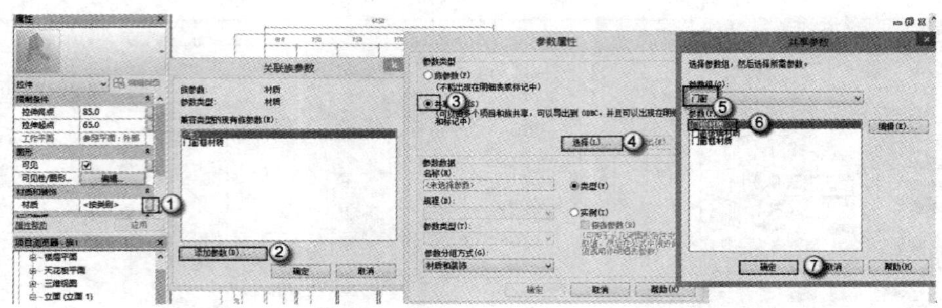

图 3.40 添加 SM1 门板材质参数

“85”个单位，在【拉伸起点】栏中输入“65”个单位。绘制完成后，单击【√】按钮，完成绘制，如图 3.41 所示。

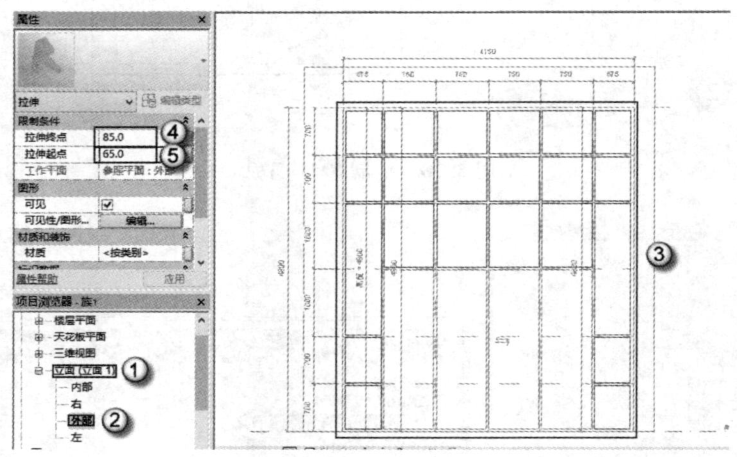

图 3.41 绘制 SM1 门玻璃

(17) 修改 SM1 门玻璃的可见性。在门板的【属性】面板中，单击【图形】标签下【可见性/图形替换】后的【编辑】按钮，弹出【族图元可见性设置】对话框，去掉“平面/天花板平面视图”和“当在平面/天花板平面视图中被剖切时(如果类别允许)”的勾选，单击【确定】按钮，如图 3.42 所示。

(18) 添加 SM1 门玻璃材质参数。在门框的【属性】面板中，单击【材质和装饰】标签下【材质】栏【按类别】右侧的空白按钮，弹出【关联族参数】对话框，单击【添加参数】按钮。弹出【参数属性】对话框，单击选择“共享参数”选项，单击【选择】按钮，弹出【共享参数】对话框，在【参数组】一栏中选择“门窗”选项，在【参数】中选择“门窗框材质”选项，单击【确定】按钮。如图 3.43 所示。

(19) 绘制 SM1 的立面打开方向符号线。单击【项目浏览器】中的【立面(立面 1)】→【外部】，进入窗的外部立面视图。单击【注释】→【符号线】，将【子类型】改为“立面打开方向(投影)”，绘制如图 3.44 所示门的打开方向符号线。

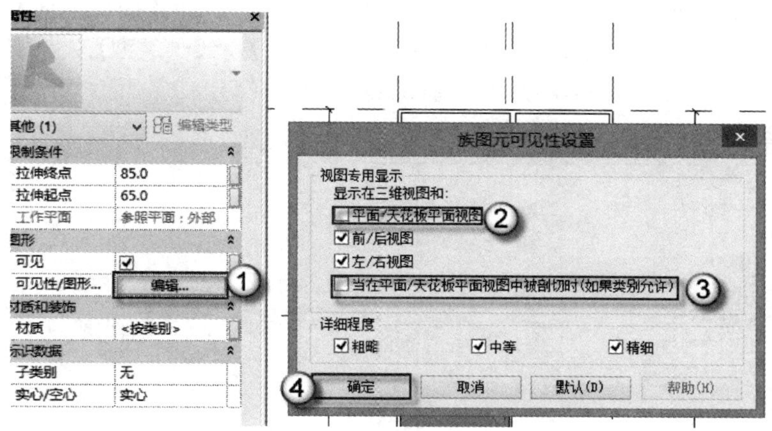

图 3.42　修改 SM1 门玻璃的可见性

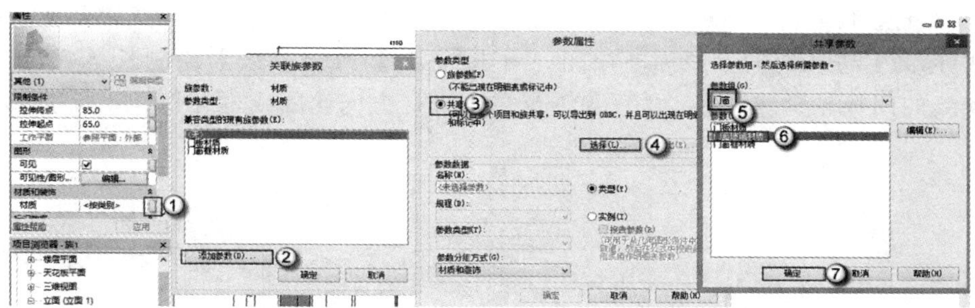

图 3.43　添加 SM1 门玻璃材质参数

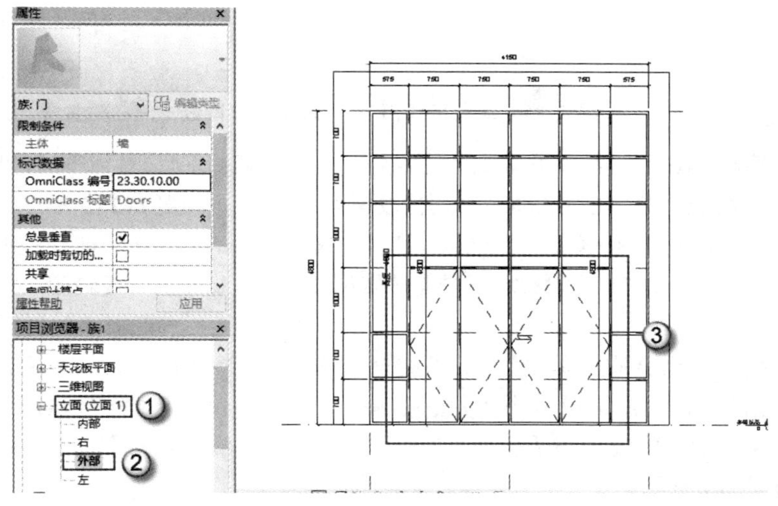

图 3.44　绘制 SM1 的立面打开方向符号线

注意：画此线的目的是保证门插入平面施工图后可见。

(20) 绘制SM1的平面可见线。单击【项目浏览器】中的【楼层平面】→【参照标高】,进入窗的参照标高视图。单击【注释】→【符号线】,将【子类型】改为“门(投影)”,绘制如图3.45所示平面可见线,单击【DI】键,将其三等分。

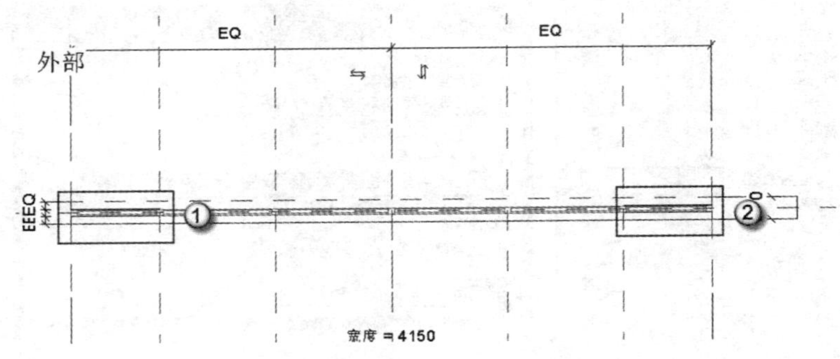

图3.45 绘制SM1的平面可见线

(21) 绘制普通门SM1的平面轮廓线。单击【项目浏览器】中的【楼层平面】→【参照标高】,进入门的参照标高视图。单击【注释】→【符号线】,绘制长750 mm、宽40 mm的门板轮廓线和半径为750 mm的门开启方向轮廓线,如图3.46所示。

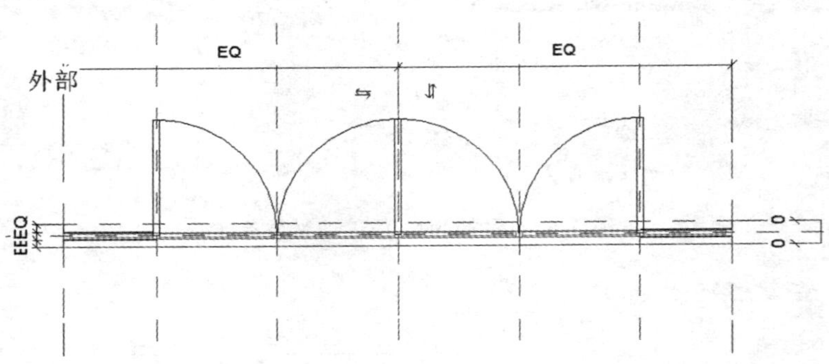

图3.46 绘制普通门SM1的平面轮廓线

(22) 编辑门玻璃材质。单击【族类型】按钮,弹出【族类型】对话框,单击【材质和装饰】标签下【门窗玻璃材质】的【按类别】按钮,弹出【材质浏览器】对话框,选择【主视图】→【Autodesk材质】→【玻璃】→【玻璃】,单击【玻璃】材质将其添加到【项目材质】。选择【项目材质】中的“玻璃”材质,单击【材质浏览器】对话框中的【确定】按钮。如图3.47所示。

(23) 编辑门框材质。单击【族类型】按钮,弹出【族类型】对话框,单击【材质和装饰】标签下【门窗框材质】的【按类别】按钮,弹出【材质浏览器】对话框,选择【主视图】→【收藏夹】→【断桥铝】,单击【断桥铝】材质,再单击【材质浏览器】对话框中的【确定】按钮,如图3.48所示。

(24) 编辑门板材质。单击【族类型】按钮,弹出【族类型】对话框,单击【材质和装饰】标签下【门窗玻璃材质】的【按类别】按钮,弹出【材质浏览器】对话框,选择【主视

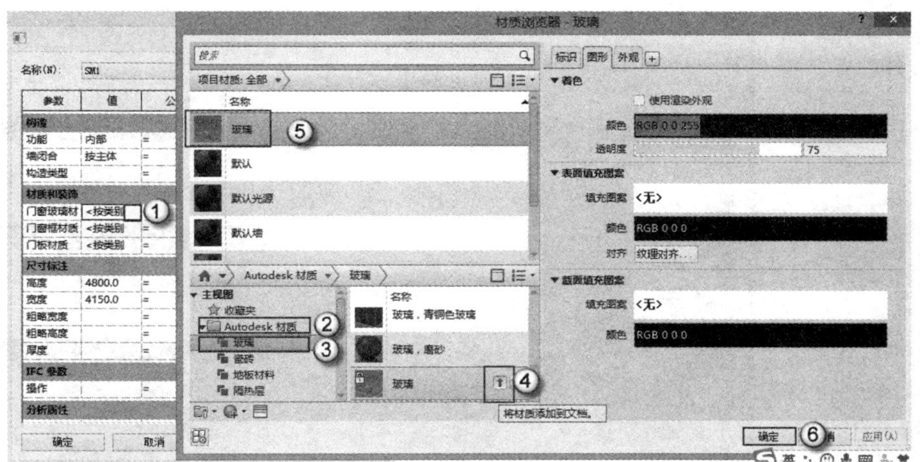

图 3.47　编辑门玻璃材质

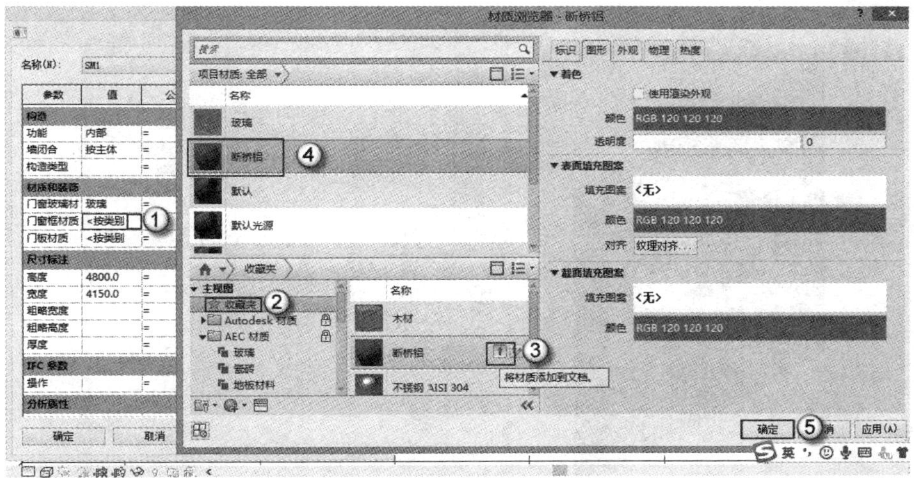

图 3.48　编辑门框材质

图】→【Autodesk 材质】→【玻璃】→【玻璃】，单击【玻璃】材质将其添加到【项目材质】。选择【项目材质】中的“玻璃”材质，单击【材质浏览器】对话框中的【确定】按钮。如图 3.49 所示。

(25) 保存族 SM1。单击【保存】按钮，将文件保存到指定位置，方便以后使用，如图 3.50 所示。

3.1.3　单元入口门 DM2

单元入口门 DM2 位于一层，形式为金属玻璃可视对讲门，门扇有加固防盗的相关措施。具体绘制操作如下。

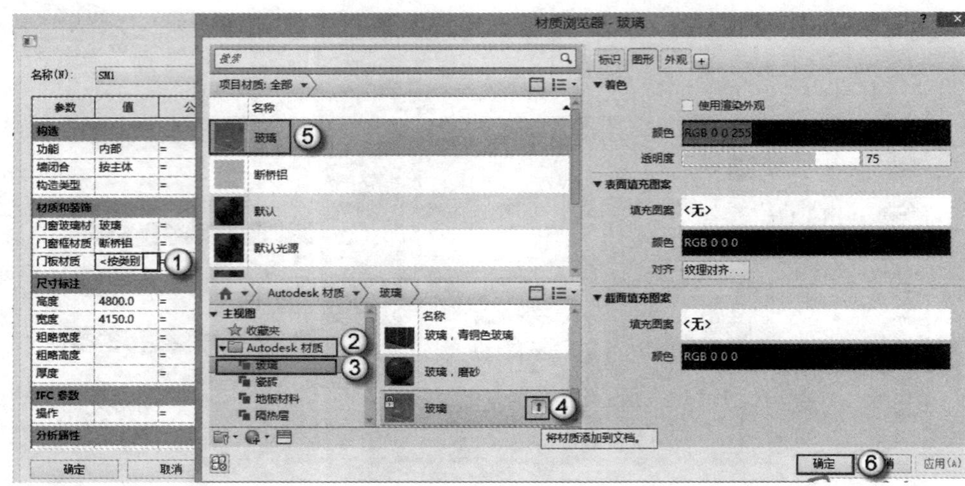

图 3.49　编辑门板材质

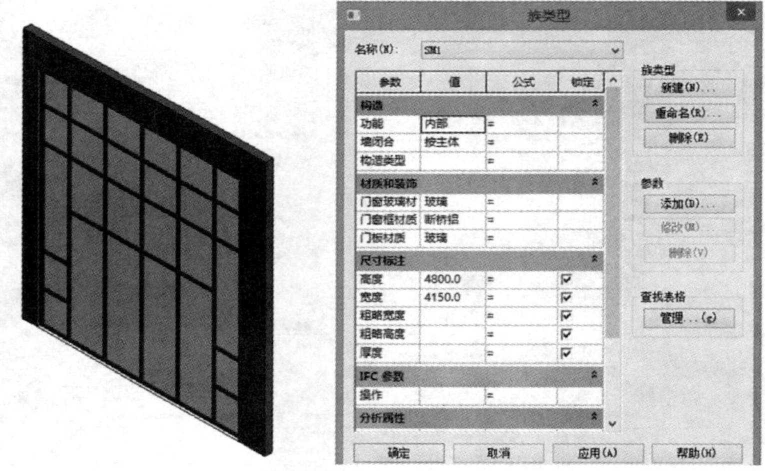

图 3.50　族 SM1 最终效果图及其属性

(1) 选择“公制门”族样板。单击【程序】→【新建】→【族】,在弹出的【新族-选择样板文件】对话框中选择“公制门”文件,单击【打开】按钮,进入门族的设计界面,如图 3.51 所示。

(2) 删除公制门框架。配合【Ctrl】键,依次选中内外侧“框架/竖梃:拉伸”,如图 3.52 所示。按下键盘的【Delete】键,将其删除。删除后,如图 3.53 所示。

(3) 新建族类型。单击【族类型】按钮,在弹出的【族类型】对话框中单击【新建】按钮,弹出【名称】对话框,在【名称】一栏中输入“DM2”字样,单击【确定】按钮,如图 3.54所示。

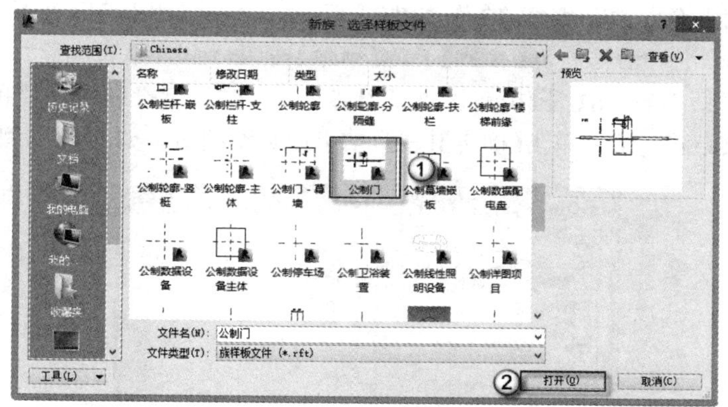

图 3.51　选择样板文件

图 3.52　选定"框架/竖梃:拉伸"　　图 3.53　删除"框架/竖梃:拉伸"

(4) 修改门的尺寸标注。继续在【族类型】对话框中，在屏幕操作区【尺寸标注】标签下的【高度】栏中输入"2400"个单位，在【宽度】栏中输入"3370"个单位，单击【确定】按钮，如图 3.55 所示。

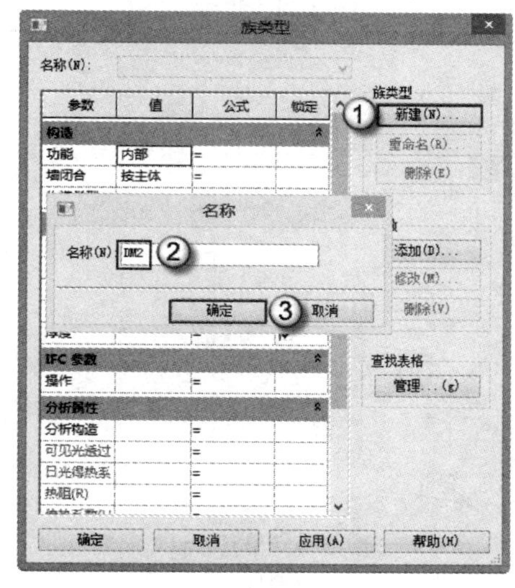

图 3.54　创建 DM2

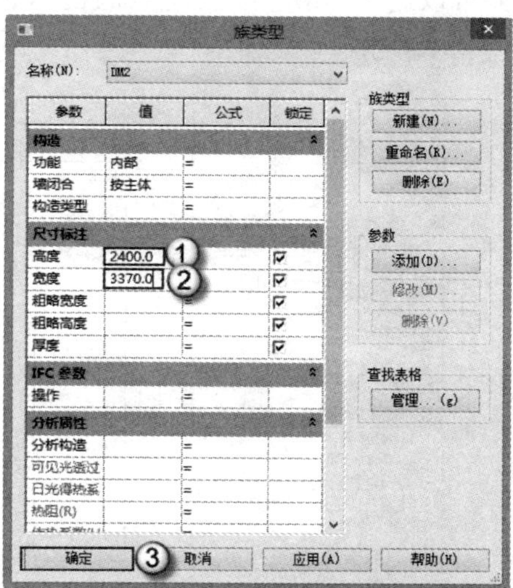

图 3.55　修改门的尺寸标注

(5) 删除多余参数。继续在【族类型】对话框中,单击【其他】标签下的【框架投影外部.】参数,单击对话框右侧【参数】下的【删除】按钮,弹出【是否删除族参数“框架投影外部.”?】对话框,单击【是】按钮。重复上述步骤,将“框架投影内部.”和“框架宽度”两个无效参数删除。最后单击【确定】按钮,结束族类型编辑。如图 3.56 所示。

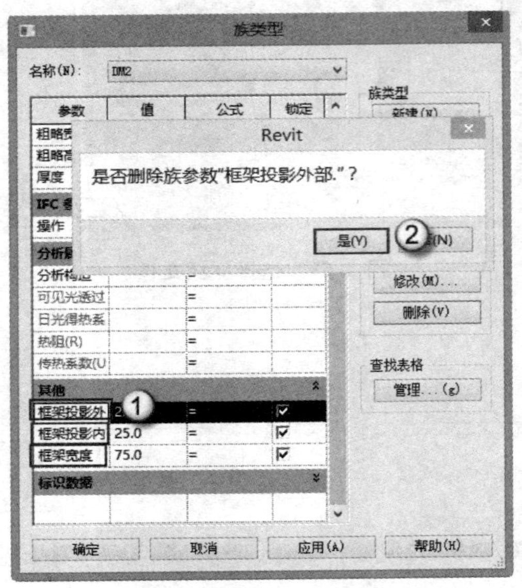

图 3.56　删除多余参数

(6) 删除门的开启方向符号线。单击【项目浏览器】中的【立面(立面 1)】→【外部】,可以进入 DM2 的外部立面视图,删除门的开启方向符号线,如图 3.57 所示。

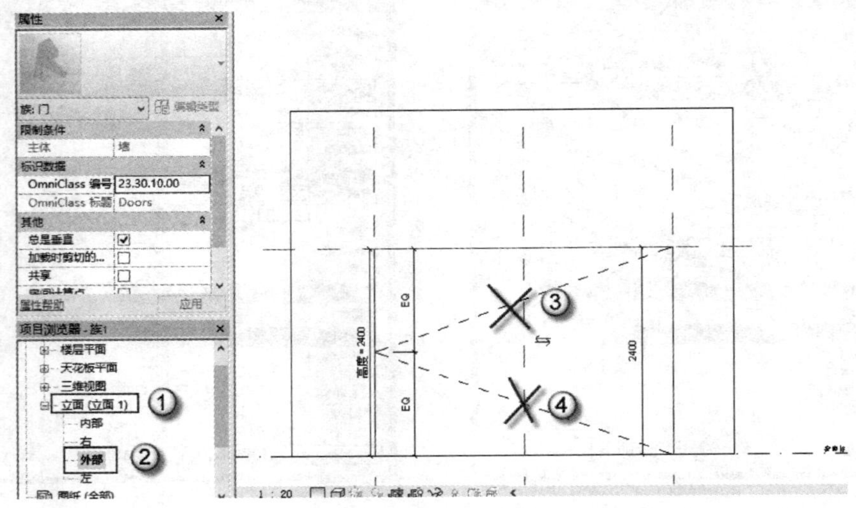

图 3.57　DM1 的外部立面视图

(7) 绘制辅助线。按下【RP】键，在【偏移量】一栏中输入相关数值(具体数值详见配套下载资源中的 CAD 图纸文件)，绘制相应的辅助线，如图 3.58 所示。

注意：此处应熟练掌握偏移量的运用，从左向右绘制时，偏移对象在上方；从右向左绘制时，偏移对象在下方。所绘制的门框间距均为“40”个单位。

(8) 绘制门框。单击【创建】→【拉伸】，进入【修改丨编辑拉伸】界面，用菜单中的绘制工具将门框绘制完成，如图 3.59 所示。绘制完成后，单击【√】按钮。

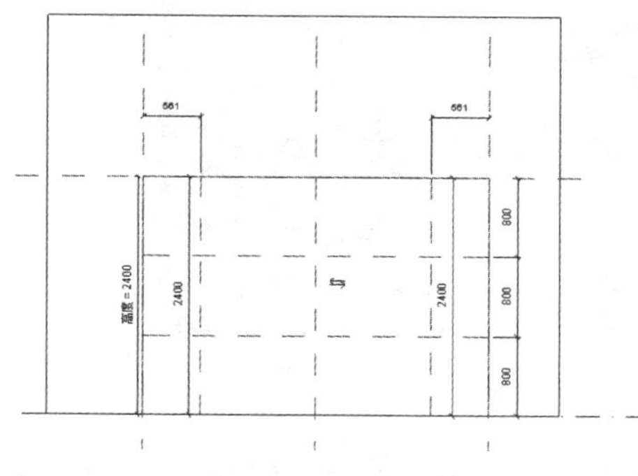

图 3.58　绘制辅助线

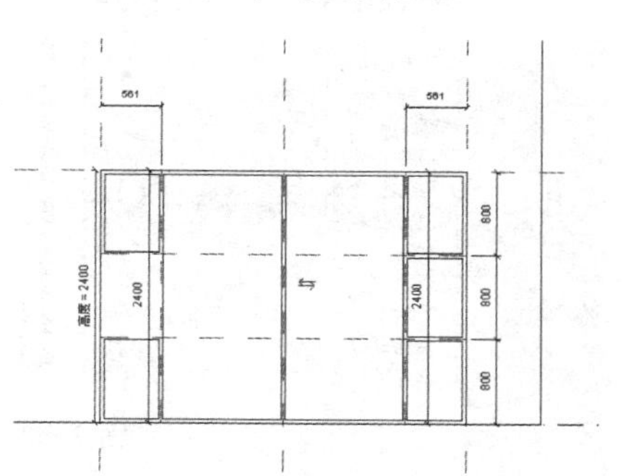

图 3.59　绘制门框

(9) 进入 DM2 的左立面视图。单击【项目浏览器】中的【立面(立面 1)】→【左】，可以进入 DM2 的左立面视图，如图 3.60 所示。

(10) 修改门框的位置及厚度。单击选择上面绘制好的门框，打开【属性】面板，在【拉伸终点】栏中输入“95”个单位，在【拉伸起点】栏中输入“55”个单位，如图3.61所示。

注意：此处门框的厚度为 40 mm，左立面图中门以 75 mm 为中心线，因此在此处的【拉伸终点】栏中输入“95”，【拉伸起点】栏中输入“55”。

图 3.60　进入 DM2 的左立面视图

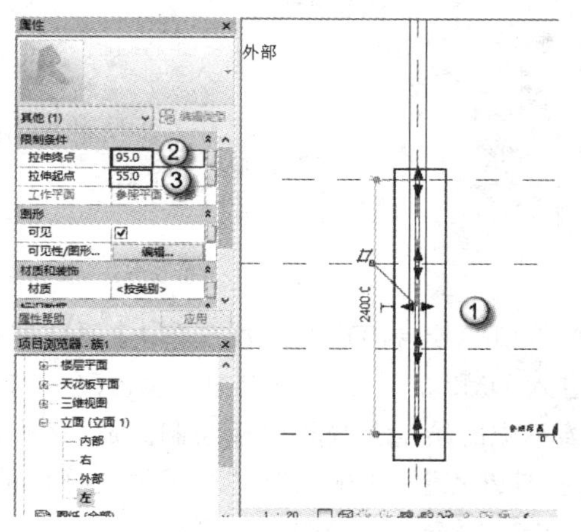

图 3.61　修改门框的位置及厚度

(11) 修改门框的可见性。在门框的【属性】面板中，单击【图形】标签下【可见性/图形替换】后的【编辑】按钮，弹出【族图元可见性设置】对话框，去掉“平面/天花板平面视图”和“当在平面/天花板平面视图中被剖切时(如果类别允许)”的勾选，单击【确定】按钮，如图 3.62 所示。

(12) 添加 DM2 门框材质参数。在门框的【属性】面板中，单击【材质和装饰】标签下【材质】栏【按类别】右侧的空白按钮，弹出【关联族参数】对话框，单击【添加参数】

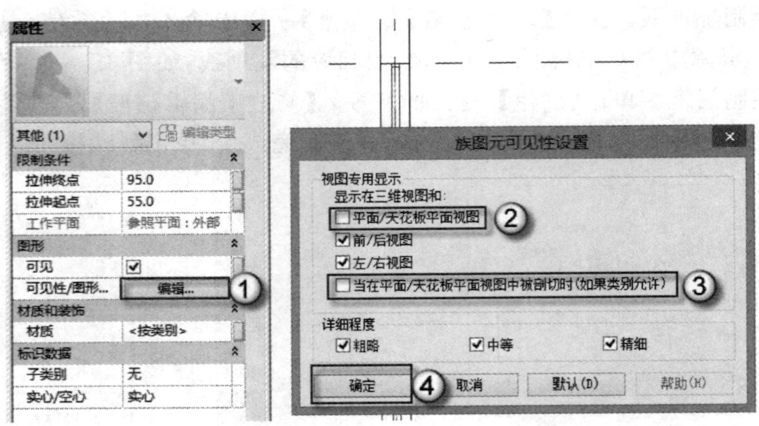

图 3.62　修改门框的可见性

按钮。弹出【参数属性】对话框，单击选择“共享参数”选项，单击【选择】按钮，弹出【共享参数】对话框，在【参数组】一栏中选择“门窗”选项，在【参数】中选择“门窗框材质”选项，单击【确定】按钮。如图 3.63 所示。

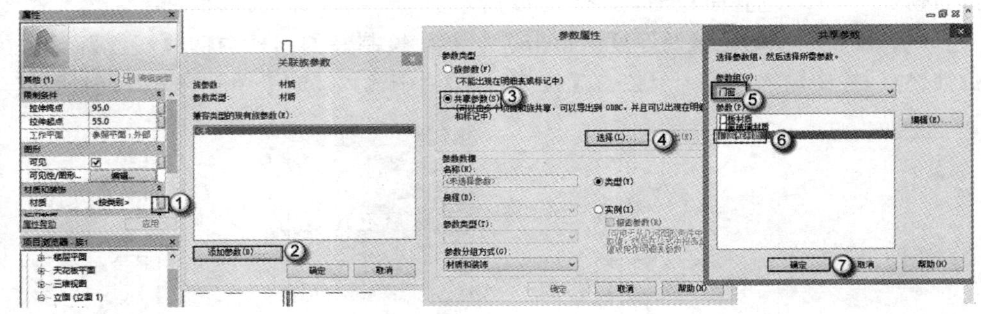

图 3.63　添加 DM2 门框材质参数

注意：此处门板的厚度为 20 mm，左立面图中门以 75 mm 为中心线，因此在此处的【拉伸终点】栏中输入“85”，【拉伸起点】栏中输入“65”。

(13) 绘制 DM2 门板。单击【项目浏览器】中的【立面(立面 1)】→【外部】，可以进入 DM2 的外部立面视图。单击【创建】→【拉伸】，进入【修改 | 编辑拉伸】界面，用菜单中的绘制工具将门板绘制完成，并修改 DM2 门板的厚度。在【属性】面板中，在【拉伸终点】栏中输入“85”个单位，在【拉伸起点】栏中输入“65”个单位，绘制完成后，单击【√】按钮。如图 3.64 所示。

(14) 修改门板的可见性。在门板的【属性】面板中，单击【图形】标签下【可见性/图形替换】后的【编辑】按钮，弹出【族图元可见性设置】对话框，去掉“平面/天花板平面视图”和“当在平面/天花板平面视图中被剖切时(如果类别允许)”的勾选，单击【确定】按钮，如图 3.65 所示。

(15) 添加 DM2 门板材质参数。在【属性】面板中，单击【材质和装饰】标签下【材质】栏【按类别】右侧的空白按钮，弹出【关联族参数】对话框，单击【添加参数】按钮。

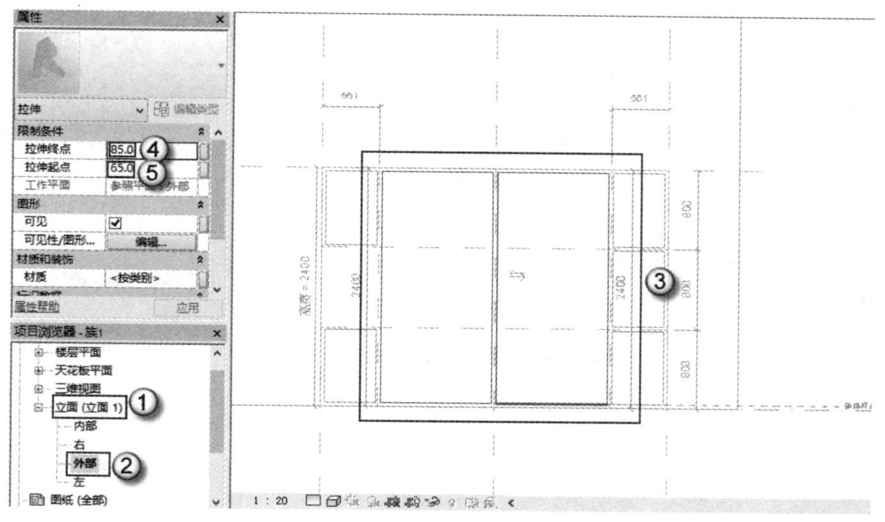

图 3.64　绘制 DM2 门板

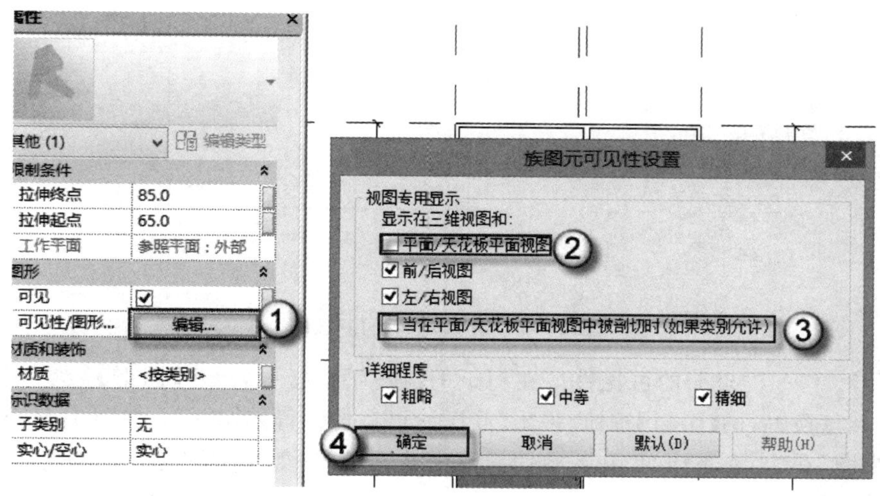

图 3.65　修改门板的可见性

弹出【参数属性】对话框，单击选择“共享参数”选项，单击【选择】按钮，弹出【共享参数】对话框，在【参数组】一栏中选择“门窗”选项，在【参数】中选择“门窗框材质”选项，单击【确定】按钮，如图 3.66 所示。

(16) 绘制 DM2 门玻璃。单击【项目浏览器】中的【立面(立面 1)】→【外部】，可以进入 DM2 的外部立面视图，单击【创建】→【拉伸】，进入【修改 | 编辑拉伸】界面，用菜单中的绘制工具将 DM2 门玻璃完成。在【属性】面板中，在【拉伸终点】栏中输入“85”个单位，在【拉伸起点】栏中输入“65”个单位。绘制完成后，单击【√】按钮。如图 3.67 所示。

注意：此处门玻璃的厚度为 20 mm，左立面图中门以 75 mm 为中心线，因此在此处的【拉伸终点】栏中输入“85”，【拉伸起点】栏中输入“65”。

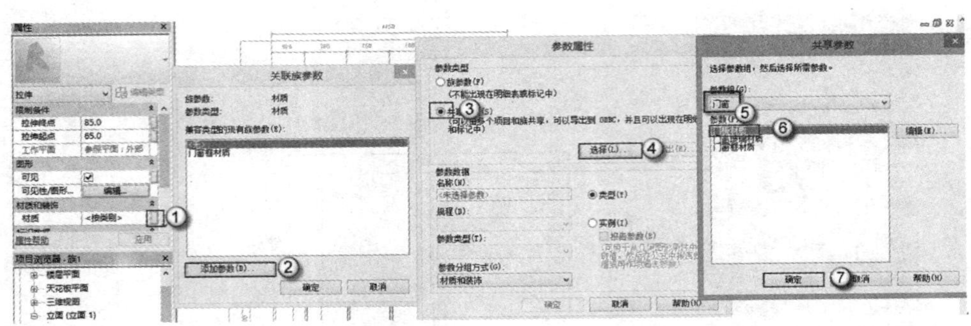

图 3.66　添加 DM2 门板材质参数

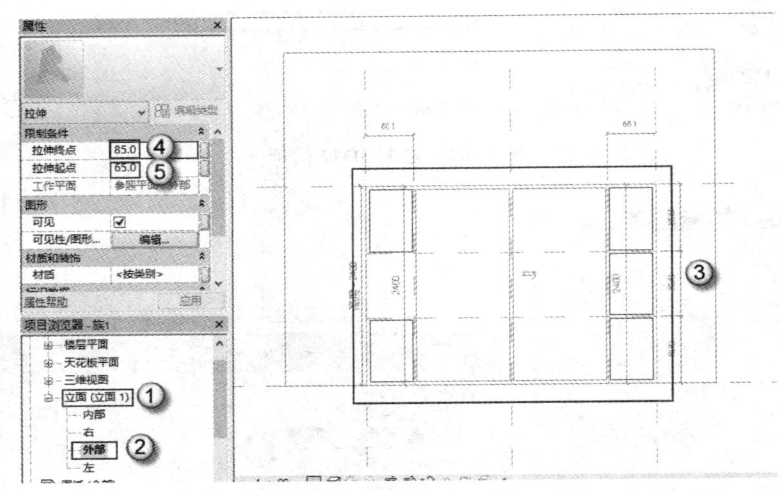

图 3.67　绘制 DM2 门户玻璃

(17) 修改门玻璃的可见性。在门板的【属性】面板中，单击【图形】标签下【可见性/图形替换】后的【编辑】按钮，弹出【族图元可见性设置】对话框，去掉"平面/天花板平面视图"和"当在平面/天花板平面视图中被剖切时(如果类别允许)"的勾选，单击【确定】按钮，如图 3.68 所示。

(18) 添加 DM2 门玻璃材质参数。在门玻璃的【属性】面板中，单击【材质和装饰】标签下【材质】栏【按类别】右侧的空白按钮，弹出【关联族参数】对话框，单击【添加参数】按钮。弹出【参数属性】对话框，单击选择"共享参数"选项，单击【选择】按钮，弹出【共享参数】对话框，在【参数组】一栏中选择"门窗"选项，在【参数】中选择"门窗玻璃材质"选项，单击【确定】按钮。如图 3.69 所示。

(19) 绘制可视对讲。绘制相关辅助线，单击【项目浏览器】中的【立面(立面1)】→【外部】，可以进入 DM2 的外部立面视图，单击【创建】→【拉伸】，进入【修改 | 编辑拉伸】界面，用菜单中的绘制工具将 DM2 的可视对讲绘制完成，如图 3.70所示。

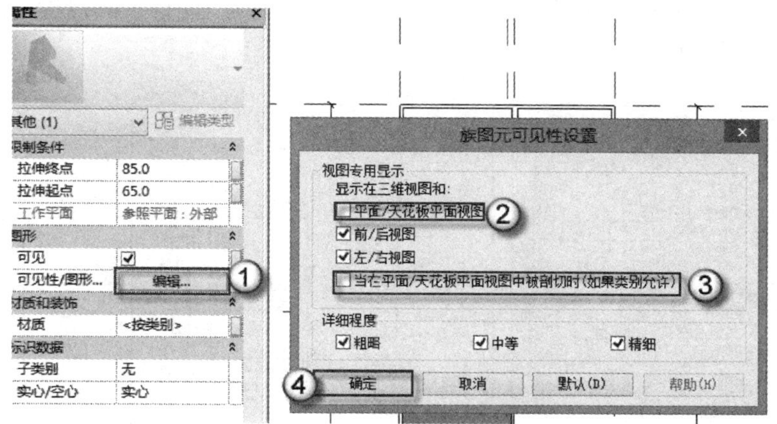

图 3.68　修改门玻璃的可见性

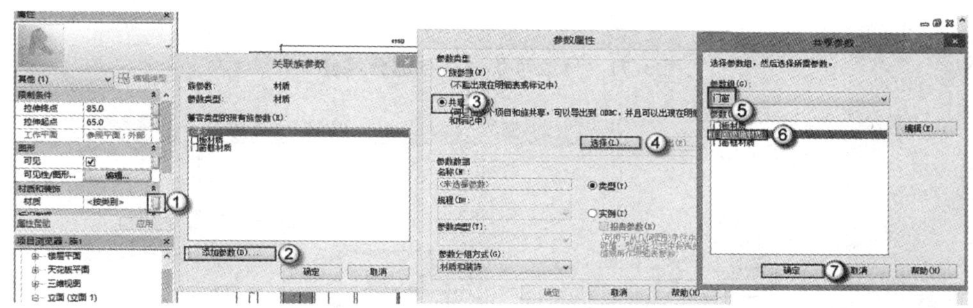

图 3.69　添加 DM2 门玻璃材质参数

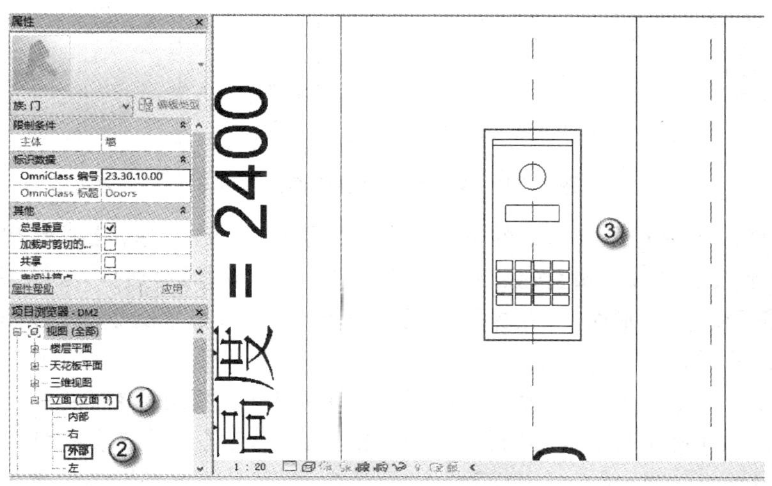

图 3.70　绘制可视对讲

(20) 修改可视对讲各部分厚度。单击可视对讲各部分,修改其厚度,如图 3.71、图 3.72、图 3.73 所示。

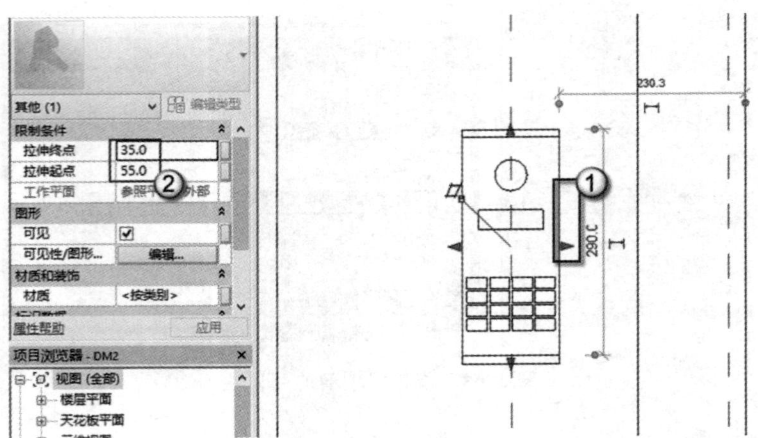

图 3.71 修改可视对讲各部分厚度 1

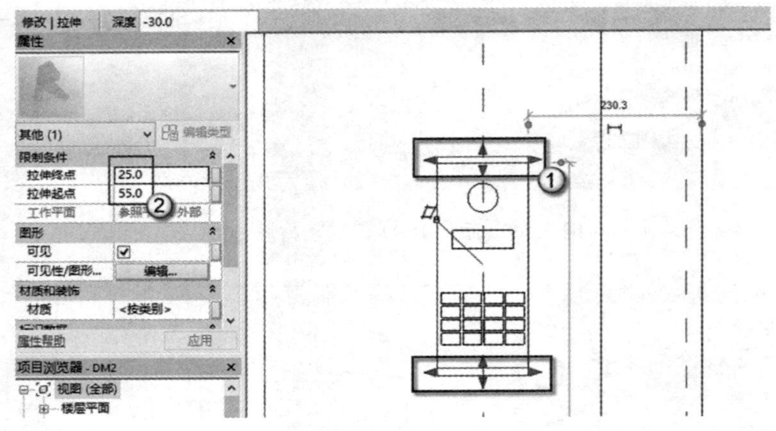

图 3.72 修改可视对讲各部分厚度 2

(21) 修改可视对讲各部分的可见性。在【属性】面板中,单击【图形】标签下【可见性/图形替换】后的【编辑】按钮,弹出【族图元可见性设置】对话框,去掉“平面/天花板平面视图”和“当在平面/天花板平面视图中被剖切时(如果类别允许)”的勾选,单击【确定】按钮,如图 3.74 所示。

注意:如果无可视对讲共享参数,请依照上述创建门窗共享参数的方法创建。

(22) 添加可视对讲材质参数。在可视对讲各部分的【属性】面板中,单击【材质和装饰】标签下【材质】栏【按类别】右侧的空白按钮,弹出【关联族参数】对话框,单击【添加参数】按钮。弹出【参数属性】对话框,单击选择“共享参数”选项,单击【选择】按钮,弹出【共享参数】对话框,在【参数组】一栏中选择“门窗”选项,在【参数】中选择“不锈钢材质”选项,单击【确定】按钮。如图 3.75 所示。

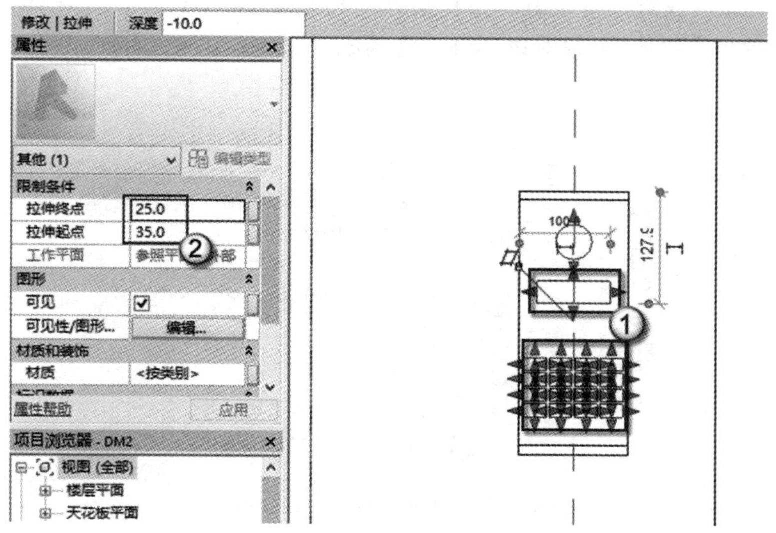

图 3.73 修改可视对讲各部分厚度 3

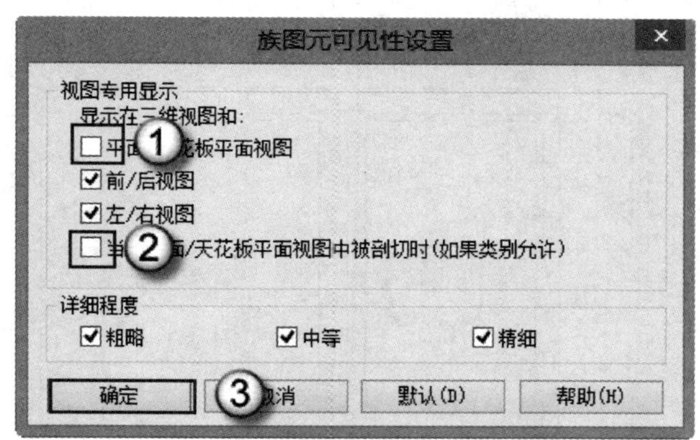

图 3.74 修改可视对讲各部分的可见性

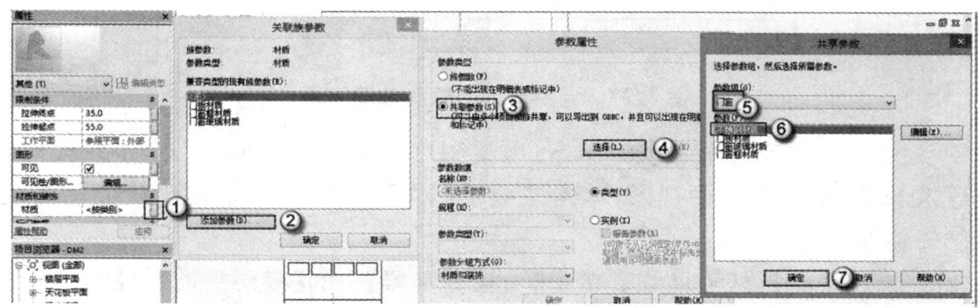

图 3.75 添加可视对讲材质参数

(23) 创建可视对讲模型组。选择可视对讲对象,按下【GP】键,在弹出的【创建模型组】对话框中输入"可视对讲"字样,将其成组,如图 3.76 所示。

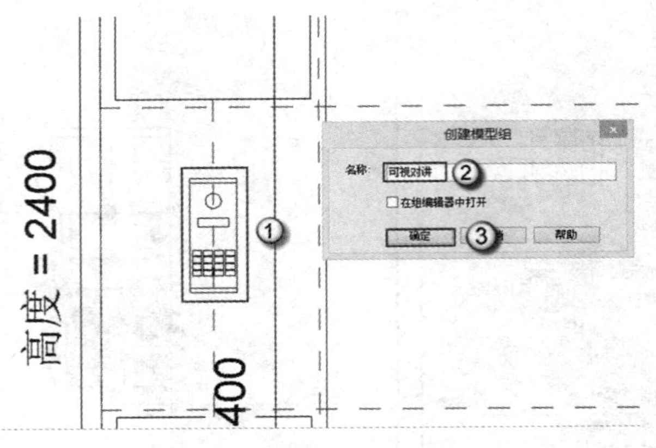

图 3.76 创建可视对讲模型组

注意:由于需要画拉手杆,故需调整部分门框以及玻璃间距。

(24) 调整部分门框和玻璃间距。单击【项目浏览器】中的【立面(立面 1)】→【外部】,可以进入 DM2 的外部立面视图,双击门框下面部分和中间部分,调整门框间距,如图 3.77 所示。重复以上步骤,调整玻璃间距。

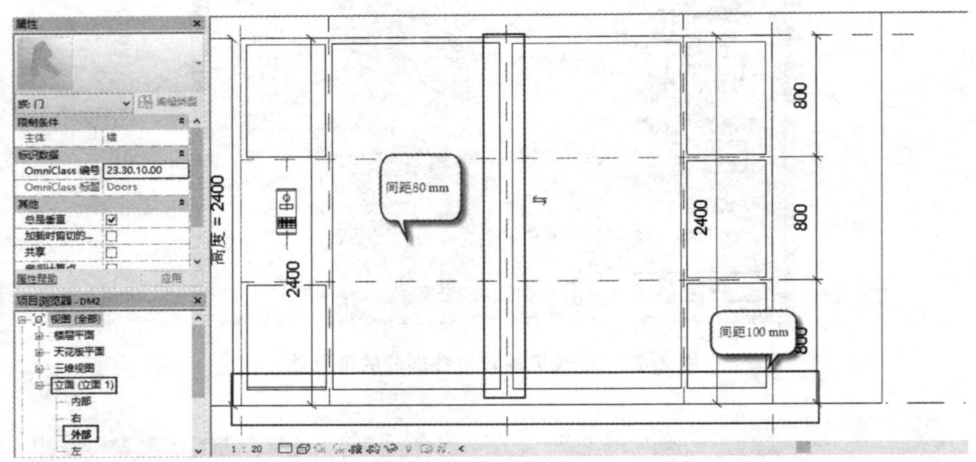

图 3.77 调整部分门框和玻璃间距

(25) 绘制立面拉杆辅助线。单击【项目浏览器】中的【立面(立面 1)】→【外部】,可以进入 DM2 的外部立面视图,单击快捷键【RP】,在适当位置画出三条间距为 10 个单位的辅助线,如图 3.78 所示。

(26) 绘制平面拉杆辅助线。单击【项目浏览器】中的【楼层平面】→【参照标高】,可以进入 DM2 的参照标高视图,单击快捷键【RP】绘制三条间距为 10 个单位的辅助线,且辅助线距离门 80 个单位,如图 3.79 所示。

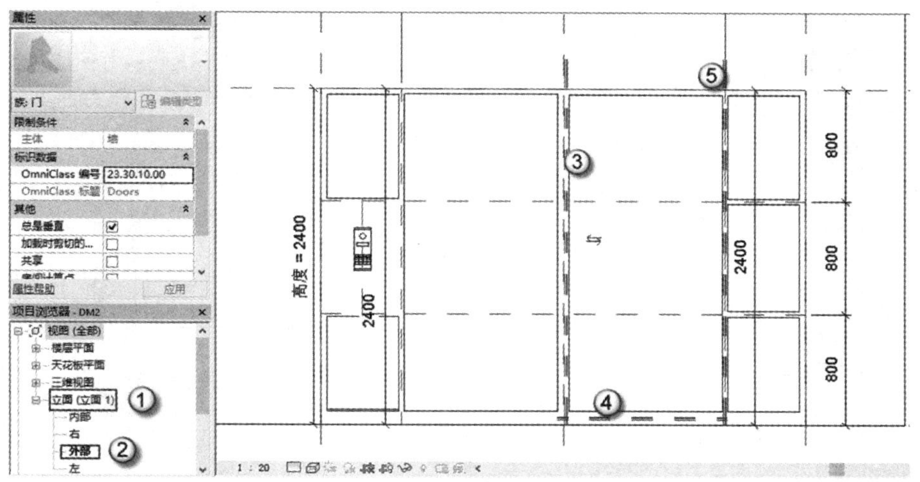

图 3.78　绘制立面拉杆辅助线

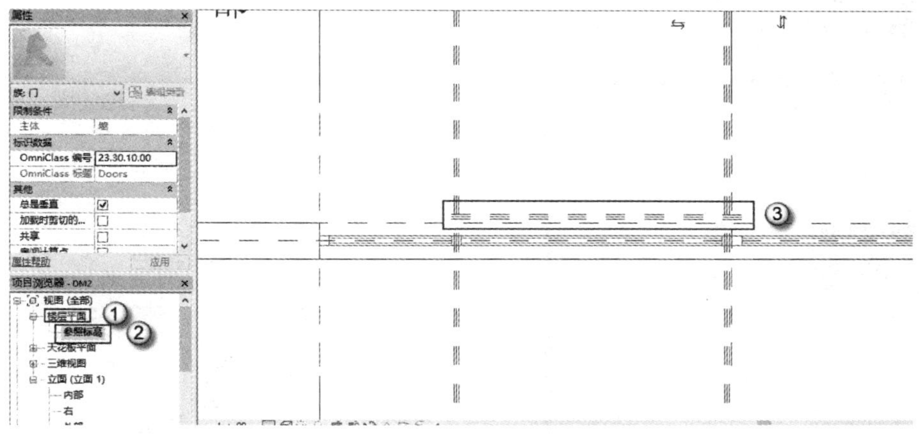

图 3.79　绘制平面拉杆辅助线

(27) 绘制拉杆。单击【项目浏览器】中的【楼层平面】→【参照标高】,可以进入 DM2 的参照标高视图,单击【创建】→【放样】,进入【放样 | 编辑拉伸】界面,单击【绘制路径】,用菜单中的绘制工具将 DM2 的拉杆绘制完成,如图 3.80 所示。

(28) 绘制轮廓。在未关闭上一操作界面的情况下,单击【编辑轮廓】按钮,打开"立面:外部"视图,如图 3.81 所示,绘制轮廓。绘制完成后如图 3.82 所示。

(29) 绘制其他拉杆。单击已绘制完成的拉杆,单击【阵列】按钮,去掉"成组并关联"的勾选,在【项目数】栏输入"3"个,【绘制间距】为"200"个单位,并镜像到另一边,整体往上移动 200 个单位,如图 3.83 所示。

(30) 修改拉杆的可见性。多选已绘制完成的拉杆,在【属性】面板中,单击【图形】标签下【可见性/图形替换】后的【编辑】按钮,弹出【族图元可见性设置】对话框,去

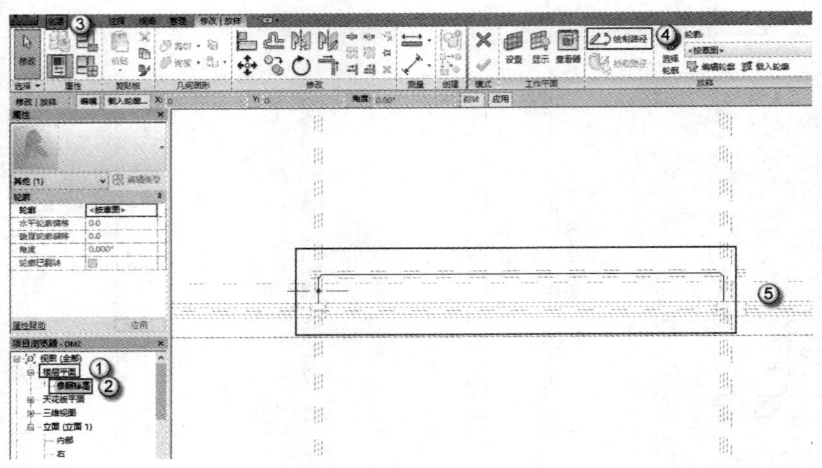

图 3.80　绘制拉杆

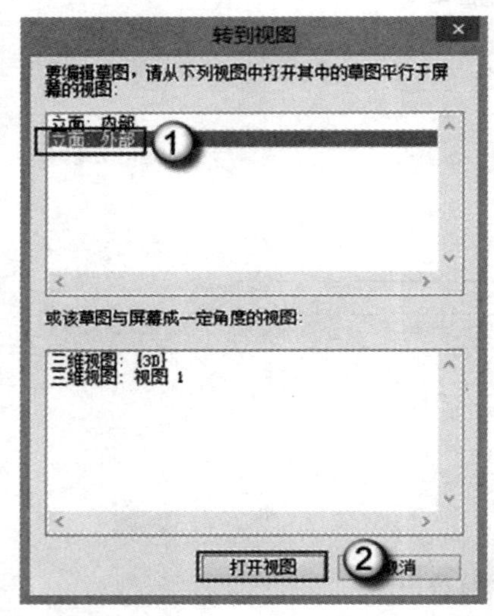

图 3.81　打开视图

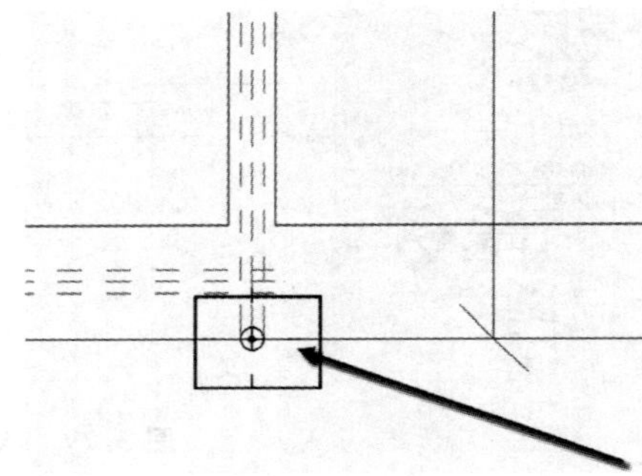

图 3.82　绘制轮廓

掉“平面/天花板平面视图”和“当在平面/天花板平面视图中被剖切时(如果类别允许)”的勾选，单击【确定】按钮，如 3.84 所示。

(31) 添加拉杆材质参数。依次在拉杆的【属性】面板中，单击【材质和装饰】标签下【材质】栏【按类别】右侧的空白按钮，弹出【关联族参数】对话框，选择“不锈钢材质”选项，单击【确定】按钮，如图 3.85 所示。

(32) 绘制立面拉杆辅助线。单击【项目浏览器】中的【立面(立面 1)】→【外部】，可以进入 DM2 的外部立面视图，按下【CO】键，将中间三条辅助线向右复制 200 个单位，并增加两条，间距为 10 个单位，同理，将下部辅助线向上复制 1400 个单位，并增加一条，间距为 10 个单位，如图 3.86 所示。

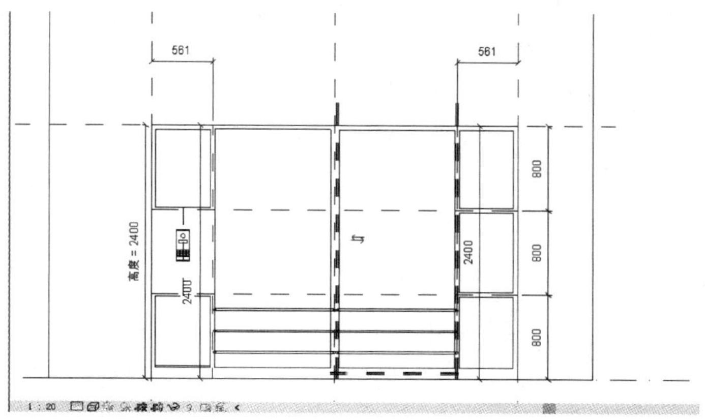

图 3.83 绘制其他拉杆

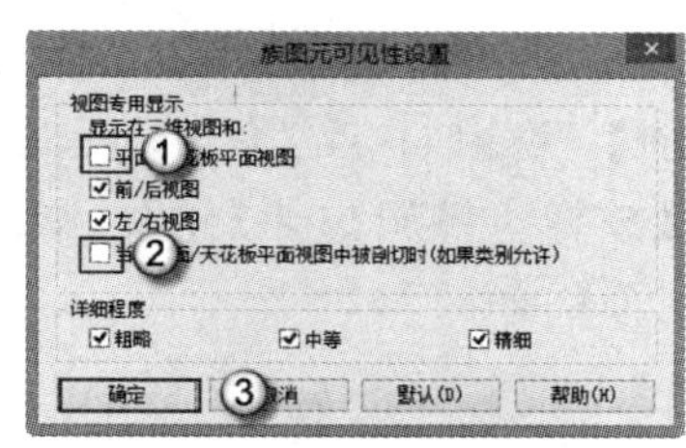

图 3.84 修改拉杆的可见性

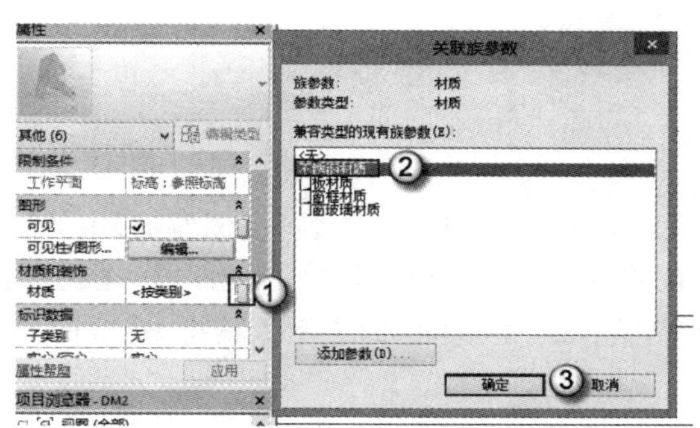

图 3.85 添加拉杆材质参数

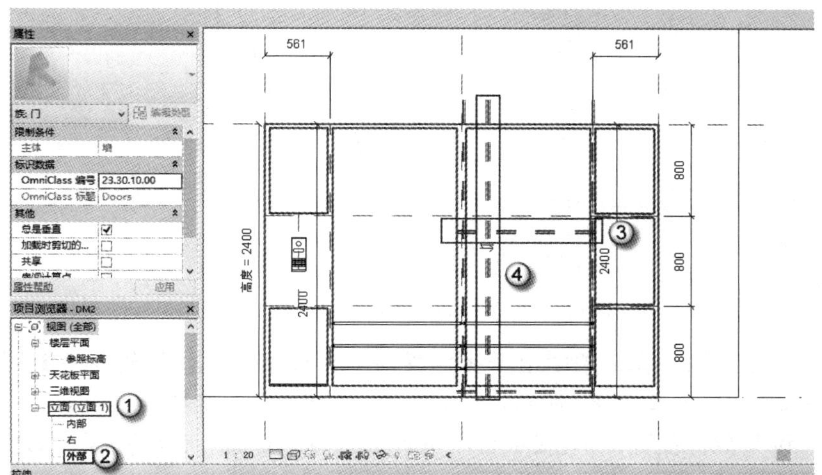

图 3.86 绘制立面拉杆辅助线

(33) 绘制平面拉杆辅助线。单击【项目浏览器】中的【楼层平面】→【参照标高】,可以进入 DM2 的参照标高视图,按下【CO】键,将中间三条辅助线向右复制 50 个单位,并增加一条,间距为 10 个单位,如图 3.87 所示。

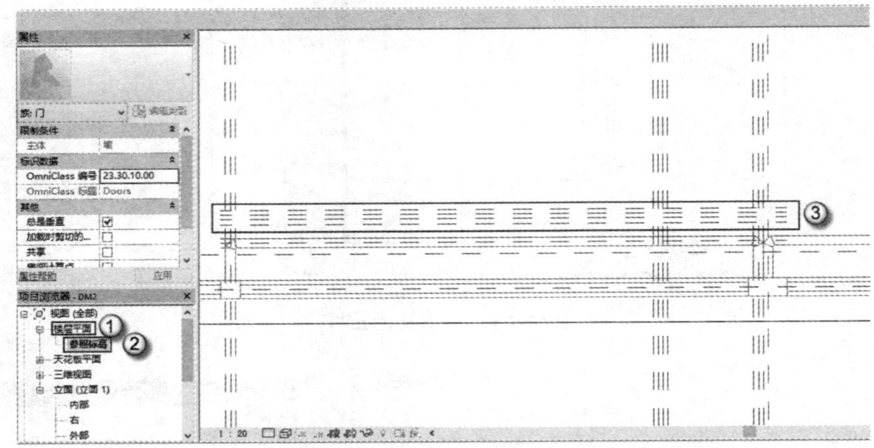

图 3.87 绘制平面拉杆辅助线

(34) 绘制拉杆。单击【项目浏览器】中的【楼层平面】→【参照标高】命令,可以进入 DM2 的参照标高视图,单击【创建】→【放样】,进入【放样 | 编辑拉伸】界面,单击【绘制路径】,用菜单中的绘制工具将 DM2 的拉杆绘制完成,如图 3.88 所示。

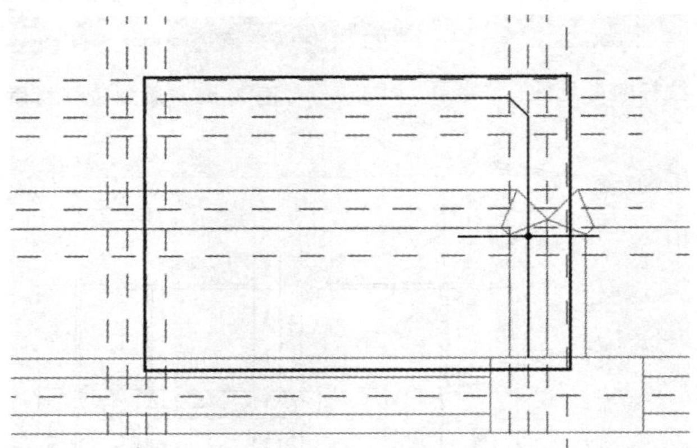

图 3.88 绘制拉杆

(35) 绘制轮廓。在未关闭上一操作界面的情况下,单击【编辑轮廓】按钮,打开"立面:外部"视图,如图 3.89 所示,绘制轮廓。绘制完成后如图 3.90 所示。

(36) 调整拉杆位置。单击【项目浏览器】中的【立面(立面 1)】→【外部】,可以进入 DM2 的外部立面视图,调整拉杆位置(③→④),如图 3.91 所示。

(37) 绘制拉杆。单击【项目浏览器】中的【立面(立面 1)】→【外部】,可以进入

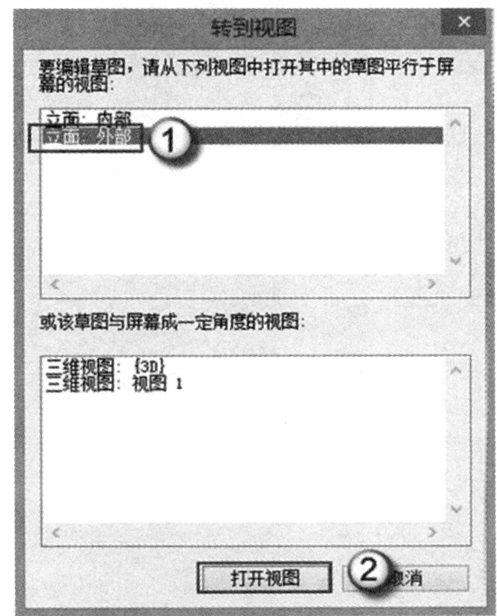

图 3.89　打开视图

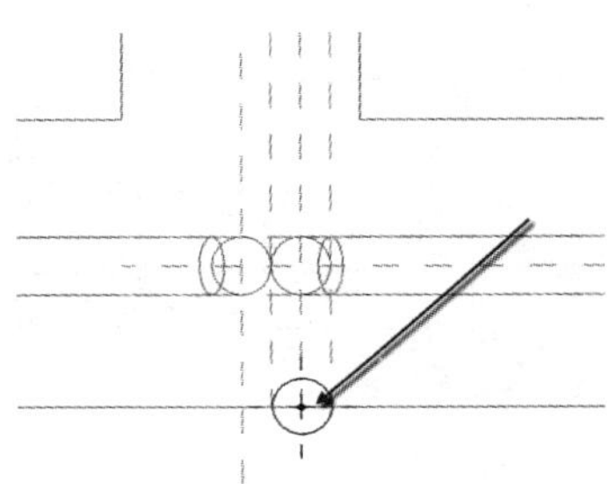

图 3.90　绘制轮廓

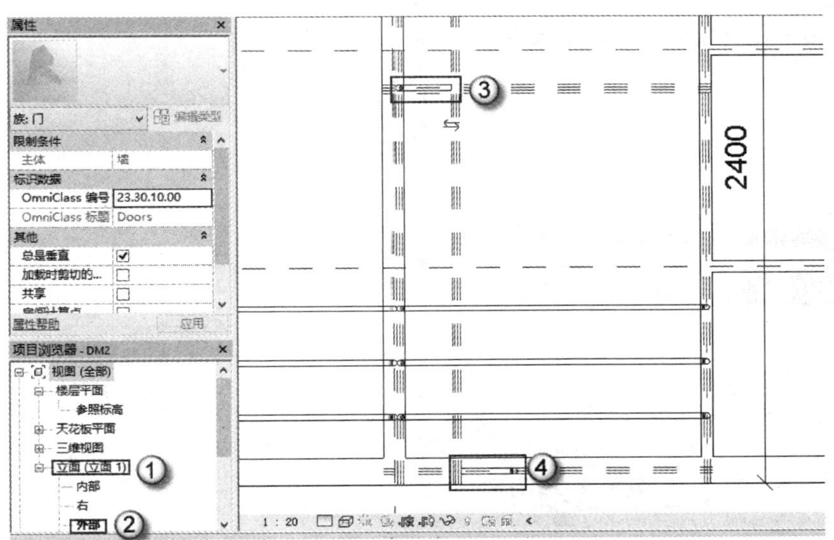

图 3.91　调整拉杆位置

DM2 的外部立面视图，单击【创建】→【放样】，进入【放样 | 编辑拉伸】界面，单击【绘制路径】，用菜单中的绘制工具将 DM2 的拉杆绘制完成，如图 3.92 所示。

(38) 绘制轮廓。在未关闭上一操作界面的情况下，单击【编辑轮廓】按钮，打开“立面:右”视图，如图 3.93 所示。绘制轮廓，绘制完成并调整位置，如图 3.94 所示。

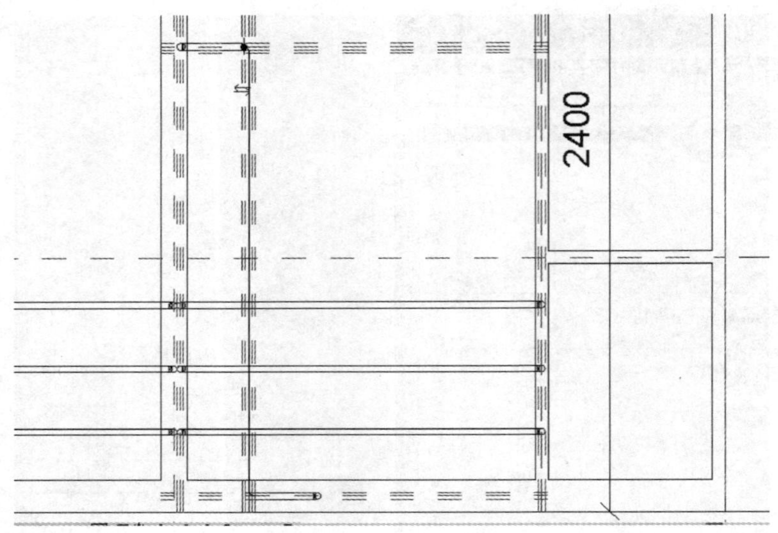

图 3.92 绘制拉杆

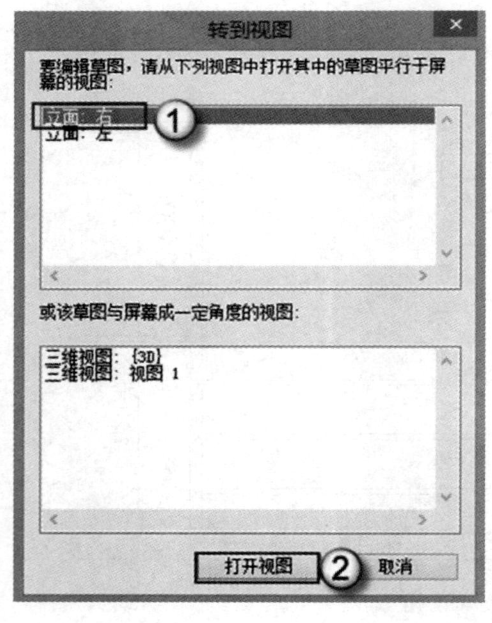

图 3.93 打开视图

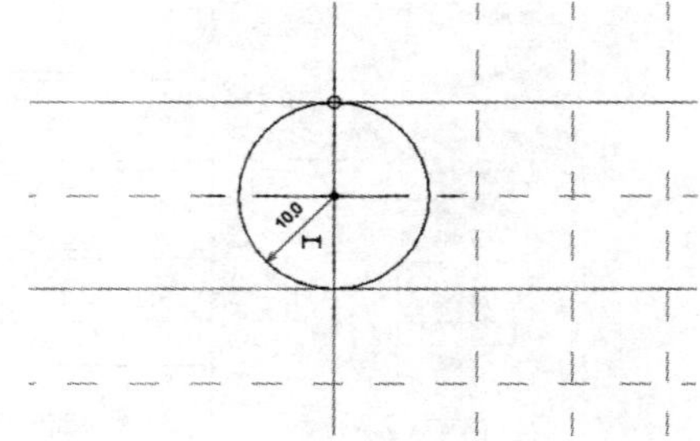

图 3.94 绘制轮廓

(39) 修改拉杆的可见性。多选已绘制完成的拉杆，在【属性】面板中，单击【图形】标签下【可见性/图形替换】后的【编辑】按钮，弹出【族图元可见性设置】对话框，去掉“平面/天花板平面视图”和“当在平面/天花板平面视图中被剖切时(如果类别允许)”的勾选，单击【确定】按钮，如图 3.95 所示。

（40）添加拉杆材质参数。在拉杆的【属性】面板中，单击【材质和装饰】标签下【材质】栏【按类别】右侧的空白按钮，弹出【关联族参数】对话框，选择“不锈钢材质”，如图 3.96 所示。

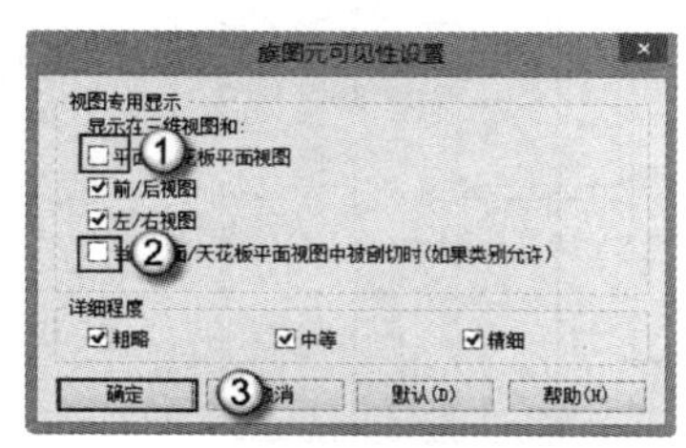

图 3.95　修改拉杆的可见性

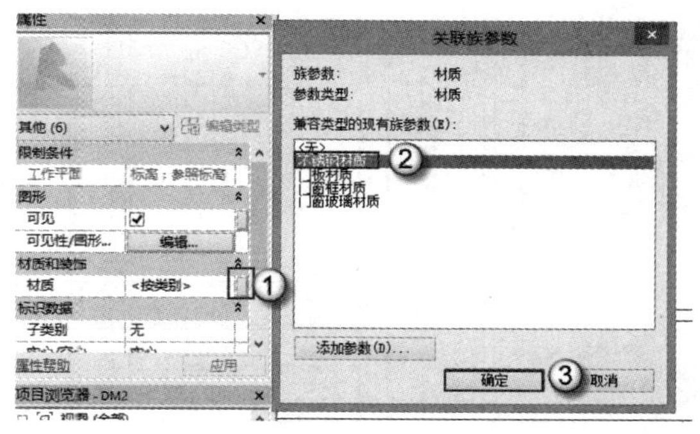

图 3.96　添加拉杆材质参数

（41）创建模型组。框选拉杆对象，按下【GP】键，在弹出的【创建模型组】对话框中，输入【名称】为“把手”，单击【确定】按钮，将其成组，如图 3.97 所示。

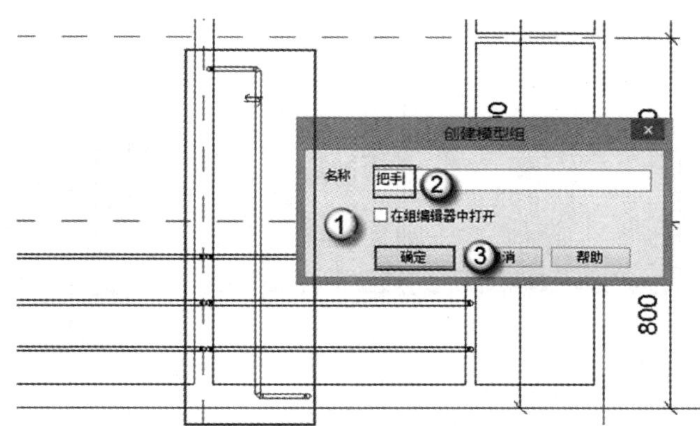

图 3.97　创建模型组

（42）绘制 DM2 的立面打开方向符号线。单击【项目浏览器】中的【立面（立面 1）】→【外部】，进入门的外部立面视图。单击【注释】→【符号线】，将【子类型】改为“立面打开方向（投影）”选项，绘制如图 3.98 所示门的打开方向符号线。

（43）绘制 DM2 的平面轮廓线。单击【项目浏览器】中的【楼层平面】→【参照标高】，进入门的参照标高视图。单击【注释】→【符号线】，将【子类型】改为“门（投影）”选项，绘制如图 3.99 所示 DM2 的平面轮廓线，单击【DI】快捷键，将其三等分。

（44）编辑门玻璃材质。单击【族类型】按钮，弹出【族类型】对话框，单击【材质和装饰】标签下【门窗玻璃材质】的【按类别】按钮，弹出【材质浏览器】对话框，选择【主视图】→【Autodesk 材质】→【玻璃】→【玻璃】，单击【玻璃】材质将其添加到【项目材质】。

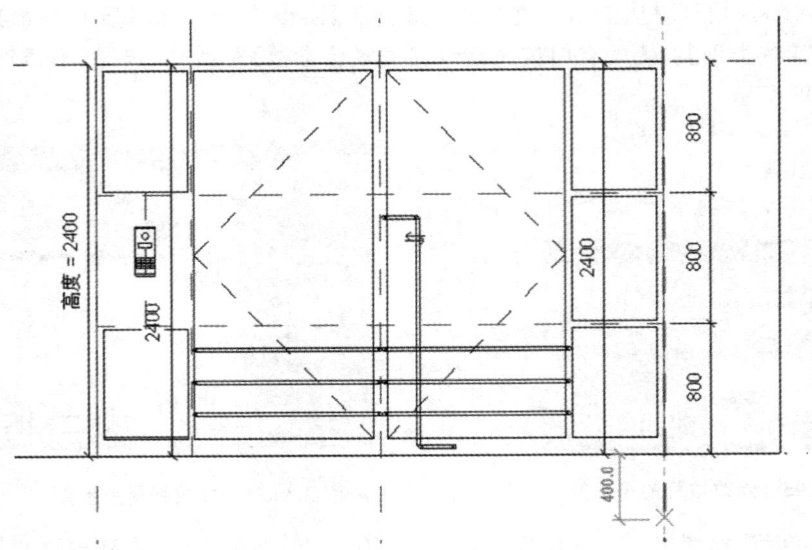

图 3.98 绘制 DM2 的立面打开方向符号线

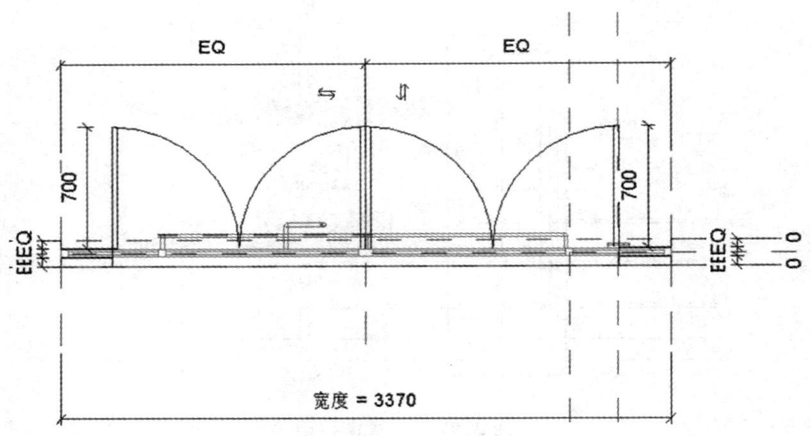

图 3.99 绘制 DM2 的平面轮廓线

选择【项目材质】中的“玻璃”材质,单击【材质浏览器】对话框中的【确定】按钮,如图 3.100 所示。

(45) 编辑门框材质。单击【族类型】按钮,弹出【族类型】对话框,单击【材质和装饰】标签下【门窗框材质】的【按类别】按钮,弹出【材质浏览器】对话框,选择【主视图】→【收藏夹】→【断桥铝】,选择“断桥铝”材质,单击【材质浏览器】对话框中的【确定】按钮,如图 3.101 所示。

(46) 编辑门板材质。单击【族类型】按钮,弹出【族类型】对话框,单击【材质和装饰】标签下【门窗玻璃材质】的【按类别】按钮,弹出【材质浏览器】对话框,选择【主视图】→【Autodesk 材质】→【玻璃】→【玻璃】,单击【玻璃】材质将其添加到【项目材质】。

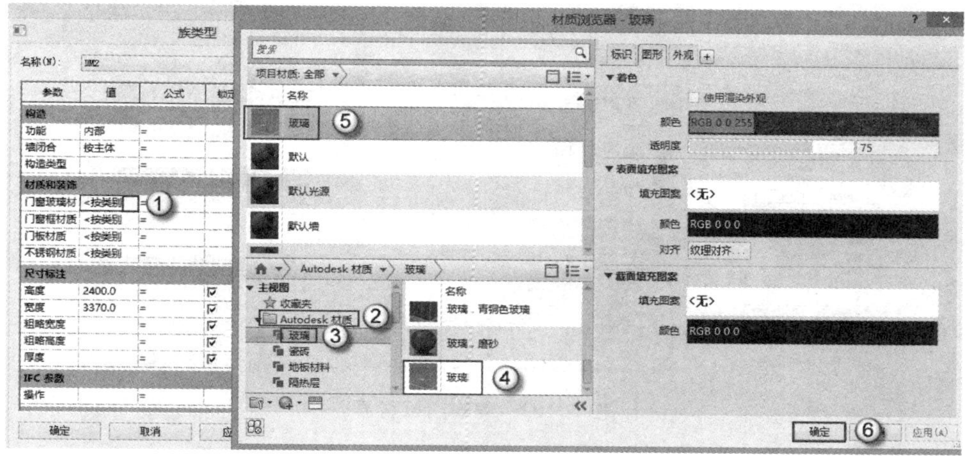

图 3.100　编辑门玻璃材质

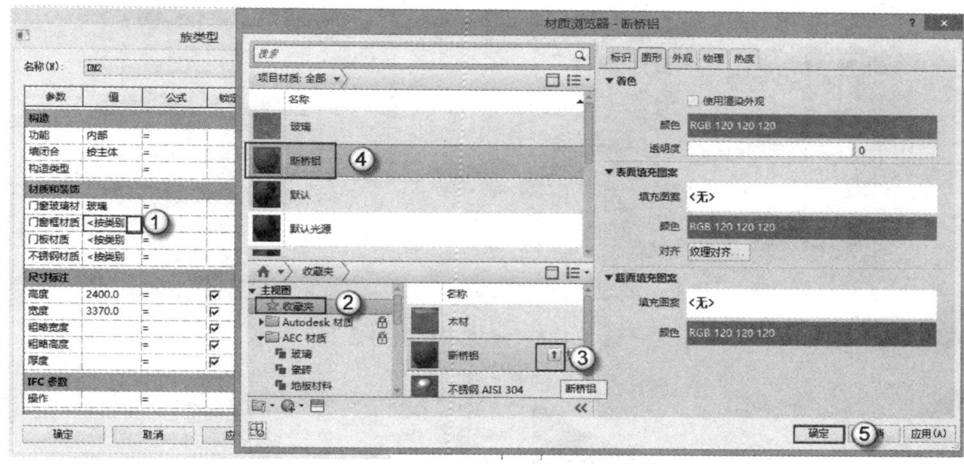

图 3.101　编辑门框材质

选择【项目材质】中的“玻璃”材质，单击【材质浏览器】对话框中的【确定】按钮，如图 3.102 所示。

(47) 编辑不锈钢材质。单击【族类型】按钮，弹出【族类型】对话框，单击【材质和装饰】标签下【门窗玻璃材质】的【按类别】按钮，弹出【材质浏览器】对话框，选择【主视图】→【AEC 材质】→【金属】→【不锈钢，抛光】，单击“不锈钢，抛光”材质将其添加到【项目材质】。选择【项目材质】中的“不锈钢，抛光”材质，单击【材质浏览器】对话框中的【确定】按钮，如图 3.103 所示。

(48) 保存族 DM2。按下【F4】键，进入三维视图，检查模型，如图 3.104 所示。单击【保存】按钮，将文件保存到指定位置，方便以后使用。

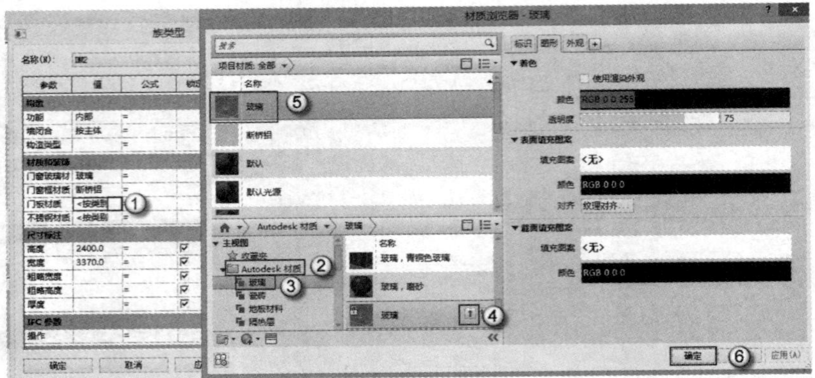

图 3.102　编辑门板材质

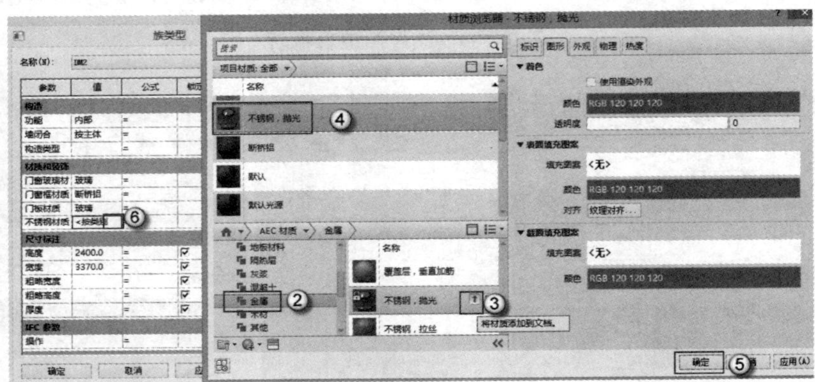

图 3.103　编辑不锈钢材质

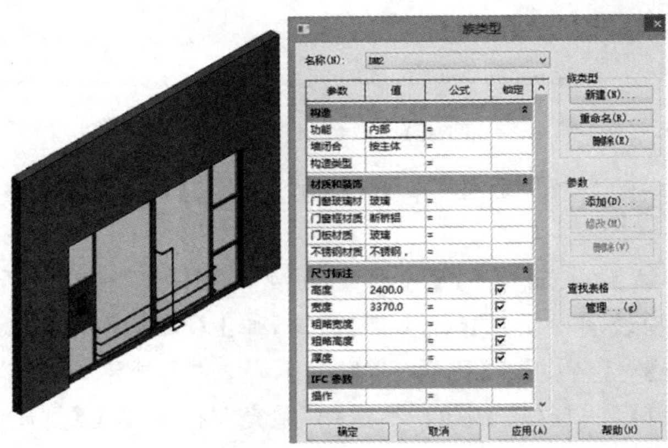

图 3.104　族 DM2 最终效果图及其属性

3.2　住宅门窗

住宅门窗设计应满足国家、地方、行业有关规范和技术标准等的要求。门窗的设计需满足采光、通风、保温等基本使用功能的要求，并与建筑立面统一设计。在本例中，建筑从三层开始，属于住宅标准层，住宅的门窗重复的比较多，需要注意在设计上减少样式，控制建筑成本。

3.2.1　防火门 FM1

防火门是指在一定时间内能满足耐火稳定性、完整性和隔热性要求的门。它是设在防火分区之间、疏散楼梯间、垂直竖井等区域具有一定耐火性的防火分隔物。它除具有普通门的作用外，更具有阻止烟气扩散的作用，可在一定时间内阻止火势的蔓延，确保人员疏散。

(1) 选择“公制门”族样板。单击【程序】→【新建】→【族】，在弹出的【新族-选择样板文件】对话框中选择“公制门”文件，单击【打开】按钮，进入门族的设计界面，如图3.105所示。

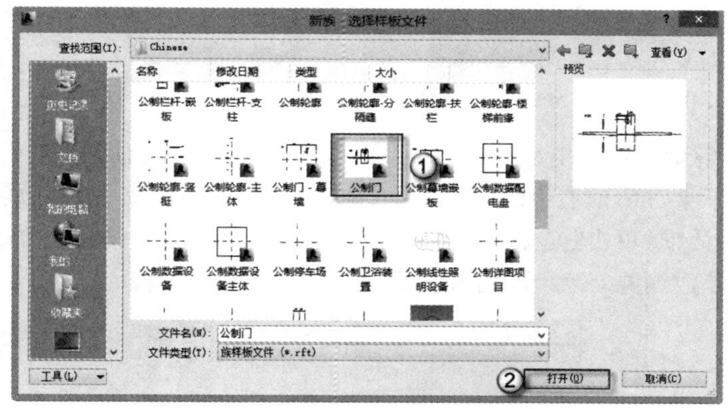

图3.105　选择样板文件

(2) 删除公制门框架。配合【Ctrl】键，依次选中内外侧“框架/竖梃：拉伸”，如图3.106所示。按下键盘的【Delete】键，将其删除。删除后，如图3.107所示。

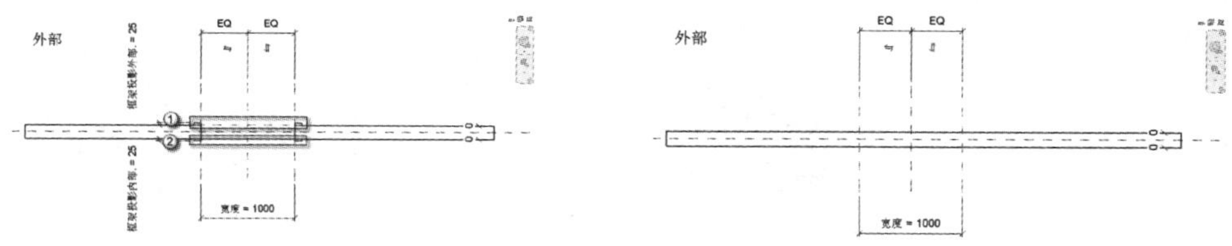

图3.106　选定“框架/竖梃：拉伸”

图3.107　删除“框架/竖梃：拉伸”

(3) 新建族类型。单击【族类型】按钮，在弹出的【族类型】对话框中单击【新建】按钮，弹出【名称】对话框，在【名称】一栏中输入“FM1”字样，单击【确定】按钮，如图3.108所示。

(4) 修改门的尺寸标注。继续在【族类型】对话框中，在屏幕操作区【尺寸标注】标签的【高度】栏中输入“2100”个单位，在【宽度】栏中输入“1000”个单位，单击【确定】按钮，如图 3.109 所示。

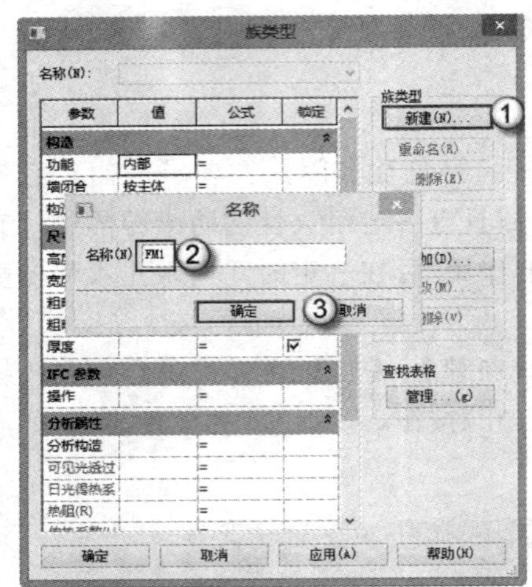

图 3.108 创建 FM1

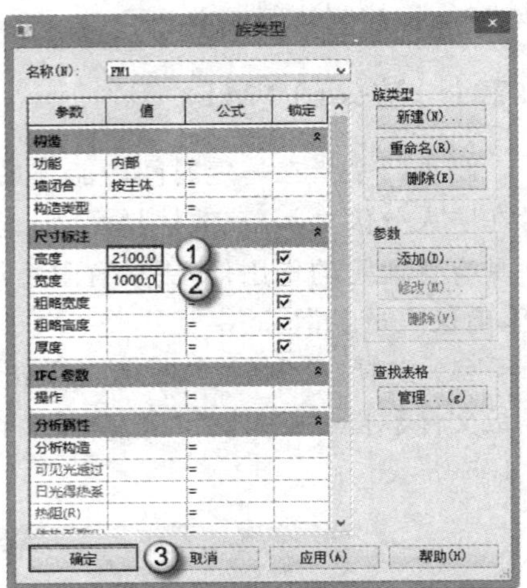

图 3.109 修改门的尺寸标注

(5) 删除多余参数。继续在【族类型】对话框中，单击【其他】标签下的【框架投影外部.】参数，单击对话框右侧【参数】下的【删除】按钮，弹出【是否删除族参数“框架投影外部.”?】对话框，单击【是】按钮。重复上述步骤，将“框架投影内部.”和“框架宽度”两个无效参数删除，最后单击【确定】按钮，结束族类型编辑。如图 3.110 所示。

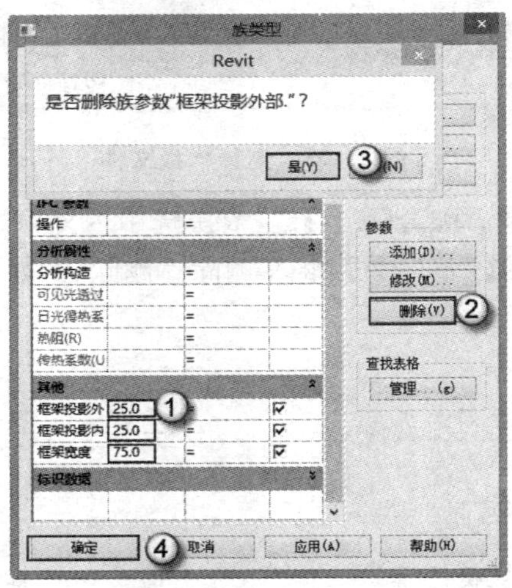

图 3.110 删除多余参数

(6) 删除立面打开方向符号线。单击【项目浏览器】中的【立面(立面 1)】→【外部】,可以进入 FM1 的外部立面视图,删除立面打开方向符号线,如图 3.111 所示。

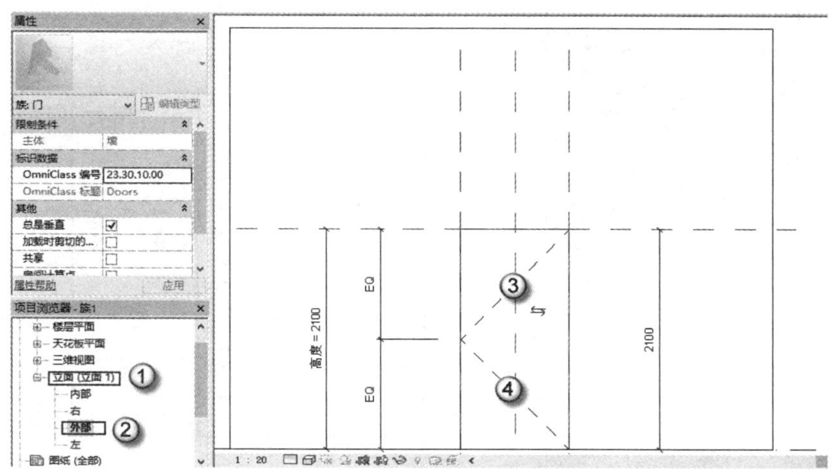

图 3.111 删除立面打开方向符号线

(7) 绘制门框。单击【创建】→【拉伸】,进入【修改 | 编辑拉伸】界面,用菜单中的绘制工具将门框绘制完成,如图 3.112 所示。绘制完成后,单击【√】按钮。

注意:此处应熟练掌握偏移量的运用,从左向右绘制时,偏移对象在上方;从右向左绘制时,偏移对象在下方。所绘制的门框间距均为 40 个单位。

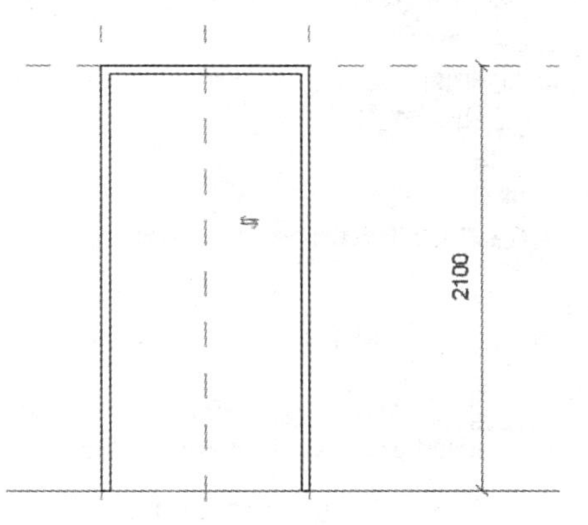

图 3.112 绘制门框

(8) 修改门框的位置及厚度。单击选择上一步中绘制好的门框,打开【属性】面板,在【拉伸终点】栏中输入"105"个单位,在【拉伸起点】栏中输入"45"个单位,如图 3.113 所示。

(9) 修改门框的可见性。在门框的【属性】面板中,单击【图形】标签下【可见性/图形替换】后的【编辑】按钮,弹出【族图元可见性设置】对话框,去掉"平面/天花板平面视图"和"当在平面/天花板平面视图中被剖切时(如果类别允许)"的勾选,单击【确定】按钮,如图 3.114 所示。

注意:此处门框的厚度为 60 mm,左立面图中门以 75 mm 为中心线,因此在此处的【拉伸终点】栏中输入"105",【拉伸起点】栏中输入"45"。

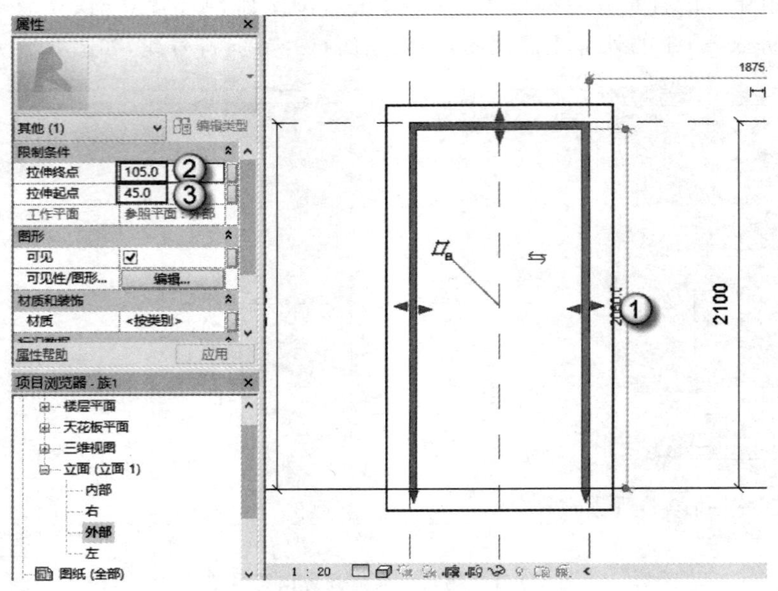

图 3.113　修改门框的位置及厚度

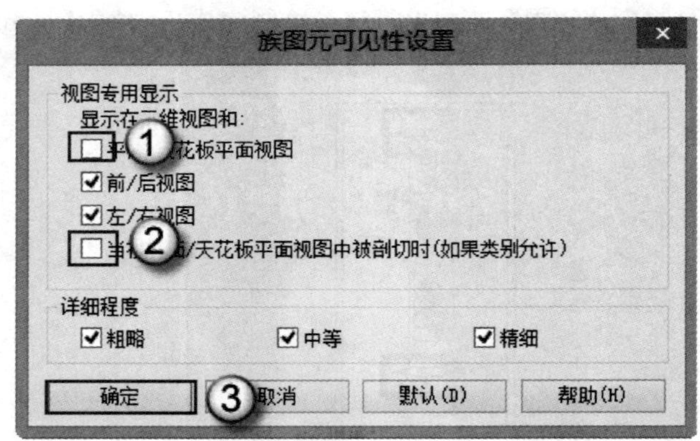

图 3.114　修改门框的可见性

(10) 添加门框材质参数。在门框的【属性】面板中,单击【材质和装饰】标签下【材质】栏【按类别】右侧的空白按钮,弹出【关联族参数】对话框,单击【添加参数】按钮,弹出【参数属性】对话框,单击选择“共享参数”选项,单击【选择】按钮,弹出【共享参数】对话框,在【参数组】一栏中选择“门窗”选项,在【参数】中选择“门窗框材质”选项,单击【确定】按钮,如图 3.115 所示。

(11) 绘制门板。单击【项目浏览器】中的【立面(立面 1)】→【外部】,可以进入 FM1 的外部立面视图。单击【创建】→【拉伸】,进入【修改 | 编辑拉伸】界面,用菜单中的绘制工具将门板绘制完成,如图 3.116 所示。绘制完成后,单击【√】按钮。

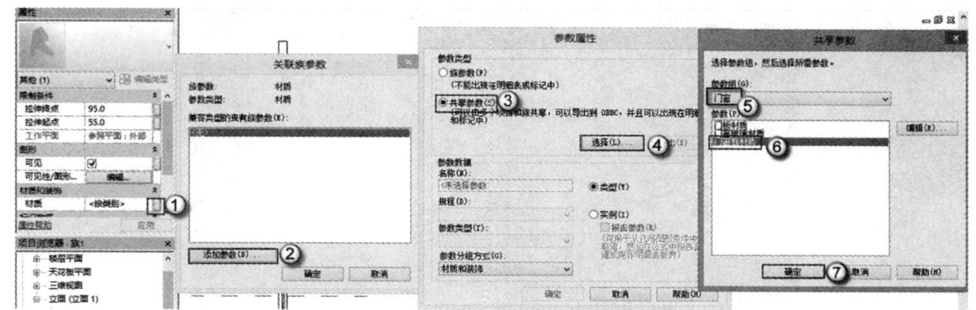

图 3.115　添加门框材质参数

(12) 修改门板的位置及厚度。单击选择上面绘制好的门板，打开【属性】面板，在【拉伸终点】栏中输入“95”个单位，在【拉伸起点】栏中输入“55”个单位，如图3.117所示。

注意：此处门板的厚度为 40 mm，左立面图中门以 75 mm 为中心线，因此在此处的【拉伸终点】栏中输入“95”，【拉伸起点】栏中输入“55”。

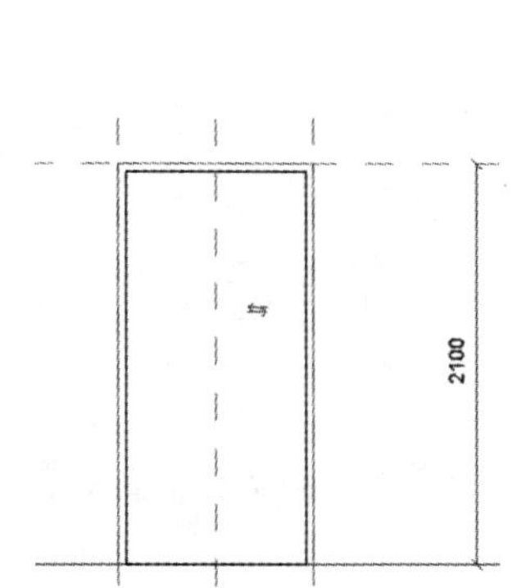

图 3.116　绘制门板

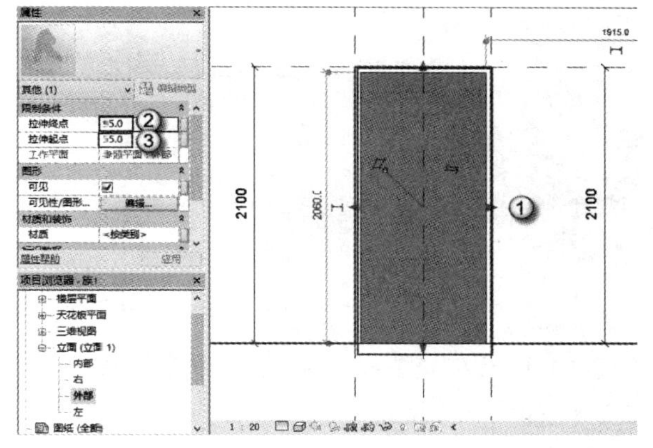

图 3.117　修改门板的位置及厚度

(13) 修改门板的可见性。在门板的【属性】面板中，单击【图形】标签下【可见性/图形替换】后的【编辑】按钮，弹出【族图元可见性设置】对话框，去掉“平面/天花板平面视图”和“当在平面/天花板平面视图中被剖切时(如果类别允许)”的勾选，单击【确定】按钮，如图 3.118 所示。

(14) 添加门板材质参数。在门板的【属性】面板中，单击【材质和装饰】标签下【材质】栏【按类别】右侧的空白按钮，弹出【关联族参数】对话框，单击【添加参数】按钮，弹出【参数属性】对话框，单击选择“共享参数”选项，单击【选择】按钮，弹出【共享参数】对话框，在【参数组】一栏中选择“门窗”选项，在【参数】中选择“门板材质”选项，单击【确定】按钮，如图 3.119 所示。

(15) 载入族门锁 11。单击【项目浏览器】中的【楼层平面】→【参照标高】，进入门的参照标高视图。单击【插入】→【载入族】，弹出【载入族】对话框，在【查找范围】下

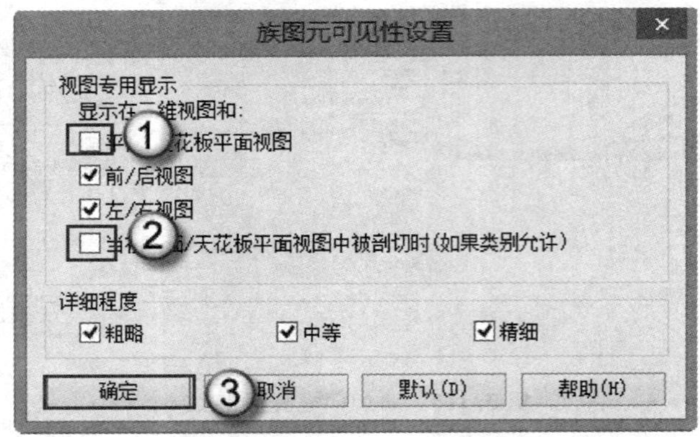

图 3.118 修改门板的可见性

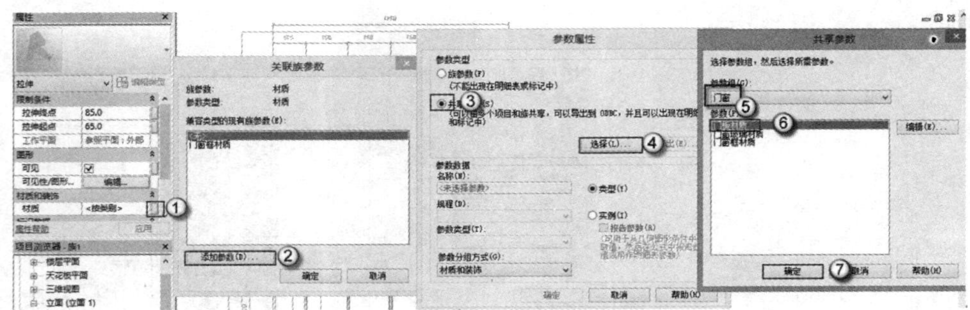

图 3.119 添加门板材质参数

拉列表中选择【建筑】→【门】→【门构件】→【拉手】,选择“门锁 11”族文件,单击【打开】按钮,如图 3.120 所示。

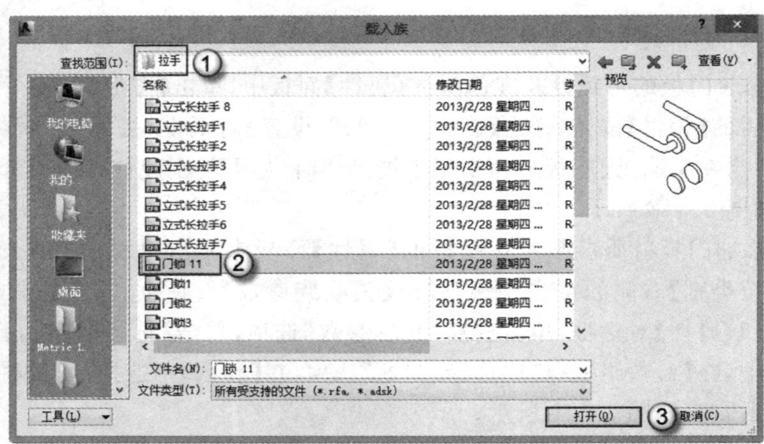

图 3.120 载入族门锁 11

（16）绘制门锁 11。单击【项目浏览器】中的【族】→【门】→【门锁 11】，单击门锁 11 并将其拖至绘图区域，在如图 3.121 所示位置单击放下门锁 11 族，按【Esc】键取消插入族命令。选择门锁 11 对象，单击【属性】面板中的【编辑类型】按钮，弹出【类型属性】对话框，在【尺寸标注】标签下的【面板厚度】中输入“40”字样，单击【确定】按钮。如图 3.122 所示。

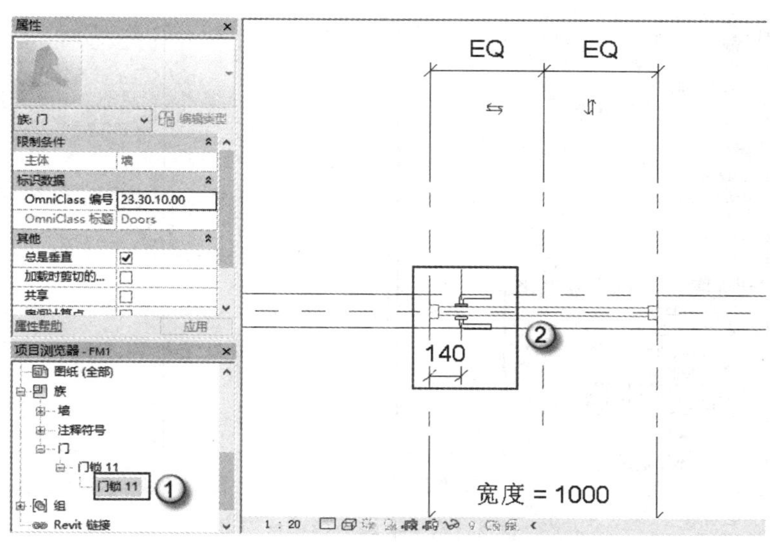

图 3.121　绘制门锁 11

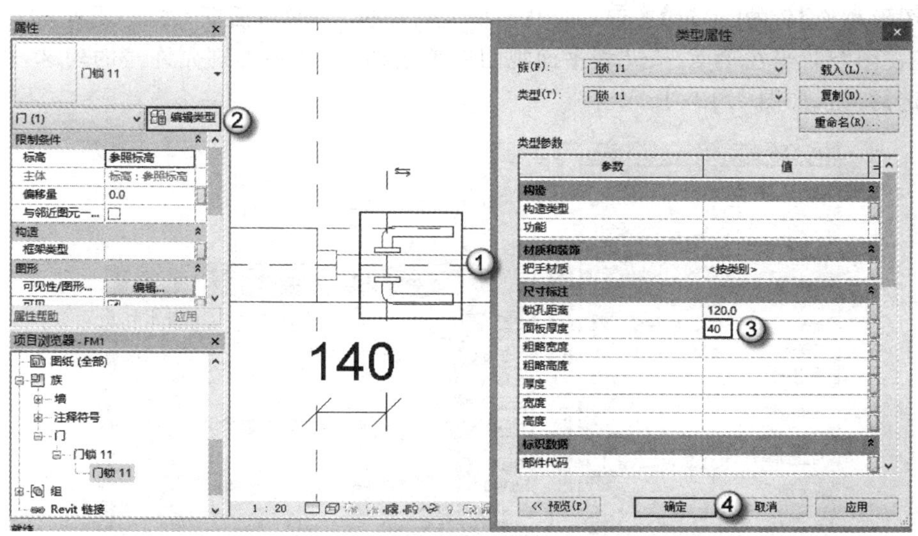

图 3.122　修改门锁 11 的面板厚度

（17）调整门锁位置。单击【项目浏览器】面板中的【立面(立面 1)】→【外部】，进入门的外部立面视图。选择族门锁 11,按下【MV】键,向上移动 900 个单位,按下【Enter】键。如图 3.123 所示。

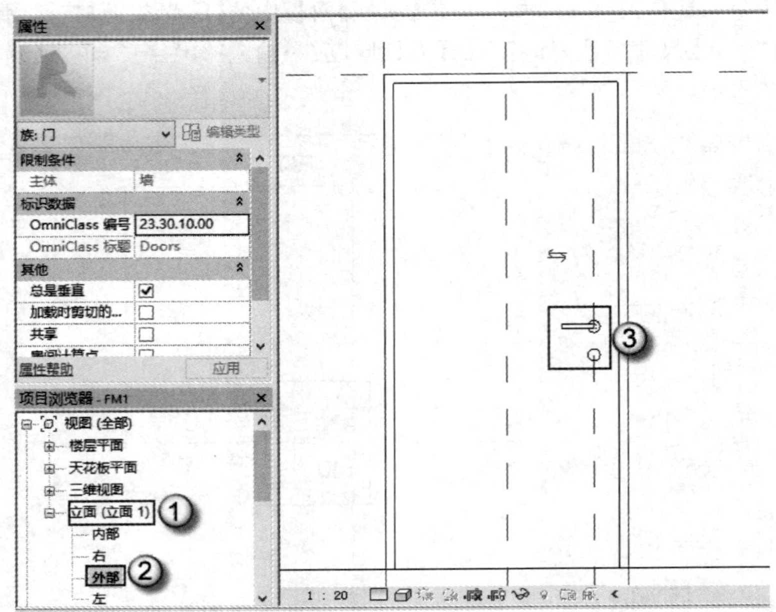

图 3.123 调整门锁位置

(18) 修改门锁 11 的可见性。在门锁的【属性】面板中,单击【图形】标签下【可见性/图形替换】后的【编辑】按钮,弹出【族图元可见性设置】对话框,去掉“平面/天花板平面视图”和“当在平面/天花板平面视图中被剖切时(如果类别允许)”的勾选,单击【确定】按钮,如图 3.124 所示。

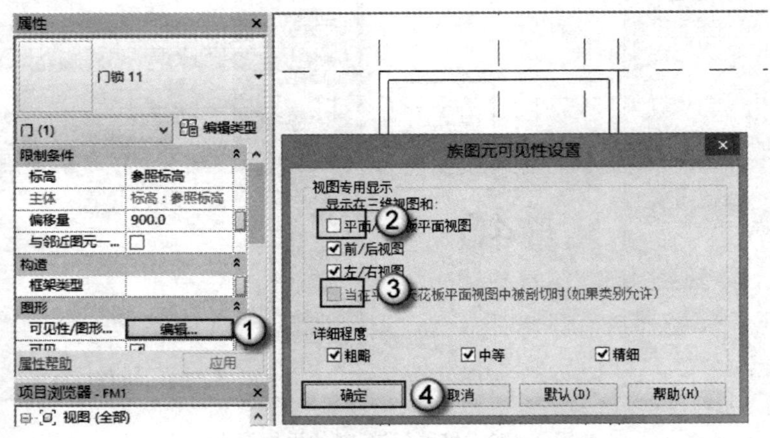

图 3.124 修改门锁 11 的可见性

(19) 绘制 FM1 的立面打开方向符号线。单击【项目浏览器】中的【立面(立面

1)】→【外部】,进入门的外部立面视图。单击【注释】→【符号线】,将【子类型】改为“立面打开方向(投影)”选项,绘制如图 3.125 所示门的打开方向符号线。

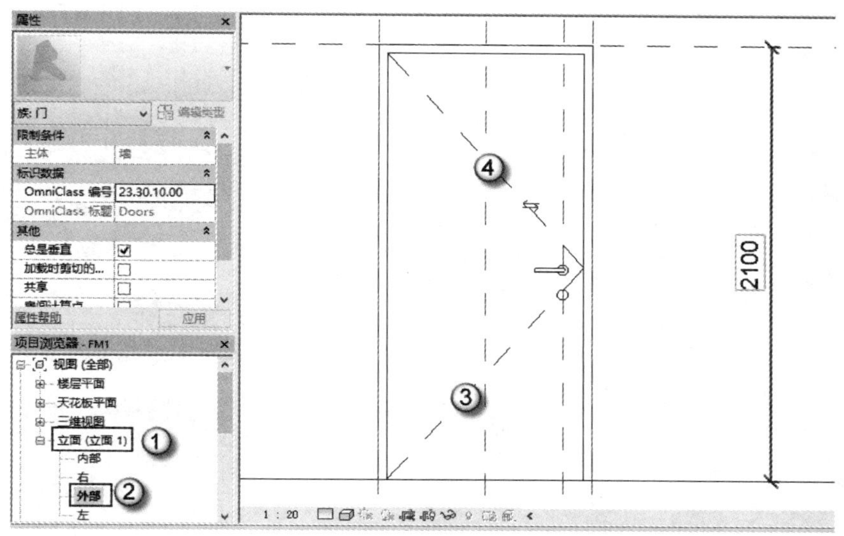

图 3.125　绘制 FM1 的立面打开方向符号线

(20) 绘制 FM1 的平面轮廓线。单击【项目浏览器】中的【楼层平面】→【参照标高】,进入门的参照标高视图。单击【注释】→【符号线】,将【子类型】改为“门(投影)”选项,绘制如图 3.126 所示 FM1 的平面轮廓线。

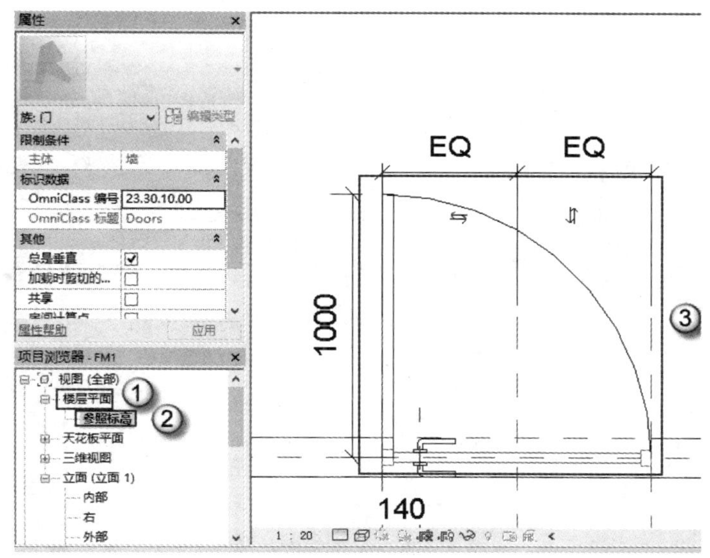

图 3.126　绘制 FM1 的平面轮廓线

(21) 编辑门框材质。单击【族类型】按钮,弹出【族类型】对话框,单击【材质和装饰】标签下【门窗框材质】的【按类别】按钮,弹出【材质浏览器】对话框,选择【主视图】→【Autodesk 材质】→【木材】,选择“木材”材质,单击【材质浏览器】对话框中的【确定】按钮,如图 3.127 所示。

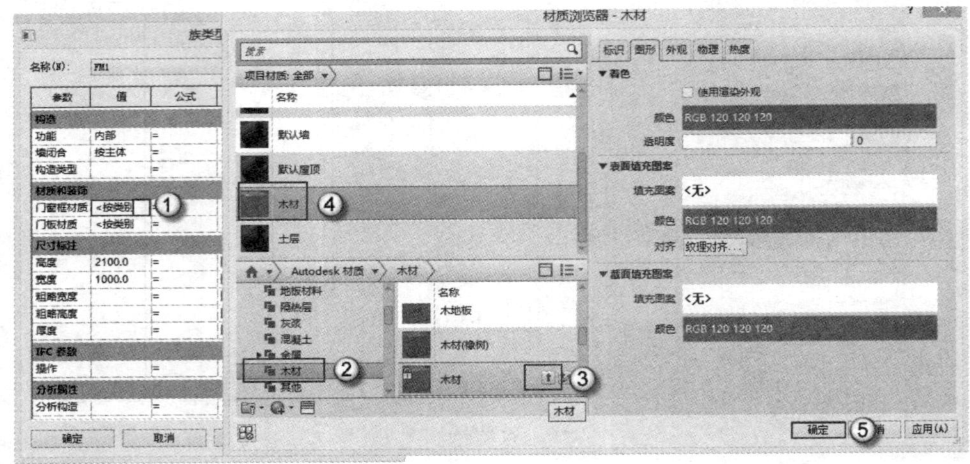

图 3.127 编辑门框材质

(22) 编辑门板材质。单击【族类型】按钮,弹出【族类型】对话框,单击【材质和装饰】标签下【门板材质】的【按类别】按钮,弹出【材质浏览器】对话框,选择【主视图】→【Autodesk 材质】→【木材】,选择“木材”材质,单击【材质浏览器】对话框中的【确定】按钮,如图 3.128 所示。

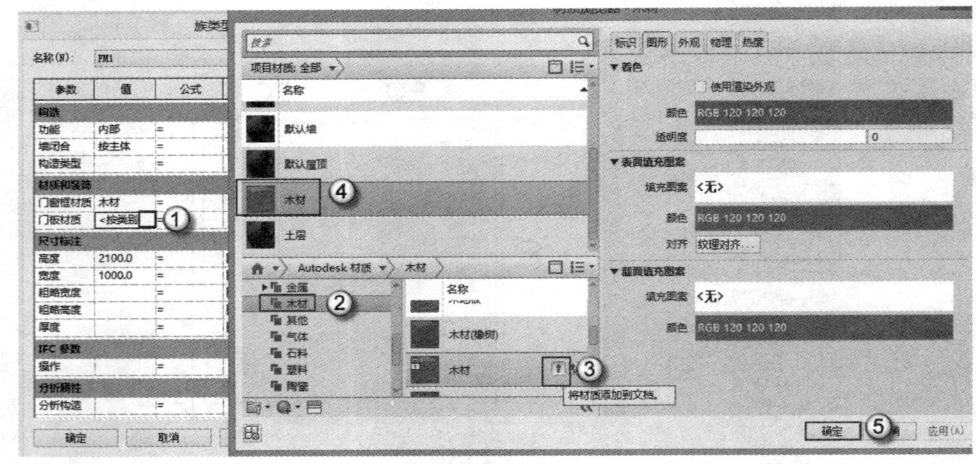

图 3.128 编辑门板材质

(23) 保存族 FM1。按下【F4】键,在三维视图中检查模型,如图 3.129 所示。单击【保存】按钮,将文件保存到指定位置,方便以后使用。

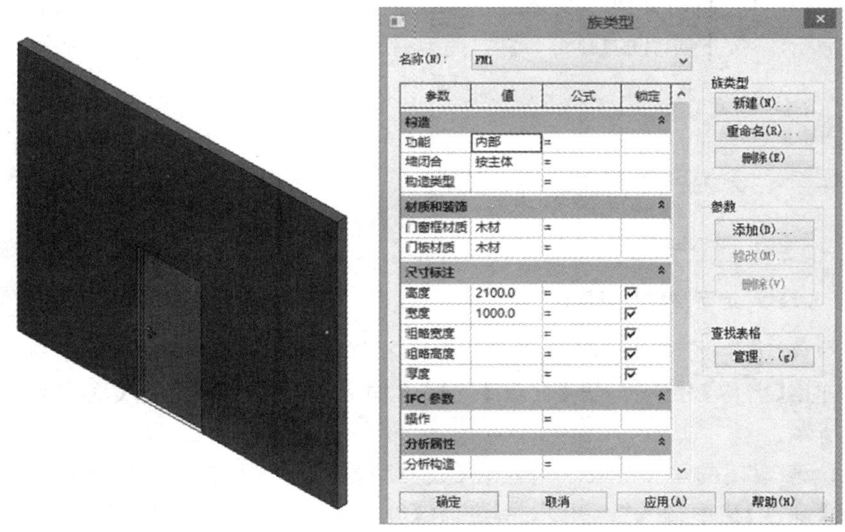

图 3.129　族 FM1 最终效果图及其属性

3.2.2　门 M3

住宅门以平开门为主，向内、向外开启要看具体情况。在设计中应参看国标或中南标有关门的图集，选用与本门相符的门的立面形式。

(1) 选择“公制门”族样板。单击【程序】→【新建】→【族】，在弹出的【新族-选择样板文件】对话框中选择“公制门”文件，单击【打开】按钮，进入门族的设计界面，如图 3.130 所示。

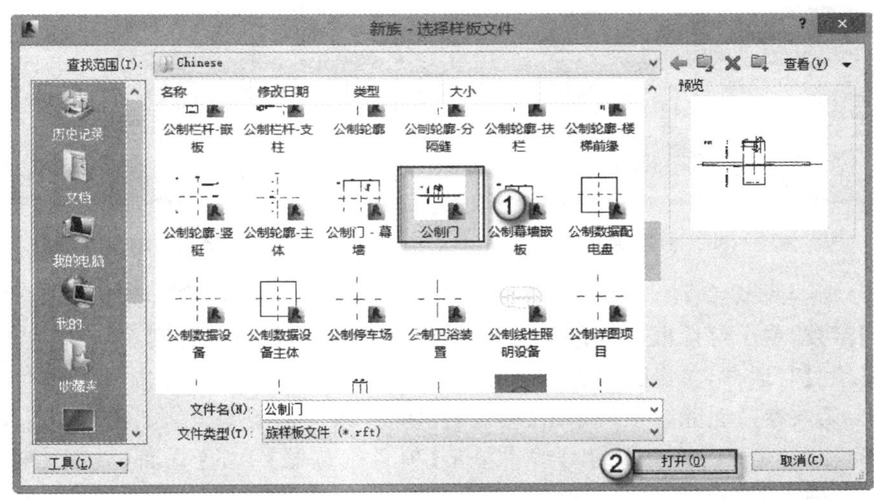

图 3.130　选择样板文件

(2) 删除公制门框架。配合【Ctrl】键,依次选中内外侧“框架/竖梃:拉伸”,如图 3.131 所示。按下键盘的【Delete】键,将其删除。删除后,如图 3.132 所示。

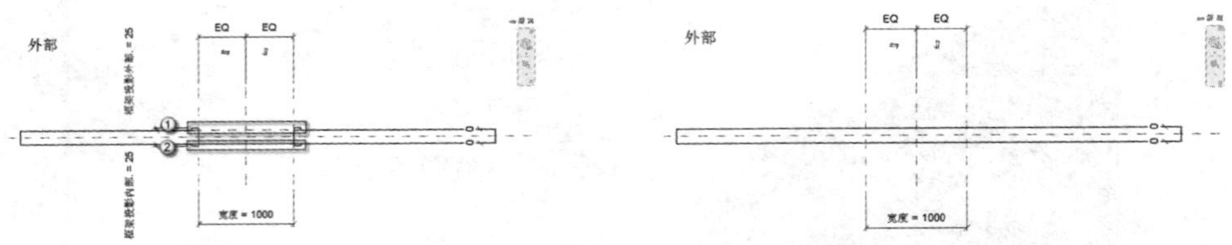

图 3.131 选定“框架/竖梃:拉伸”　　图 3.132 删除“框架/竖梃:拉伸”

(3) 新建族类型。单击【族类型】按钮,在弹出的【族类型】对话框中单击【新建】按钮,弹出【名称】对话框,在【名称】一栏中输入“M3”字样,单击【确定】按钮,如图 3.133所示。

(4) 修改门的尺寸标注。继续在【族类型】对话框中,在屏幕操作区【尺寸标注】标签的【高度】栏中输入“2100”个单位,在【宽度】栏中输入“800”个单位,单击【确定】按钮,如图 3.134 所示。

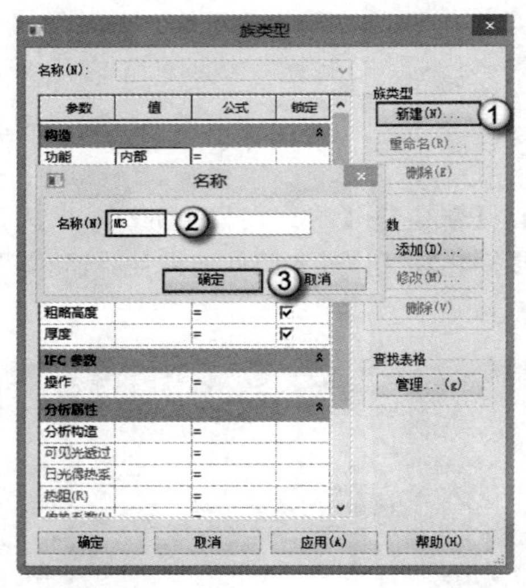

图 3.133 创建 M3

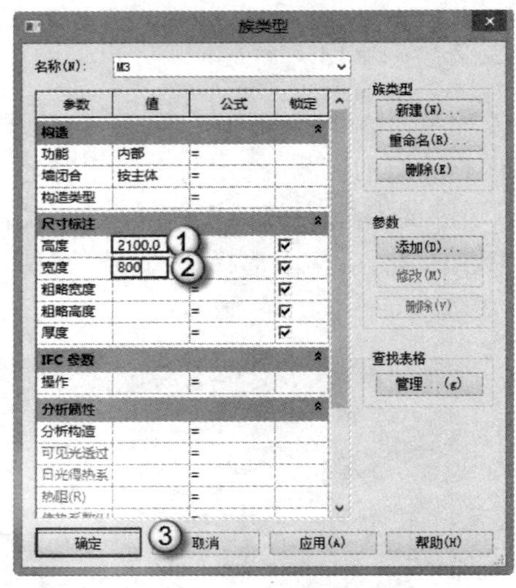

图 3.134 修改门的尺寸标注

(5) 删除多余参数。继续在【族类型】对话框中,单击【其他】标签下的【框架投影外部.】参数,单击对话框右侧【参数】下的【删除】按钮,弹出【是否删除族参数“框架投影外部.”?】对话框,单击【是】按钮。重复上述步骤,将“框架投影内部.”和“框架宽度”两个无效参数删除。最后单击【确定】按钮,结束族类型编辑。如图 3.135 所示。

(6) 删除立面打开方向符号线。单击【项目浏览器】中的【立面(立面 1)】→【外部】,可以进入 M3 的外部立面视图,删除立面打开方向符号线,如图 3.136 所示。

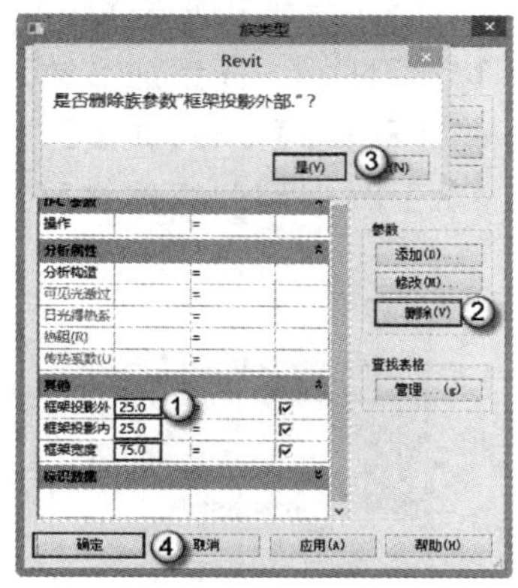

图 3.135 删除多余参数

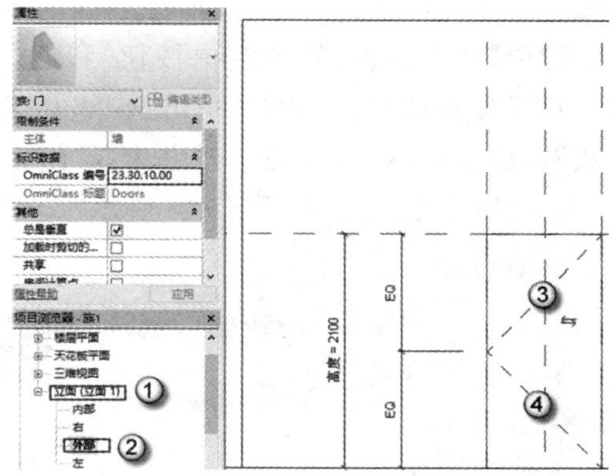

图 3.136 删除立面打开方向符号线

(7) 绘制门框。单击【创建】→【拉伸】，进入【修改丨编辑拉伸】界面，用菜单中的绘制工具将门框绘制完成，如图 3.137 所示。绘制完成后，单击【√】按钮。

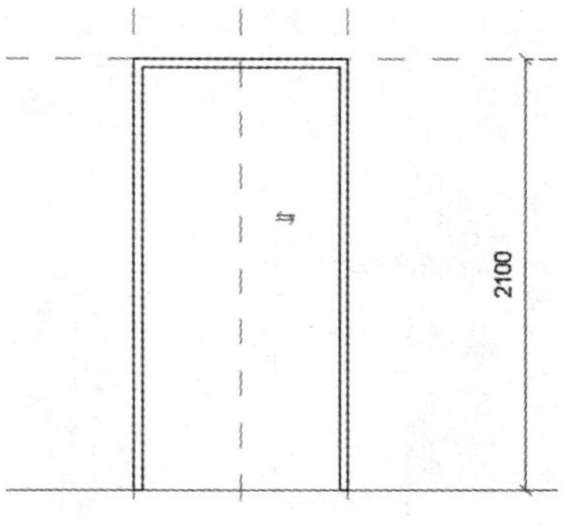

图 3.137 绘制门框

注意：此处应熟练掌握偏移量的运用，从左向右绘制时，偏移对象在上方；从右向左绘制时，偏移对象在下方。所绘制的门框间距均为 40 个单位。

(8) 修改门框的位置及厚度。单击选择上一步中绘制好的门框，打开【属性】面板，在【拉伸终点】栏中输入"105"个单位，在【拉伸起点】栏中输入"45"个单位，如图 3.138 所示。

(9) 修改门框的可见性。在门框的【属性】面板中，单击【图形】标签下【可见性/图形替换】后的【编辑】按钮，弹出【族图元可见性设置】对话框，去掉"平面/天花板平面视图"和"当在平面/天花板平面视图中被剖切时(如果类别允许)"的勾选，单击【确定】按钮，如图 3.139 所示。

注意：此处门框的厚度为 60 mm，左立面图中门以 75 mm 为中心线，因此在此处的【拉伸终点】栏中输入"105"，【拉伸起点】栏中输入"45"。

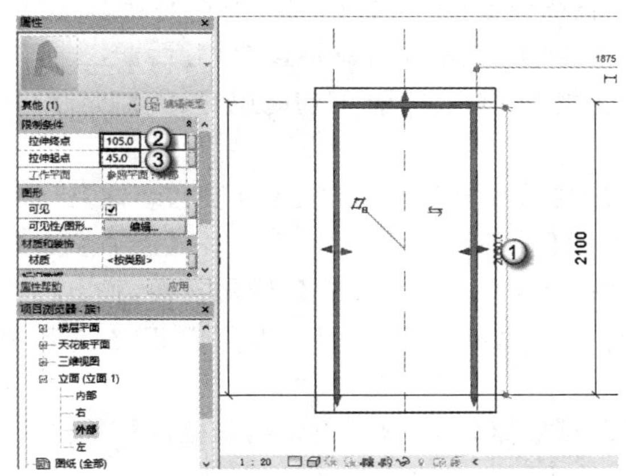

图 3.138 修改门框的位置及厚度

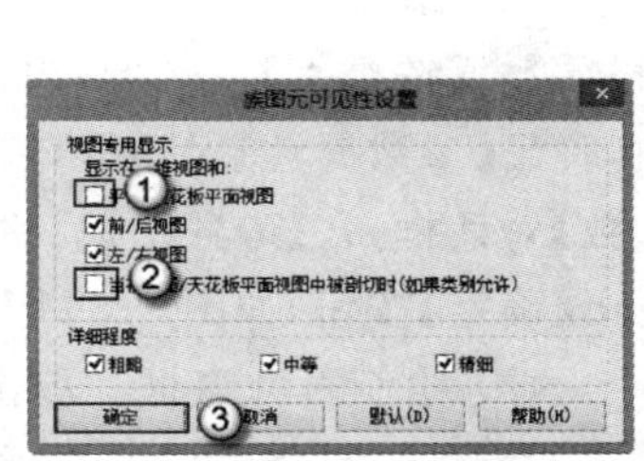

图 3.139 修改门框的可见性

(10) 添加门框材质参数。在门框的【属性】面板中，单击【材质和装饰】标签下【材质】栏【按类别】右侧的空白按钮，弹出【关联族参数】对话框，单击【添加参数】按钮，弹出【参数属性】对话框，单击选择“共享参数”选项，单击【选择】按钮，弹出【共享参数】对话框，在【参数组】一栏中选择“门窗”选项，在【参数】中选择“门窗框材质”选项，单击【确定】按钮，如图 3.140 所示。

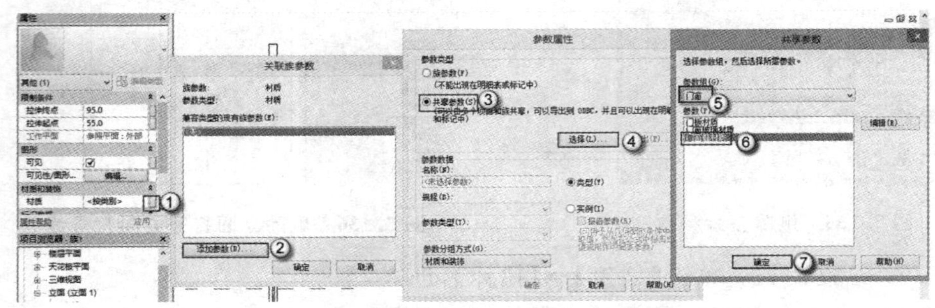

图 3.140 添加门框材质参数

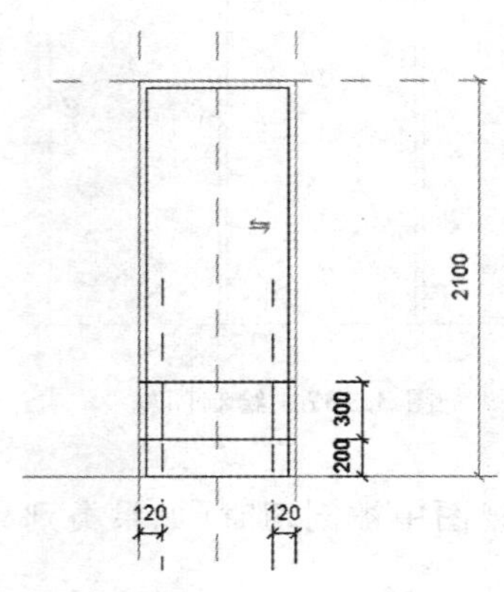

图 3.141 绘制门板

(11) 绘制门板。单击【项目浏览器】中的【立面(立面 1)】→【外部】，可以进入 M3 的外部立面视图。单击【创建】→【拉伸】，进入【修改 | 编辑拉伸】界面，用菜单中的绘制工具将门板绘制完成，如图 3.141 所示。绘制完成后，单击【√】按钮。

(12) 修改门板的位置及厚度。单击选择上一步中绘制好的门板，绘制辅助线，打开【属性】面板，在【拉伸终点】栏中输入“95”个单位，在【拉伸起点】栏中输入“55”个单位，如图 3.142 所示。

注意：此处门板的厚度为 40 mm，左立面图中门以 75 mm 为中心线，因此在此处的【拉伸终点】栏中输入“95”，【拉伸起点】栏中输入“55”。

(13) 修改门板的可见性。在门板的【属性】面板中，单击【图形】标签下【可见性/图形替换】后的【编辑】按钮，弹出【族图元可见性设置】对话框，去掉“平面/天花板平面视图”和“当在平面/天花板平面视图中被剖切时(如果类别允许)”的勾选，单击【确定】按钮，如图 3.143 所示。

(14) 添加门板材质参数。在门板的【属性】面板中，单击【材质和装饰】标签下【材质】栏【按类别】右侧的空白按钮，弹出【关联族参数】对话框，单击【添加参数】按钮，弹出【参数属性】对话框，单击选择“共享参数”选项，单击【选择】按钮，弹出【共享参数】对话框，在【参数组】一栏中选择“门窗”选项，在【参数】中选择“门板材质”选项，单击【确定】按钮，如图 3.144 所示。

注意：此处百叶窗框的间距为 20 mm。

(15) 绘制百叶窗框。单击【创建】→【拉伸】，进入【修改 | 编辑拉伸】界面，用菜单中的绘制工具将百叶窗框绘制完成，如图 3.145 所示。绘制完成后，单击【√】按钮。

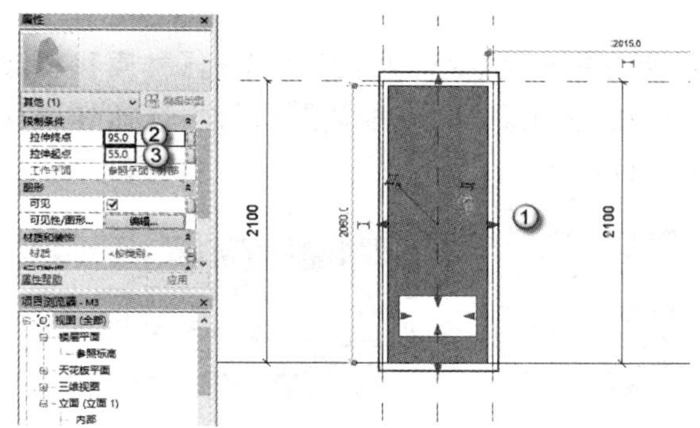

图 3.142　修改门板的位置及厚度

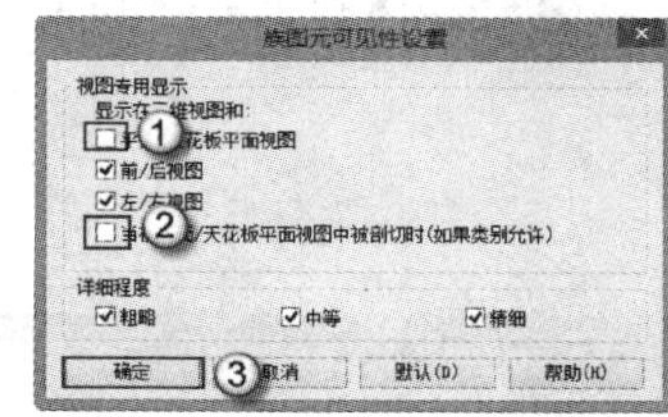

图 3.143　修改门板的可见性

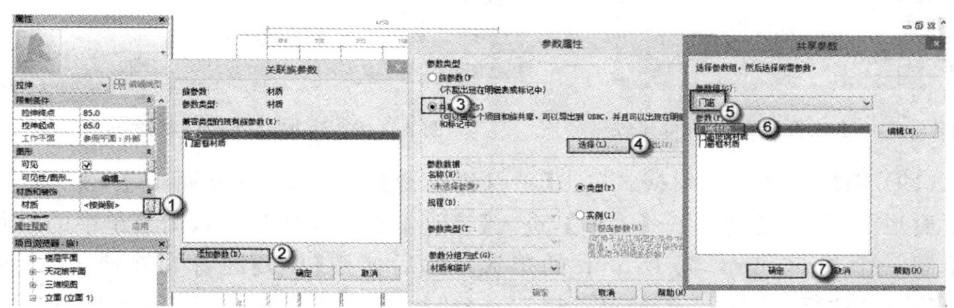

图 3.144　添加门板材质参数

(16) 修改百叶窗框的位置及厚度。单击选择上一步中绘制好的百叶窗框，绘制辅助线，打开【属性】面板，在【拉伸终点】栏中输入"105"个单位，在【拉伸起点】栏中输入"45"个单位，如图 3.146 所示。

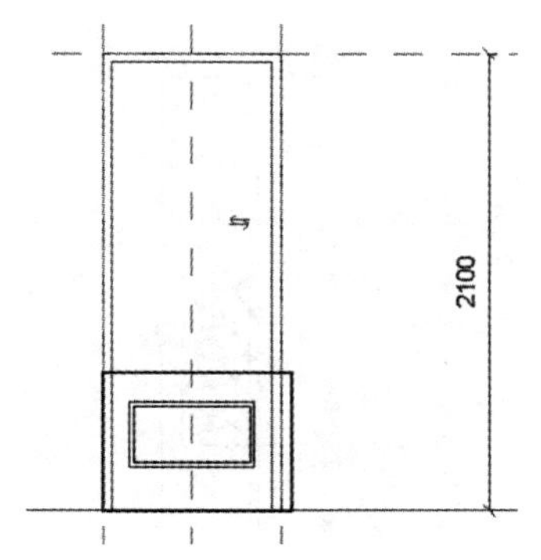

图 3.145　绘制百叶窗框

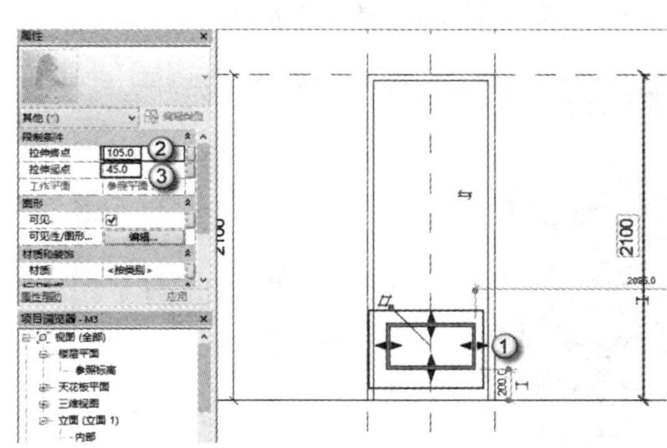

图 3.146　修改百叶窗框的位置及厚度

(17) 修改百叶窗框的可见性。在百叶窗框的【属性】面板中，单击【图形】标签下【可见性/图形替换】的【编辑】按钮，弹出【族图元可见性设置】对话框，去掉"平面/天花板平面视图"和"当在平面/天花板平面视图中被剖切时(如果类别允许)"的勾选，单击【确定】按钮,如图 3.147 所示。

(18) 添加百叶窗框材质参数。在百叶窗框的【属性】面板中,单击【材质和装饰】标签下【材质】栏【按类别】右侧的空白按钮,弹出【关联族参数】对话框,选择"门板材质"选项,单击【确定】按钮,如图 3.148 所示。

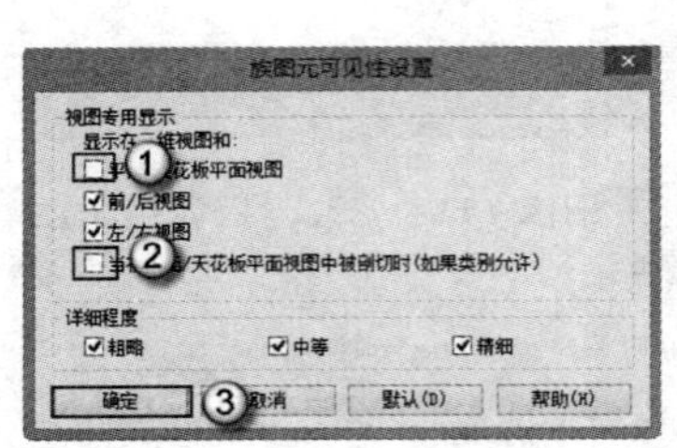

图 3.147　修改百叶窗框的可见性

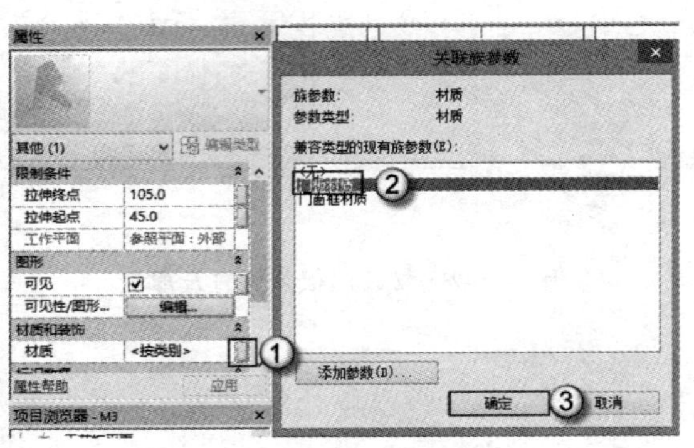

图 3.148　添加百叶窗框材质参数

(19) 创建百叶窗的斜棂。单击【项目浏览器】中的【立面(立面 1)】→【左】,进入左立面视图。单击【创建】→【拉伸】,进入【修改｜编辑拉伸】界面,用菜单中的绘制工具绘制一个长 50 mm、宽 15 mm 的矩形。然后使用【RO】键将其旋转 30°。使用【CO】键发出"复制"命令,勾选菜单栏下方的"约束"和"多个"选项,向下每隔 50 mm 将其复制,复制完成 5 个后,按下【MV】键,将整体调整至百叶窗洞正中位置,如图 3.149所示。

注意:百叶窗有正反向,所以创建百叶时务必要判断内外部方向。此处百叶窗安装在门的下部,内低外高,这样不管是外部直视或稍仰视均看不到门内情况,在门外只能看到室内地板情况。

(20) 修改百叶窗斜棂宽度。单击选择绘制好的窗框,在【属性】面板中,在【拉伸终点】栏中输入"260"个单位,在【拉伸起点】栏中输入"－260"个单位,如图 3.150 所示。绘制完成后,单击【√】按钮。

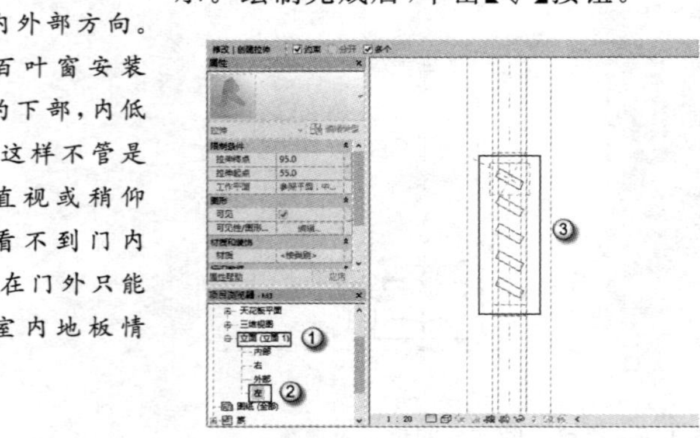

图 3.149　创建百叶窗的斜棂

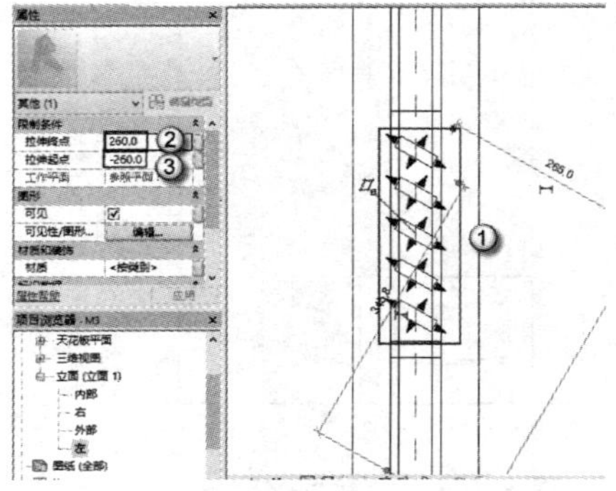

图 3.150　修改百叶窗斜棂宽度

(21) 修改百叶窗斜棂的可见性。在【属性】面板中,单击【图形】标签下【可见性/图形替换】后的【编辑】按钮,弹出【族图元可见性设置】对话框,去掉"平面/天花板平面视图”和“当在平面/天花板平面视图中被剖切时(如果类别允许)”的勾选,单击【确定】按钮,如图 3.151 所示。

(22) 添加百叶窗斜棂的材质参数。在百叶窗斜棂的【属性】面板中,单击【材质和装饰】标签下【材质】栏【按类别】右侧的空白按钮,弹出【关联族参数】对话框,选择“门板材质”选项,单击【确定】按钮,如图 3.152 所示。

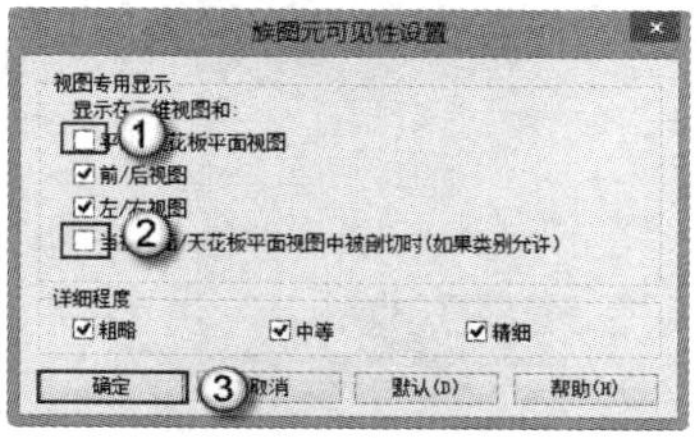

图 3.151　修改百叶窗斜棂的可见性

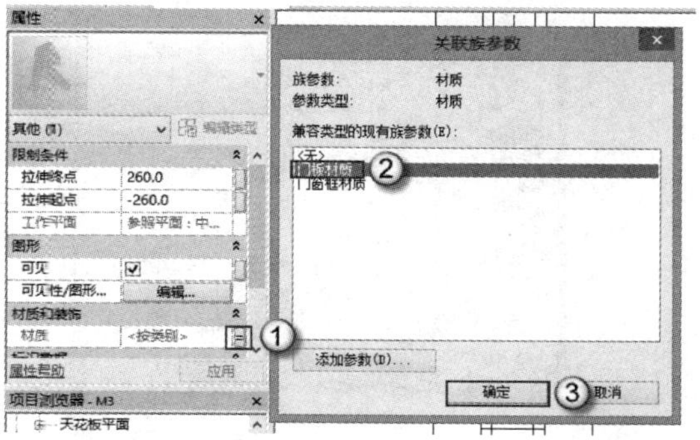

图 3.152　添加百叶窗斜棂的材质参数

(23) 创建模型组。单击【项目浏览器】中的【立面(立面 1)】→【外部】,可以进入 M3 的外部立面视图,配合【Ctrl】键依次选择门板和百叶窗斜棂,将其成组,并命名为“门板”,如图 3.153 所示。

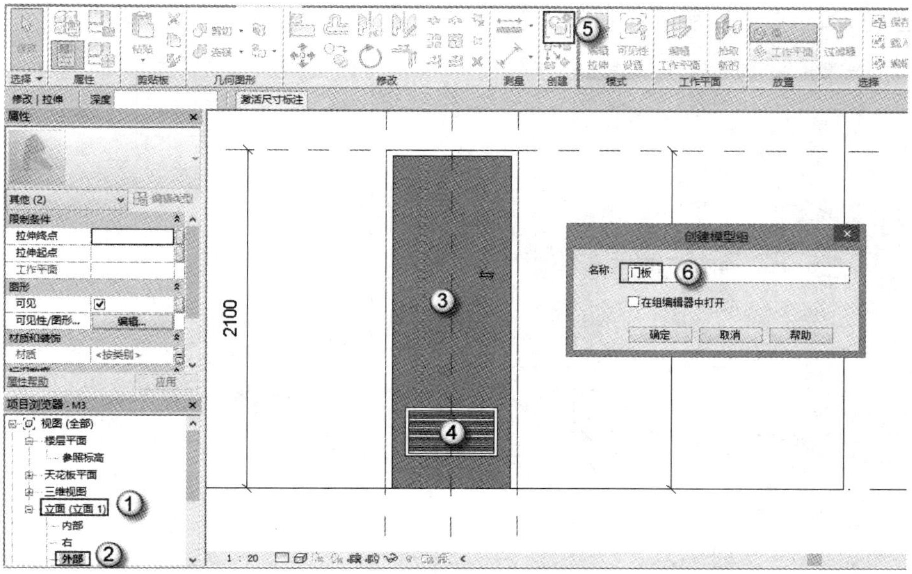

图 3.153　创建模型组

(24) 载入族门锁 11。单击【项目浏览器】中的【楼层平面】→【参照标高】,进入门的参照标高视图。单击【插入】→【载入族】,弹出【载入族】对话框,在【查找范围】下拉列表中选择【建筑】→【门】→【门构件】→【拉手】,选择“门锁 11”族文件,单击【打开】按钮,如图 3.154 所示。

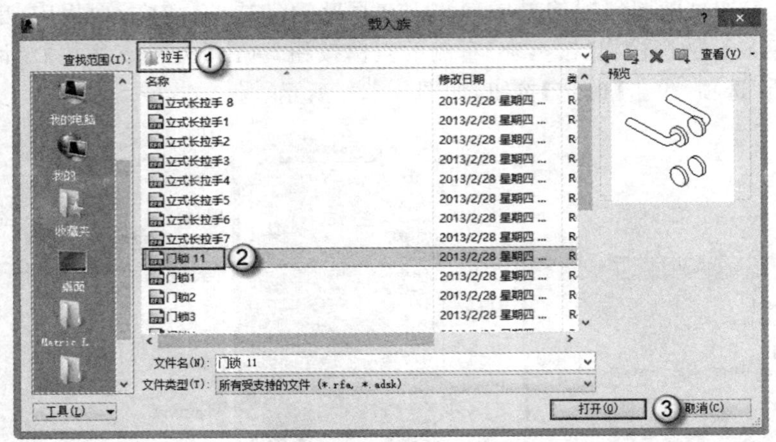

图 3.154 载入族门锁 11

(25) 绘制门锁 11。单击【项目浏览器】中的【族】→【门】→【门锁 11】,将门锁 11 拖至绘图区域,在如图 3.155 所示位置单击放下门锁 11,按【Esc】键取消插入族命令。选择门锁 11,单击【属性】面板中的【编辑类型】按钮,弹出【类型属性】对话框,在【类型属性】对话框中【尺寸标注】标签下【面板厚度】栏中输入“40”个单位,单击【确定】按钮,如图 3.156 所示。

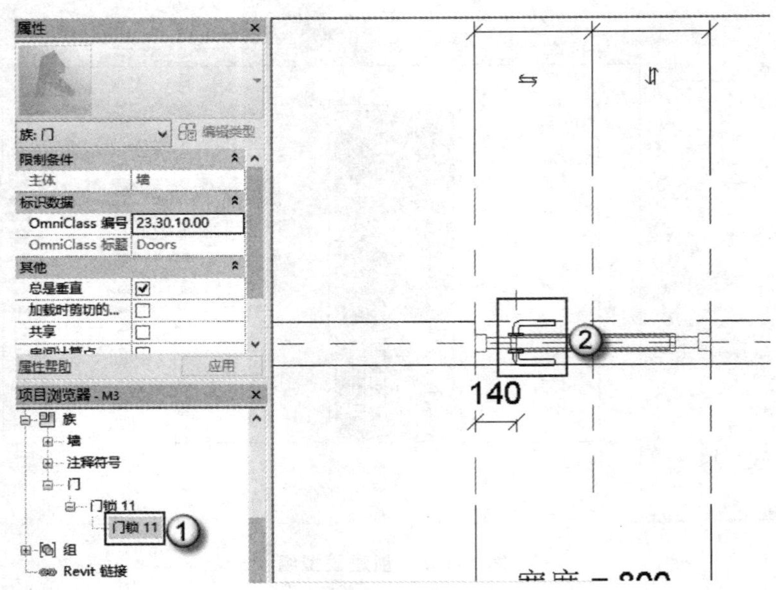

图 3.155 绘制门锁 11

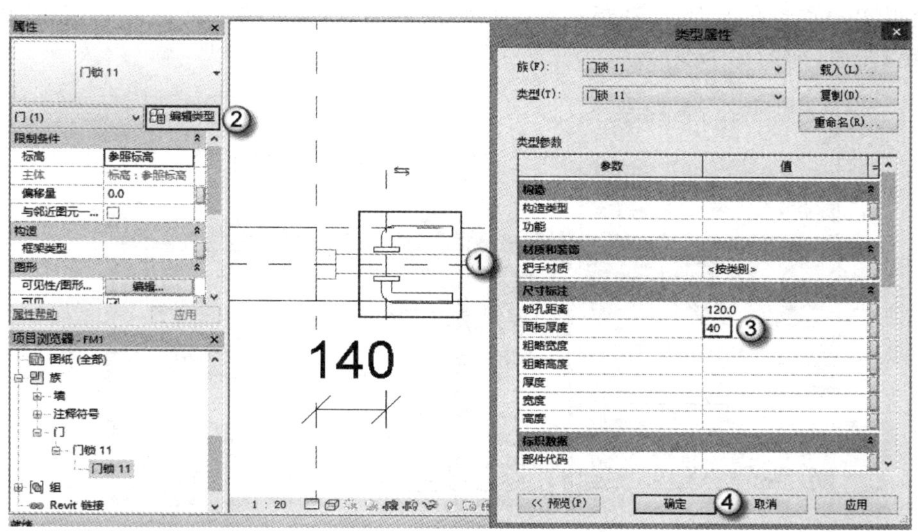

图 3.156　修改门锁 11 的厚度

(26) 调整门锁 11 的位置。单击【项目浏览器】中的【立面(立面 1)】→【外部】，进入门的外部立面视图。选择门锁 11，按下【MV】键，将其向上移动 900 个单位，按下【Enter】键。如图 3.157 所示。

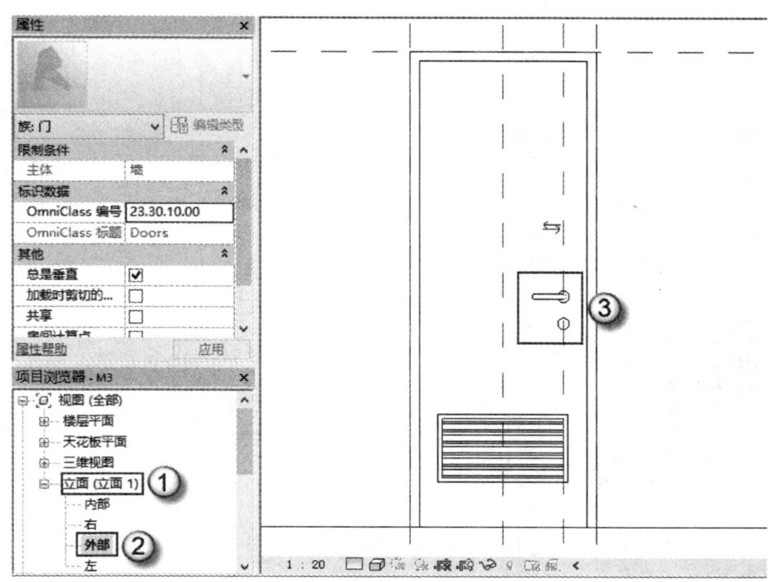

图 3.157　调整门锁 11 的位置

(27) 修改门锁 11 的可见性。在门锁的【属性】面板中，单击【图形】标签下【可见性/图形替换】后的【编辑】按钮，弹出【族图元可见性设置】对话框，去掉“平面/天花板平面视图”和“当在平面/天花板平面视图中被剖切时(如果类别允许)”的勾选，单击【确定】按钮，如图 3.158 所示。

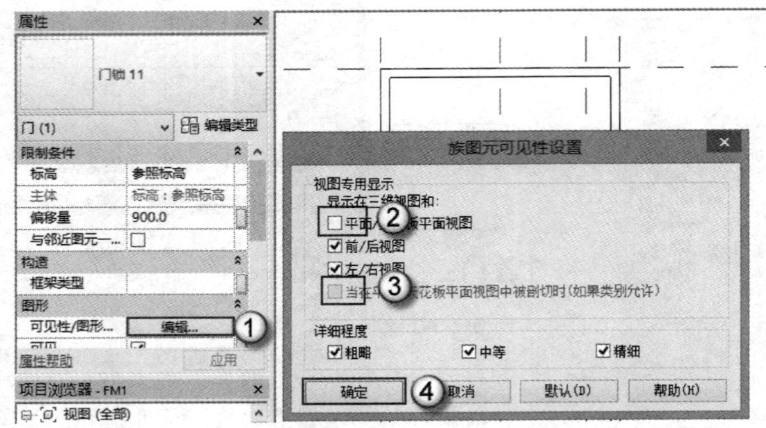

图 3.158　修改门锁 11 的可见性

(28) 绘制 M3 的立面打开方向符号线。单击【项目浏览器】中的【立面(立面 1)】→【外部】，进入门的外部立面视图。单击【注释】→【符号线】，将【子类型】改为“立面打开方向(投影)”选项，绘制如图 3.159 所示门的打开方向符号线。

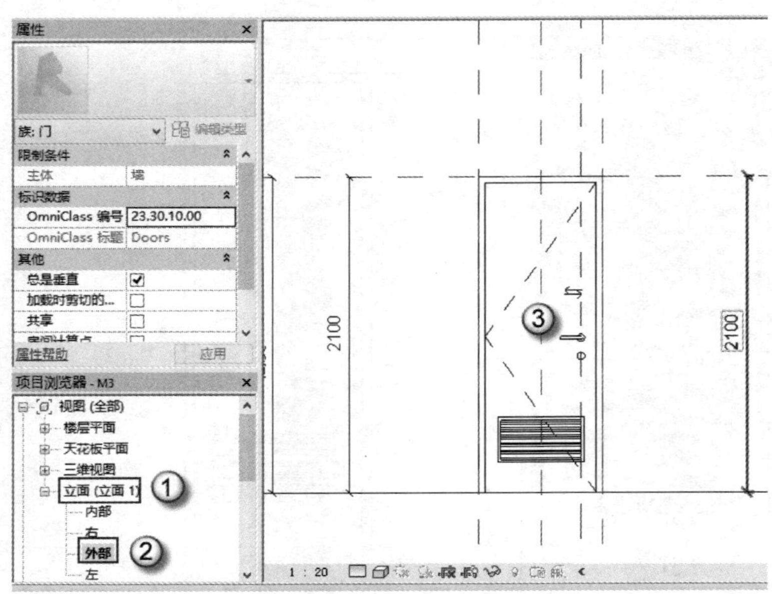

图 3.159　绘制 M3 的立面打开方向符号线

(29) 绘制 M3 的平面轮廓线。单击【项目浏览器】中的【楼层平面】→【参照标高】，进入门的参照标高视图。单击【注释】→【符号线】，将【子类型】改为“门(投影)”

选项，绘制如图 3.160 所示的门平面轮廓线。

图 3.160　绘制 M3 的平面轮廓线

（30）编辑门框材质。单击【族类型】按钮，弹出【族类型】对话框，单击【材质和装饰】标签下【门窗框材质】的【按类别】按钮，弹出【材质浏览器】对话框，单击【主视图】→【Autodesk 材质】→【木材】，选择“木材”材质，单击【材质浏览器】对话框中的【确定】按钮。如图 3.161 所示。

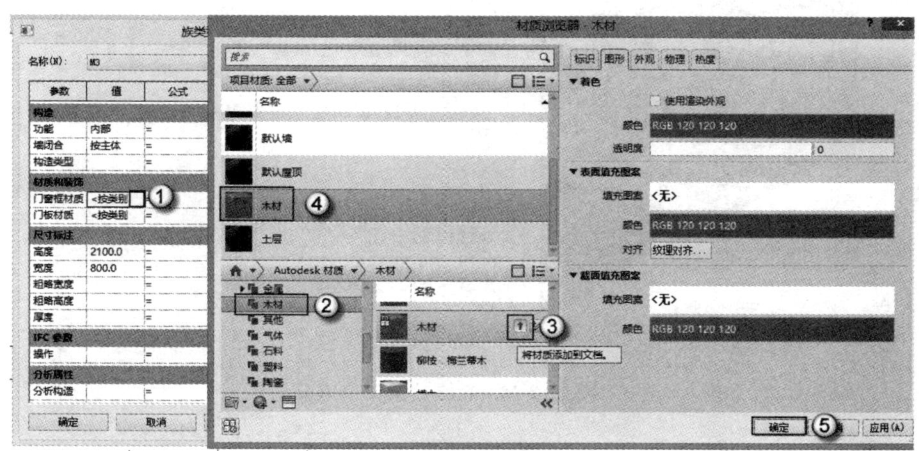

图 3.161　编辑门框材质

（31）编辑门板材质。单击【族类型】按钮，弹出【族类型】对话框，单击【材质和装饰】标签下【门板材质】的【按类别】按钮，弹出【材质浏览器】对话框，单击【主视图】→

【Autodesk 材质】→【木材】,选择“木材”材质,单击【材质浏览器】对话框中的【确定】按钮。如图 3.162 所示。

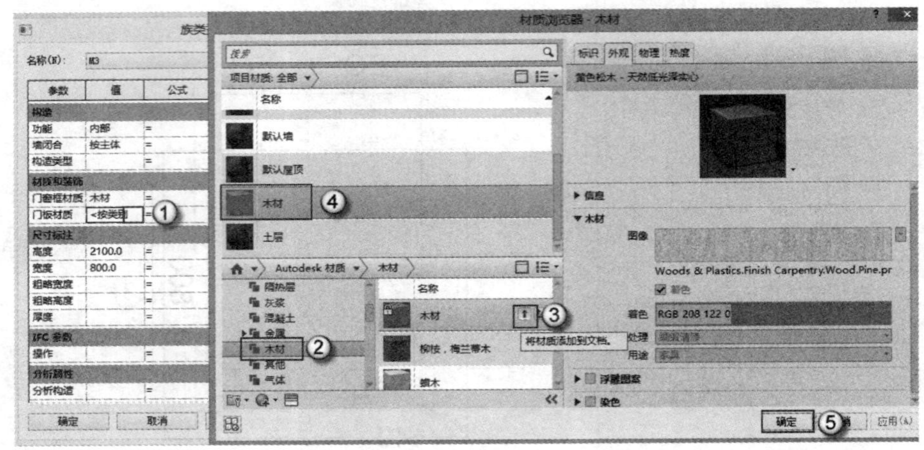

图 3.162　编辑门板材质

(32) 保存族 M3。按下【F4】键,在三维视图中检查模型,如图 3.163 所示。单击【保存】按钮,将文件保存到指定位置,方便以后使用。

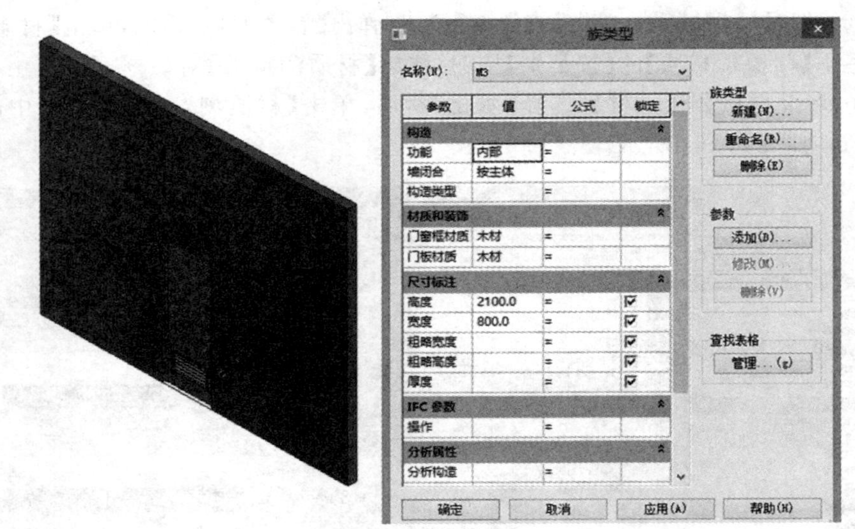

图 3.163　族 M3 最终效果图及其属性

3.2.3　凸窗 C1

凸窗以推拉窗为主,因其向外凸出而得名。在其下部放置空调外机,并用百叶遮挡。在设计凸窗时一定要注意保温,在节能计算时凸出部位经常超标。具体操作如下。

(1) 选择"公制窗"族样板。单击【程序】→【新建】→【族】，在弹出的"新族-选择样板文件"对话框中选择"公制窗"文件，单击【打开】按钮，进入窗族的设计界面，如图3.164所示。

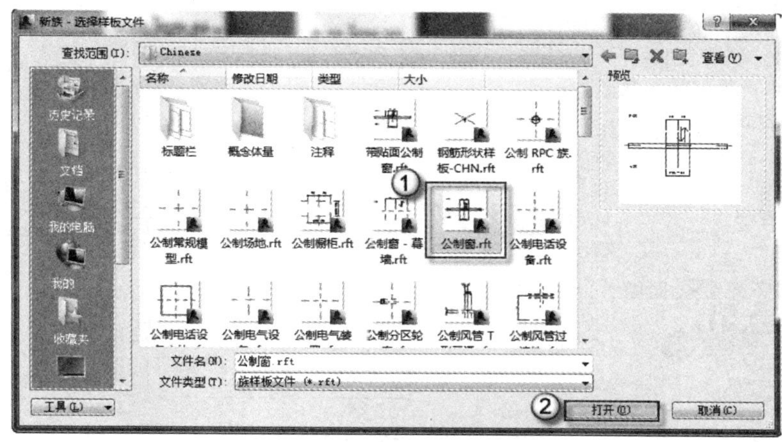

图3.164　选择样板文件

(2) 新建族类型C1。单击【族类型】按钮，在弹出的【族类型】对话框中单击【新建】按钮，弹出【名称】对话框，在【名称】一栏输入"C1"字样，单击【确定】按钮，如图3.165所示。

(3) 修改窗的尺寸标注。继续在【族类型】对话框中，选择屏幕操作区【尺寸标注】标签，在【高度】栏中输入"1750"个单位，在【宽度】栏中输入"1800"个单位，在【默认窗台高】栏中输入"570"个单位，单击【确定】按钮，如图3.166所示。

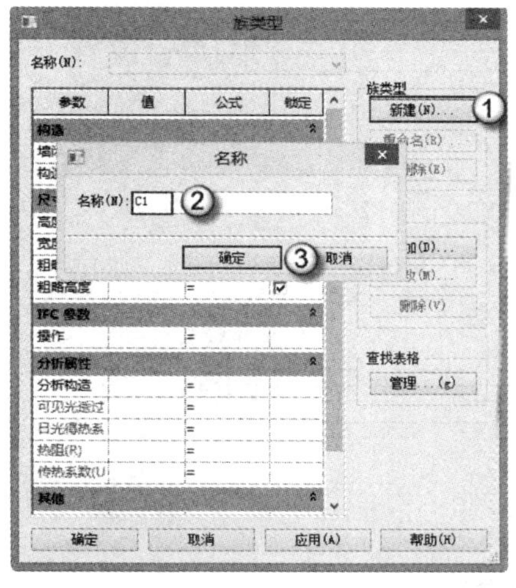

图3.165　新建族类型C1

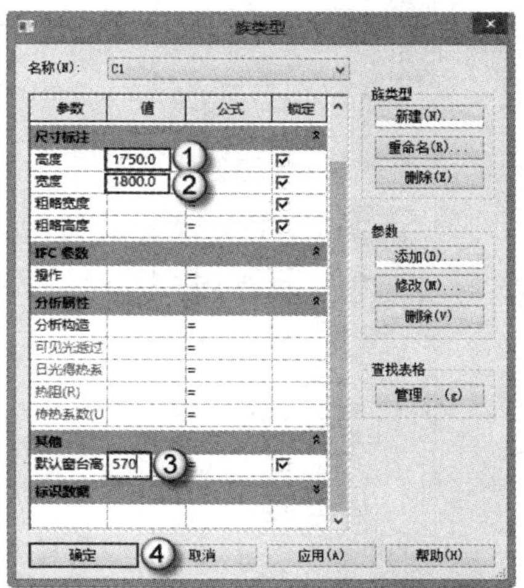

图3.166　修改窗的尺寸标注

(4) 绘制辅助平面。单击【项目浏览器】中的【楼层平面】→【参照标高】,进入窗的参照标高视图,单击【RP】键,绘制窗台板的辅助平面,如图3.167所示。

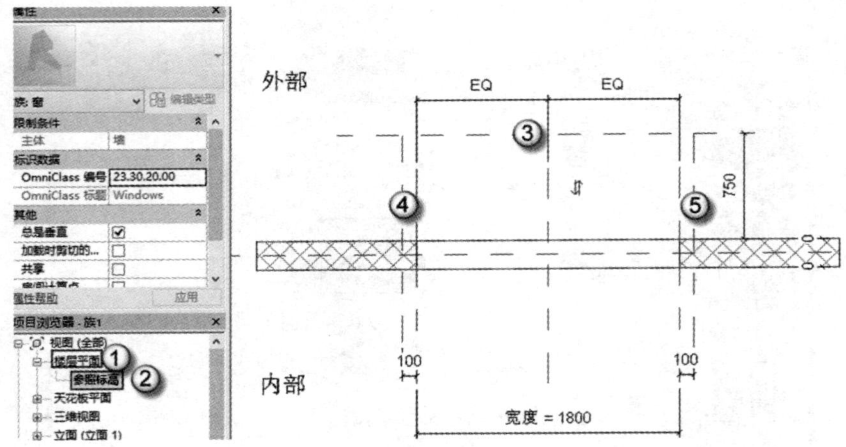

图 3.167 绘制辅助平面

(5) 绘制窗台板。单击【项目浏览器】中的【立面(立面1)】→【外部】,可以进入C1的外部立面视图,绘制两条辅助线。单击【创建】→【拉伸】,进入【修改丨编辑拉伸】界面,用菜单中的绘制工具将C1窗台板完成。在【属性】面板中,在【拉伸终点】栏中输入“−750”个单位,在【拉伸起点】栏中输入“0”个单位。绘制完成后,单击【√】按钮。如图3.168所示。

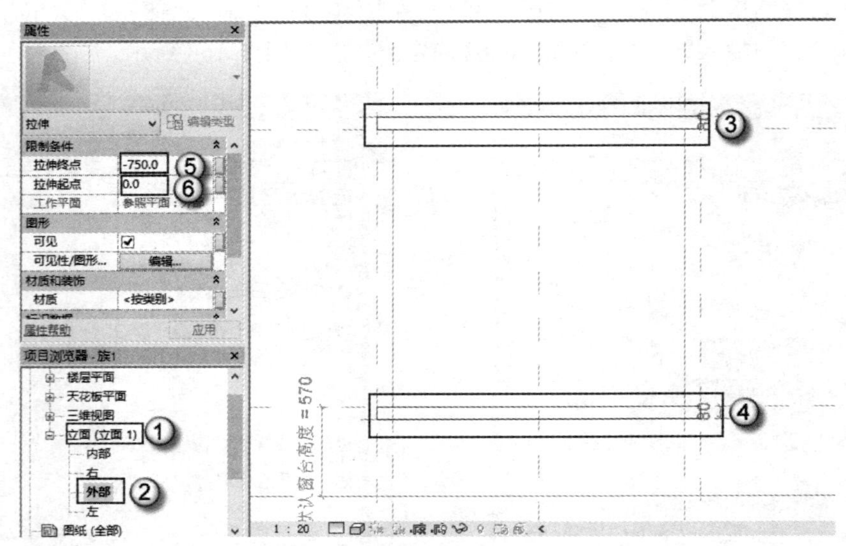

图 3.168 绘制窗台板

(6) 修改窗台板的可见性。在【属性】面板中,单击【图形】标签下【可见性/图形替换】后的【编辑】按钮，弹出【族图元可见性设置】对话框，去掉“平面/天花板平面视图”和“当在平面/天花板平面视图中被剖切时(如果类别允许)”的勾选，单击【确定】按钮，如图 3.169 所示。

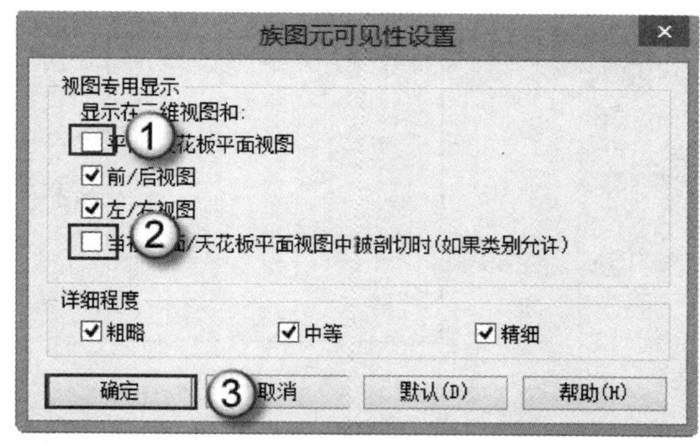

图 3.169　修改窗台板的可见性

(7) 添加窗台板材质参数。在窗台板的【属性】面板中，单击【材质和装饰】标签下【材质】栏【按类别】右侧的空白按钮，弹出【关联族参数】对话框，单击【添加参数】按钮，弹出【参数属性】对话框，单击选择“共享参数”选项，单击【选择】按钮，弹出【共享参数】对话框，在【参数】中选择“窗台板材质”选项，单击【确定】按钮，如图 3.170 所示。

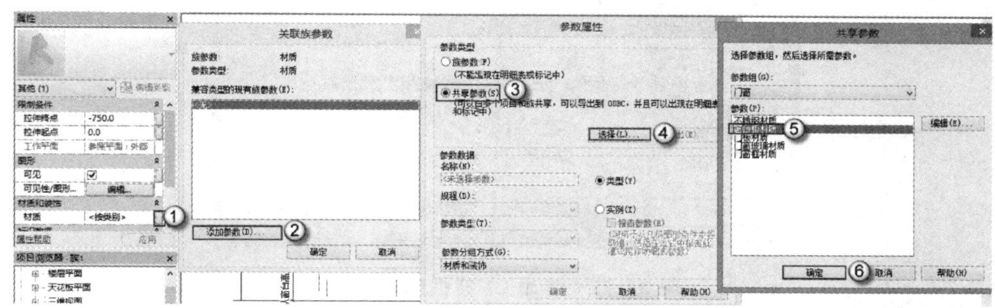

图 3.170　添加窗台板材质参数

(8) 绘制 C1 窗框。单击【项目浏览器】中的【立面(立面 1)】→【外部】，可以进入 C1 的外部立面视图。单击【创建】→【拉伸】，进入【修改 | 编辑拉伸】界面，用菜单中的绘制工具将窗框绘制完成。修改 C1 窗框的位置及厚度，在【属性】面板中，在【拉伸终点】栏中输入“−650”个单位，在【拉伸起点】栏中输入“−610”个单位。绘制完成后，单击【√】按钮。如图 3.171 所示。

(9) 修改 C1 窗框的可见性。在【属性】面板中，单击【图形】标签下【可见性/图形替换】后的【编辑】按钮，弹出【族图元可见性设置】对话框，去掉“平面/天花板平面视图”和“当在平面/天花板平面视图中被剖切时(如果类别允许)”的勾选，单击【确定】按钮，如图 3.172 所示。

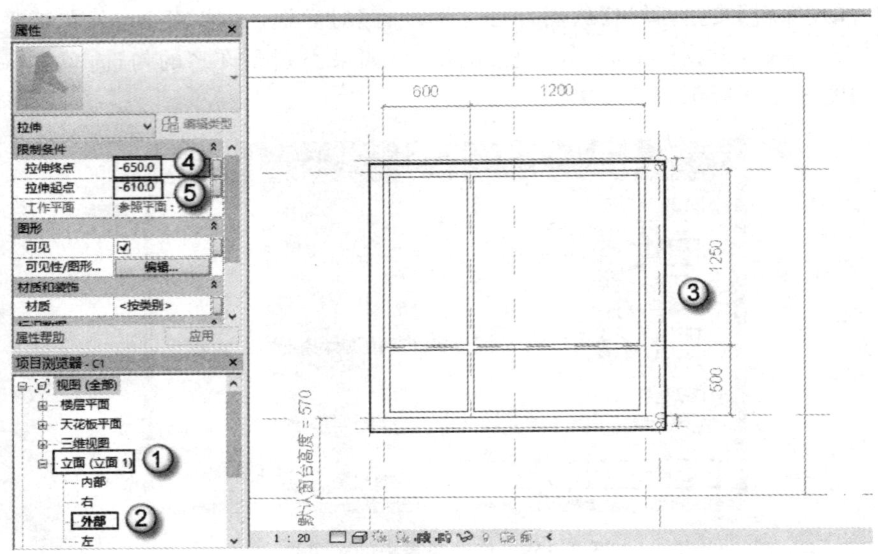

图 3.171　绘制 C1 窗框

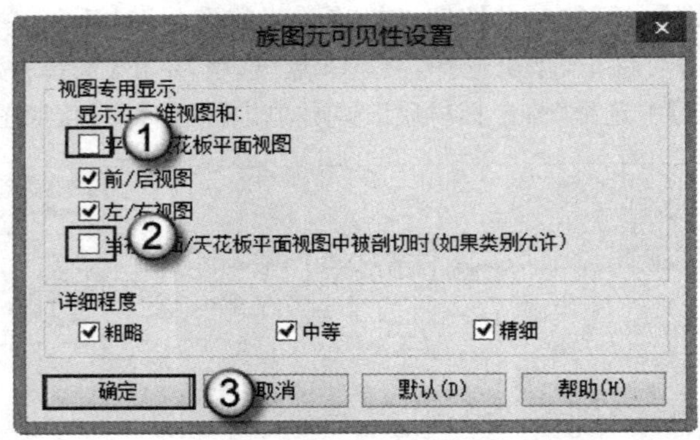

图 3.172　修改 C1 窗框的可见性

(10) 添加 C1 窗框材质参数。在窗框的【属性】面板中，单击【材质和装饰】标签下【材质】栏【按类别】右侧的空白按钮，弹出【关联族参数】对话框，单击【添加参数】按钮，弹出【参数属性】对话框，单击选择“共享参数”选项，单击【选择】按钮，弹出【共享参数】对话框，在【参数组】一栏中选择“门窗”选项，在【参数】中选择“门窗框材质”选项，单击【确定】按钮，如图 3.173 所示。

(11) 绘制 C1 窗户玻璃。单击【项目浏览器】中的【立面(立面 1)】→【外部】，可以进入 C1 的外部立面视图。单击【创建】→【拉伸】，进入【修改｜编辑拉伸】界面，用菜单中的绘制工具将 C1 窗户玻璃完成，如图 3.174 所示。在【属性】面板中，在【拉伸终点】栏中输入“－640”个单位，在【拉伸起点】栏中输入“－620”个单位。绘制完成后，单击【√】按钮。

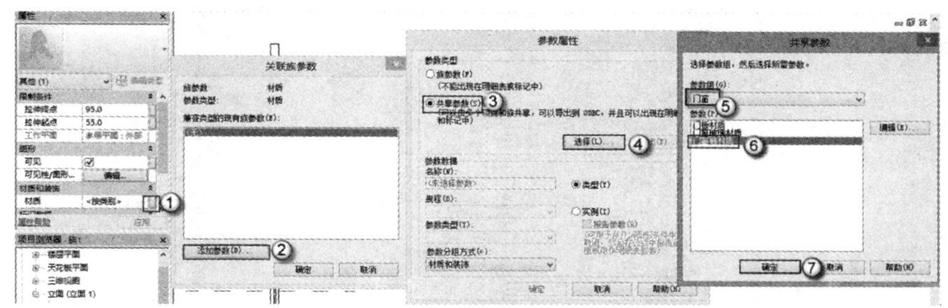

图 3.173 添加 C1 窗框材质参数

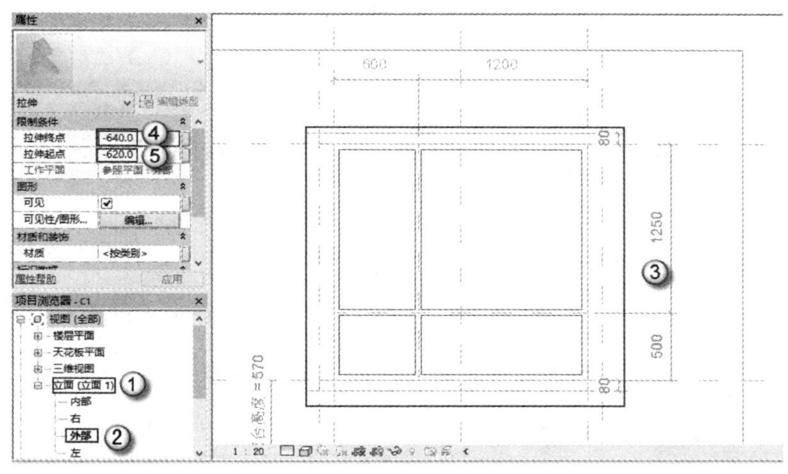

图 3.174 绘制 C1 窗户玻璃

(12) 修改 C1 窗户玻璃的可见性。在【属性】面板中，单击【图形】标签下【可见性/图形替换】后的【编辑】按钮，弹出【族图元可见性设置】对话框，去掉“平面/天花板平面视图”和“当在平面/天花板平面视图中被剖切时(如果类别允许)”的勾选，单击【确定】按钮，如图 3.175 所示。

(13) 添加 C1 窗户玻璃材质参数。在窗户玻璃的【属性】面板中，单击【材质和装饰】标签下【材质】栏【按类别】右侧的空白按钮，弹出【关联族参数】对话框，单击【添加参数】按钮，弹出【参数属性】对话框，单击选择“共享参数”选项，单击【选择】按钮，弹出【共享参数】对话框，在【参数组】一栏中选择“门窗”选项，在【参数】中选择“门窗玻璃材质”选项，单击【确定】按钮，如图 3.176 所示。

(14) 绘制 C1 左侧窗框。单击【项目浏览器】中的【立面(立面 1)】→【左】，可以进入 C1 的左立面视图，单击【创建】→【拉伸】，进入【修改 | 编辑拉伸】界面，用菜单中的绘制工具将 C1 左侧窗框完成，如图 3.177 所示。在【属性】面板中，在【拉伸终点】栏中输入“－40”个单位，在【拉伸起点】栏中输入“0”个单位。绘制完成后，单击【√】按钮。

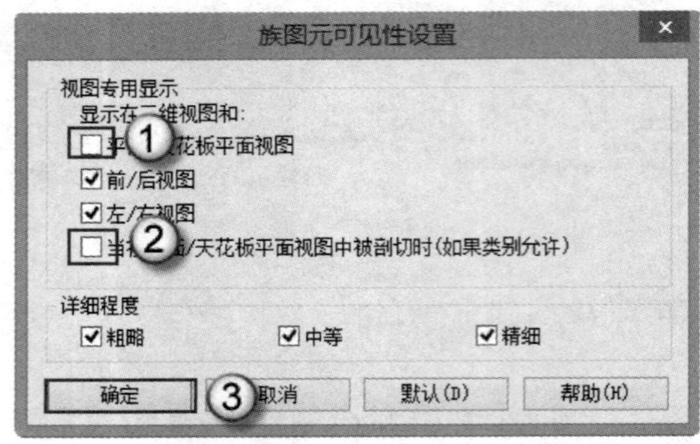

图 3.175　修改 C1 窗户玻璃的可见性

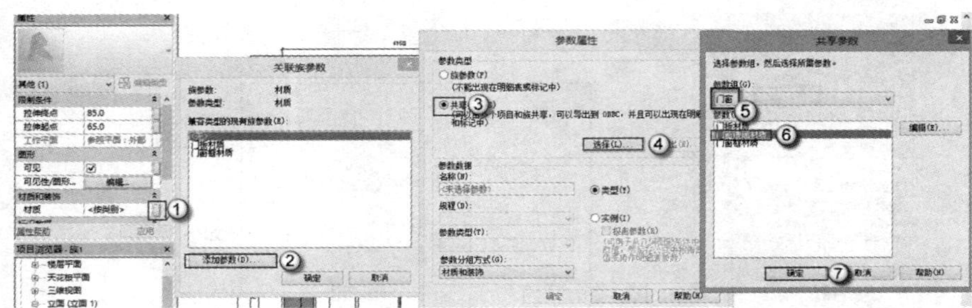

图 3.176　添加 C1 窗户玻璃材质参数

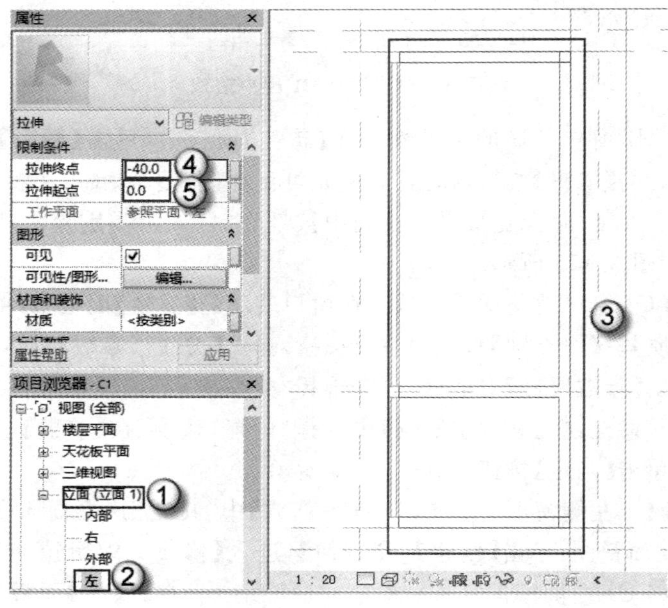

图 3.177　绘制 C1 左侧窗框

(15) 修改C1左侧窗框的可见性。在【属性】面板中,单击【图形】标签下【可见性/图形替换】后的【编辑】按钮,弹出【族图元可见性设置】对话框,去掉“平面/天花板平面视图”和“当在平面/天花板平面视图中被剖切时(如果类别允许)”的勾选,单击【确定】按钮,如图3.178所示。

(16) 添加C1左侧窗框材质参数。在窗框的【属性】面板中,单击【材质和装饰】标签下【材质】栏【按类别】右侧的空白按钮,弹出【关联族参数】对话框,选择“门窗框材质”选项,单击【确定】按钮,如图3.179所示。

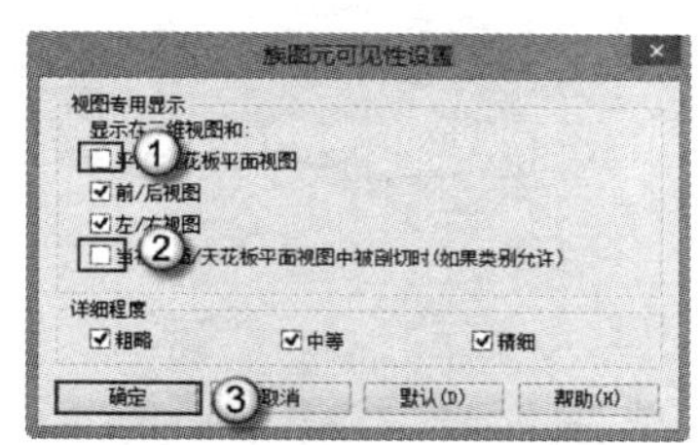

图3.178 修改C1左侧窗框的可见性

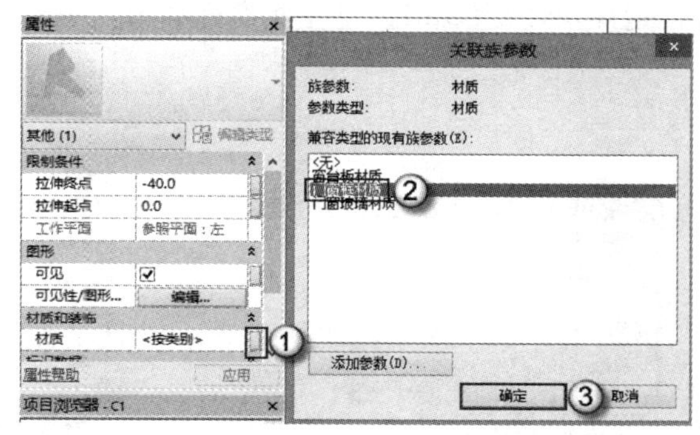

图3.179 添加C1左侧窗框材质参数

(17) 绘制C1左侧窗户玻璃。单击【项目浏览器】中的【立面(立面1)】→【左】,可以进入C1的左立面视图,单击【创建】→【拉伸】,进入【修改|编辑拉伸】界面,用菜单中的绘制工具将C1左侧窗户玻璃完成,如图3.180所示。在【属性】面板中,在【拉伸终点】栏中输入“-30”个单位,在【拉伸起点】栏中输入“-10”个单位。绘制完成后,单击【√】按钮。

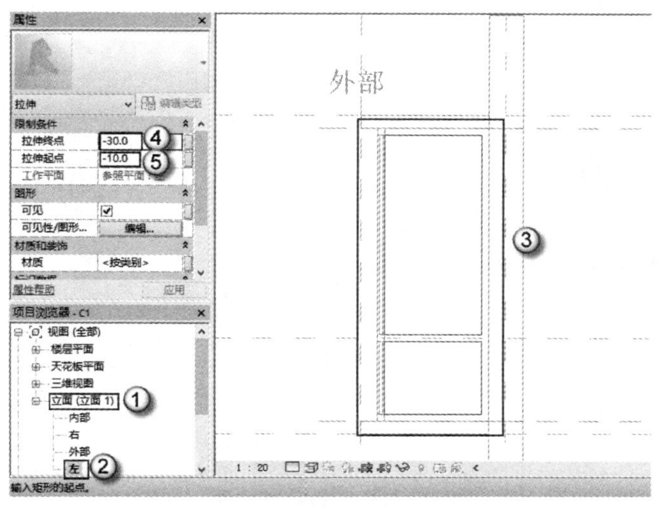

图3.180 绘制C1左侧窗户玻璃

(18) 修改 C1 左侧窗户玻璃的可见性。在【属性】面板中,单击【图形】标签下【可见性/图形替换】后的【编辑】按钮,弹出【族图元可见性设置】对话框,去掉“平面/天花板平面视图”和“当在平面/天花板平面视图中被剖切时(如果类别允许)”的勾选,单击【确定】按钮,如图 3.181 所示。

(19) 添加 C1 左侧窗户玻璃材质参数。在窗户的【属性】面板中,单击【材质和装饰】标签下【材质】栏【按类别】右侧的空白按钮,弹出【关联族参数】对话框,选择“门窗玻璃材质”选项,单击【确定】按钮,如图 3.182 所示。最后多选左侧窗框和玻璃,按下有轴镜像快捷键【MM】,将左侧窗框和玻璃镜像到右侧。

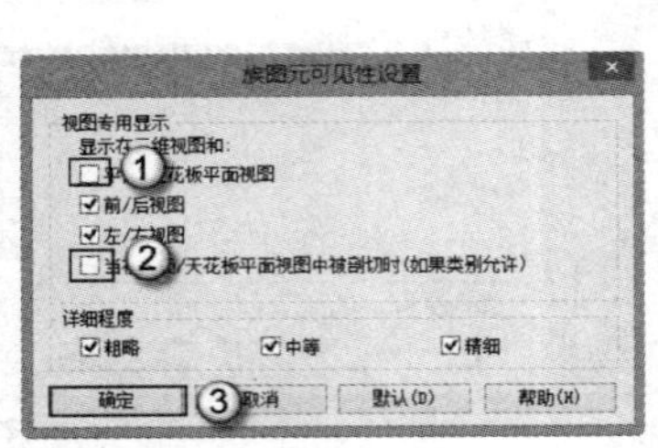

图 3.181 修改 C1 左侧窗户玻璃的可见性

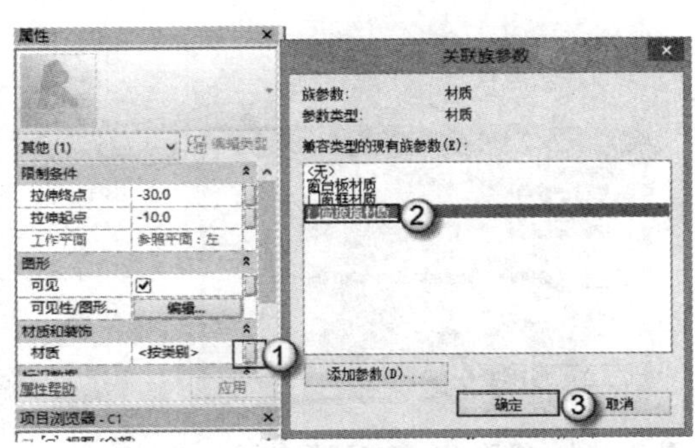

图 3.182 添加 C1 左侧窗户玻璃材质参数

(20) 绘制百叶杆。单击【项目浏览器】中的【楼层平面】→【参照标高】,进入窗的参照标高视图,单击【创建】→【拉伸】,进入【修改 | 编辑拉伸】界面,用菜单中的绘制工具将 C1 百叶杆完成,如图 3.183 所示。在【属性】面板中,在【拉伸终点】栏中输入“−400”个单位,在【拉伸起点】栏中输入“490”个单位。绘制完成后,单击【√】按钮。

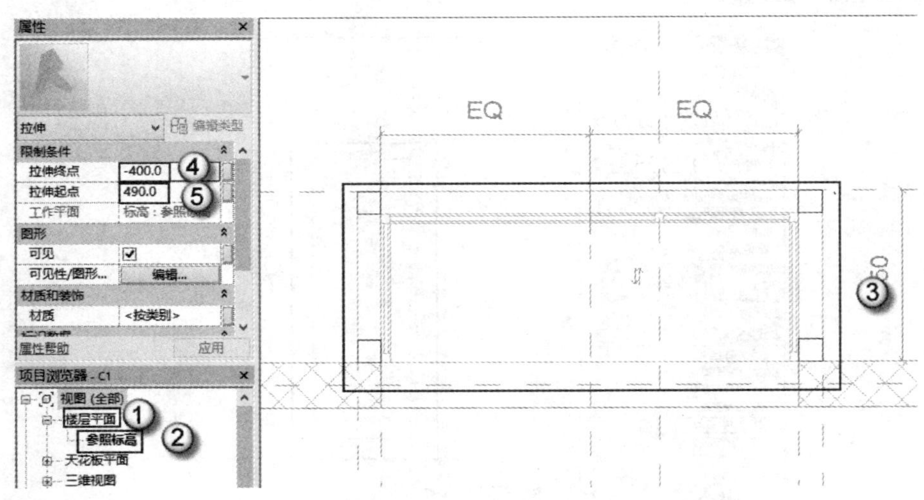

图 3.183 绘制百叶杆

(21) 修改百叶杆的可见性。在【属性】面板中,单击【图形】标签下【可见性/图形替换】后的【编辑】按钮,弹出【族图元可见性设置】对话框,去掉“平面/天花板平面视图”和“当在平面/天花板平面视图中被剖切时(如果类别允许)”的勾选,单击【确定】按钮,如图 3.184 所示。

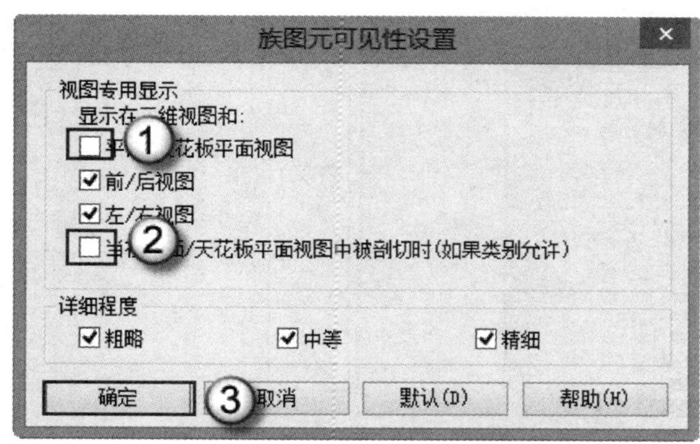

图 3.184 修改百叶杆的可见性

(22) 添加百叶杆材质参数。在百叶杆的【属性】面板中,单击【材质和装饰】标签下【材质】栏【按类别】右侧的空白按钮,弹出【关联族参数】对话框,单击【添加参数】按钮,弹出【参数属性】对话框,单击选择“共享参数”选项,单击【选择】按钮,弹出【共享参数】对话框,在【参数】中选择“百叶”选项,单击【确定】按钮,如图 3.185 所示。

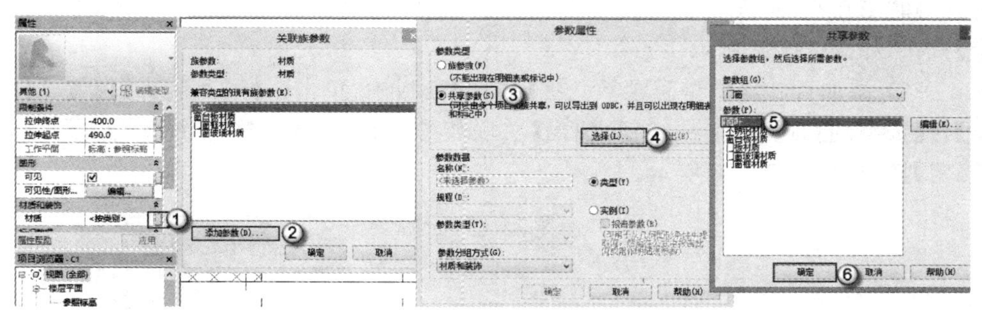

图 3.185 添加百叶杆材质参数

(23) 创建百叶斜棂。单击【项目浏览器】中的【立面(立面 1)】→【左】,进入百叶的左立面视图。先绘制辅助线,再单击【创建】→【拉伸】,进入【修改 | 编辑拉伸】界面,用菜单中的绘制工具绘制一个长 70 mm、宽 15 mm 的矩形。然后使用【RO】键将其旋转 15°。使用【CO】键发出“复制”命令,勾选菜单栏下方的“约束”和“多个”选项,向下每隔 80 mm 将其复制,复制完成 11 个后,按下【MV】键,将整体调整至百叶窗洞正中位置,并将所有斜棂复制到剪贴板上,以便下一步绘制侧面斜棂。在【属性】面板中,在【拉伸终点】栏中输入“−1800”个单位,在【拉伸起点】栏中输入“0”个单位。绘

注意:百叶窗有正反向,所以创建百叶时务必要判断内外部方向。此处百叶窗安装在门的下部,内高外低,这样在外部就看不到内部的情况。绘制辅助线的目的是保证所有百叶斜棂均在同一平面内。

制完成后,单击【√】按钮。如图 3.186 所示。

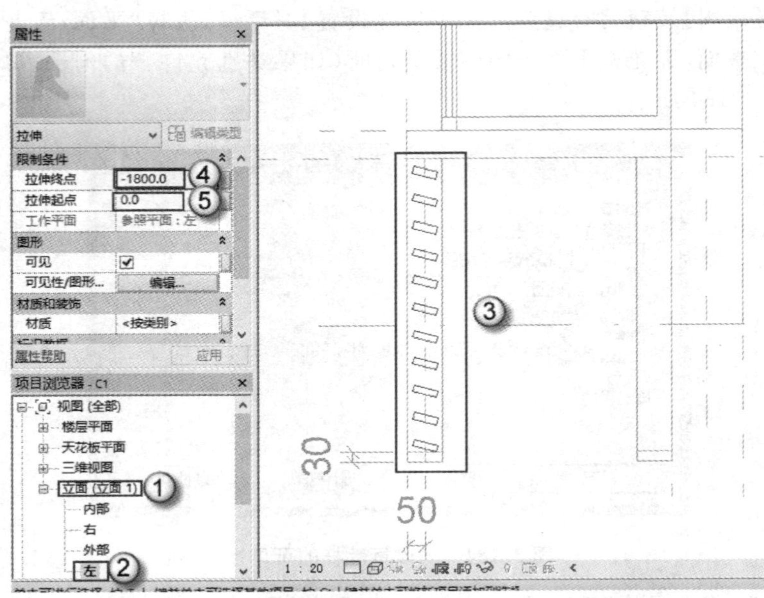

图 3.186　创建百叶斜棂

(24) 修改百叶斜棂的可见性。在【属性】面板中,单击【图形】标签下【可见性/图形替换】后的【编辑】按钮,弹出【族图元可见性设置】对话框,去掉“平面/天花板平面视图”和“当在平面/天花板平面视图中被剖切时(如果类别允许)”的勾选,单击【确定】按钮,如图 3.187 所示。

(25) 添加百叶斜棂材质参数。在【属性】面板中,单击【材质和装饰】标签下【材质】栏【按类别】右侧的空白按钮,弹出【关联族参数】对话框,选择“百叶”选项,单击【确定】按钮,如图 3.188 所示。

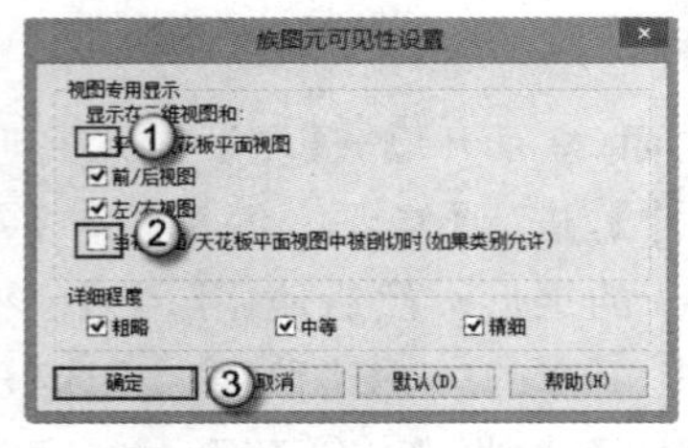

图 3.187　修改百叶斜棂的可见性

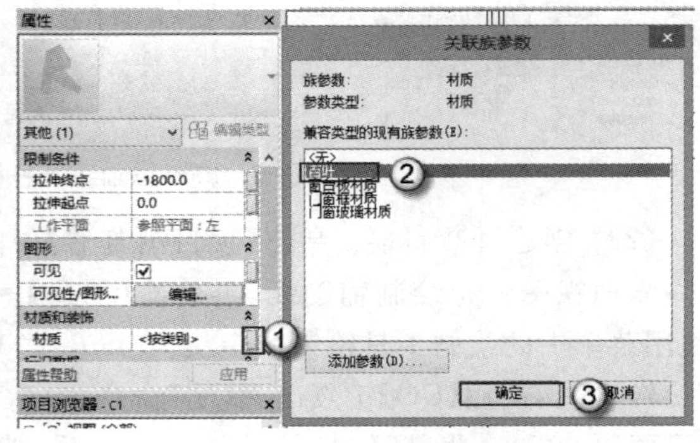

图 3.188　添加百叶斜棂材质参数

(26) 创建百叶斜棂。单击【项目浏览器】中的【立面(立面 1)】→【外部】,进入百叶的外部立面视图，将第(23)步中复制到剪贴板上的百叶斜椽粘贴到这里。在【属性】面板中，在【拉伸终点】栏中输入“－650”个单位，在【拉伸起点】栏中输入“－100”个单位。绘制完成后，单击【√】按钮。如图 3.189 所示。

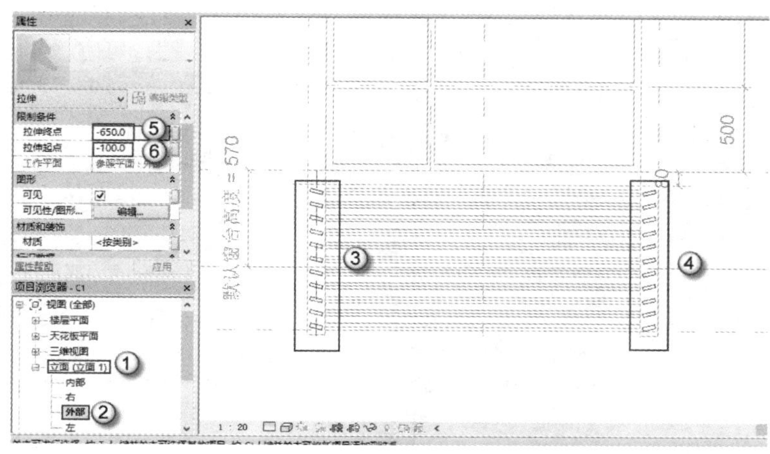

图 3.189　创建百叶斜椽

(27) 修改百叶斜椽的可见性。在【属性】面板中，单击【图形】标签下【可见性/图形替换】后的【编辑】按钮，弹出【族图元可见性设置】对话框，去掉“平面/天花板平面视图”和“当在平面/天花板平面视图中被剖切时(如果类别允许)”的勾选，单击【确定】按钮，如图 3.190 所示。

(28) 添加百叶斜椽材质参数。在【属性】面板中，单击【材质和装饰】标签下【材质】栏【按类别】右侧的空白按钮，弹出【关联族参数】对话框，选择“百叶”选项，单击【确定】按钮，如图 3.191 所示。

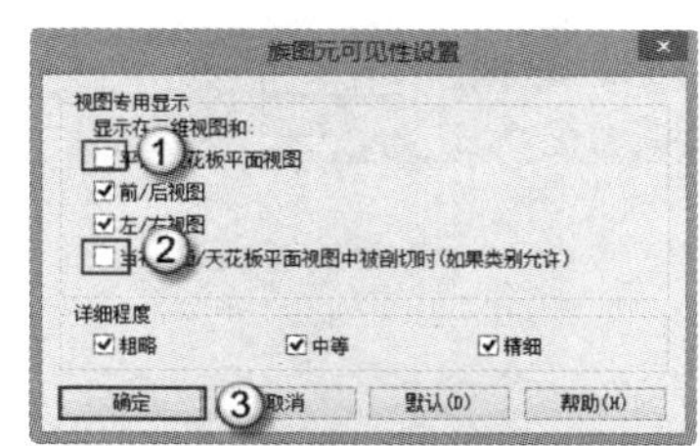

图 3.190　修改百叶斜椽的可见性

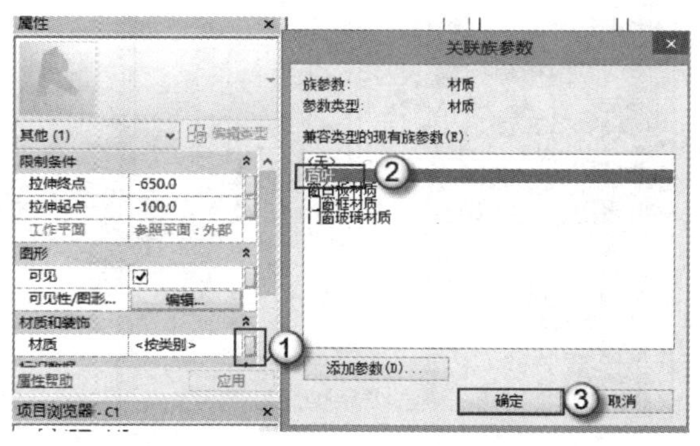

图 3.191　添加百叶斜椽材质参数

注意：由于三层以下非住宅，不需要百叶，所以需要创建是否需要百叶类型。

(29) 创建是否需要百叶。单击【族类型】按钮，在弹出的【族类型】对话框中单击【添加】按钮，在弹出的【参数属性】对话框的【参数类型】栏中选择“族参数”，且选择

“实例”选项，在参数【名称】中输入“是否需要百叶”，在【参数类型】中选择“是/否”，如图 3.192 所示。

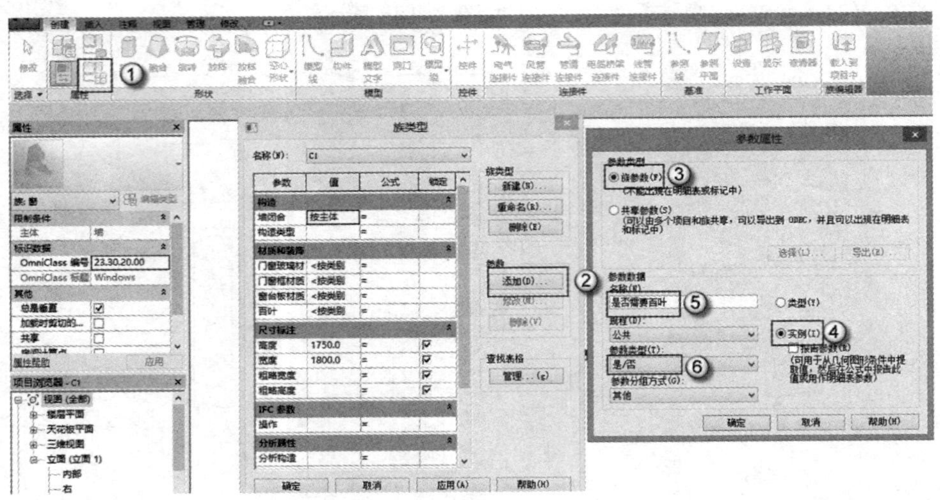

图 3.192　创建是否需要百叶

(30) 添加是否需要百叶参数。单击【项目浏览器】中的【三维视图】→【3D】，进入百叶的三维视图。在【属性】面板中，单击【图形】标签下【可见】栏右侧的空白按钮，弹出【关联族参数】对话框，选择“是否需要百叶”选项，单击【确定】按钮，如图 3.193 所示。

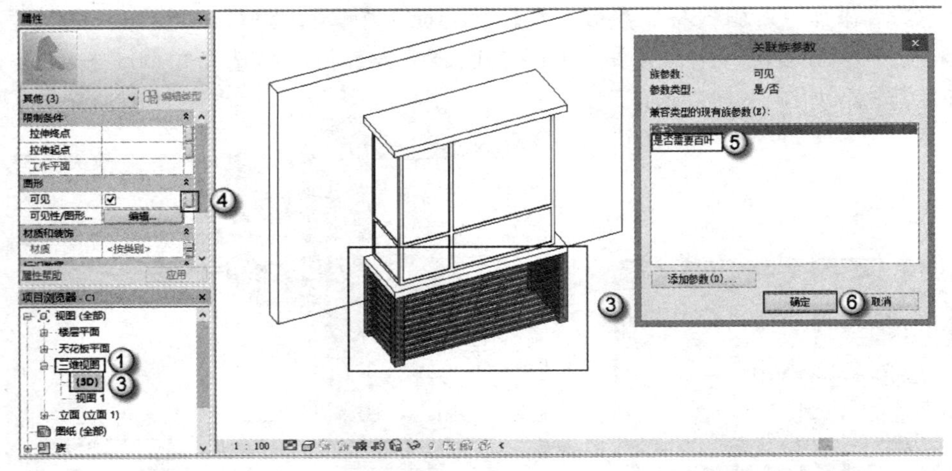

图 3.193　添加是否需要百叶参数

(31) 绘制 C1 的立面打开方向符号线。单击【项目浏览器】中的【立面(立面 1)】→【外部】，进入窗的外部立面视图。单击【注释】→【符号线】，将【子类型】改为“立面打开方向(投影)”选项，绘制如图 3.194 所示窗的打开方向符号线。

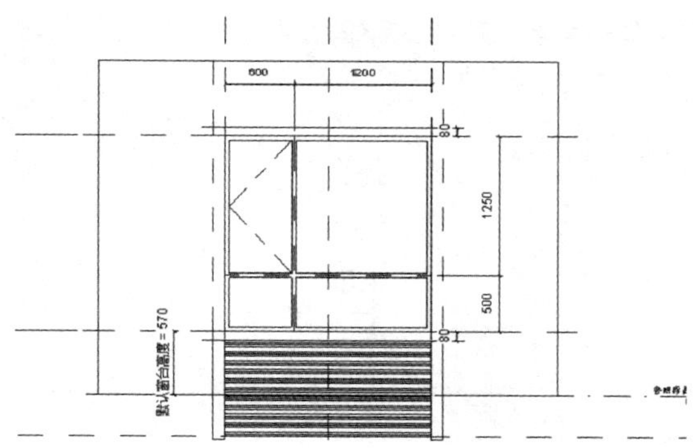

图 3.194　绘制 C1 的立面打开方向符号线

(32) 绘制 C1 的平面可见线。单击【项目浏览器】中的【楼层平面】→【参照标高】，进入窗的参照标高视图，单击【注释】→【符号线】，将【子类型】改为“窗(投影)”选项，绘制如图 3.195 所示的凸窗平面可见线。

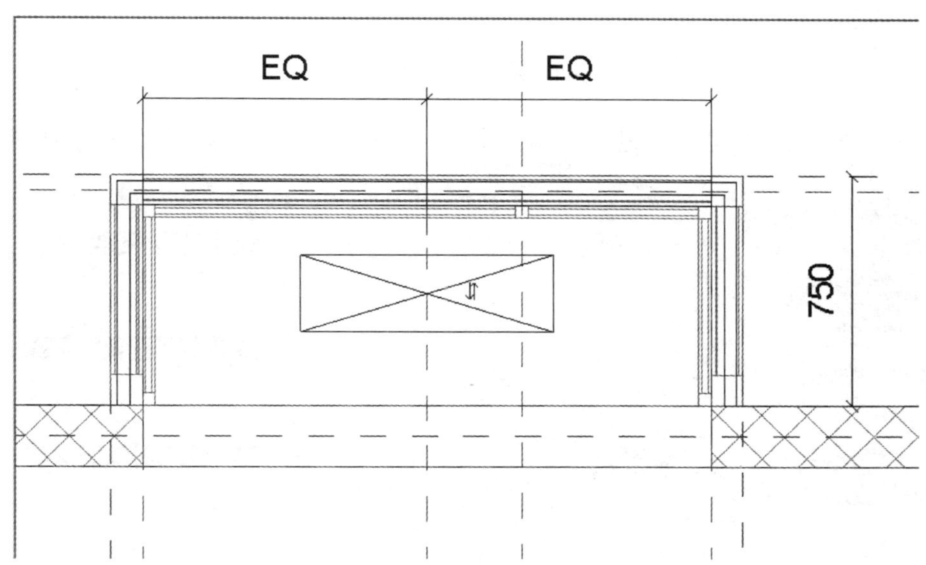

图 3.195　绘制 C1 的平面可见线

(33) 添加空调控件。单击【创建】→【控件】，进入【修改｜放置控制点】界面，单击【双向水平】按钮，给空调添加双向水平控件，如图 3.196 所示。

(34) 编辑门窗玻璃材质。单击【族类型】按钮，弹出【族类型】对话框，单击【材质和装饰】标签下【门窗玻璃材质】的【按类别】按钮，弹出【材质浏览器】对话框，选择【主视图】→【Autodesk 材质】→【玻璃】→【玻璃】，双击【玻璃】材质将其添加到【项目材质】。选择【项目材质】中的“玻璃”材质，单击【材质浏览器】对话框中的【确定】按钮，如图 3.197 所示。

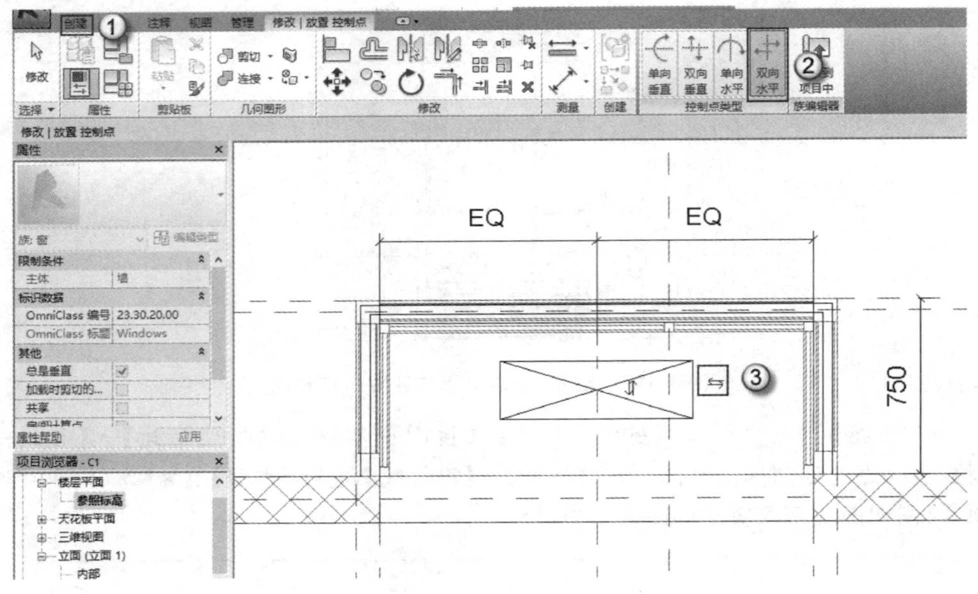

图 3.196 添加空调控件

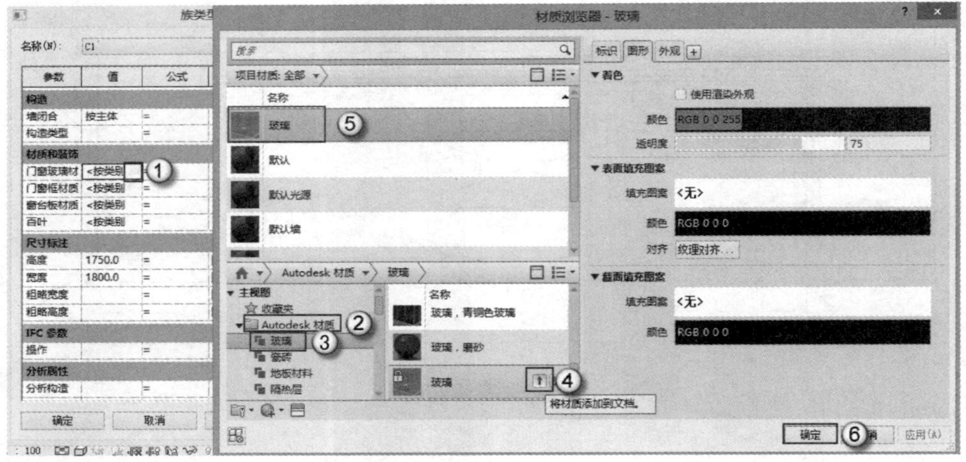

图 3.197 编辑门窗玻璃材质

(35) 编辑门窗框材质。单击【族类型】按钮，弹出【族类型】对话框，单击【材质和装饰】标签下【门窗框材质】的【按类别】按钮，弹出【材质浏览器】对话框，选择【主视图】→【收藏夹】→【断桥铝】，双击【断桥铝】材质将其添加到【项目材质】。选择【项目材质】中的“断桥铝”材质，单击【材质浏览器】对话框中的【确定】按钮。如图 3.198 所示。

(36) 编辑窗台板材质。单击【族类型】按钮，弹出【族类型】对话框，单击【材质和装饰】标签下【窗台板材质】的【按类别】按钮，弹出【材质浏览器】对话框，选择【主视

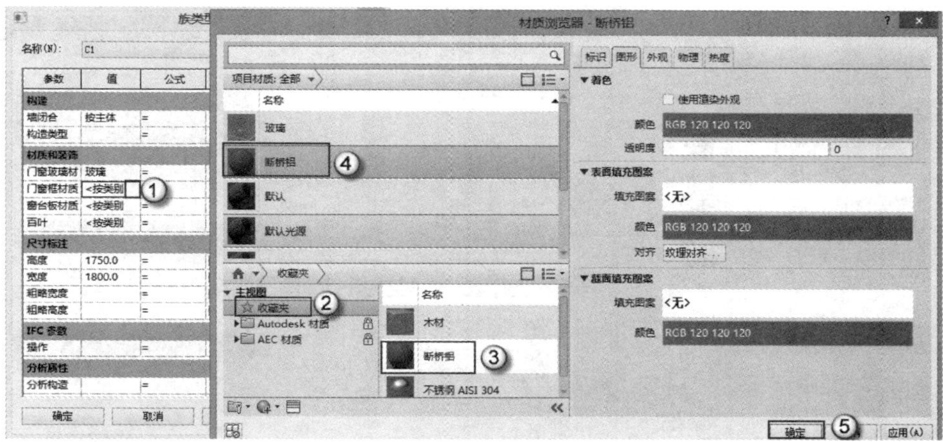

图 3.198　编辑门窗框材质

图】→【AEC 材质】→【混凝土】→【混凝土，现场浇筑】，双击【混凝土，现场浇筑】材质将其添加到【项目材质】。选择【项目材质】中的“混凝土，现场浇筑”材质，单击【材质浏览器】对话框中的【确定】按钮，如图 3.199 所示。

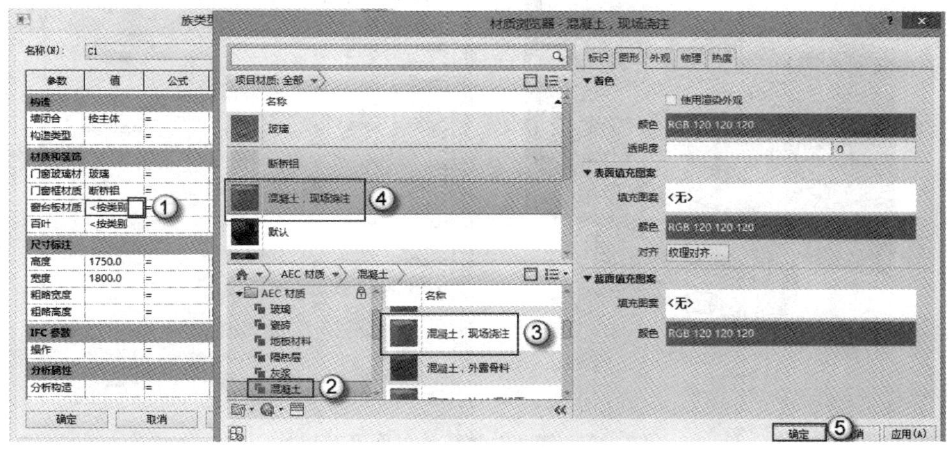

图 3.199　编辑窗台板材质

（37）编辑百叶材质。单击【族类型】按钮，弹出【族类型】对话框，单击【材质和装饰】标签下【百叶】的【按类别】按钮，弹出【材质浏览器】对话框，选择【主视图】→【AEC 材质】→【塑料】→【塑料，不透明的黑色】，双击【塑料，不透明的黑色】材质将其添加到【项目材质】。选择【项目材质】中的“塑料，不透明的黑色”材质，单击【材质浏览器】对话框中的【确定】按钮，如图 3.200 所示。

（38）保存族 C1。按下【F4】键，在三维视图中检查模型，如图 3.201 所示。单击【保存】按钮，将文件保存到指定位置，方便以后使用。

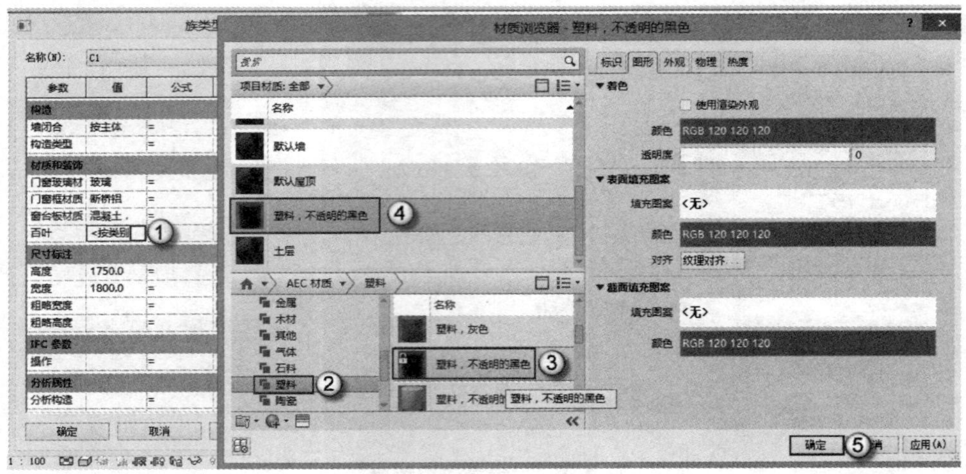

图 3.200　编辑百叶材质

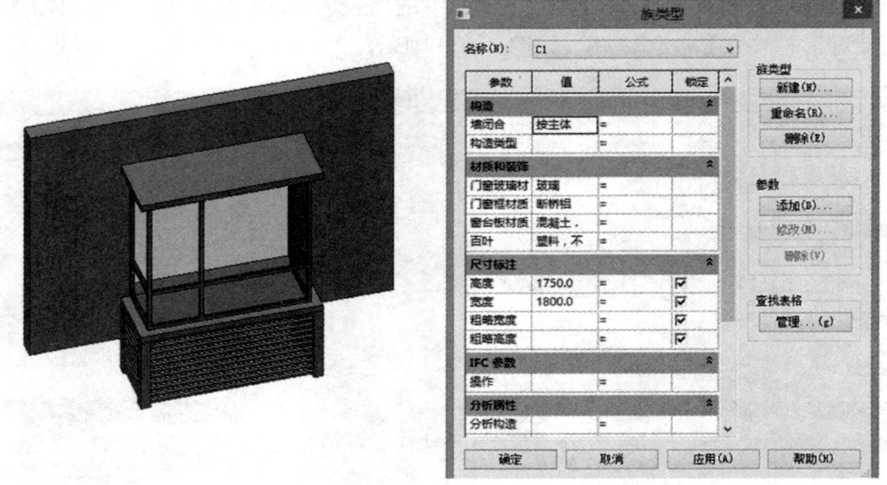

图 3.201　族 C1 最终效果图及其属性

第4章　屋　　顶

屋顶是房屋最上层的覆盖物，由屋面和支撑结构组成。屋顶的围护作用可防止自然界中雨、雪和风沙的侵袭及避免太阳辐射的影响，还可承受屋顶上部的荷载，包括风雪荷载、屋顶自重及可能出现的构件和人群的重量，并把它传给墙体。因此，对屋顶的要求是坚固耐久，自重要轻，具有防水、防火、保温及隔热的性能。同时要求构件简单、施工方便，并能与建筑物整体配合，具有良好的外观。

4.1　屋顶墙

屋顶也是由内墙、外墙两个部分组成的。由于保温的原因，外墙厚一些。内墙、外墙均为围合构件，核心层为加气混凝土砌块。

4.1.1　外墙的绘制

由于本例采用的是坡屋顶，屋顶的墙体非常复杂。除了原来的标高系统，针对屋顶的墙体需要再设置相应的标高，具体操作如下。

(1) 导入屋顶的CAD底图。单击【插入】→【导入CAD】，在弹出的【导入CAD格式】对话框中找到“屋顶底图”的CAD文件，单击【打开】按钮，如图4.1所示。

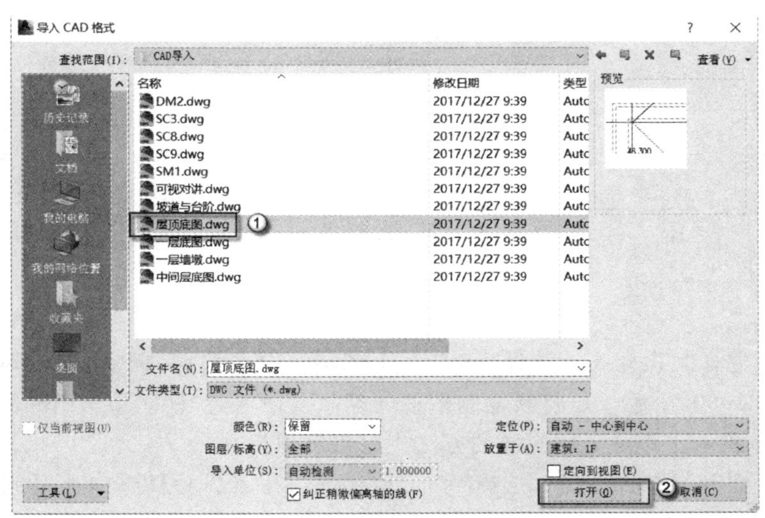

图4.1　导入屋顶的CAD底图

(2) 移动 CAD 底图。选择导入的 CAD 底图,按下【MV】键,将 CAD 底图移动到合适的位置,如图 4.2 所示。

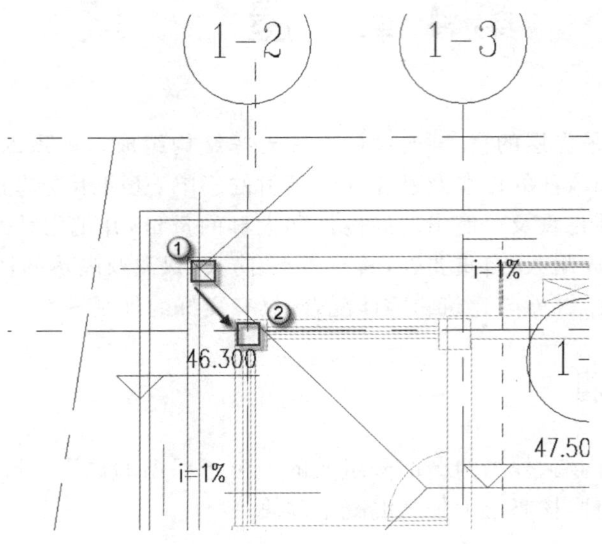

图 4.2 移动 CAD 底图

注意:建筑专业标高后面带的"F"字样,是选用的标高族自动生成的,不需要重复输入。

(3) 新建机房标高。项目文件中有些标高未生成,需先将标高设置完毕后,再绘制外墙。单击【项目浏览器】中的【东立面】。由 CAD 底图可得,屋面层的标高为 48.250。选择"46.300"标高,按下【CO】键,向上复制,勾选"约束"选项,输入"1950"个单位。将新复制生成的标高重命名为"机房",则机房标高创建完成,如图 4.3 所示。

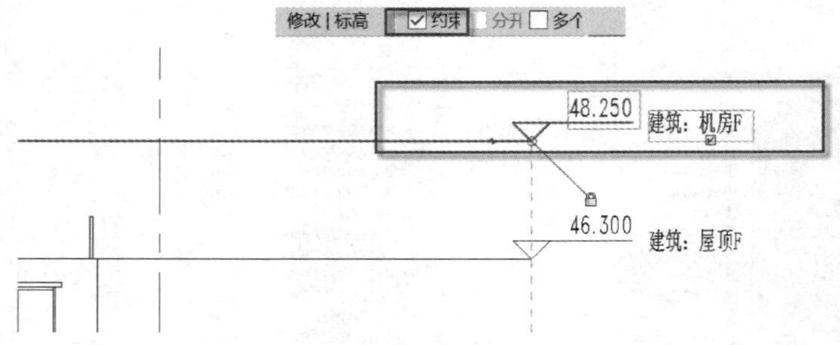

图 4.3 新建机房标高

(4) 新建梯间顶标高。选择"48.250"标高,按下【CO】键,向上复制,勾选"约束"选项,输入"1000"个单位。将新复制生成的标高重命名为"梯间顶",则梯间顶标高创建完成。如图 4.4 所示。用同样的方法生成机房顶标高。

(5) 新建升起平台标高。选择"51.000"标高,按下【CO】键,向上复制,勾选"约束"选项,输入"629"个单位。将新复制生成的标高重命名为"升起平台一";选择"51.625"标高,按下【CO】键,向上复制,勾选"约束"选项,输入"1500"个单位,生成"升起平台二"标高,则升起平台标高完成。如图 4.5 所示。

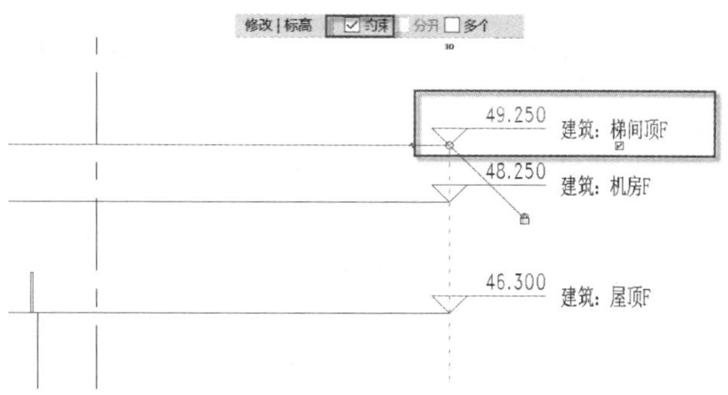

图 4.4　新建梯间顶标高

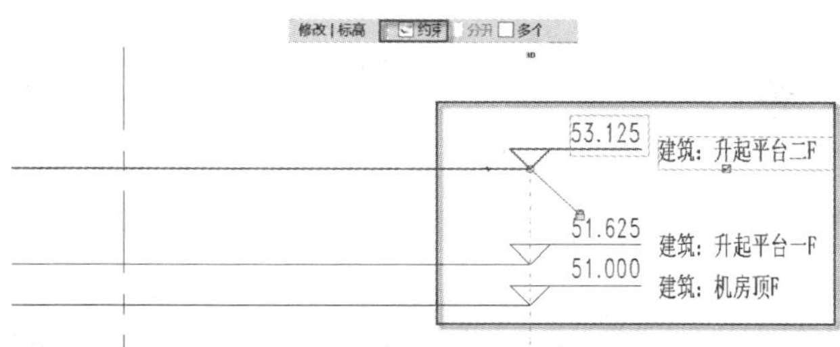

图 4.5　新建升起平台标高

(6) 创建屋顶楼层平面。单击【视图】→【平面视图】→【楼层平面】，在弹出的【新建楼层平面】对话框中选择新建的 5 个标高，单击【确定】按钮，如图 4.6 所示，且可在【项目浏览器】中观察到生成的平面视图，如图 4.7 所示。

注意：创建新的楼层平面时，还可以直接按下【LL】键并输入标高与标高名称，创建所需要的标高，则【项目浏览器】中自动生成新建标高所对应的结构平面。在创建较少标高的情况下，设计者可自行尝试。

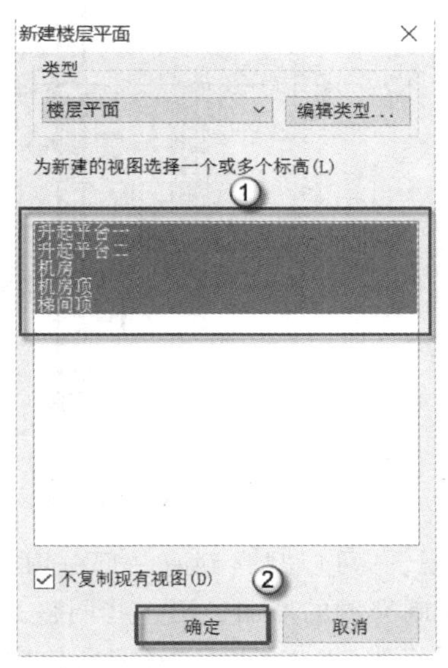

图 4.6　新建楼层平面

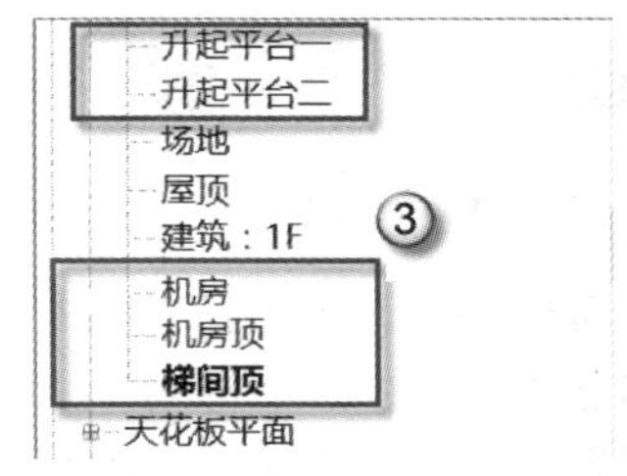

图 4.7　确认生成平面信息

注意:此步骤是通过调整墙体【属性】中的【顶部约束】来设置外墙的标高,读者也可自行尝试直接在梯间顶处绘制外墙。

(7) 设置楼梯间外墙属性。图 4.8 中①②③为楼梯间外墙,单击【建筑】→【墙】→【墙:建筑】,在【属性】面板中选择"住宅楼-14F 及以上-砌块-米黄色涂料"选项,再切换【顶部约束】为"直到标高:梯间顶"选项,如图 4.9 所示。

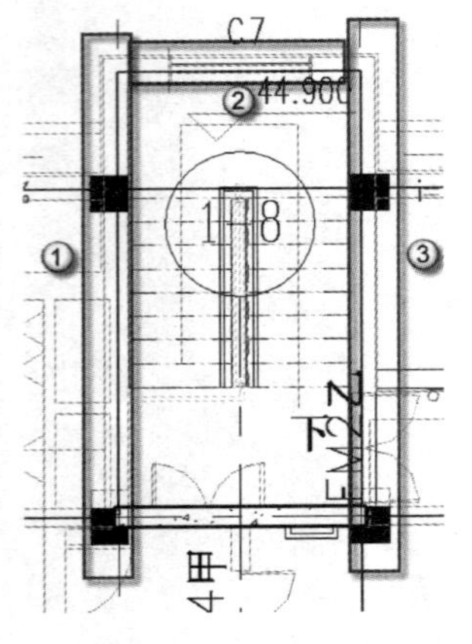

图 4.8 楼梯间外墙

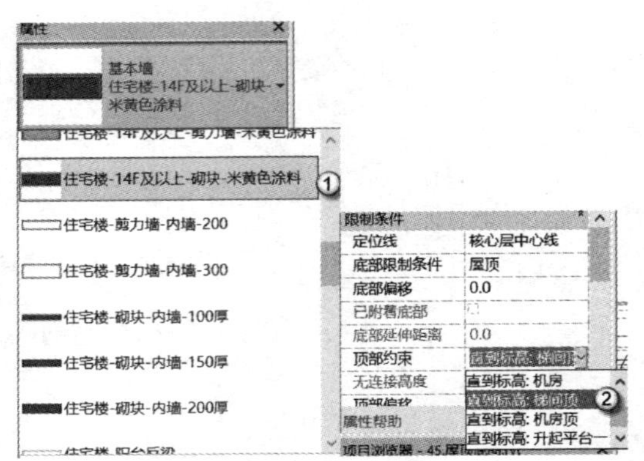

图 4.9 设置墙体属性

(8) 绘制楼梯间外墙。将【定位线】设为"墙中心线"选项,【偏移量】设为"25",将【详细程度】调整为"中等",此时在绘制墙体的过程中就可以看到墙体是显示填充材料的,这样可以区别上层新建墙体与下层已有墙体,如图 4.10 所示。绘制完成后,如图 4.11 所示。

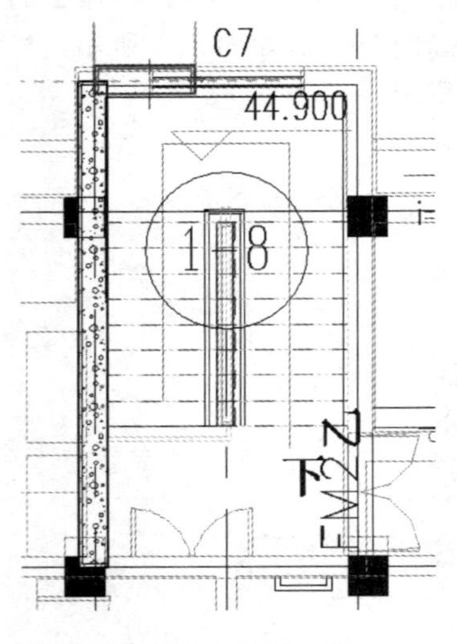

图 4.10 绘制外墙

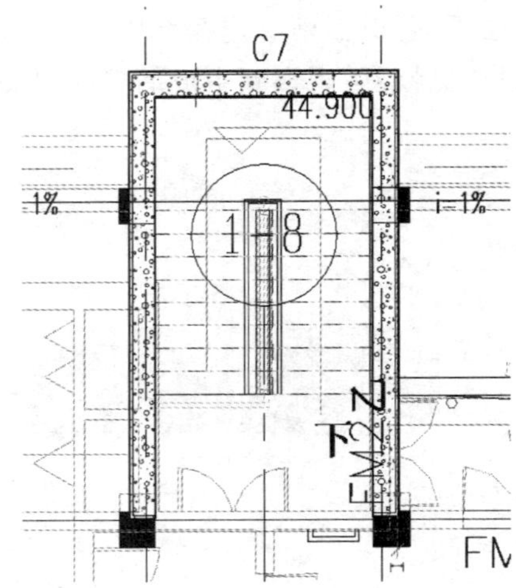

图 4.11 外墙绘制完成

(9) 调整外墙。单击【F4】键转换到三维视图,可以观察到有一部分窗户被南面墙体遮挡起来,如图 4.12 所示,此时需要对绘制完成的外墙做出一些调整。单击【项目浏览器】中的【南立面】。选择南面墙体,在【修改|墙体】中点击【编辑轮廓】。选择【直线】的绘图方式,在①相应的位置绘制窗户轮廓,将②处的直线删除,如图 4.13 所

示，最后在【上下文关联】选项板中单击【√】按钮，按下【F4】键，将【视觉样式】调整为"真实"选项，观察绘制完成的墙体，如图 4.14 所示。

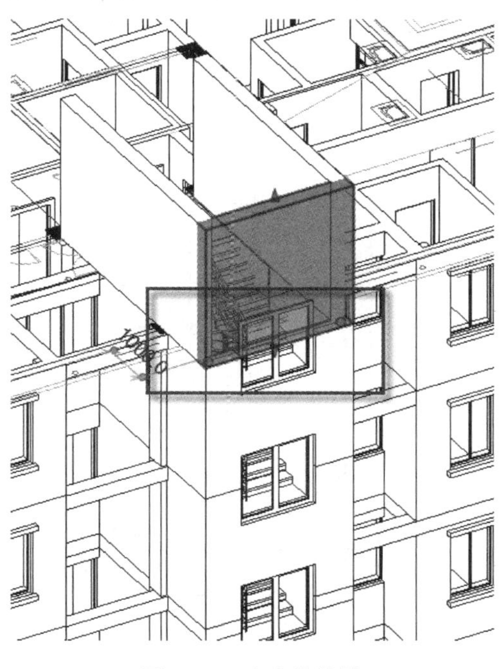

图 4.12　窗户被遮挡

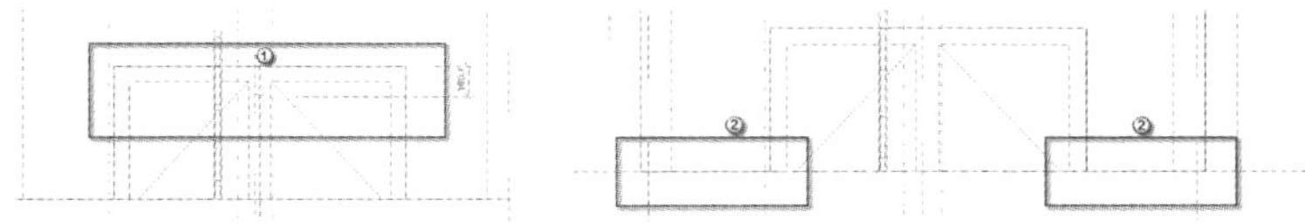

图 4.13　编辑轮廓

图 4.14　外墙绘制完成

(10) 绘制楼梯间内墙。图4.15中④为楼梯间内墙，单击【建筑】→【墙】→【墙：建筑】按钮，在【属性】面板中选择“住宅楼-砌块-内墙-200厚”选项，切换【顶部约束】为“直到标高：梯间顶”选项，如图4.16所示。绘制完成，如图4.17所示。

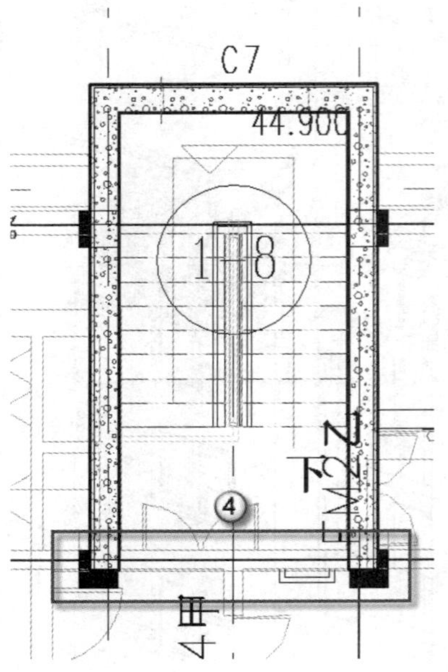

图4.15 楼梯间内墙

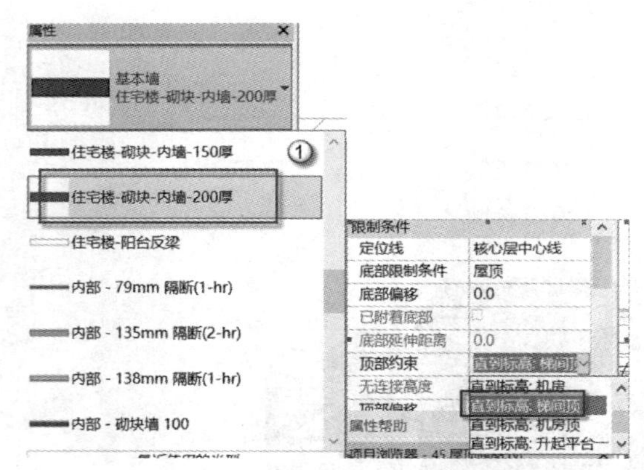

图4.16 调整内墙属性

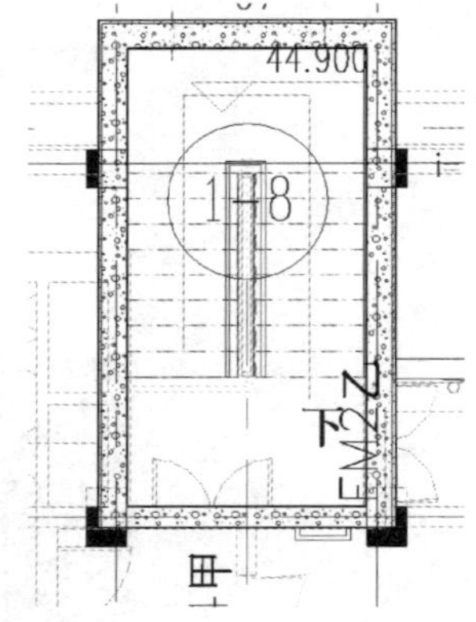

图4.17 楼梯间内墙绘制完成

(11) 绘制墙体。完成了楼梯间墙体绘制后，进行如图4.18所示墙体绘制。由CAD底图可知该墙体顶部与升起平台二的距离为188个单位。单击【建筑】→【墙】→【墙：建筑】按钮，在【属性】面板中选择“住宅楼-14F及以上-砌块-米黄色涂料”选项，将【顶部偏移】设置为“188”，【定位线】设为“墙中心线”，【偏移量】为“0”，在如图4.19所示的区域绘制墙体，绘制完成后，墙体如图4.20所示。按下【F4】键切换到三维视图，由图4.21观察到①处墙体未绘制。按下【WA】键，在【属性】面板中选择“住宅楼-14F 及以上-砌块-米黄色涂料”选项，在【底部限制条件】中选择“梯间顶”选项，【底部偏移】设置为“0”，在【顶部约束】中选择“直到标高：升起平台二”选项，【顶部偏移】设置为“188”，如图 4.22 所示。绘制完成后，如图 4.23 所示。

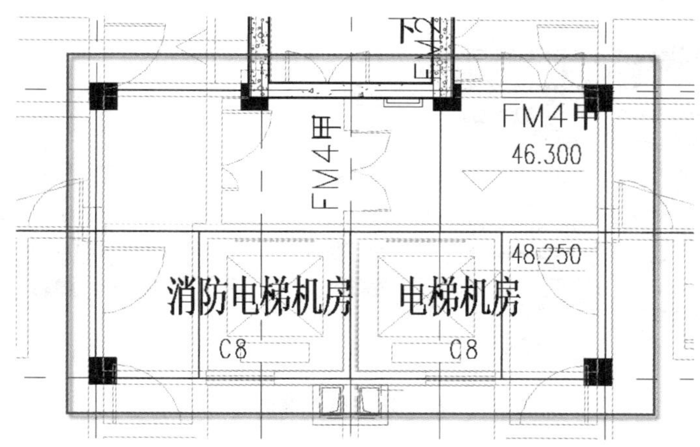

图 4.18　绘制区域

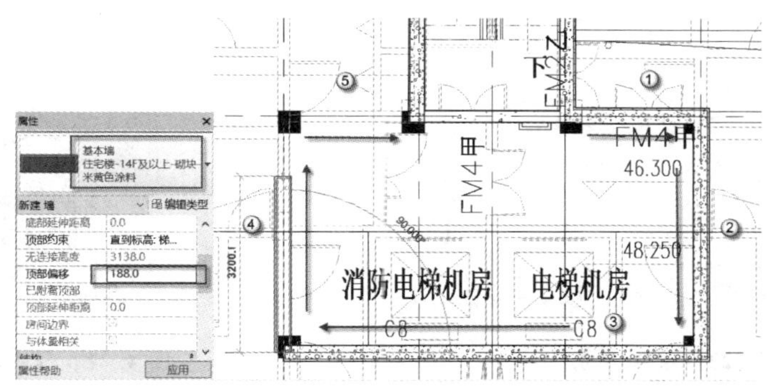

图 4.19　绘制墙体

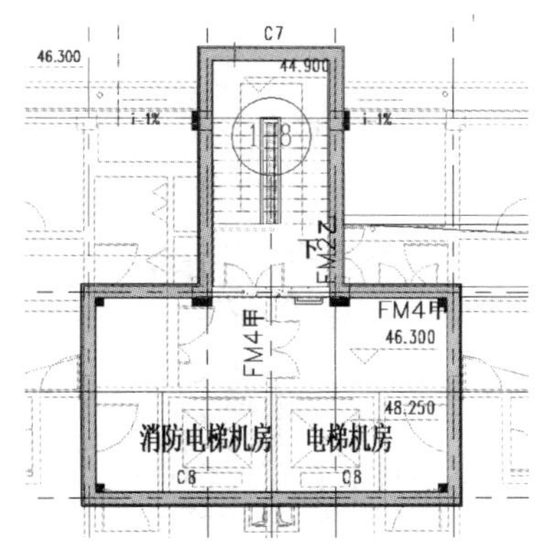

图 4.20　平面墙体

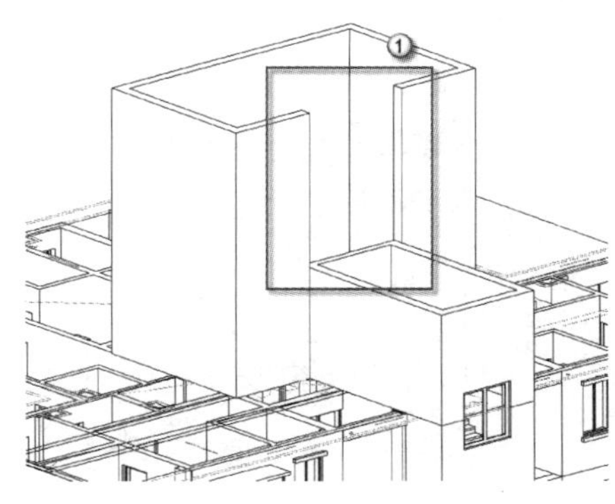

图 4.21　三维墙体

(12) 绘制女儿墙。由CAD底图可知,图4.24中的墙体上有高度为500 mm的女儿墙。选择墙体,在【属性】面板中,将【顶部偏移】设置为“500”,完成后如图4.25所示。

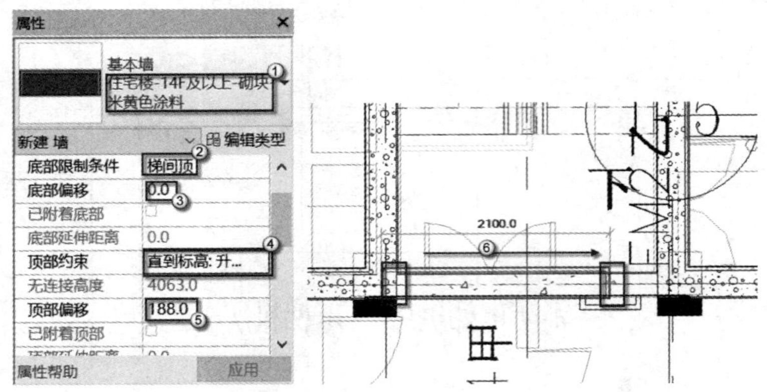

图4.22 填补墙体

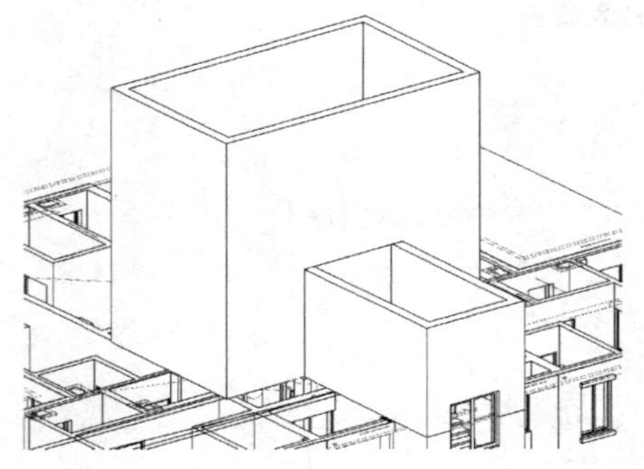

图4.23 绘制完成

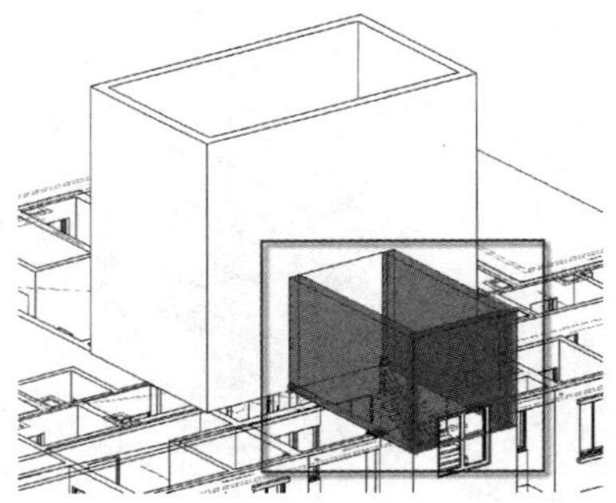

图4.24 选中墙体

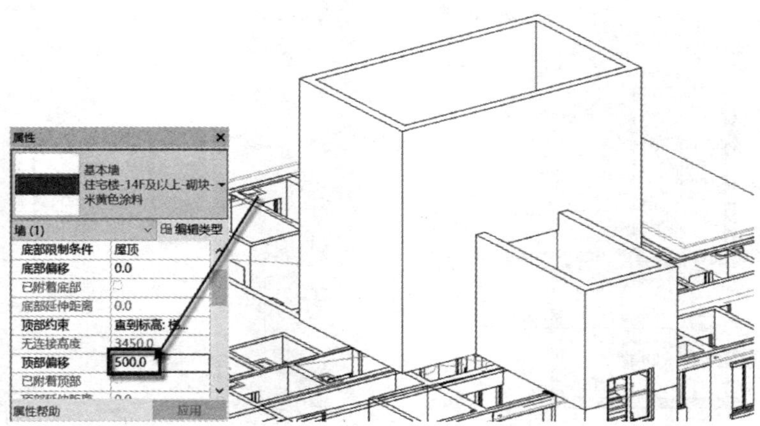

图4.25 女儿墙绘制完成

4.1.2　内墙的绘制

由于本例采用的是坡屋顶，屋顶的墙体非常复杂。除了原来的标高系统，针对屋顶的墙体需要再设置相应的标高，具体操作如下。

（1）设置内墙。由CAD底图可知，需要先将如图4.26所示内墙的高度大致设定，在绘制楼板后观察有无出入。单击【建筑】→【墙】→【墙：建筑】按钮或直接按下【WA】键，在【属性】面板中选择“住宅楼-剪力墙-内墙-200厚”选项。在【底部限制条件】中选择“屋顶”选项，在【顶部约束】中选择“直到标高：机房顶”选项，【顶部偏移】设置为“0”，将【定位线】设为“墙中心线”，【偏移量】为“0”。如图4.27所示。

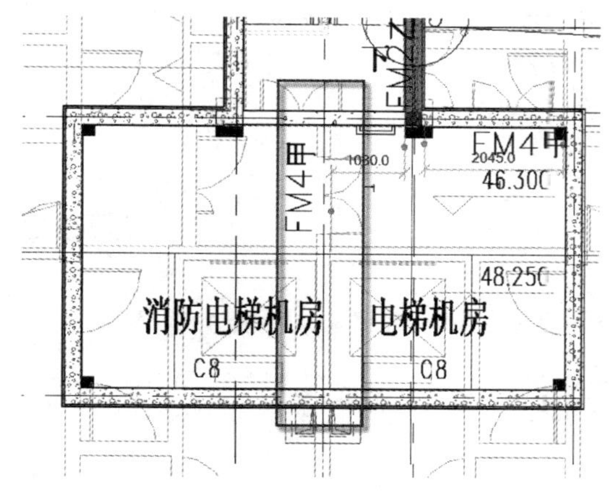

图4.26　屋顶内墙

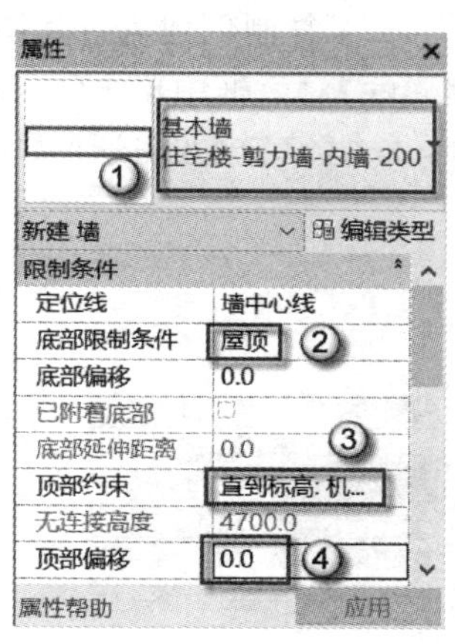

图4.27　设置内墙

（2）绘制内墙。在设置好内墙后，沿着轴线绘制墙体，完成后按下【F4】键切换到三维视图，可观察到绘制完成的内墙，如图4.28所示。

注意：机房处的内墙藏在外墙里面，绘制时内墙与轴线的交点不好捕捉，应细致一些，避免捕捉到别的点位。

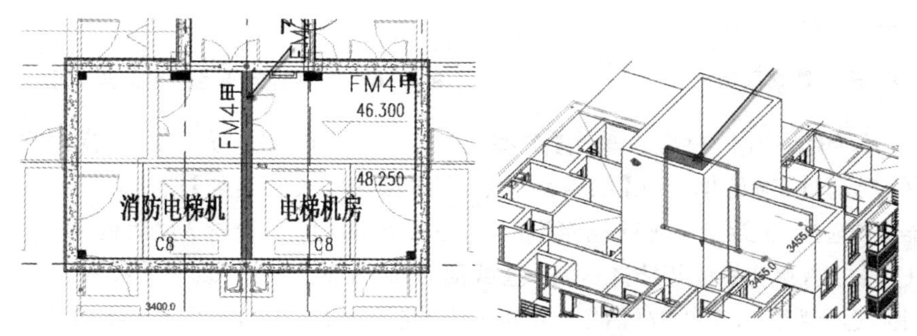

图4.28　绘制内墙

4.2　坡屋顶

一般排水坡度大于10%的屋顶叫做坡屋顶或斜屋顶。坡屋顶的形式和坡度主要取决于建筑平面、结构形式、屋面材料、气候环境、风俗习惯、建筑造型等因素。在建筑设计中,利用坡屋顶可以比较好地解决立面设计问题。相比平屋顶,坡屋顶在排水、丰富造型、空间利用上有着一定优势。

4.2.1 坡屋顶的绘制

在结构专业中可以用“楼板”命令制作坡屋顶,在建筑专业中可以使用“迹线屋顶”命令来绘制。具体操作如下。

(1) 打开屋顶族。单击【建筑】→【屋顶】→【迹线屋顶】,选择“基本屋顶”族。在【属性】面板中单击【基本屋顶】→【常规-400 mm】,如图 4.29 所示。

(2) 复制创建蓝色瓦屋面族类型。单击【属性】面板中的【编辑类型】按钮,在【类型属性】对话框中单击【复制】按钮,在【名称】对话框中输入“蓝色瓦屋面”作为新族名称,单击【确定】按钮返回【类型属性】对话框,如图 4.30 所示。

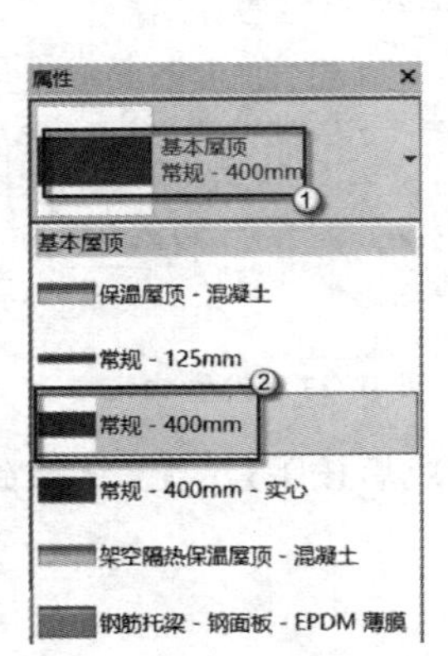

图 4.29 选择基本屋顶族

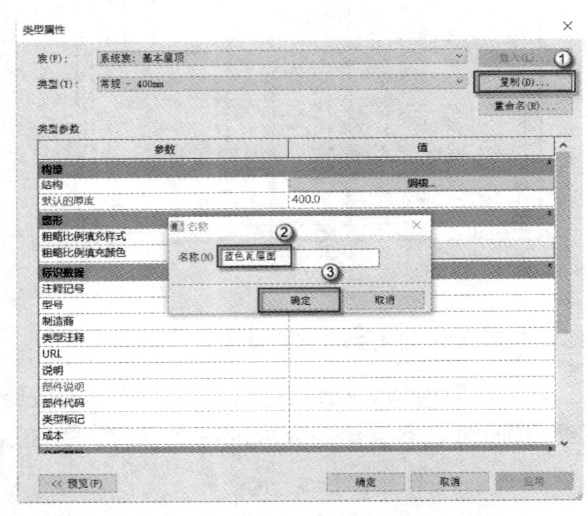

图 4.30 复制创建蓝色瓦屋面族类型

(3) 编辑结构[1]材质。单击【类型属性】对话框下【结构】参数后的【编辑】按钮,进入【编辑部件】对话框。在【编辑部件】对话框中单击【按类别】按钮,在弹出的【材质浏览器】中选择“混凝土,现场浇筑”材质,在弹出的【填充样式】对话框中选择“混凝土-钢砼”材质,单击【确定】按钮,将其【截面填充图案】改为“混凝土-钢砼”,单击【确定】按钮,返回【编辑部件】对话框,将其对应的【厚度】改为“100”,单击【确定】按钮,结构[1]材质编辑完毕,如图 4.31 所示。

(4) 添加衬底 [2]功能。在【编辑部件】对话框中单击【结构[1]】→【插入】→【向上】,会出现一个新的结构[1]功能,在【功能】栏下的【结构[1]】下拉列表中选择“衬底[2] ”,如图 4.32 所示。

(5) 编辑衬底 [2]材质。在【编辑部件】对话框中单击【衬底[2]】栏【材质】下的

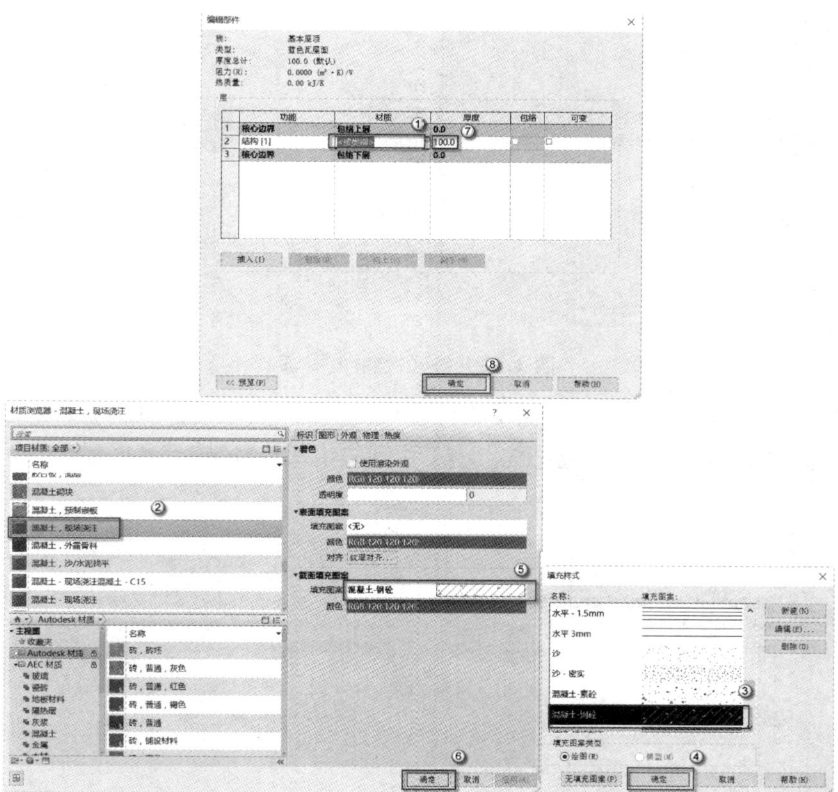

图 4.31　编辑结构[1]材质

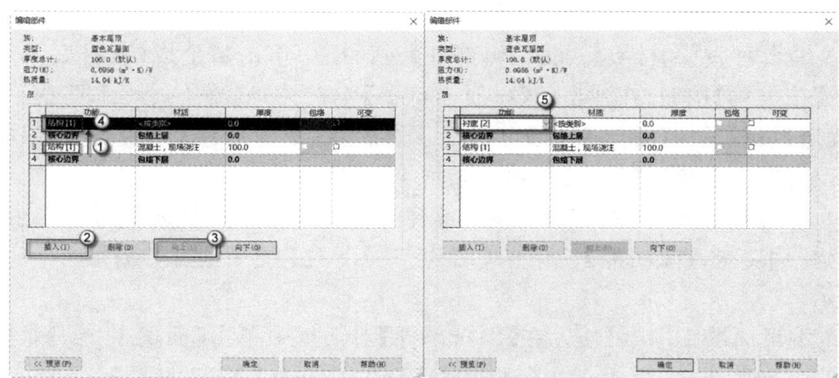

图 4.32　添加衬底 [2]功能

【按类别】按钮，在弹出的【材质浏览器】对话框中选择“混凝土，沙/水泥找平”材质，单击【确定】按钮，返回【编辑部件】对话框。然后在【编辑部件】对话框中将其对应的【厚度】改为“20”，单击【确定】按钮，如图 4.33 所示。

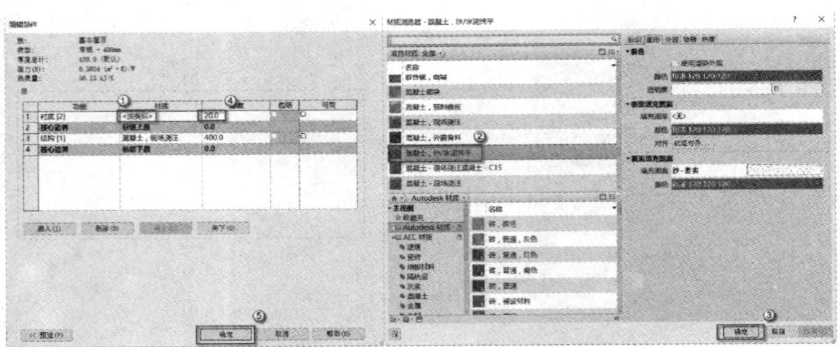

图4.33 编辑衬底[2]材质

(6) 添加衬底[2]功能。在【编辑部件】对话框中单击【插入】按钮,会新生成一个结构[1]功能,在【功能】参数下的【结构[1]】下拉列表中选择"衬底 [2] ",如图4.34所示。

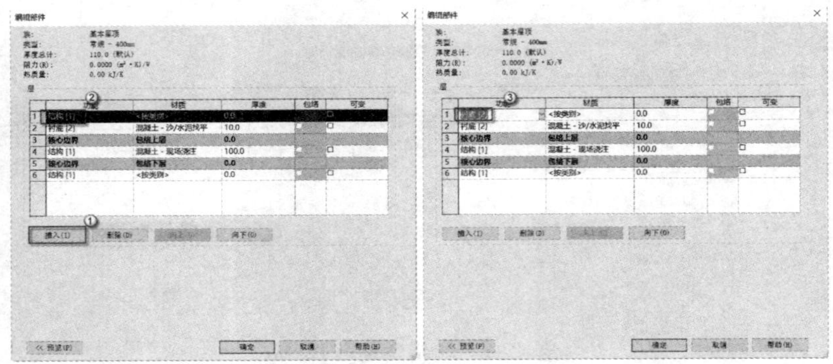

图4.34 添加衬底 [2]功能

(7) 编辑衬底[2]材质。在【编辑部件】对话框中单击新生成的【衬底[2]】栏【材质】下的【按类别】按钮,在弹出的【材质浏览器】中选择"混凝土,沙/水泥找平"材质,单击【确定】按钮返回【编辑部件】对话框。然后在【编辑部件】对话框中将其对应的【厚度】改为"10"并单击【确定】按钮。如图4.35所示。

(8) 添加面层1[4]功能。在【编辑部件】对话框中单击【插入】按钮,会生成一个新的结构[1]功能,在【功能】栏下的【结构[1]】下拉列表中选择"面层1 [4]",如图4.36所示。

(9) 编辑面层1 [4]材质。在【编辑部件】对话框中单击【面层1 [4]】对应的【按类别】按钮,如图4.37所示。在【材质浏览器】中,选择【AEC材质】→【其他】→【屋顶,瓷砖】→【屋顶,瓷砖】,单击【无】按钮。在弹出的【填充样式】对话框中,选择"屋面-筒瓦"选项,单击【确定】按钮。单击【外观】选项卡,选择"染色"选项,将其颜色改为红35、绿53、蓝93,单击【确定】按钮返回【材质浏览器】对话框,再单击【确定】按钮返回【编辑部件】对话框,如图4.38所示。然后在【编辑部件】对话框中将其对应的【厚度】改为"8",如图4.39所示。

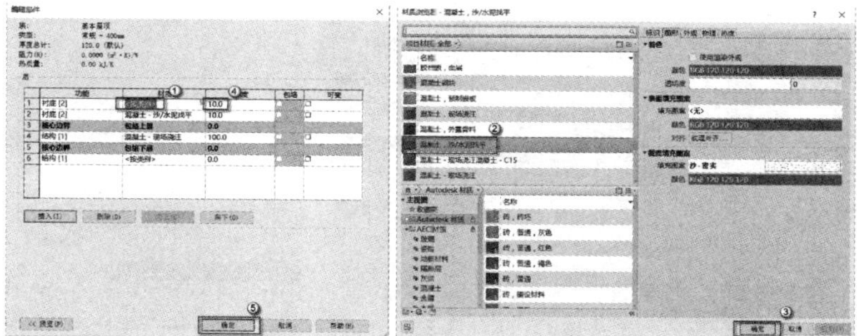

图 4.35 编辑衬底[2]材质

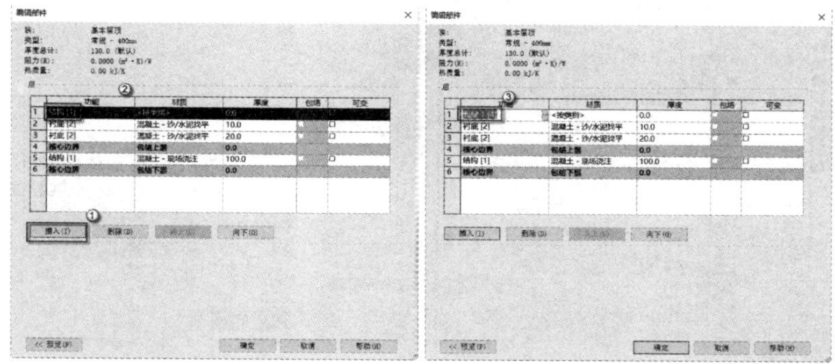

图 4.36 添加面层 1 [4]功能

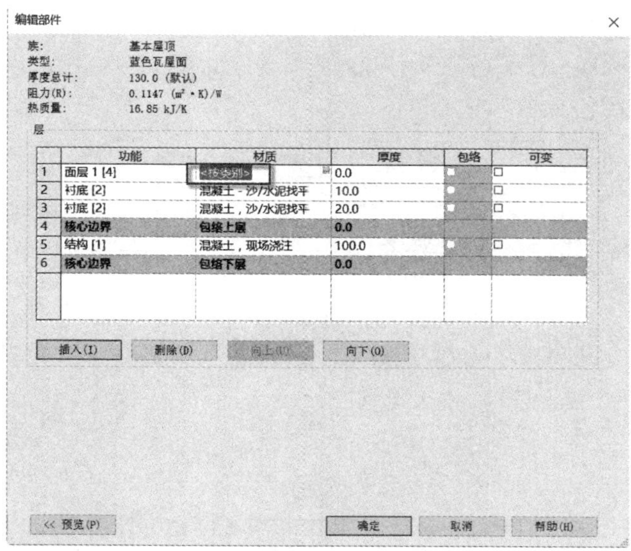

图 4.37 选择材质

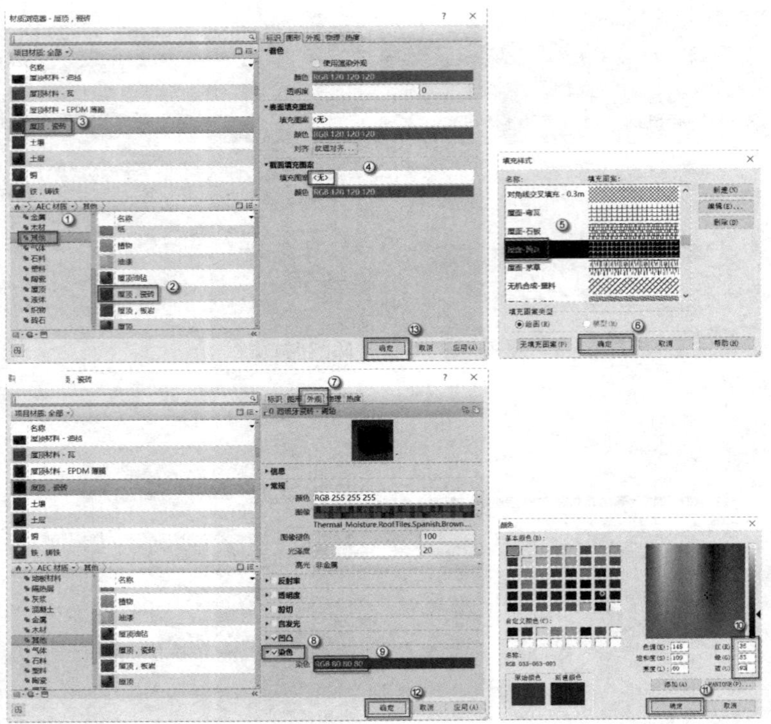

图 4.38　编辑面层 1[4]材质

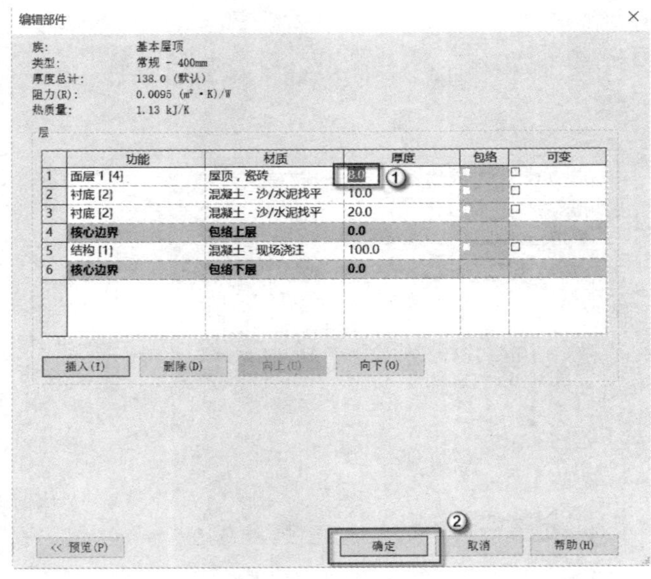

图 4.39　厚度设置

(10) 绘制屋顶①部分。在【修改/创建屋顶迹线】模式中，可以观察到屋顶①部分的边界呈梯形，选择【边界线】中的【直线】工具进行绘制，如图 4.40 所示。按下【TL】键转化为【细线】模式，开始绘制屋顶，绘制完成后，可以观察到屋顶边角并未闭合成功，如图 4.41 所示。按下【TR】键，选择两条未闭合的线段，完成后如图 4.42 所示。由 CAD 文件可知，此屋顶需要设置坡度，选择【坡度箭头】工具，从最低处画向最高处，并在【属性】面板中将【头高度偏移】设置为“1200”，如图 4.43 所示。绘制完成后，单击【√】按钮。按下【F4】键，观察绘制完成的这部分屋顶，如图 4.44 所示。

注意：坡度箭头一般由低处画向高处较为方便，因为使用这种画法时，只用修改【头高度偏移】即可，而不用头尾偏移都修改。

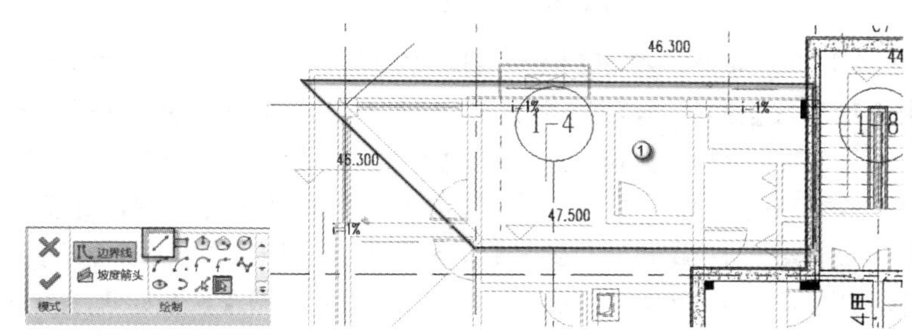

图 4.40　绘制工具选择

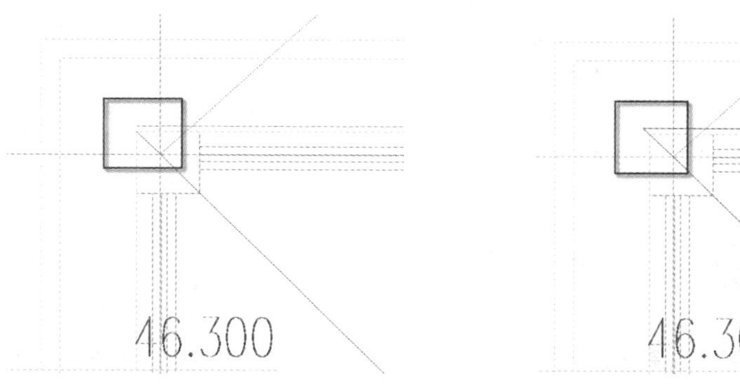

图 4.41　边角未闭合　　　　图 4.42　边角闭合完成

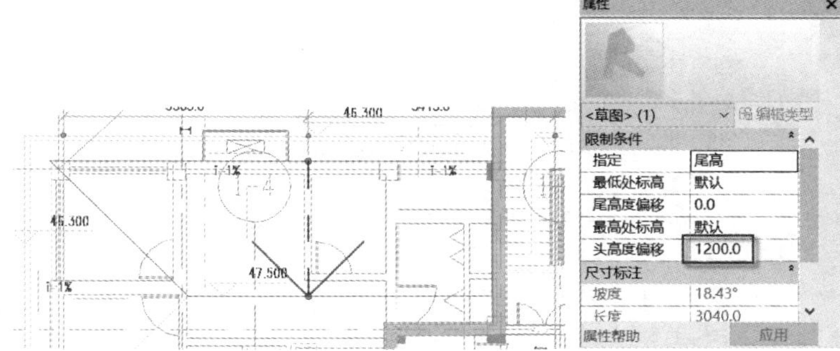

图 4.43　设置①部分坡度

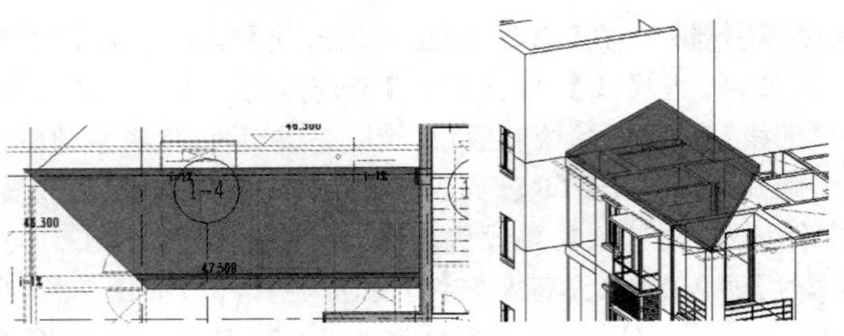

图 4.44 ①部分绘制完成

(11) 绘制屋顶②部分。按下【Enter】键,重复上一次的命令继续绘制屋顶。在【修改/创建屋顶迹线】模式中,可以观察到屋顶②部分的边界呈三角形,选择【边界线】中的【直线】工具进行绘制,如图 4.45 所示。绘制完成后如图 4.46 所示。由 CAD 文件可知,屋顶②部分需要设置坡度,且由于尾高处不好捕捉起始点,则屋顶②部分的箭头从最高处画向最低处。选择【坡度箭头】工具,并在【属性】面板中将【尾高度偏移】设置为“1200”,如图 4.47 所示。绘制完成后,单击【√】按钮。按下【F4】键,观察绘制完成的这部分屋顶,如图 4.48 所示。

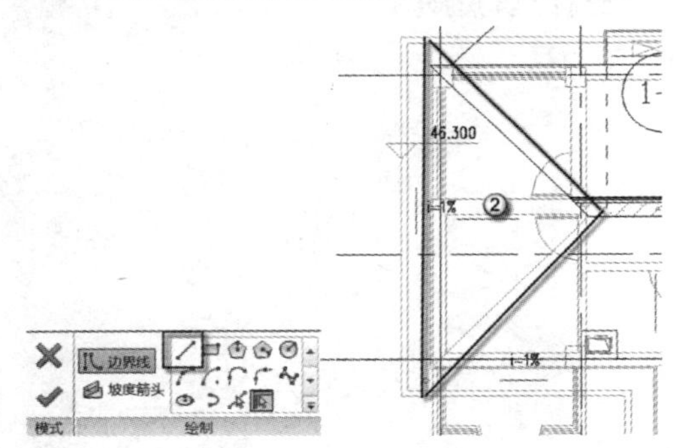

图 4.45 绘制工具选择

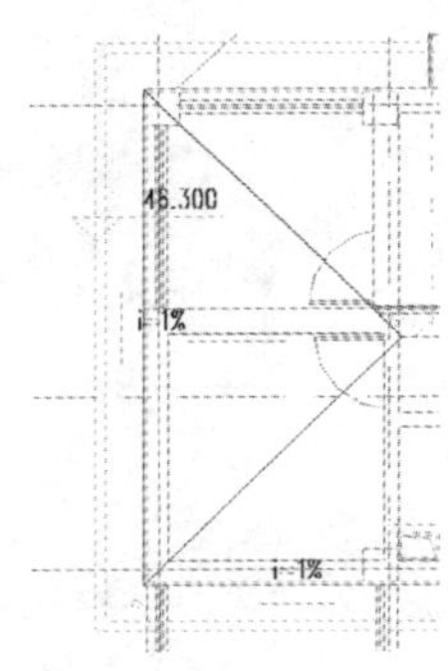

图 4.46 ②部分绘制完成

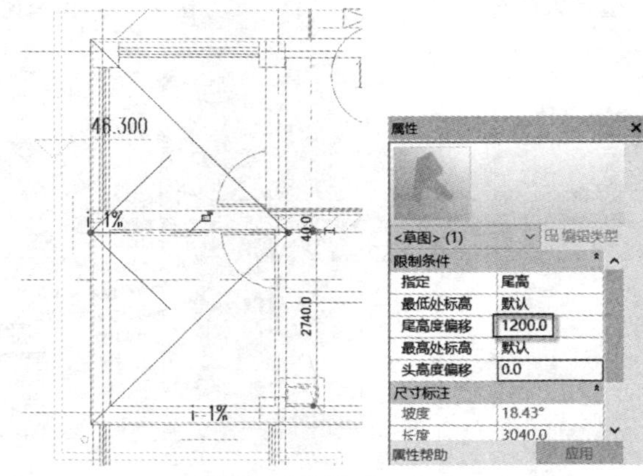

图 4.47 设置②部分坡度

图 4.48　②部分完成后的效果

(12) 绘制屋顶③部分。按下【Enter】键，重复上一次的命令继续绘制屋顶。在【修改/创建屋顶迹线】模式中，可以观察到屋顶③部分的边界呈不规则形，仍选择【边界线】中的【直线】工具进行绘制，如图 4.49 所示。绘制完成后如图 4.50 所示。由 CAD 文件可知，屋顶③部分需要设置坡度，选择【坡度箭头】工具，将屋顶③部分的箭头从最低处画向最高处，并在【属性】面板中将【头高度偏移】设置为"1200"，如图4.51 所示。绘制完成后，单击【√】按钮。按下【F4】键，观察绘制完成的这部分屋顶，如图 4.52 所示。

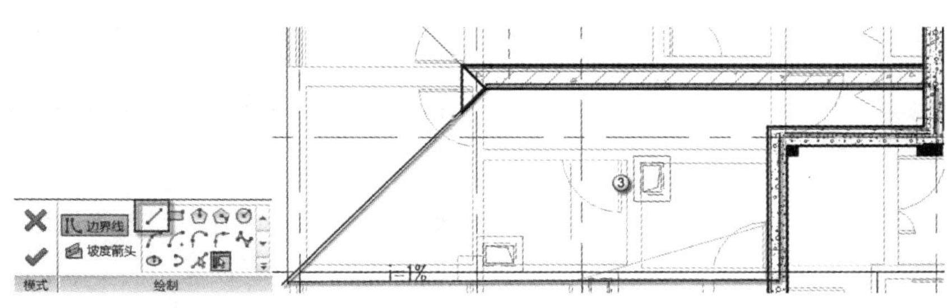

图 4.49　绘制工具选择

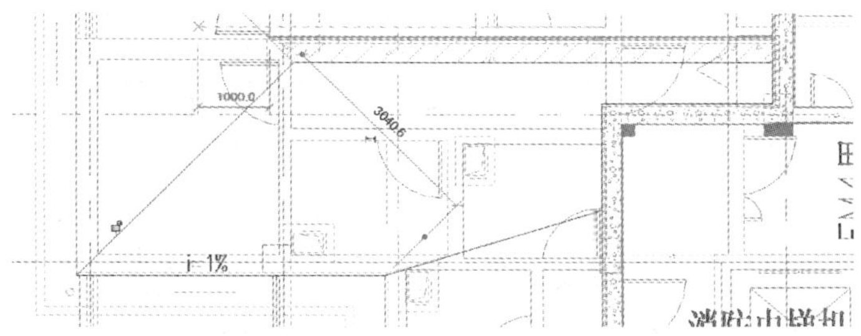

图 4.50　③部分绘制完成

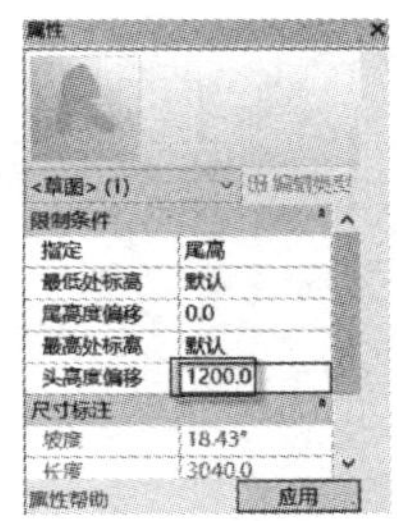

图 4.51　设置③部分坡度

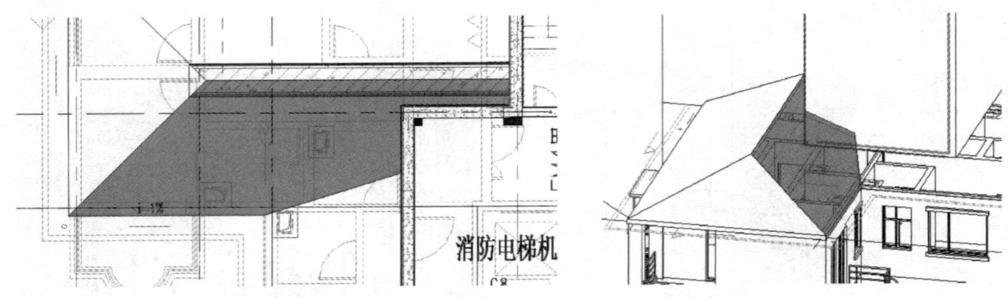

图 4.52　③部分完成后的效果

(13) 绘制屋顶④部分。按下【Enter】键,重复上一次的命令绘制屋顶。在【修改/创建屋顶迹线】模式中,可以观察到屋顶④部分的边界呈不规则形,仍选择【边界线】中的【直线】工具进行绘制,如图 4.53 所示。由 CAD 文件可知,屋顶④部分需要设置坡度,选择【坡度箭头】工具,将屋顶④部分的箭头从最低处画向最高处,并在【属性】面板中将【头高度偏移】设置为"1200",如图 4.54 所示。绘制完成后,单击【√】按钮,如图 4.55 所示。按下【F4】键,观察绘制完成的这部分屋顶,如图 4.56 所示。

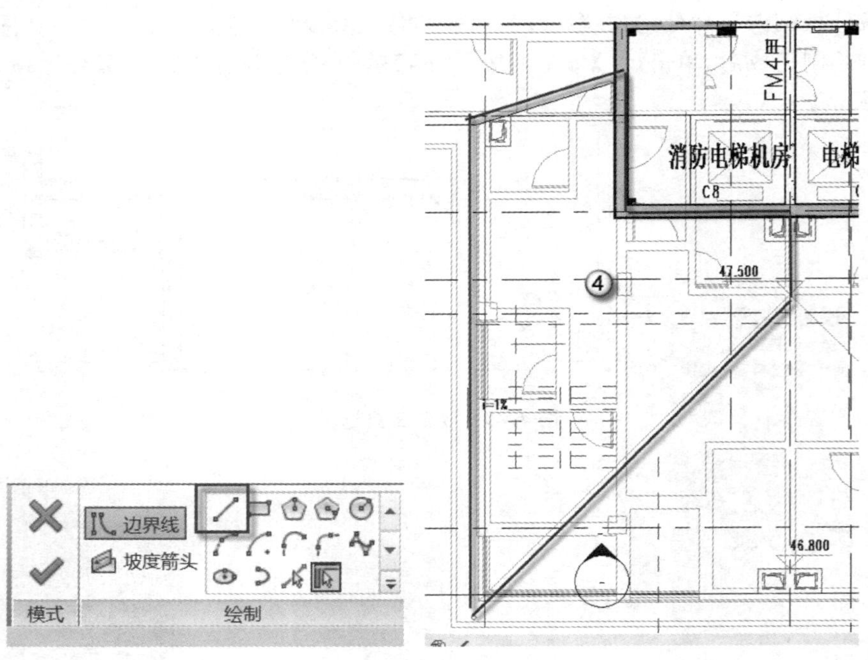

图 4.53　绘制工具选择

(14) 绘制屋顶⑤部分。按下【Enter】键,重复上一次的命令继续绘制屋顶。在【修改/创建屋顶迹线】模式中,可以观察到屋顶⑤部分的边界呈等腰三角形,选择【边

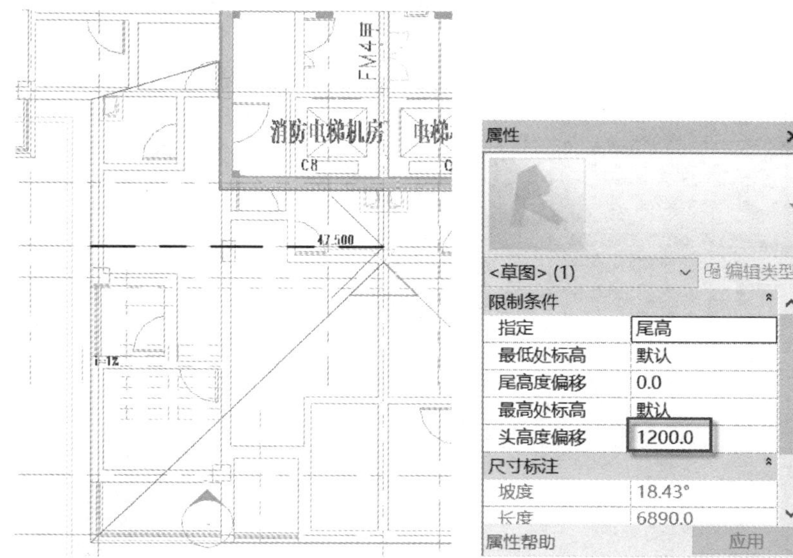

图 4.54　④部分设置坡度

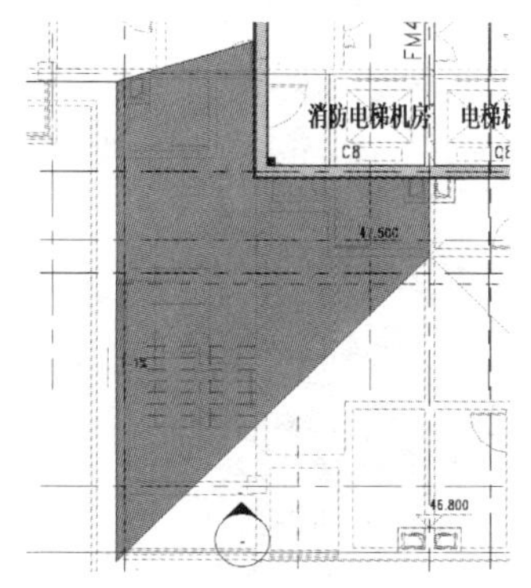

图 4.55　④部分绘制完成

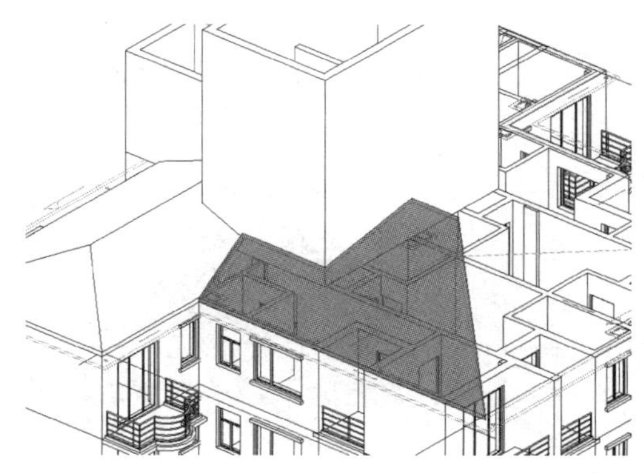

图 4.56　④部分完成后的效果

界线】中的【直线】工具进行绘制，如图 4.57 所示。绘制完成后如图 4.58 所示。由 CAD 文件可知，屋顶⑤部分需要设置坡度，选择【坡度箭头】工具，将屋顶⑤部分的箭头从最低处画向最高处，并在【属性】面板中将【头高度偏移】设置为“1200”，如图4.59 所示。绘制完成后，单击【√】按钮。按下【F4】键，观察绘制完成的这部分屋顶，如图 4.60 所示。

(15) 绘制屋顶⑥部分。按下【Enter】键，重复上一次的命令继续绘制屋顶。在【修改/创建屋顶迹线】模式中，可以观察到屋顶⑥部分的边界呈不规则形，选择【边界线】中的【直线】工具进行绘制，如图 4.61 所示。绘制过程中，发现边角无法闭合，如

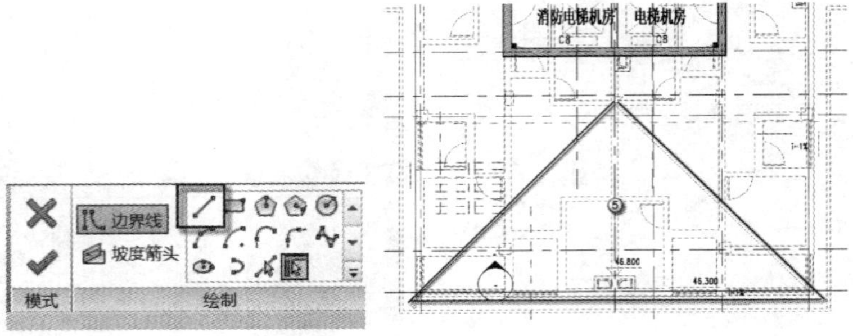

图 4.57　绘制工具选择

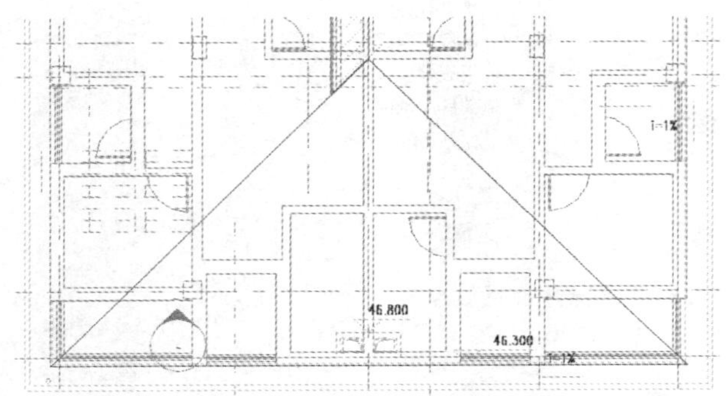

图 4.58　⑤部分绘制完成

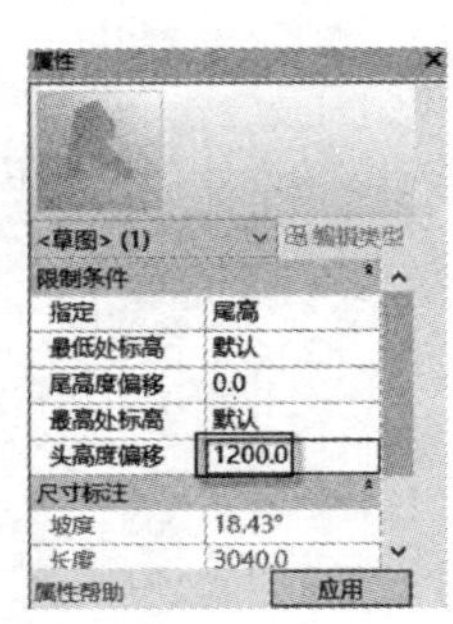

图 4.59　设置⑤部分坡度

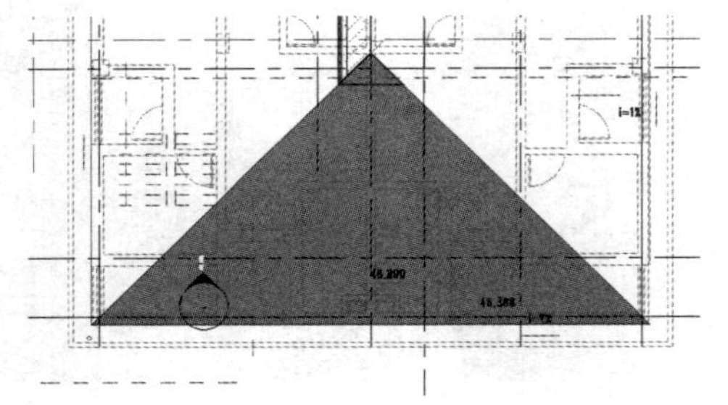

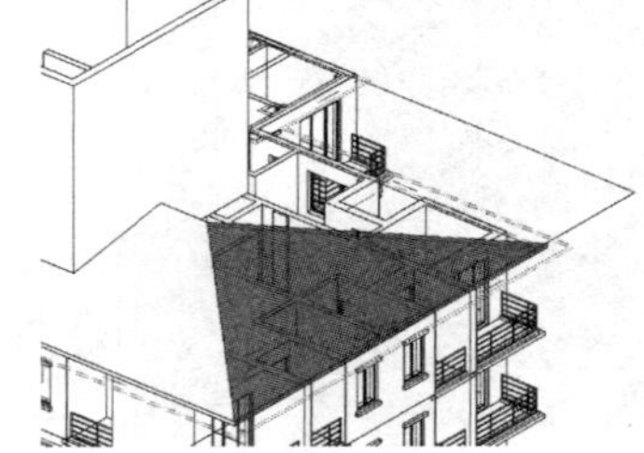

图 4.60　⑤部分完成后的效果

图 4.62 所示。按下【TR】键，选择①②两条无法闭合的线，按下【Enter】键使两条线闭合，如图 4.63 所示。绘制完成后如图 4.64 所示。由 CAD 文件可知，屋顶⑥部分需要设置坡度，选择【坡度箭头】工具，将屋顶⑥部分的箭头从最低处画向最高处，并在【属性】面板中将【头高度偏移】设置为“1200”，如图 4.65 所示。绘制完成后，单击【√】按钮。按下【F4】键，观察绘制完成的这部分屋顶，如图 4.66 所示。

(16) 绘制屋顶⑦部分。按下【Enter】键，重复上一次的命令继续绘制屋顶。在【修改/创建屋顶迹线】模式中，可以观察到屋顶⑦部分的边界呈不规则形，选择【边界线】中的【直线】工具进行绘制，如图 4.67 所示。绘制完成后如图 4.68 所示。由

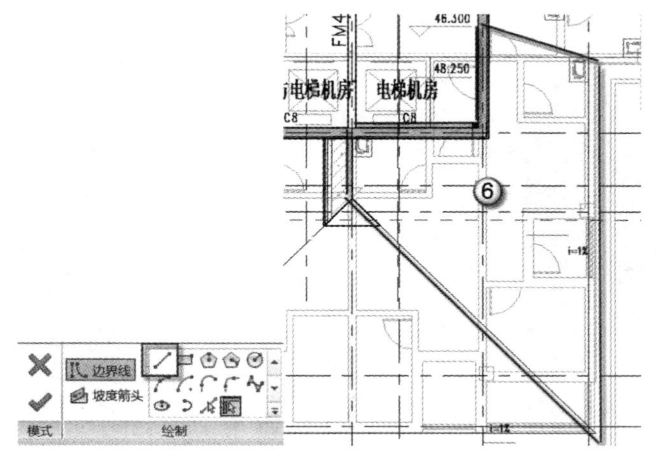

图 4.61　绘制工具选择

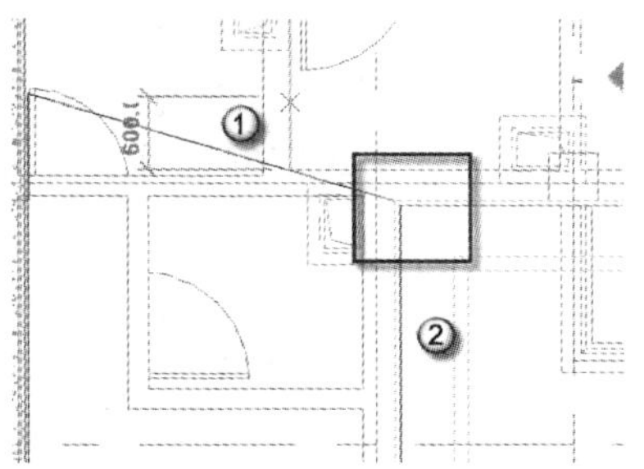

图 4.62　边角无法闭合

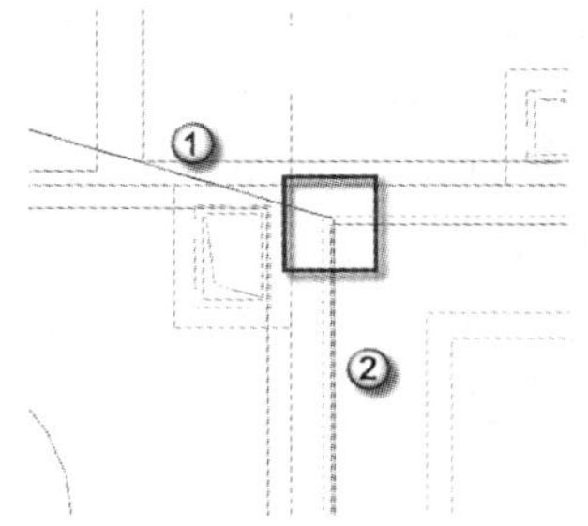

图 4.63　边角完成闭合

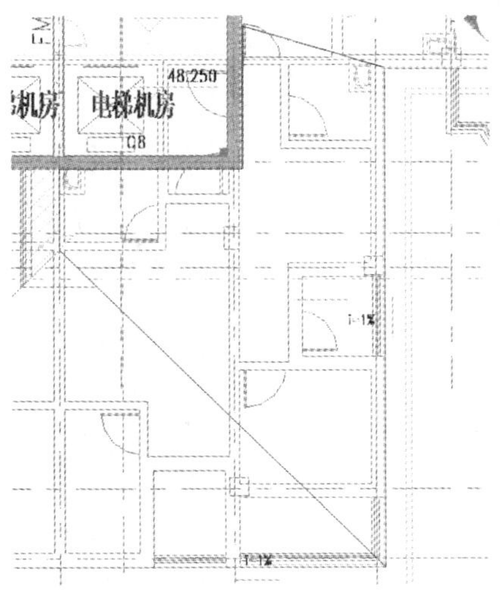

图 4.64　⑥部分绘制完成

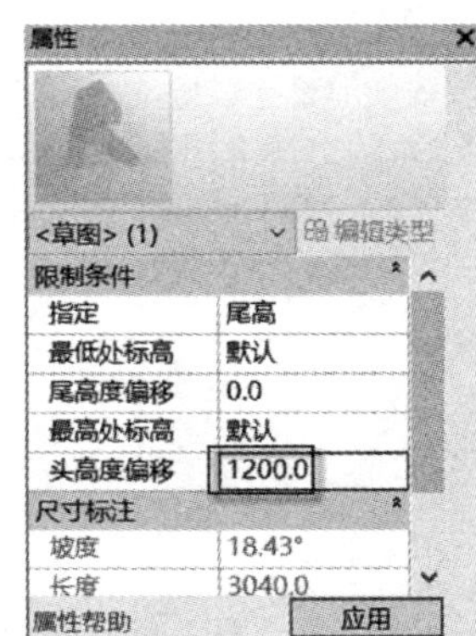

图 4.65　设置⑥部分坡度

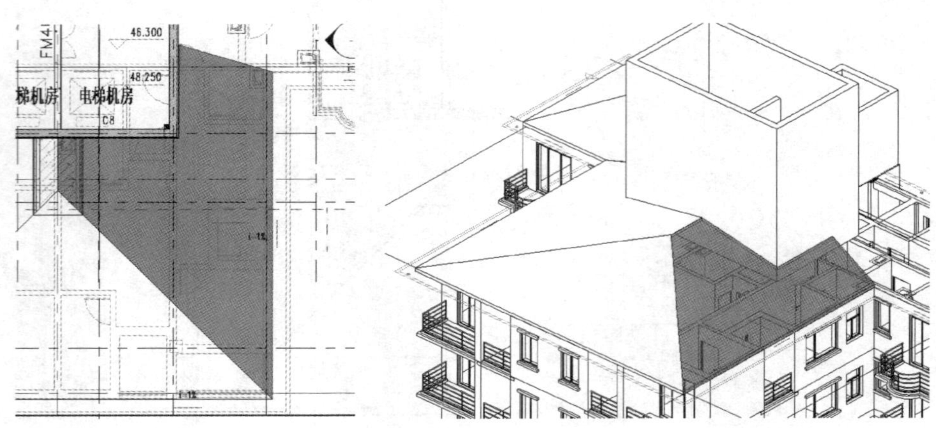

图 4.66 ⑥部分完成后的效果

CAD 文件可知,屋顶⑦部分需要设置坡度,选择【坡度箭头】工具,将屋顶⑦部分的箭头从最低处画向最高处,并在【属性】面板中将【头高度偏移】设置为“1200”,如图4.69所示。绘制完成后,单击【√】按钮。按下【F4】键,观察绘制完成的这部分屋顶,如图4.70所示。

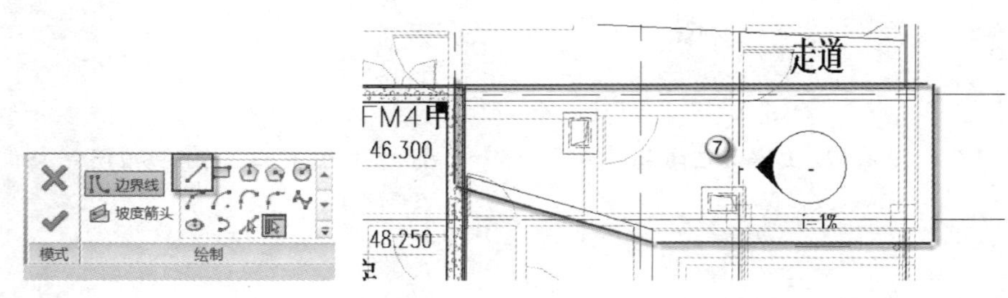

图 4.67 绘制工具选择

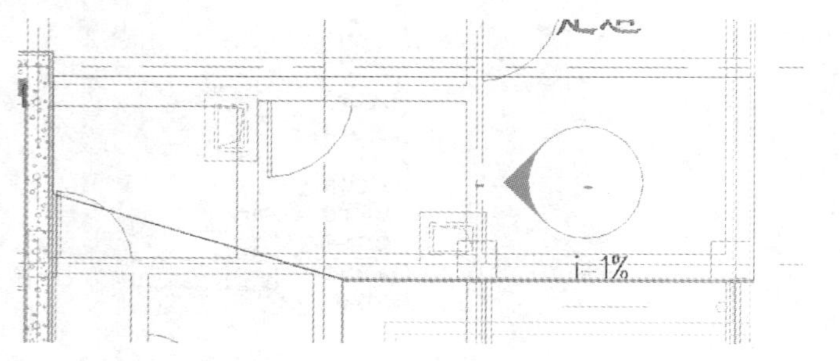

图 4.68 ⑦部分绘制完成

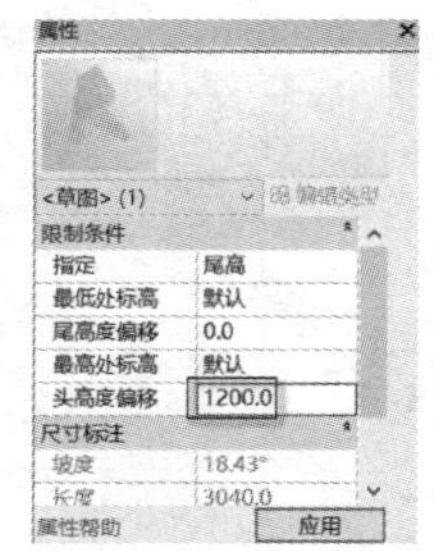

图 4.69 设置⑦部分坡度

(17) 绘制屋顶⑧部分。按下【Enter】键,重复上一次的命令继续绘制屋顶。在

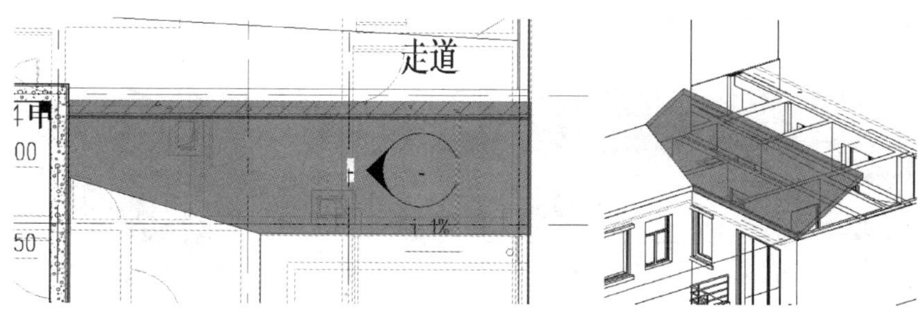

图 4.70　⑦部分完成后的效果

【修改/创建屋顶迹线】模式中，可以观察到屋顶⑧部分的边界呈四边形，选择【边界线】中的【直线】工具进行绘制，如图 4.71 所示。绘制完成后如图 4.72 所示。由 CAD 文件可知，屋顶⑧部分需要设置坡度，选择【坡度箭头】工具，将屋顶⑧部分的箭头从最低处画向最高处，并在【属性】面板中将【头高度偏移】设置为“1200” 如图 4.73 所示。绘制完成后，单击【√】按钮。按下【F4】键，观察绘制完成的这部分屋顶，如图 4.74所示。

至此，坡屋面部分全部绘制完毕，如图 4.75 所示。转到三维视图，检查三维模型的准确性，只有在三维视图中才能直观看到有无问题。

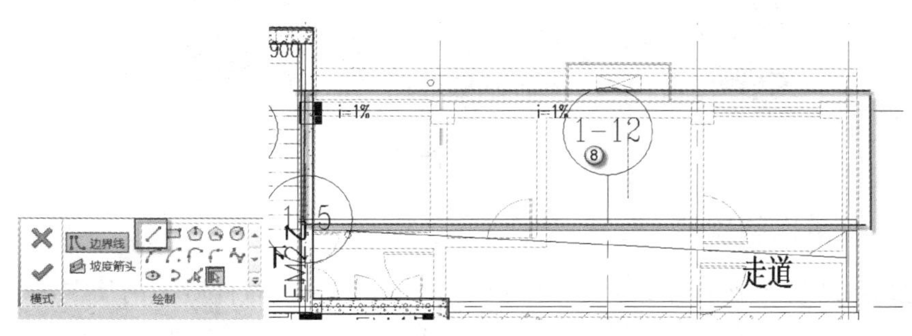

图 4.71　绘制工具选择

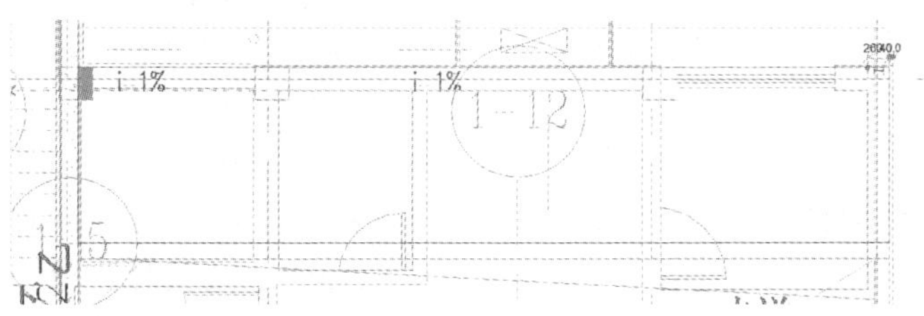

图 4.72　⑧部分绘制完成

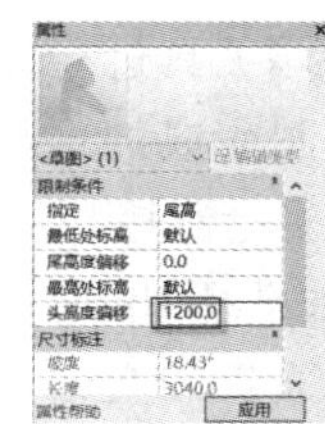

图 4.73　设置⑧部分坡度

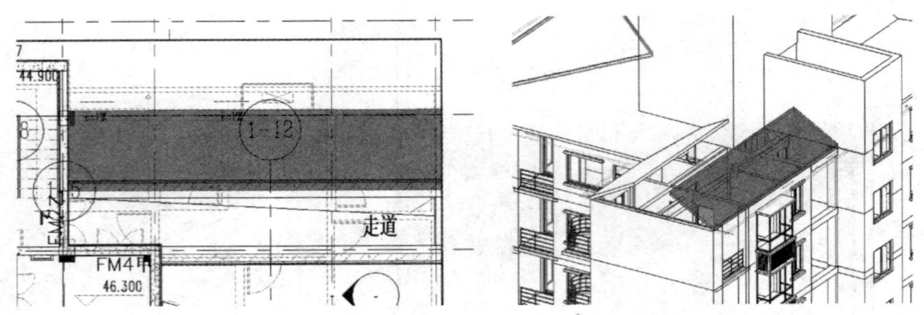

图 4.74　⑧部分完成后的效果

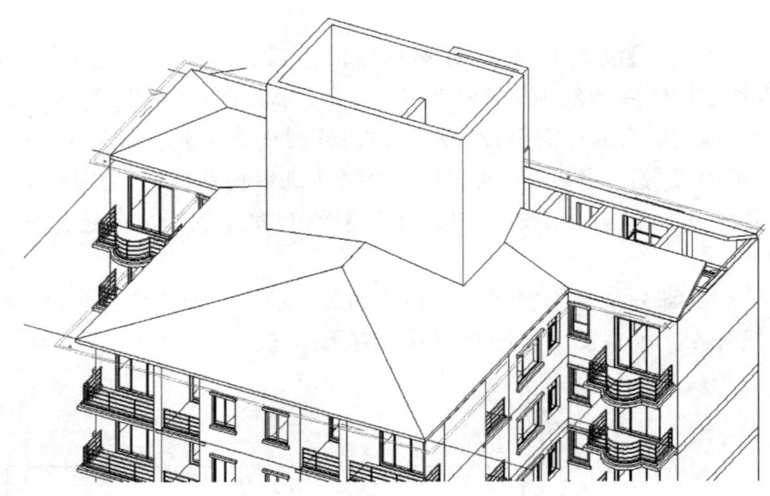

图 4.75　坡屋面完整视图

4.2.2　屋面板的绘制

建筑与结构专业都需要绘制屋面板。结构专业中设的材质是钢筋混凝土，建筑专业是在此基础上增加一些面板的材质，如防水、保温等。具体操作如下。

(1) 绘制梯间顶屋面板。在【项目浏览器】中单击【梯间顶】平面，进行梯间顶屋面板的绘制，如图 4.76 所示。单击【建筑】→【楼板】→【楼板:建筑】，选择【边界线】中的【矩形】工具进行绘制，绘制完成后，单击【√】按钮，如图 4.77 所示。按下【F4】键，观察绘制完成的这部分屋顶，如图 4.78 所示。

注意：读者绘制屋顶屋面板时务必沿着③线精准绘制，保证构图的正确性与完整性。

(2) 绘制屋顶屋面板。在【项目浏览器】中单击【屋顶】平面，进行屋顶屋面板的绘制，如图 4.79 所示。由 CAD 文件可知，屋顶屋面板为①号板，而③线则位于两块不同屋面板的交合处，如图 4.80 所示，读者需注意区分。单击【建筑】→【楼板】→【楼板:建筑】，在【属性】面板中单击【楼板】→【其他楼板】，选择【边界线】中的【矩形】工具进行绘制，绘制完成后，单击【√】按钮，如图 4.81 所示。按下【F4】键进入三维视图，观察绘制完成的这部分屋顶，如图 4.82 所示。

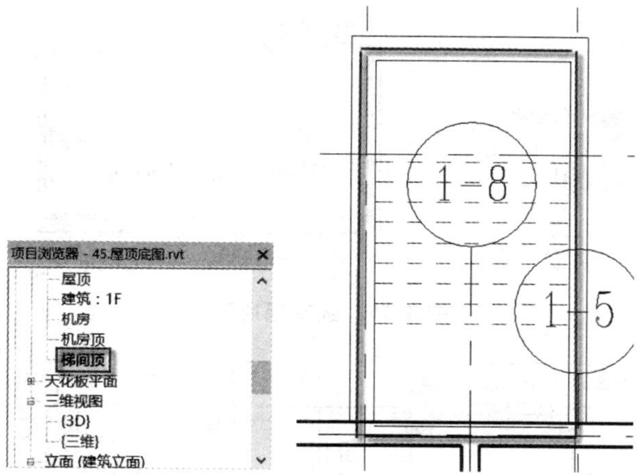

图 4.76　选择梯间顶平面

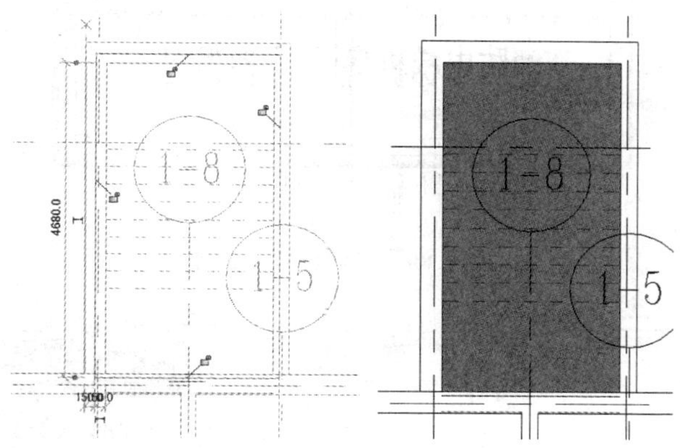

图 4.77　绘制梯间顶屋面板

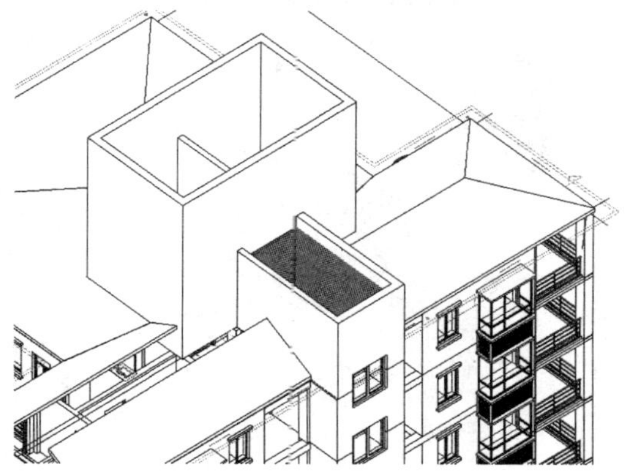

图 4.78　梯间顶屋面板绘制完成

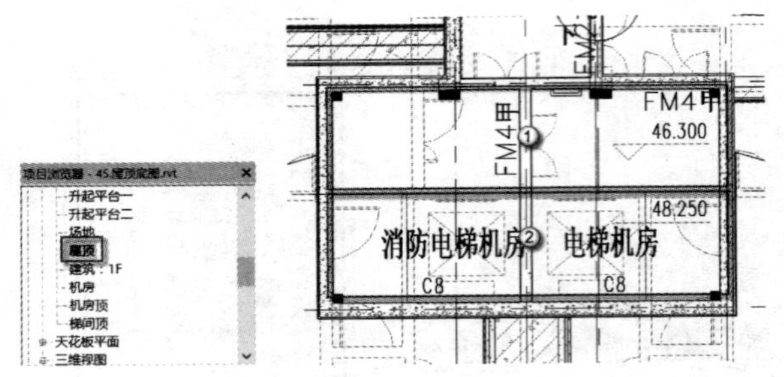

图 4.79　选择屋顶平面

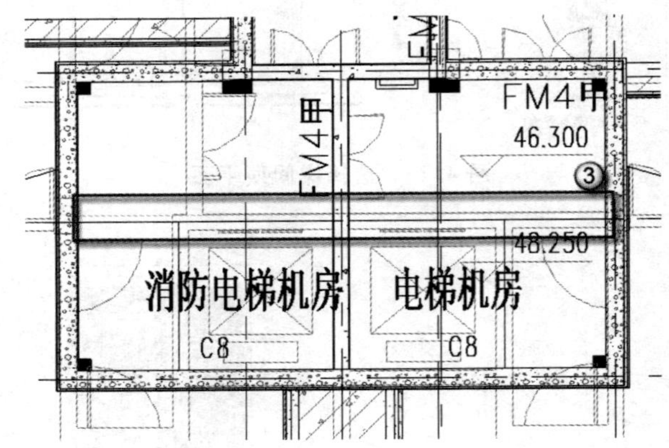

图 4.80　不同位置交合处

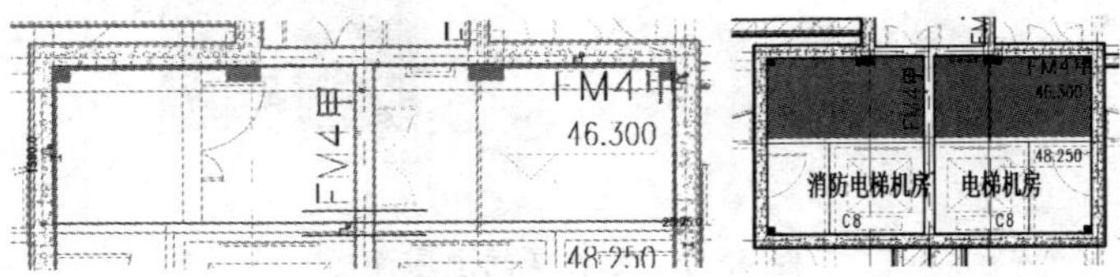

图 4.81　绘制屋顶屋面板

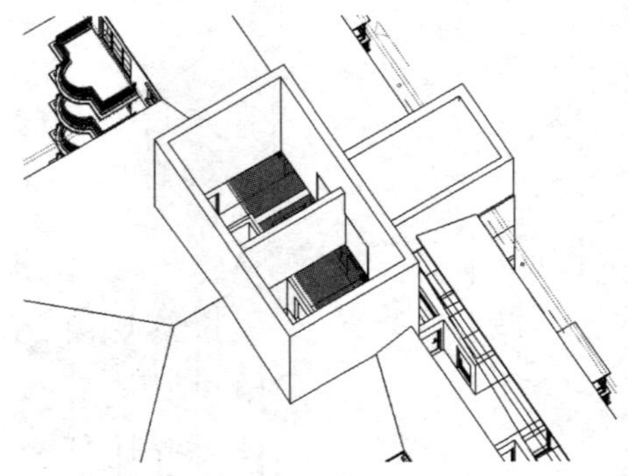

图 4.82　屋顶屋面板绘制完成

(3) 绘制机房屋面板。在【项目浏览器】中单击【机房】平面，在机房层进行绘制操作，如图 4.83 所示。由 CAD 文件可知，机房屋面板为②号板，单击【建筑】→【楼板】→【楼板：建筑】，在【属性】面板中单击【楼板】→【其他楼板】，选择【边界线】中的【矩形】工具进行绘制，如图 4.84 所示。绘制完成后，单击【√】按钮，如图 4.85 所示。按下【F4】键进入三维视图，观察绘制完成的这部分屋顶，如图 4.86 所示。

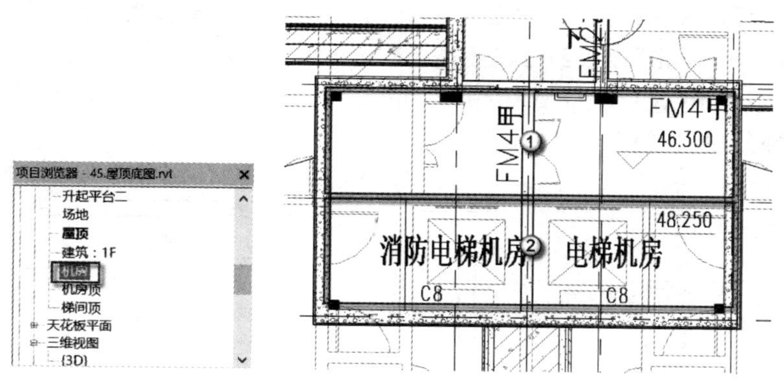

图 4.83 选择机房平面

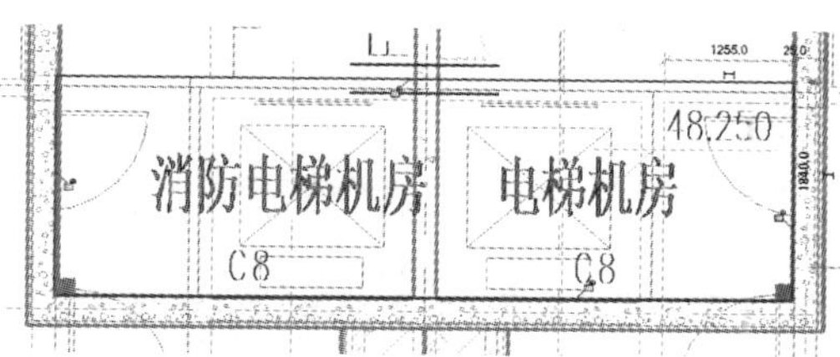

图 4.84 绘制机房屋面板

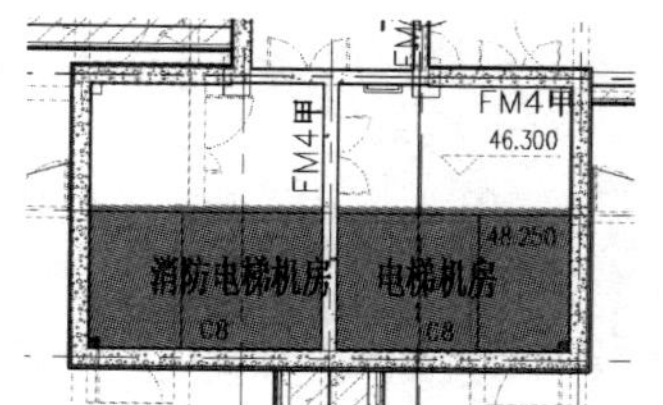

图 4.85 机房屋面板绘制完成

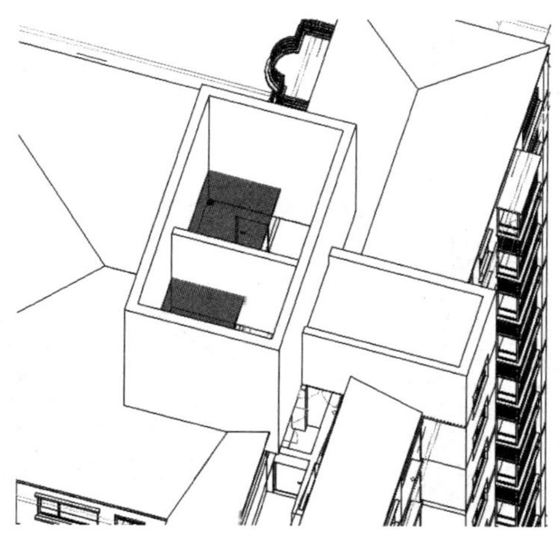

图 4.86 机房屋面板完成后的效果

注意:读者绘制机房顶屋面板时仍应沿着③线精准绘制,保证构图的正确性与完整性。

(4) 绘制机房顶屋面板。在【项目浏览器】中单击【机房顶】平面,在机房顶层进行绘制操作,如图 4.87 所示。由 CAD 文件可知,机房顶屋面板①处有一个为钢爬梯预留的洞口,应先作出辅助线挖洞,方便之后绘制。按下【RP】键,将【偏移量】设置为"700",沿着纵向由下往上绘制辅助线②,按下【Enter】键重复上一次的命令,保持【偏移量】为"700"不变,沿着横向由右至左绘制辅助线③,如图 4.88 所示。辅助线绘制完成后方可正式进行机房顶屋面板的绘制。单击【建筑】→【楼板】→【楼板:建筑】,在【属性】面板中单击【楼板】→【其他楼板】,选择【边界线】中的【矩形】工具进行绘制,绘制完成后,单击【√】按钮,如图 4.89 所示。按下【F4】键进入三维视图,观察绘制完成的这部分屋顶,如图 4.90 所示。

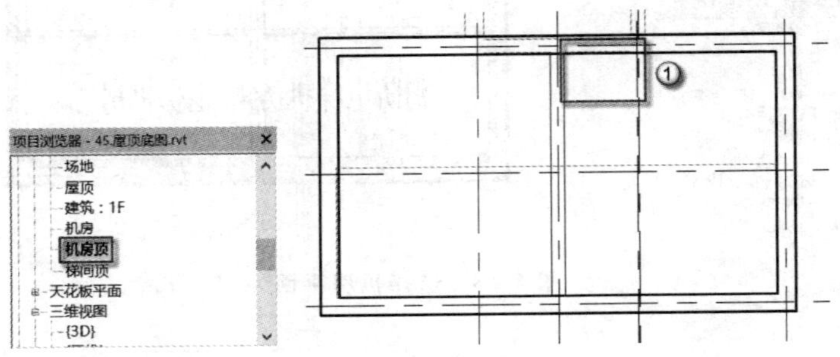

图 4.87 选择机房顶平面

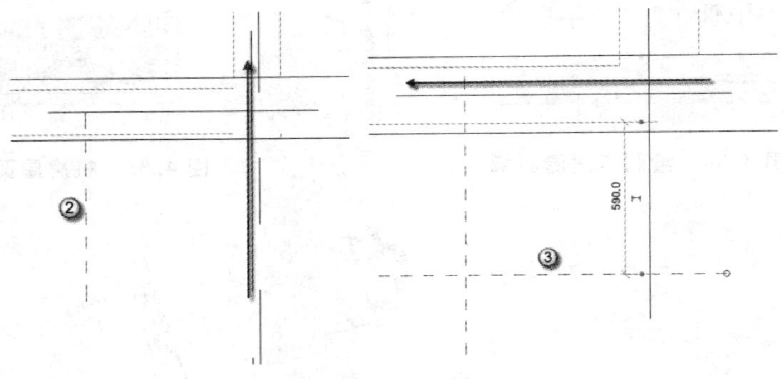

图 4.88 绘制辅助线

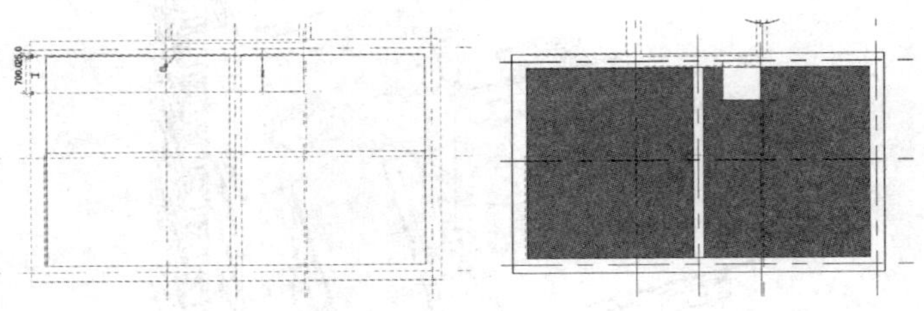

图 4.89 绘制机房顶屋面板

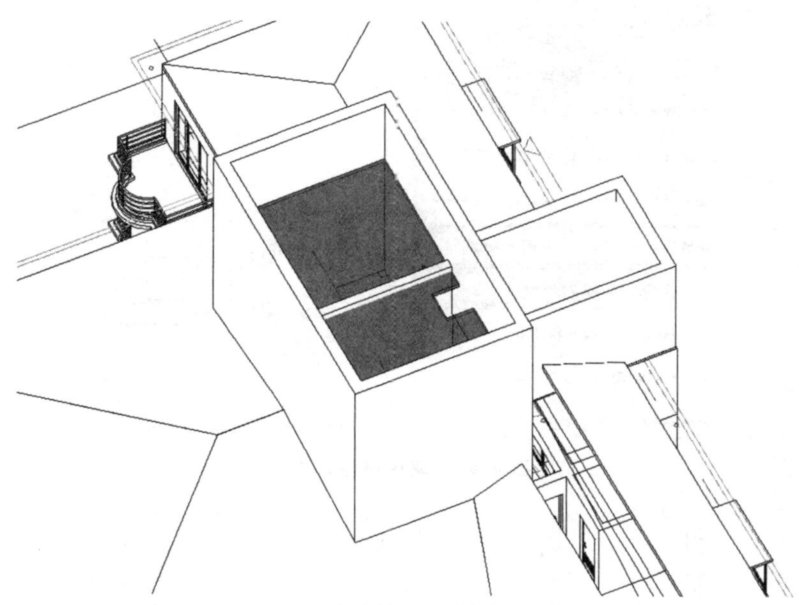

图 4.90　机房顶屋面板绘制完成

(5) 绘制屋顶墙。在【项目浏览器】中单击【屋顶】平面，在绘制屋面板③前，读者可由 CAD 文件观察到①②两墙并未在项目文件中绘制出，应根据 CAD 文件绘制出相应墙体后再绘制屋面板③，如图 4.91 所示。由 CAD 文件中的立面图可知，①②墙高为(47800－46300) mm＝1500 mm，单击【建筑】→【墙】→【墙：建筑】按钮(或直接按下【WA】键)，在【属性】面板中选择"住宅楼-14F 及以上-砌块-米黄色涂料"选项。将【顶部约束】设置为"直到标高：屋顶"选项，【顶部偏移】设置为"1500"，如图 4.92 所示。设置完成后开始绘制①②墙体，绘制完成后，单击【√】按钮，如图 4.93 所示。按下【F4】键进入三维视图，观察绘制完成的屋顶墙体，如图 4.94 所示。

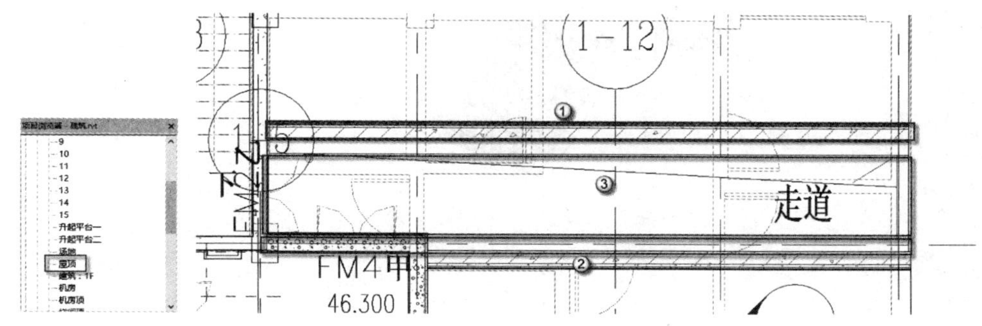

图 4.91　选择屋顶平面

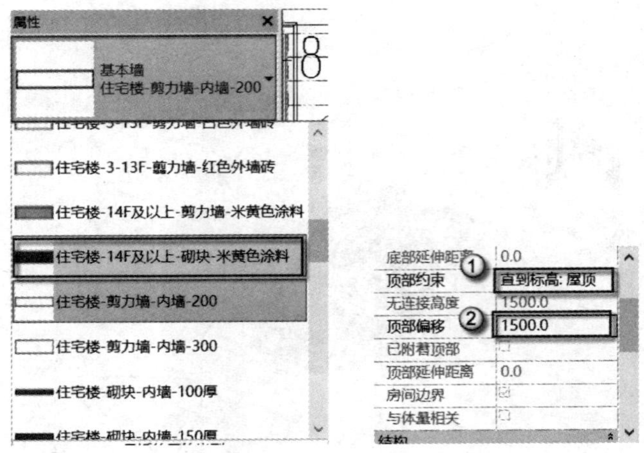

图 4.92 墙体属性设置

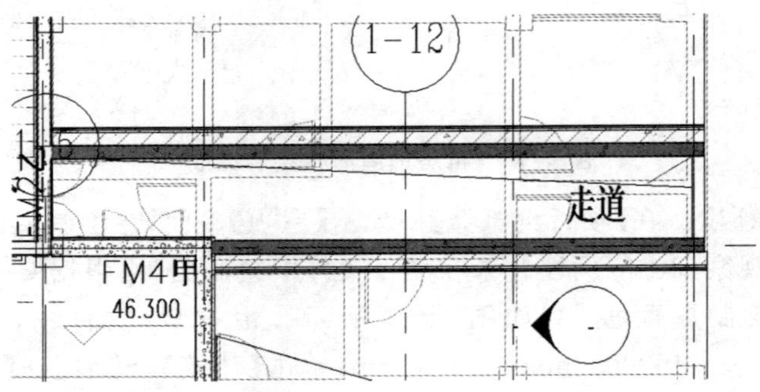

图 4.93 绘制①②墙体

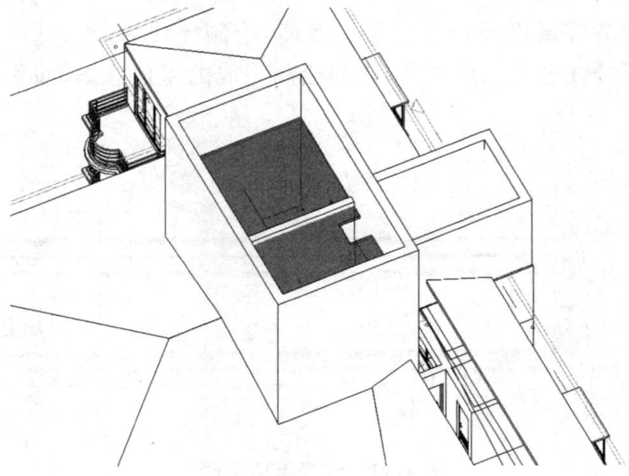

图 4.94 ①②墙体绘制完成

(6) 绘制屋顶屋面板。在【项目浏览器】中单击【屋顶】平面，如图 4.95 所示。单击【建筑】→【楼板】→【楼板:建筑】，在【属性】面板中单击【楼板】→【其他楼板】，选择【边界线】中的【矩形】工具进行绘制，绘制完成后，单击【√】按钮，如图 4.96 所示。按下【F4】键进入三维视图，观察绘制完成的这部分屋顶，如图 4.97 所示。

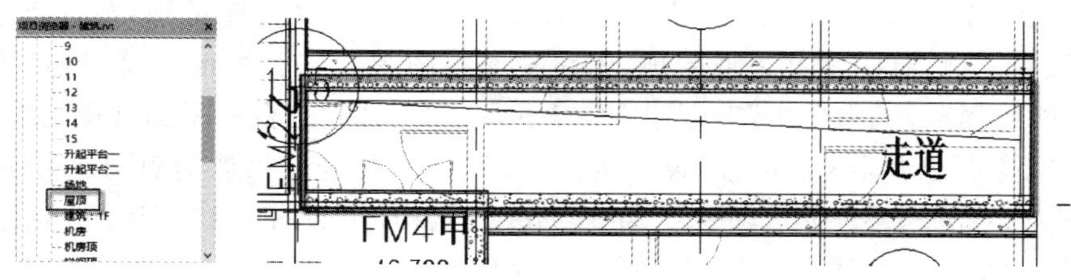

图 4.95 选择屋顶平面

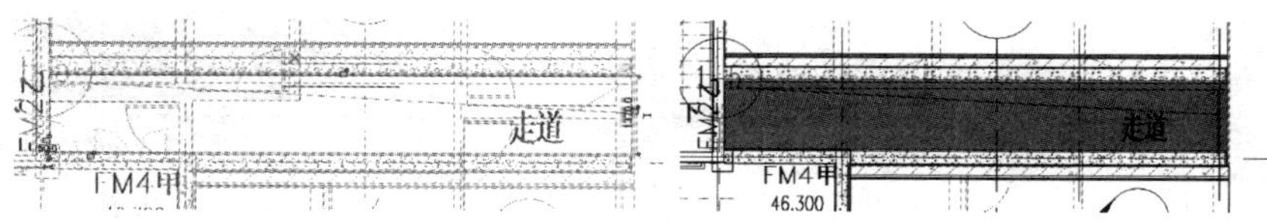

图 4.96 绘制屋顶屋面板

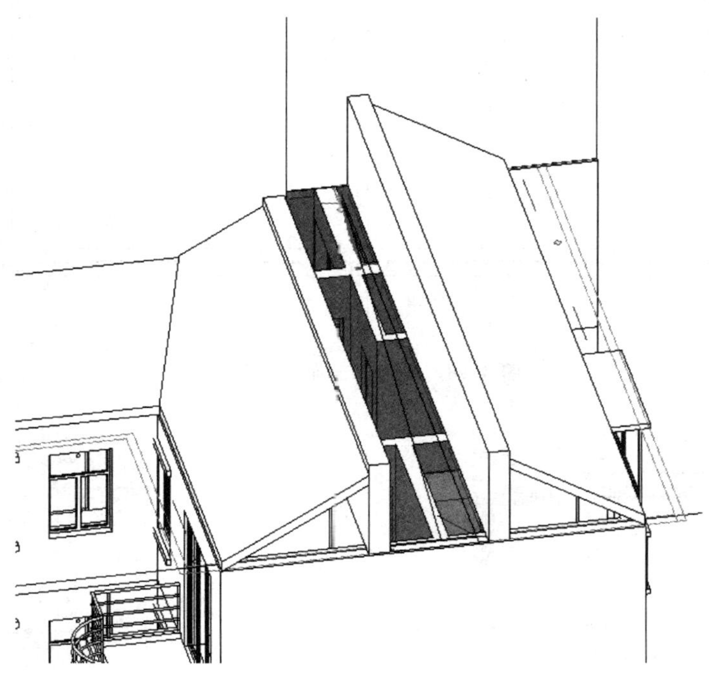

图 4.97 屋顶屋面板绘制完成

4.2.3 红瓦坡屋顶

在整个建筑物的顶部,有双重檐的红瓦四坡屋顶。绘制时要注意标高的变化,否则会出错。具体操作如下。

(1) 绘制升起平台一的红瓦坡屋顶辅助线。由CAD文件图可知,在升起平台一与升起平台二处,有两个红瓦坡屋顶,先在平面视图中作红瓦坡屋顶辅助线,方便绘制。在【项目浏览器】中单击【升起平台一】平面,进入升起平台一平面视图,如图4.98所示。按下【RP】键,将【偏移量】设置为“1000”,由①处开始沿顺时针方向绘制辅助线②③④⑤,如图4.99所示,并将4条辅助线彼此相连,如图4.100所示。按下【Enter】键,继续绘制辅助线,绘制四角斜线,即屋面板之间的分水线,完成后如图4.101所示。

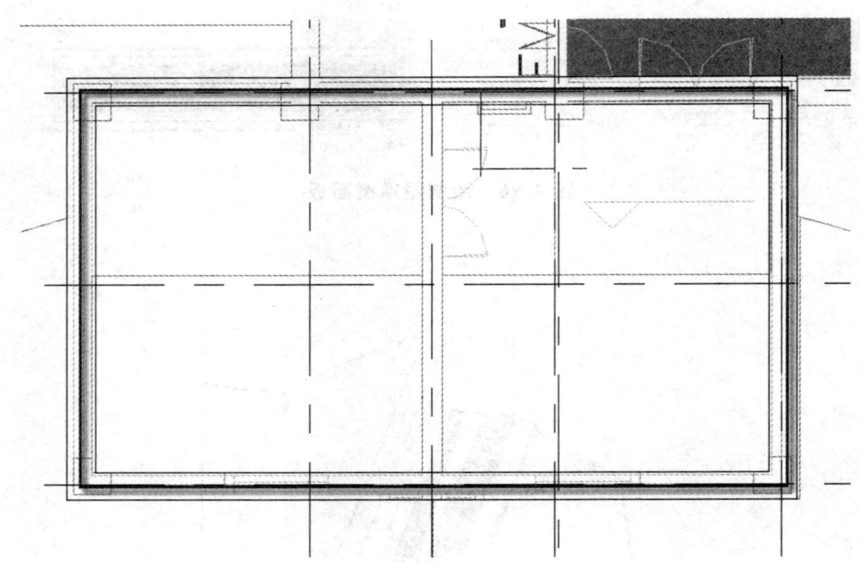

图4.98 进入升起平台一平面

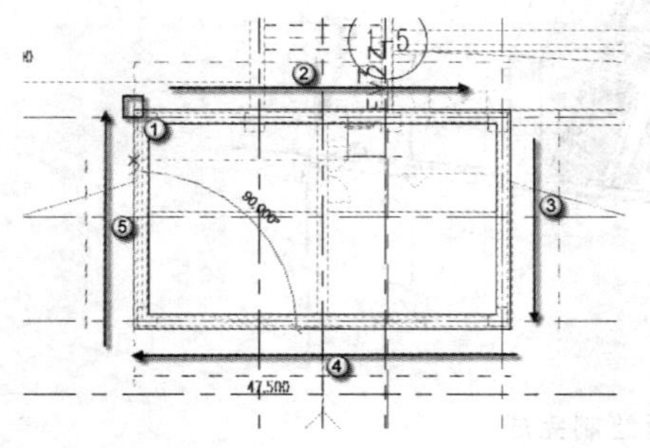

图4.99 绘制辅助线

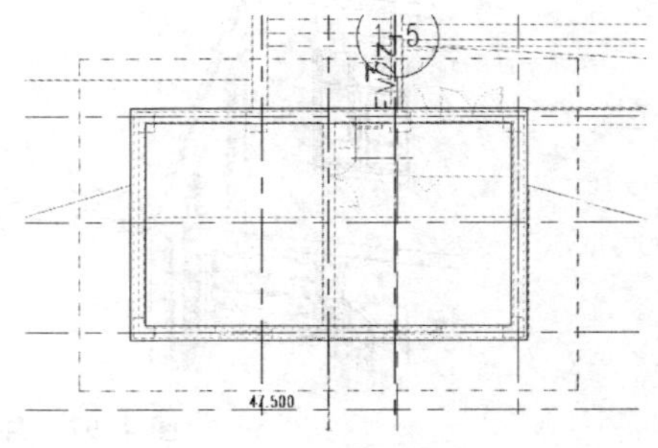

图4.100 连接辅助线

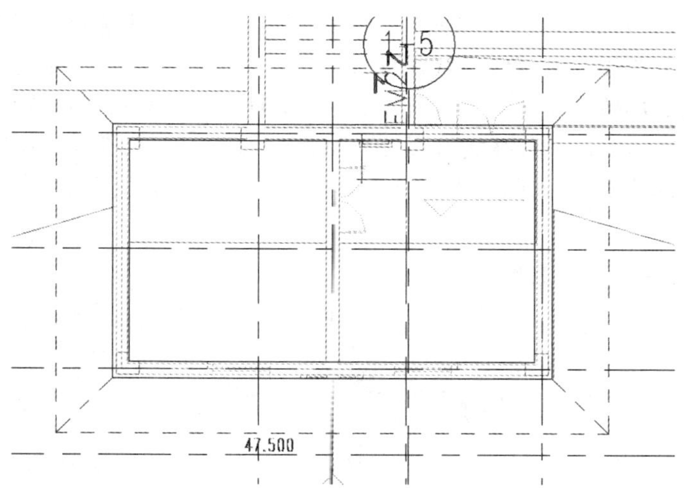

图 4.101 绘制四角斜线

(2) 复制创建红色瓦屋面族类型。单击【建筑】→【屋顶】→【迹线屋顶】,在【属性】面板中单击【基本屋顶】→【蓝色瓦屋面】,如图 4.102 所示。单击【属性】面板中的【编辑类型】按钮,在【类型属性】对话框中单击【复制】按钮,在【名称】对话框中输入“红色瓦屋面”作为新族的名称,单击【确定】按钮,返回【类型属性】对话框,如图 4.103 所示。

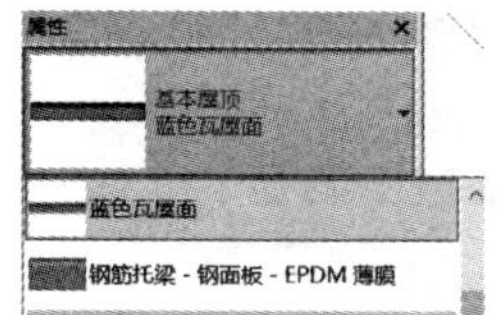

图 4.102 选择基本屋顶族

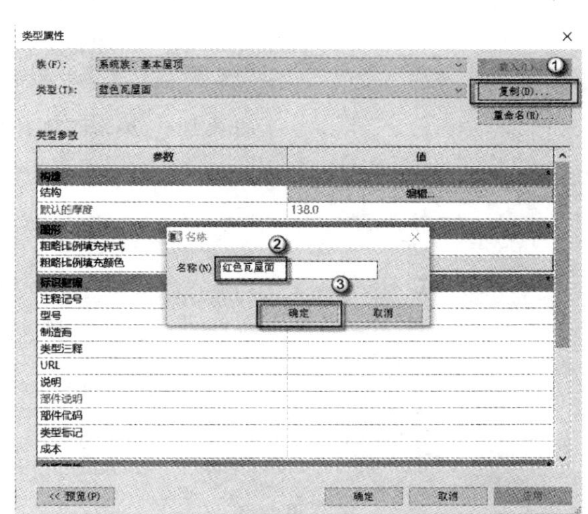

图 4.103 复制创建红色瓦屋面族类型

(3) 编辑面层 1 [4]材质。在【类型属性】对话框中单击【编辑】按钮。在弹出的【编辑部件】对话框中单击【面层 1 [4]】对应的【屋顶,瓷砖】按钮,如图 4.104 所示。在弹出的【材质浏览器】中,选择【AEC 材质】→【其他】→【屋顶,板岩】→【屋顶,板岩】,将其加入【项目材质】中,单击【无】按钮,如图 4.105 所示。在弹出的【填充样式】对话框中,将其【填充图案】改为“屋面-筒瓦”,单击【确定】按钮,如图 4.106 所示。单击【slate. roof. grey. png】按钮,如图 4.107 所示。在弹出的【选择文件】对话框中选择瓦面的贴图文件(⑨处),单击【打开】按钮,如图 4.108 所示。选择设置好的"红瓦"材质,单击【确定】按钮,如图 4.109 所示。返回【编辑部件】对话框,在【编辑部件】对话框中单击【确定】按钮,返回【类型属性】对话框,如图 4.110 所示。在【类型属性】对话框中单击【确定】按钮,如图 4.104 所示,至此,红瓦材质设置完毕。

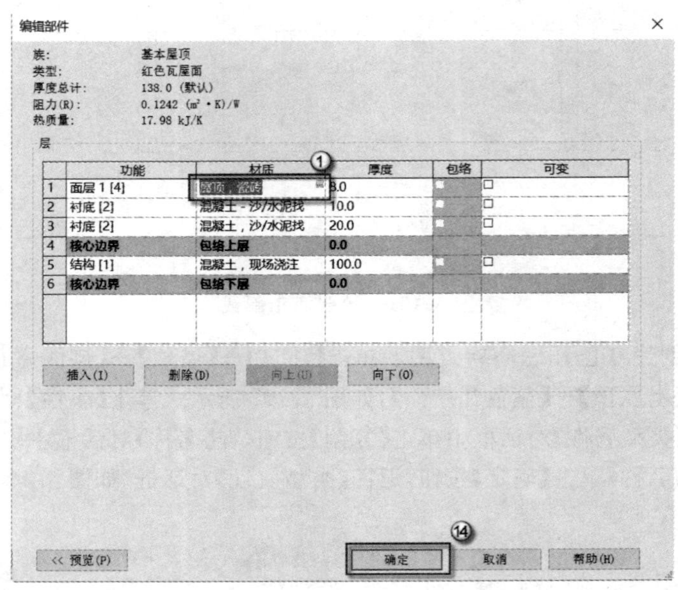

图 4.104　编辑面层 1[4]材质

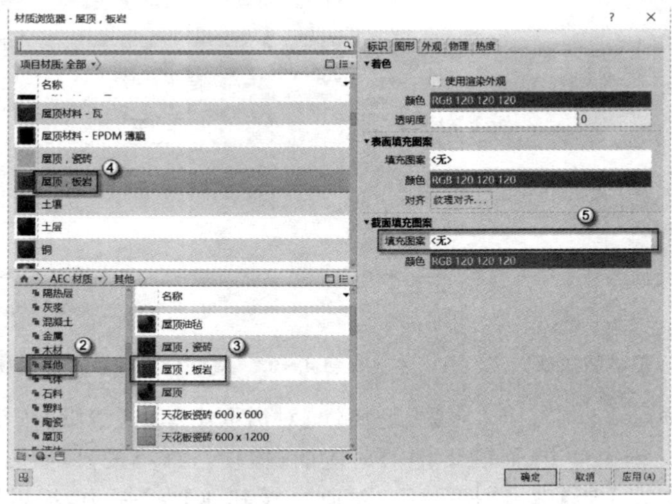

图 4.105　选择材质

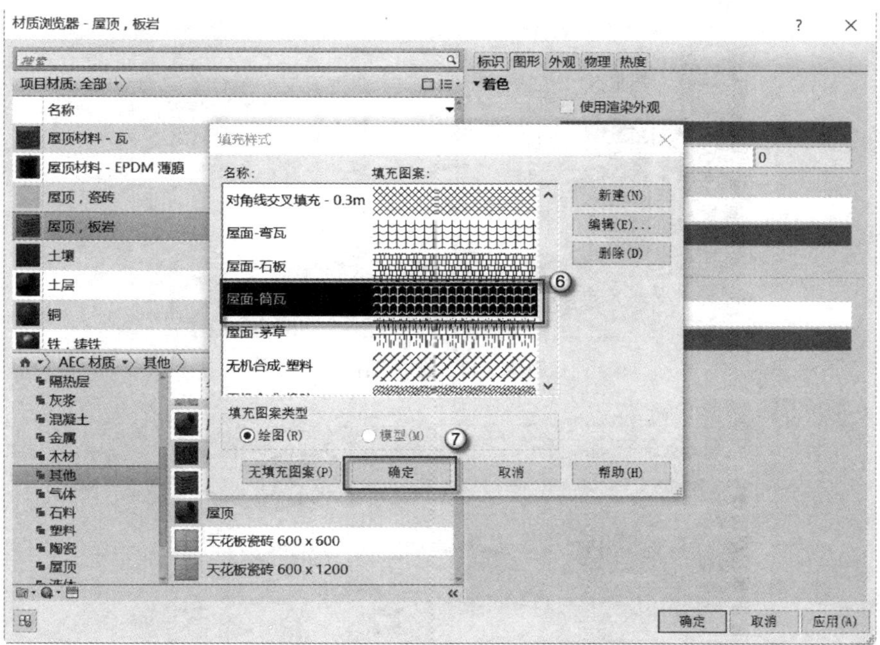

图 4.106　编辑填充样式

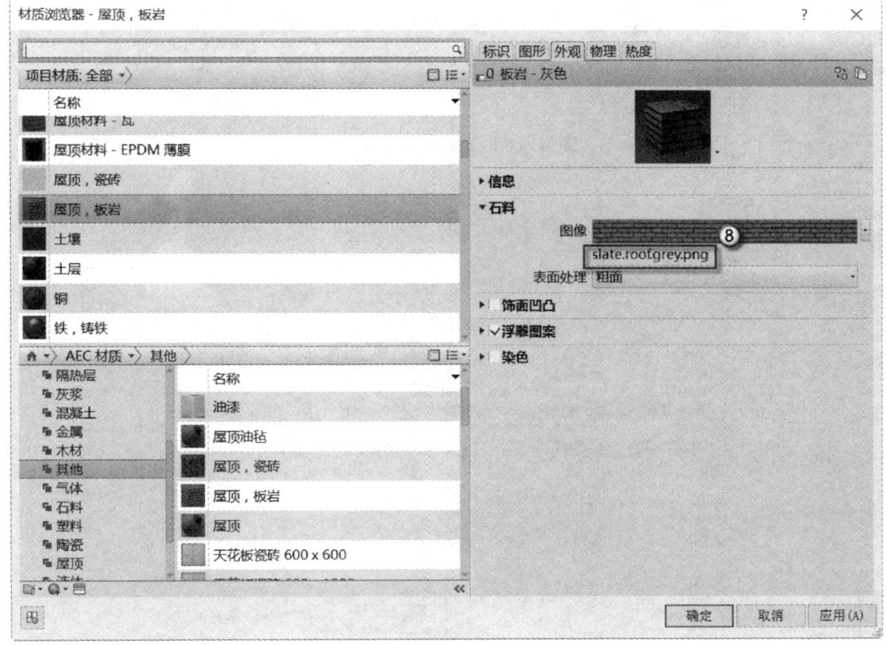

图 4.107　选择图案

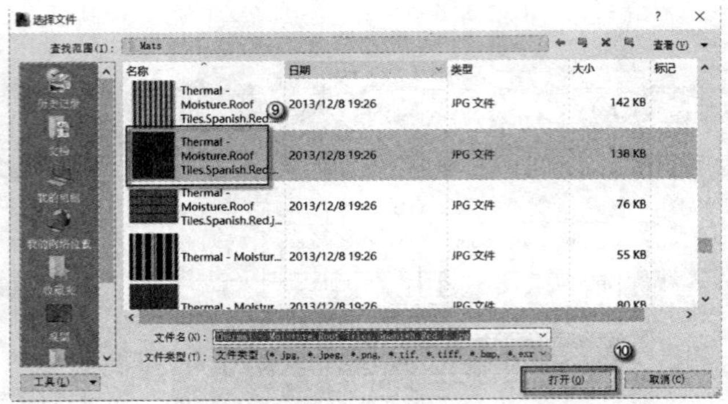

图 4.108　选择贴图

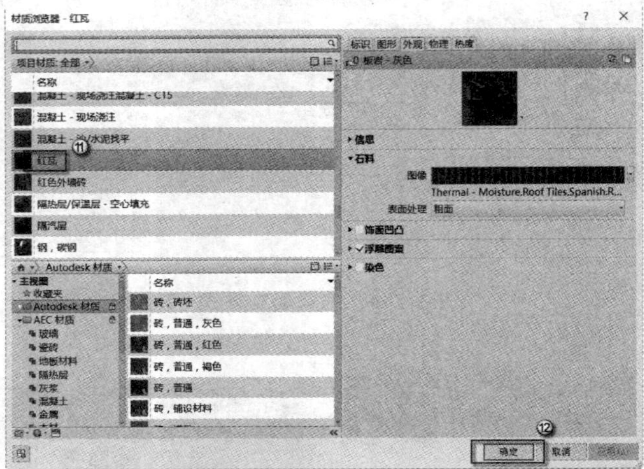

图 4.109　选择红瓦材质

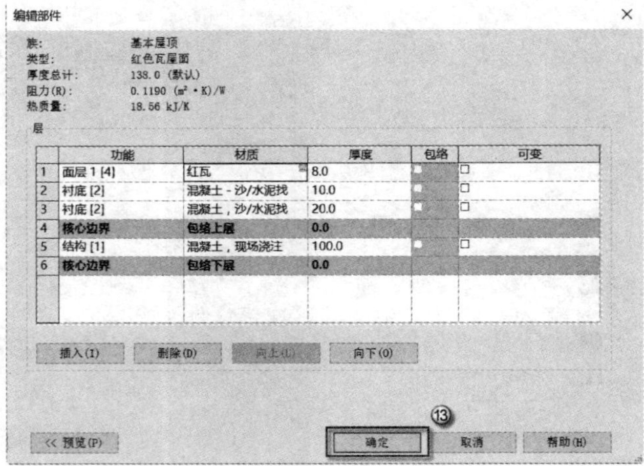

图 4.110　属性设置完毕

(4) 绘制红瓦坡屋顶①部分。在【修改/创建屋顶迹线】模式中，可以观察到红瓦坡屋顶①部分的边界呈不规则形，选择【边界线】中的【直线】工具进行绘制，如图 4.111所示。绘制完成后如图 4.112 所示。由 CAD 文件可知，①部分需要设置坡度，选择【坡度箭头】工具，并在【属性】面板中将【头高度偏移】设置为“450”，如图 4.113所示。绘制完成后，单击【√】按钮，如图 4.114 所示。按下【F4】键，观察绘制完成的这部分屋顶，如图 4.115 所示。

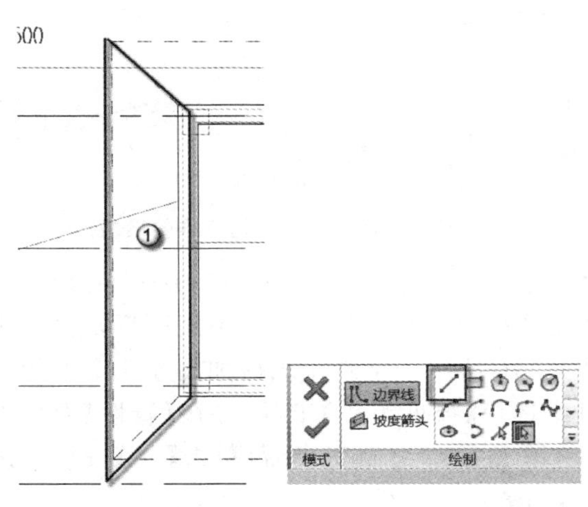

图 4.111　绘制工具选择

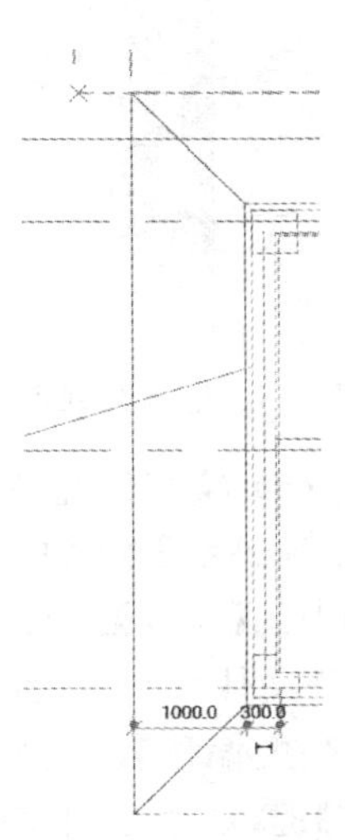

图 4.112　绘制①部分

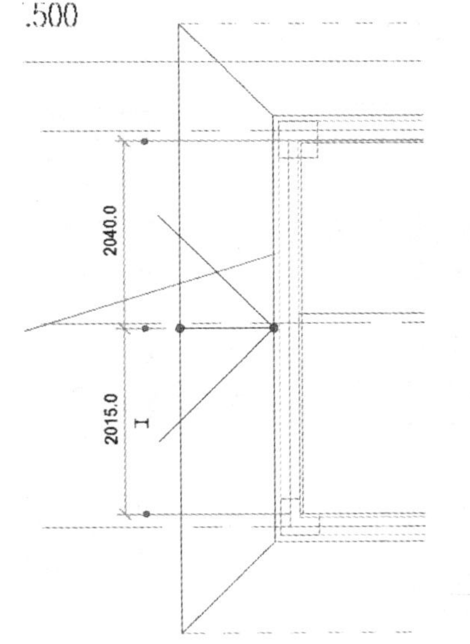

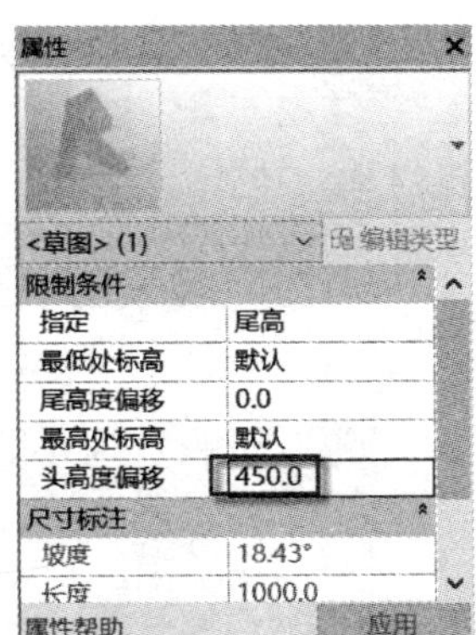

图 4.113　设置①部分坡度

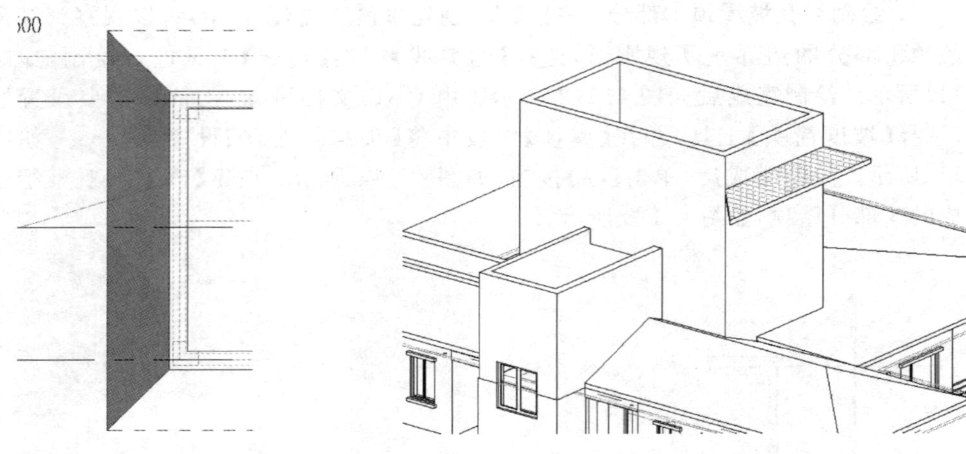

图 4.114　①部分绘制完成　　图 4.115　①部分的三维效果

(5) 绘制红瓦坡屋顶②部分。按下【Enter】键,重复上一次的命令。在【修改/创建屋顶迹线】模式中,可以观察到红瓦坡屋顶②部分的边界呈不规则形,选择【边界线】中的【直线】工具进行绘制,如图 4.116 所示。绘制完成后如图 4.117 所示。由 CAD 文件可知,②部分需要设置坡度,选择【坡度箭头】工具,并在【属性】面板中将【头高度偏移】设置为"450",如图 4.118 所示。绘制完成后,单击【√】按钮。按下【F4】键,观察绘制完成的这部分屋顶,如图 4.119 所示。

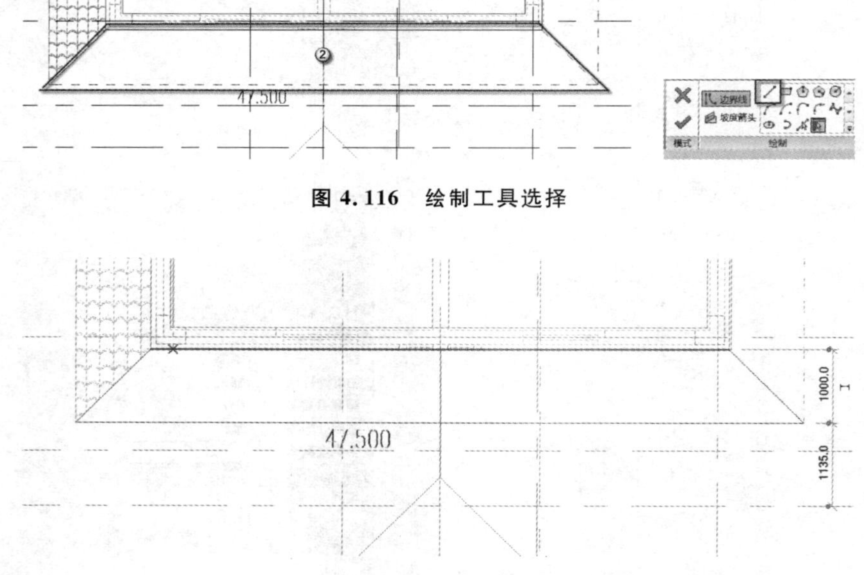

图 4.116　绘制工具选择

图 4.117　②部分绘制完成

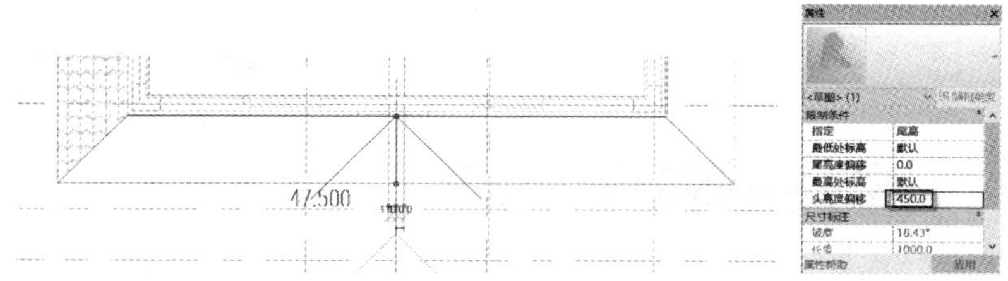

图 4.118　设置②部分坡度

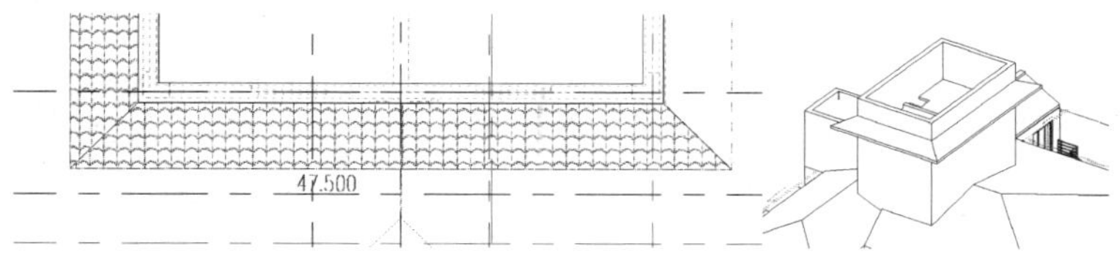

图 4.119　②部分的三维效果

（6）绘制红瓦坡屋顶③④部分。由 CAD 文件观察到，红瓦坡屋顶③与红瓦坡屋顶①关于轴对称，红瓦坡屋顶③与红瓦坡屋顶①关于轴对称，如图 4.120 所示。选择红瓦坡屋顶①，按下【MM】键，镜像生成红瓦坡屋顶③，如图 4.121 所示。使用同样的方法，选择红瓦坡屋顶②，按下【MM】键，选择对称轴作为镜像轴，镜像生成红瓦坡屋顶④，如图 4.122 所示。但是红瓦坡屋顶④的位置与 CAD 文件相比产生了偏移，按下【MV】键，将坡屋顶由位置①移动到位置②，如图 4.123 所示。绘制完成后按下【F4】键，观察绘制完成的升起平台一的红瓦坡屋顶，如图 4.124 所示。

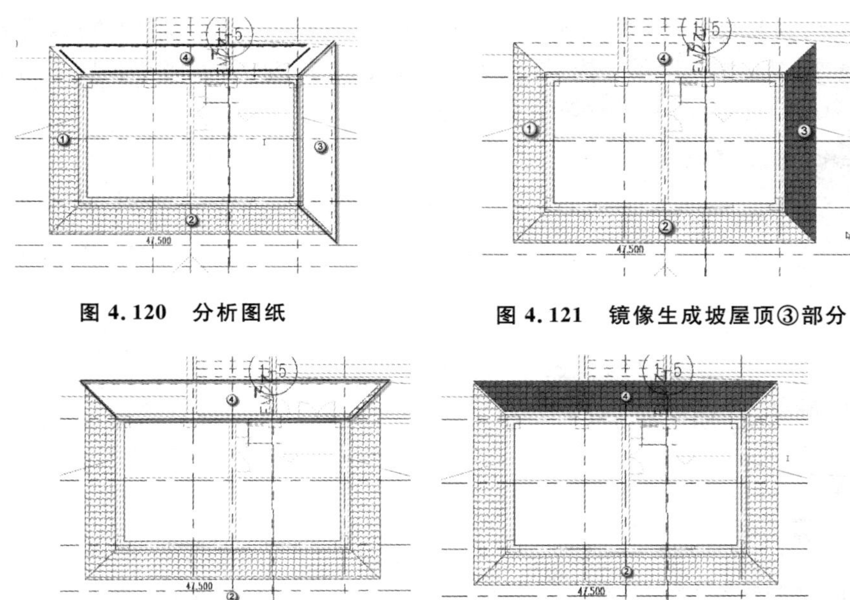

图 4.120　分析图纸

图 4.121　镜像生成坡屋顶③部分

图 4.122　镜像生成坡屋顶④部分

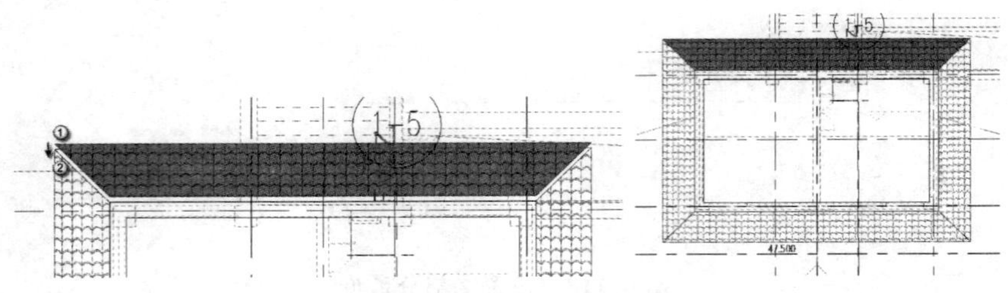

图 4.123 移动对齐

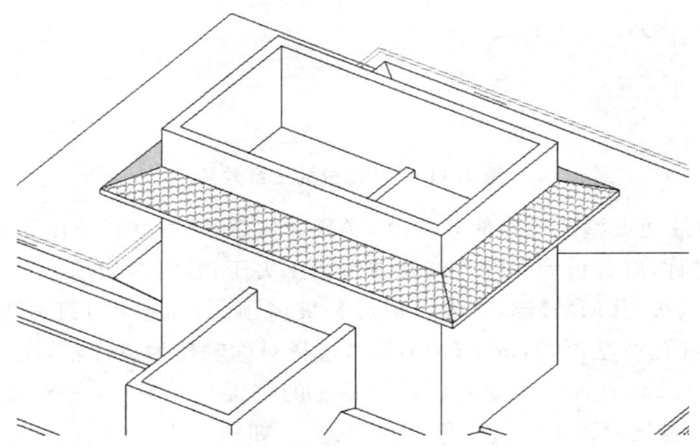

图 4.124 绘制完成

(7) 绘制升起平台二的红瓦坡屋顶辅助线。在【项目浏览器】中单击【升起平台二】平面,如图 4.125 所示。按下【RP】键,将升起平台二的红瓦坡屋顶四角与轴线和轴线的交点相连,绘制完成后如图 4.126 所示。

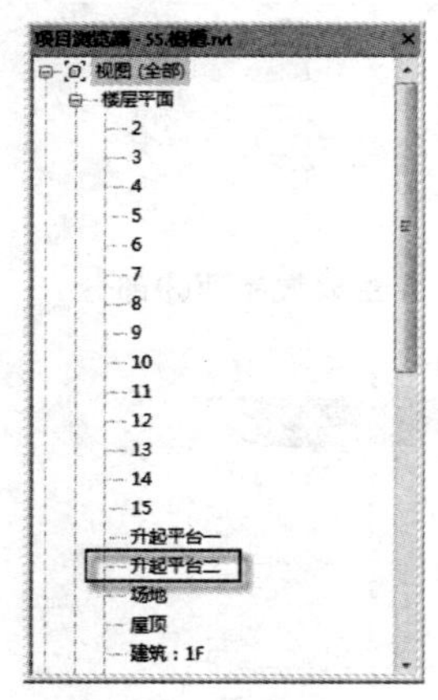

图 4.125 选择升起平台二平面

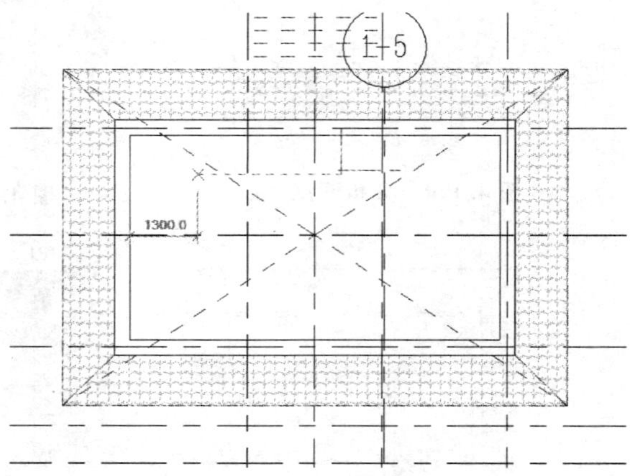

图 4.126 绘制辅助线

(8) 绘制红瓦坡屋顶①部分。单击【建筑】→【屋顶】→【迹线屋顶】，在【属性】面板中单击【基本屋顶】→【红色瓦屋面】，在【修改/创建屋顶迹线】模式中，可以观察到红瓦坡屋顶①部分的边界呈三角形，选择【边界线】中的【直线】工具进行绘制，如图 4.127 所示。绘制完成后如图 4.128 所示。由 CAD 文件可知，①部分需要设置坡度，偏移量为 55300－53129＝2171。选择【坡度箭头】工具，并在【属性】面板中将【头高度偏移】设置为“2171”，如图 4.129 所示。绘制完成后，单击【√】按钮。按下【F4】键，观察绘制完成的这部分屋顶，如图 4.130 所示。

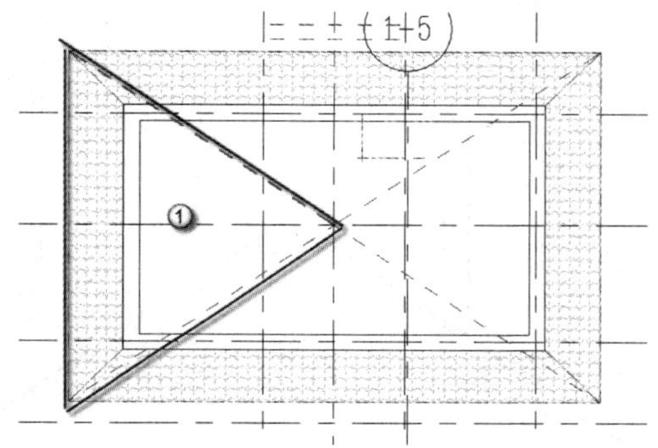

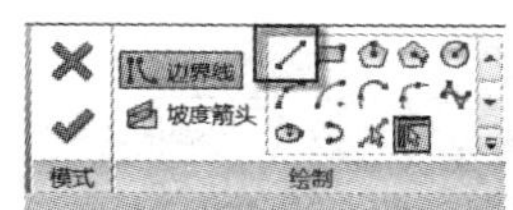

图 4.127　绘制工具选择

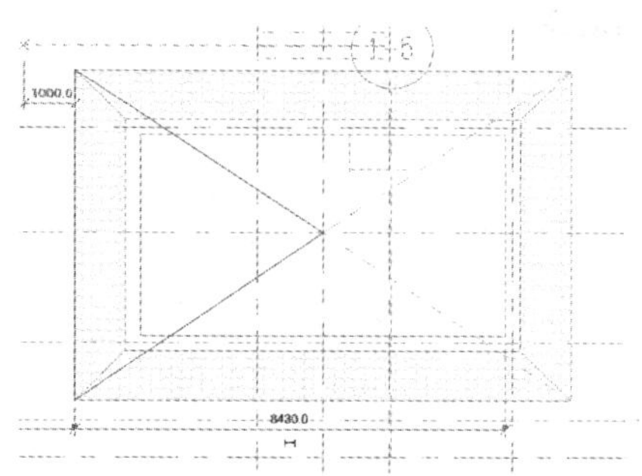

图 4.128　①部分绘制完成

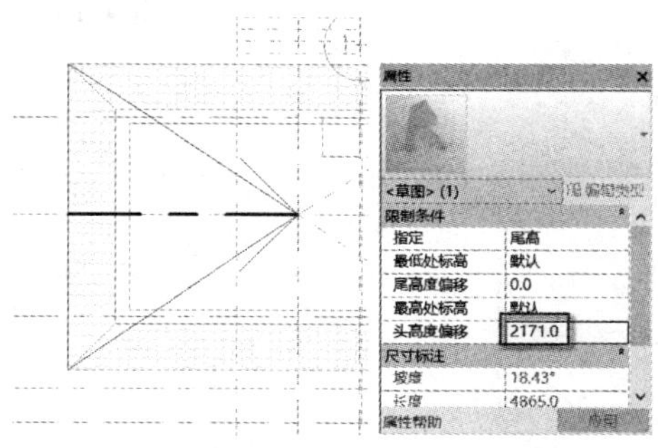

图 4.129　设置①部分坡度

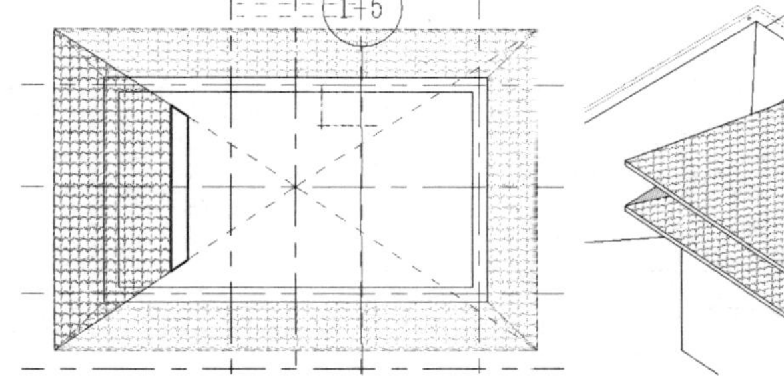

图 4.130　①部分完成后的效果

(9) 绘制红瓦坡屋顶②部分。按下【Enter】键,重复上一次的命令。在【修改/创建屋顶迹线】模式中,红瓦坡屋顶②部分的边界仍呈三角形,选择【边界线】中的【直线】工具进行绘制,如图 4.131 所示。绘制完成后如图 4.132 所示。选择【坡度箭头】工具,并在【属性】面板中将【头高度偏移】设置为“2171”,如图 4.133 所示。绘制完成后,单击【√】按钮。按下【F4】键,观察绘制完成的这部分屋顶,如图 4.134 所示。

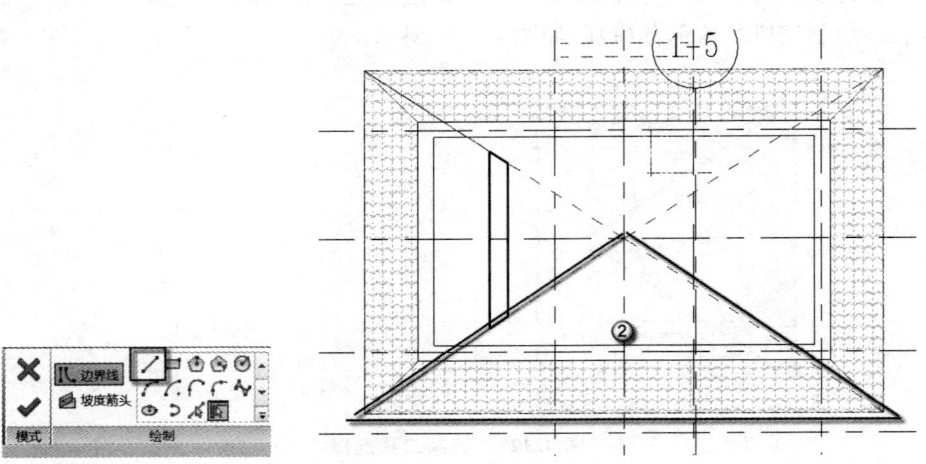

图 4.131 绘制工具选择

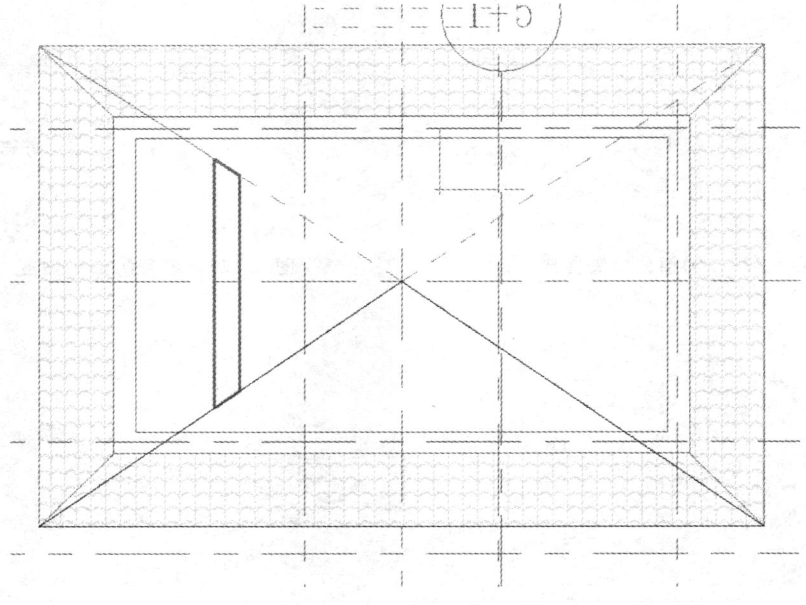

图 4.132 ②部分绘制完成

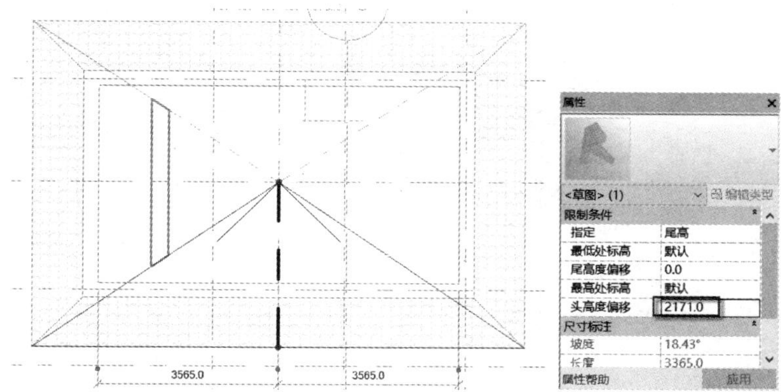

图 4.133　设置②部分坡度

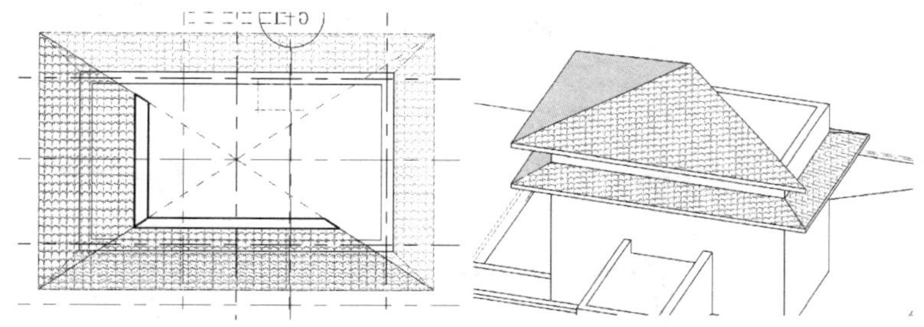

图 4.134　②部分完成后的效果

(10) 绘制红瓦坡屋顶③部分。按下【Enter】键，重复上一次的命令。在【修改/创建屋顶迹线】模式中，红瓦坡屋顶③部分的边界仍呈三角形，则选择【边界线】中的【直线】工具进行绘制，如图 4.135 所示。绘制完成后如图 4.136 所示。选择【坡度箭头】工具，并在【属性】面板中将【头高度偏移】设置为“2171”，如图 4.137 所示。绘制完成后，单击【√】按钮。按下【F4】键，观察绘制完成的这部分屋顶，如图 4.138 所示。

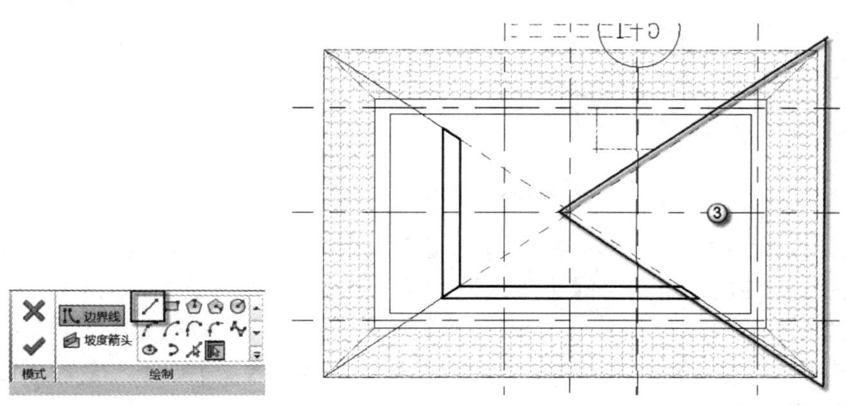

图 4.135　绘制工具选择

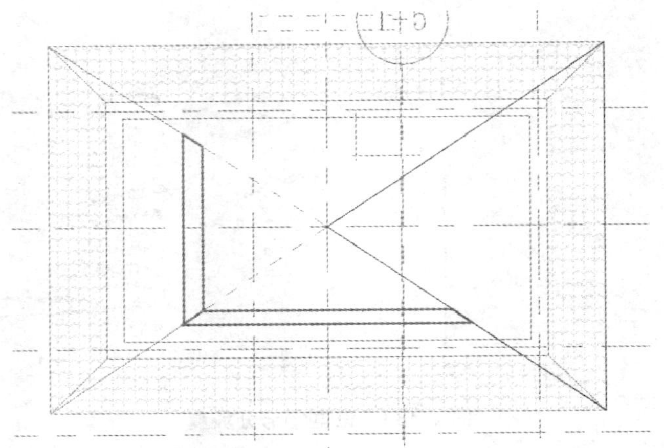

图 4.136　③部分绘制完成

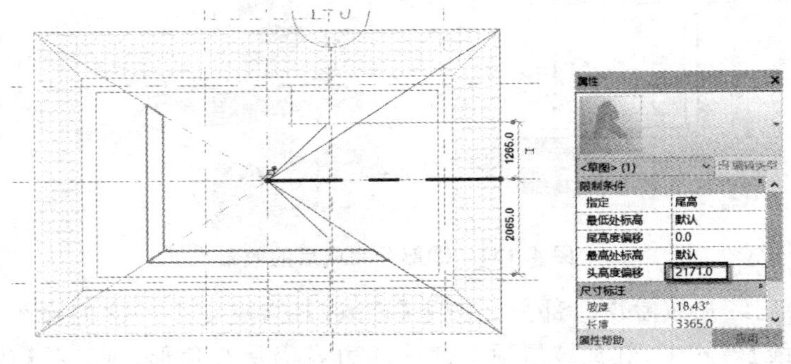

图 4.137　设置③部分坡度

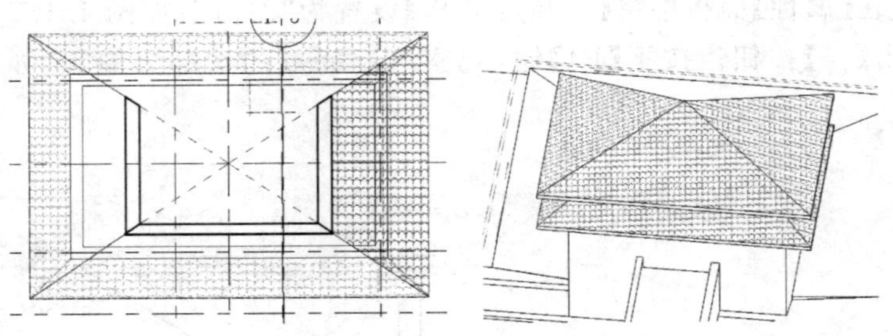

图 4.138　③部分完成后的效果

(11) 绘制红瓦坡屋顶④部分。按下【Enter】键,重复上一次的命令。在【修改/创建屋顶迹线】模式中,选择【边界线】中的【直线】工具进行绘制,如图 4.139 所示。绘制完成后如图 4.140 所示。选择【坡度箭头】工具,并在【属性】面板中将【头高度偏移】设置为“2171”,如图 4.141 所示。绘制完成后,单击【√】按钮。按下【F4】键,观察绘制完成的这部分屋顶。至此,红瓦坡屋顶绘制完毕,如图 4.142 所示。

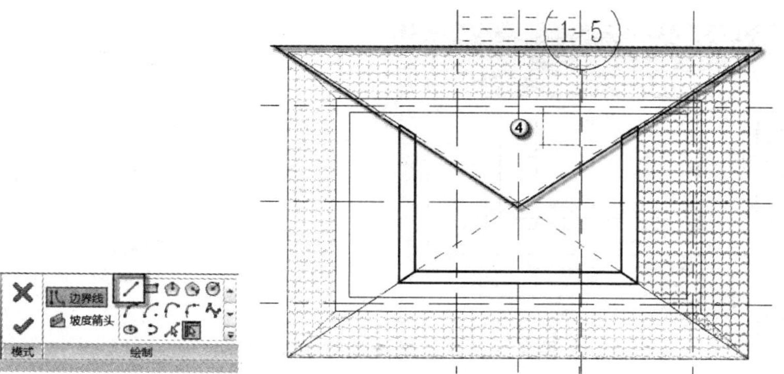

图 4.139　绘制工具选择

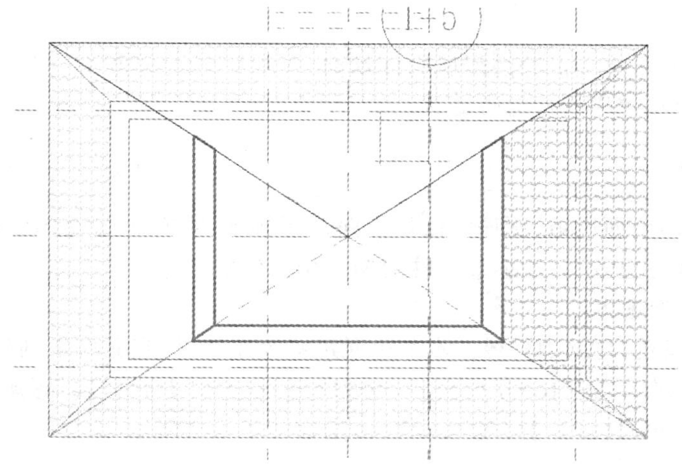

图 4.140　④部分绘制完成

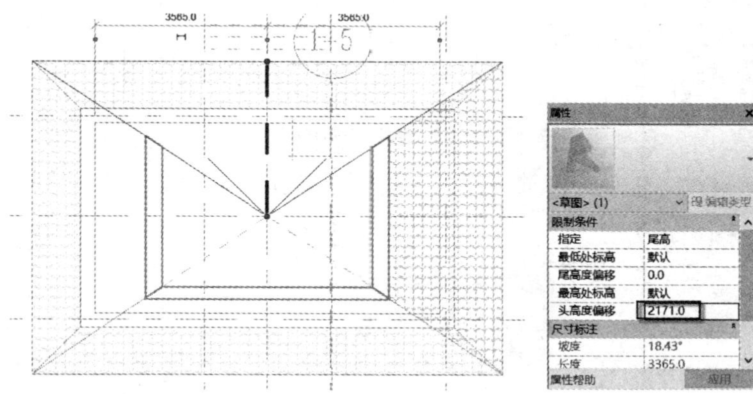

图 4.141　设置④部分坡度

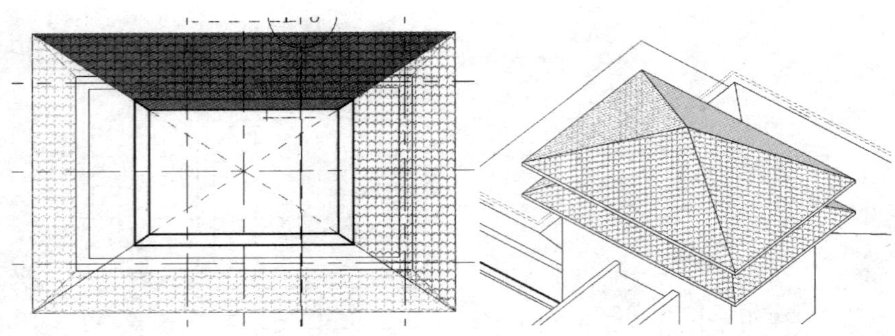

图 4.142　④部分完成后的效果

4.3　其他构件

本节主要介绍屋顶部分的附属构件烟囱、爬梯等的绘制方法。有些需要自定义族,有些可以直接使用软件自带的族。

4.3.1　烟囱

烟囱也称出屋面风道,厨房的油烟要向外部排放,需在出屋面部位设几个风道。在设计时,一要注意及时排烟,二要注意防止雨水倒灌。

1. 绘制烟囱主体

(1) 打开建筑:柱族的样板。本节中通过修改建筑:柱族文件来创建烟囱族。双击打开 Revit 软件,进入 Revit 界面后,单击族选区【打开】命令,选择【建筑】→【柱】→【矩形柱】文件,单击【打开】按钮打开该文件,如图 4.143 所示。

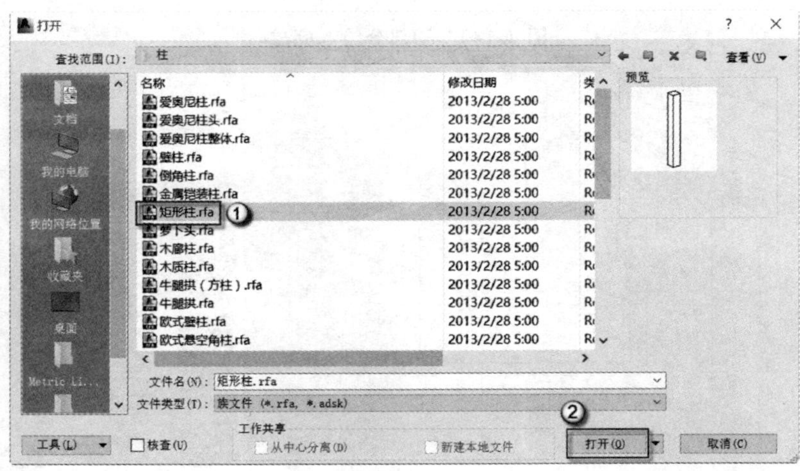

图 4.143　打开样板

（2）创建烟囱族。进入 Revit 编辑界面后，在【项目浏览器】中单击【楼层平面】→【第一层】平面。由 CAD 文件中烟囱的平面图可知，烟囱的深度为 500 mm，宽度为 350 mm。在【属性】面板中删除多余的类型，如图 4.144 所示。留下名称为“457×475 mm”的矩形柱待用，选择“457×475 mm”的矩形柱，单击【重命名】按钮，将矩形柱重命名为“烟囱”，如图 4.145 所示。然后将烟囱【深度】改为“500”，【宽度】改为“350”，单击【按类别】按钮，如图 4.146 所示。在弹出的【材质浏览器】对话框中，选择【AEC 材质】→【混凝土】→【混凝土，现场浇筑】→【混凝土，现场浇筑】材质，将其加入【项目材质】中，单击【确定】按钮，返回【族类型】对话框，完成烟囱族的创建，如图4.147所示。

注意：应单击族选区的【打开】按钮，而不是【新建】按钮。通过修改建筑：柱族来创建烟囱族是较为简便的方法。

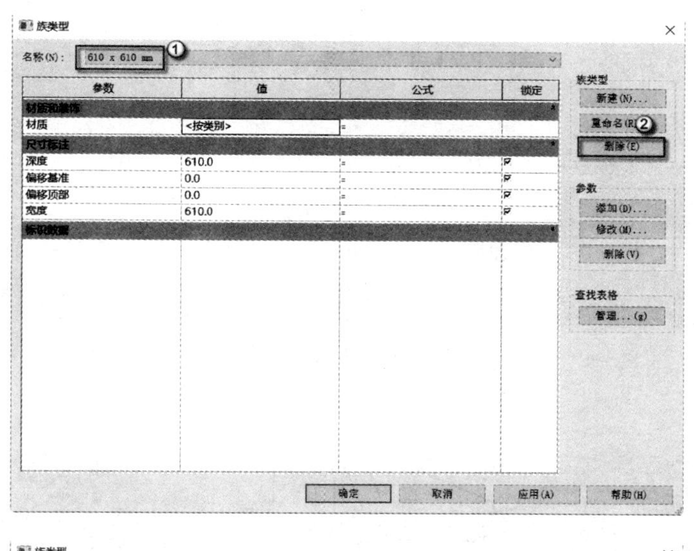

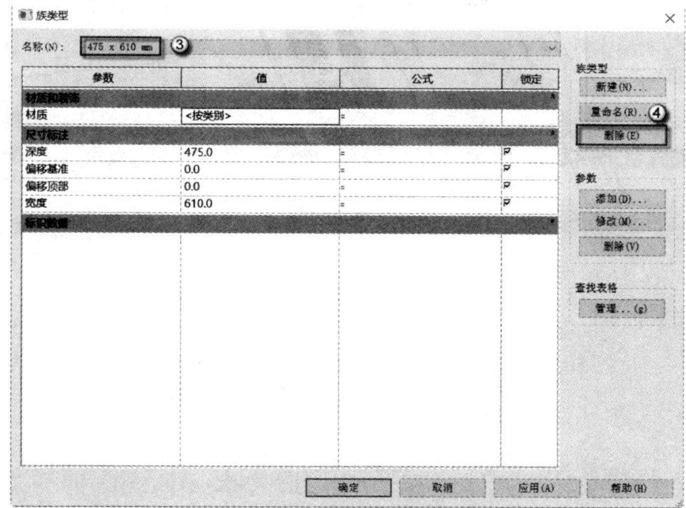

图 4.144　删除多余矩形柱

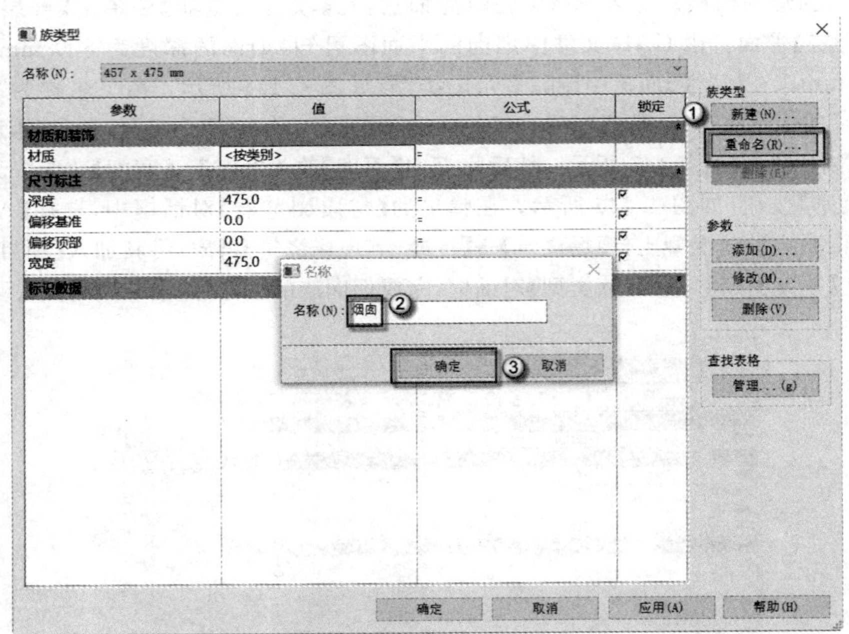

图4.145 创建烟囱族

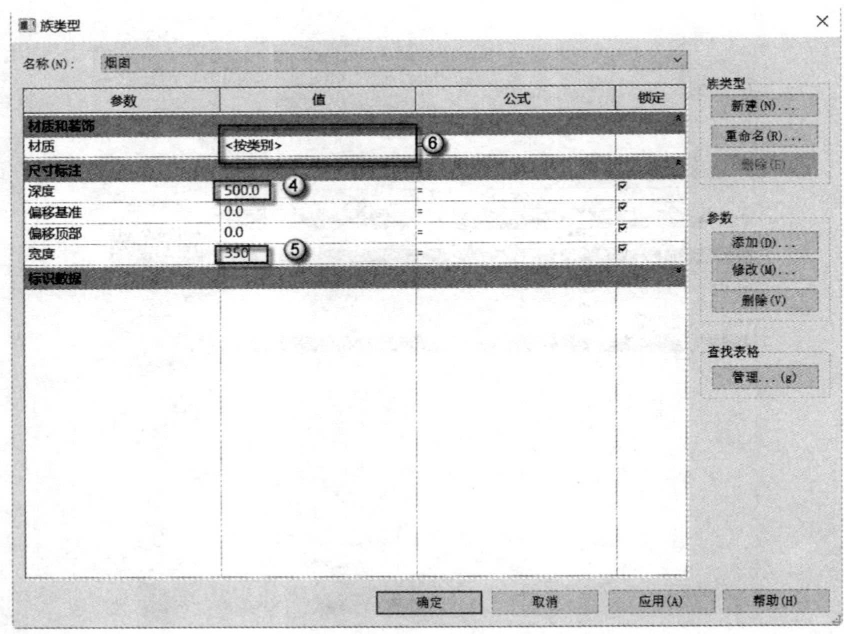

图4.146 修改族参数

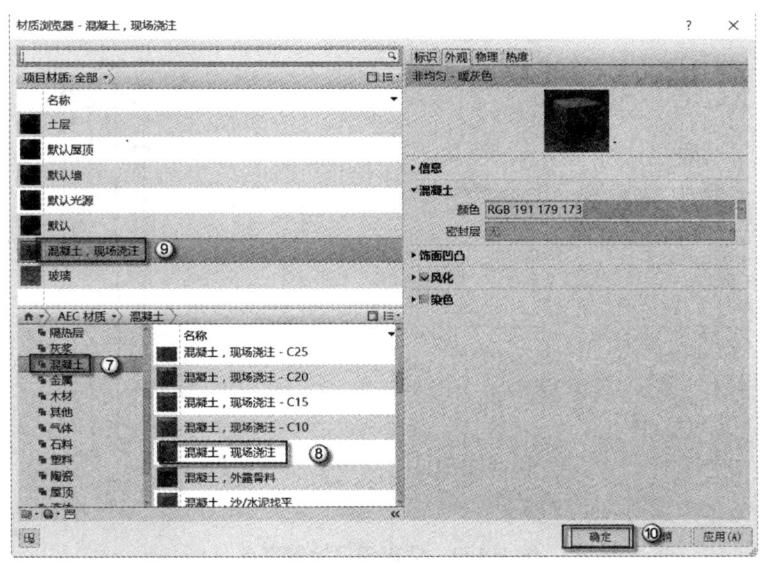

图 4.147 设置族材质

(3) 绘制烟囱洞口。由 CAD 文件可知，烟囱为空心烟囱，且厚度为 50 mm。双击烟囱，进入【修改/编辑】模式，选择【矩形】工具，并将【偏移量】改为“－50”，如图 4.148所示。沿着烟囱外边缘绘制，绘制完成后单击【√】按钮，如图 4.149 所示。按下【F4】键，观察绘制完成的烟囱洞口，如图 4.150 所示。

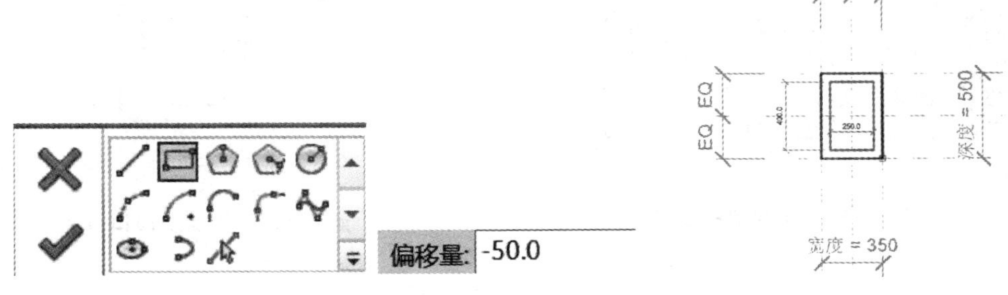

图 4.148 选择绘制工具

图 4.149 沿外边缘绘制

(4) 绘制烟囱投影。单击【注释】→【符号线】，在【子类别】中选择“柱(投影)”选项，根据 CAD 文件，绘制出烟囱投影，如图 4.151 所示。

2. 绘制烟囱口

(1) 绘制烟囱口 A 部分。由 CAD 文件可知，A 部分相对于水平向的偏移为 20 mm，高度为 80 mm。单击【创建】→【拉伸】，选择【边界线】中的【矩形】工具，先绘制洞口，然后将【偏移量】设置为“20”，绘制 A 部分外侧，如图 4.152 所示。在【项目浏览器】中单击【立面(立面 1)】→【前】平面，在【属性】面板中将【拉伸起点】改为

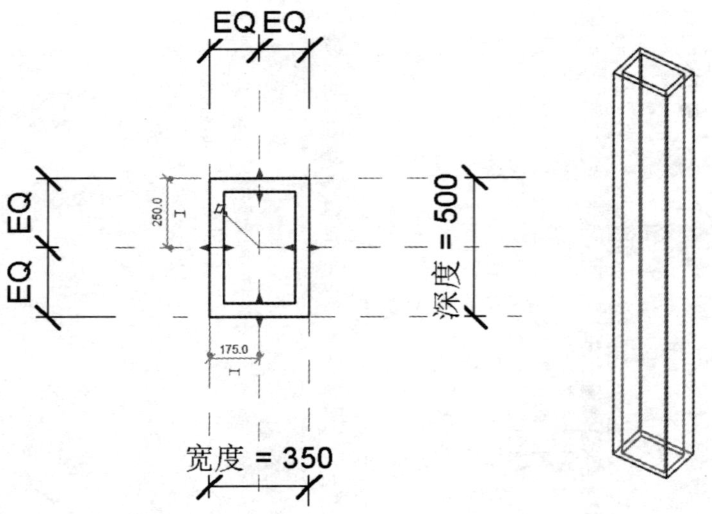

图 4.150　烟囱洞口绘制完成

“4000”,将【拉伸终点】改为“4080”,如图 4.153 所示。在【可见性/图形替换】栏中单击【编辑】按钮,将烟囱口 A 部分设置为只在“前/后视图”与“左/右视图”中可见,设置完毕后单击【确定】按钮,如图 4.154 所示。

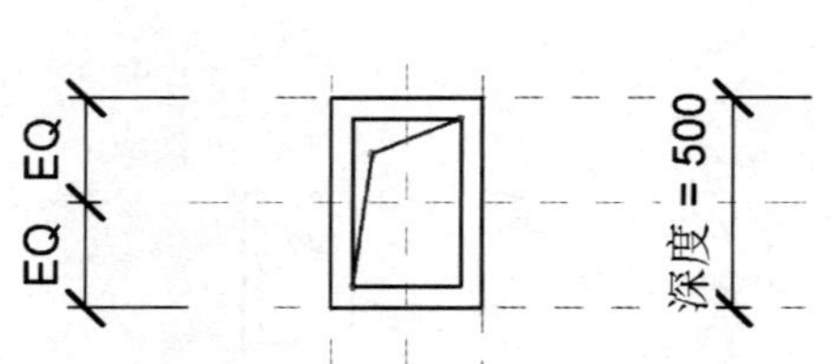

图 4.151　绘制烟囱投影

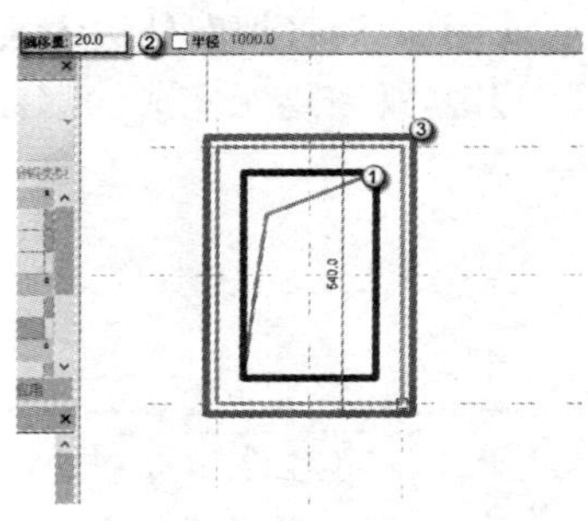

图 4.152　绘制烟囱口 A 部分

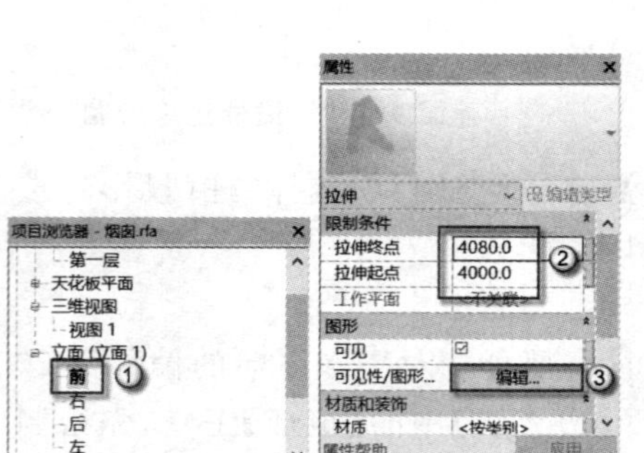

图 4.153　编辑拉伸起点和拉伸终点

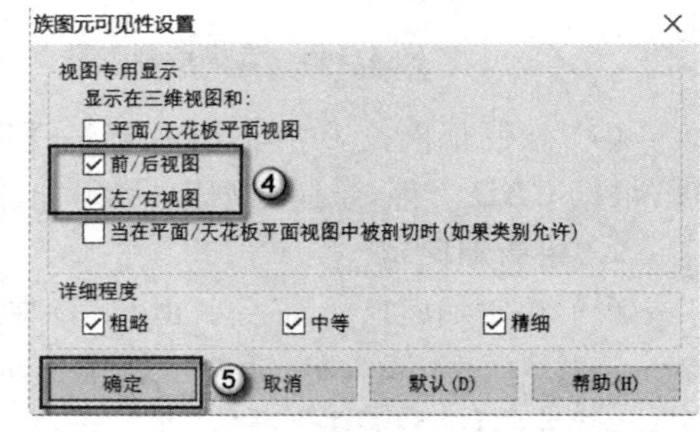

图 4.154　更改视图

(2) 设置烟囱口 A 部分材质。在【属性】面板中单击【关联族参数】按钮，在弹出的【关联族参数】对话框中选择“材质”选项，单击【确定】按钮，如图 4.155 所示。设置完成后，单击【√】按钮，可观察到绘制完成的烟囱口 A 部分，如图 4.156 所示。

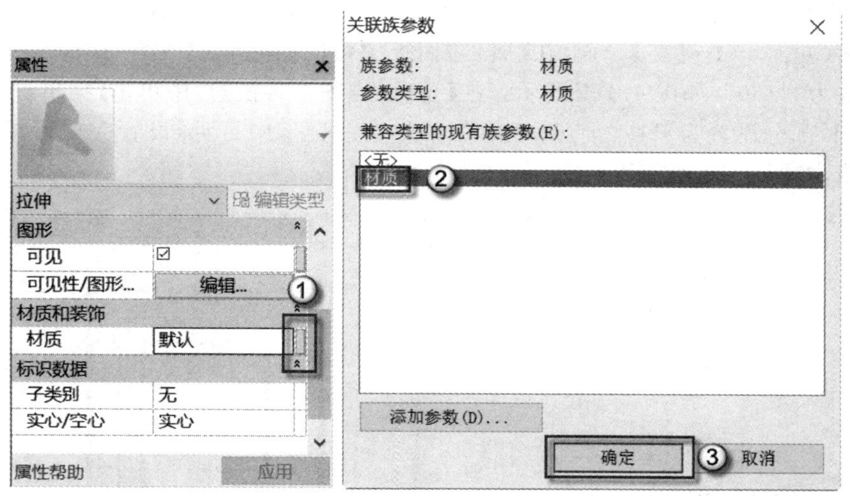

图 4.155 设置烟囱口 A 部分材质

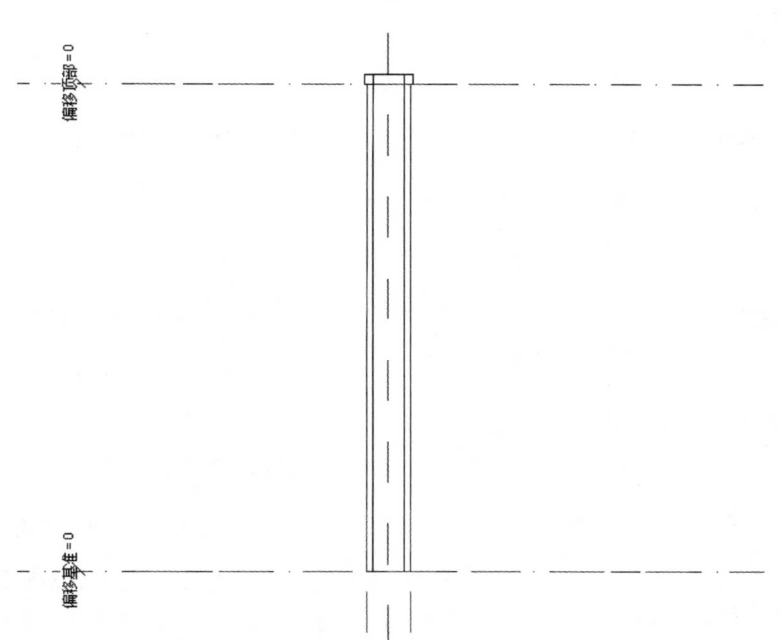

图 4.156 烟囱口 A 部分绘制完成

(3) 绘制烟囱口 B 部分。在【项目浏览器】中单击【楼层平面】→【第一层】平面，如图 4.157 所示。由 CAD 图可知，B 部分相对于水平向的偏移为 60 mm，高度为 80 mm。单击【创建】→【拉伸】，选择【边界线】中的【矩形】工具，先绘制洞口①，然后将【偏移量】设置为“60”，绘制 B 部分外侧，如图 4.158 所示。在【项目浏览器】中单击【立面(立面 1)】→【前】平面，在【属性】面板中将【拉伸起点】改为“4080”，将【拉伸终点】改为“4160”，如图 4.159 所示。在【可见性/图形替换】栏中单击【编辑】按钮，将烟囱口 B 部分设置为只在“前/后视图”与“左/右视图”中可见，设置完毕后单击【确定】按钮，如图 4.160 所示。

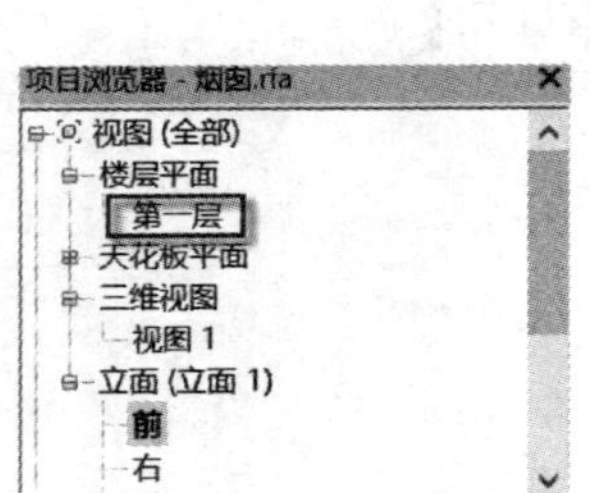

图 4.157 选择第一层平面

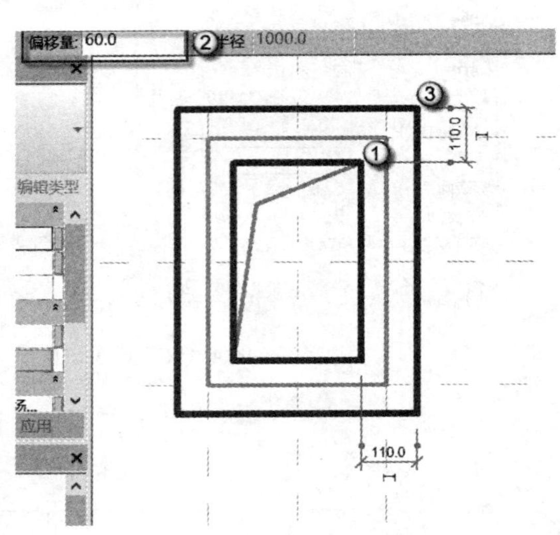

图 4.158 绘制洞口①

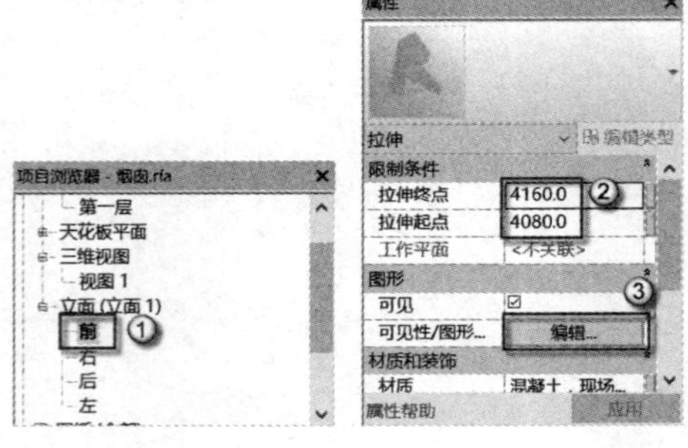

图 4.159 选择拉伸

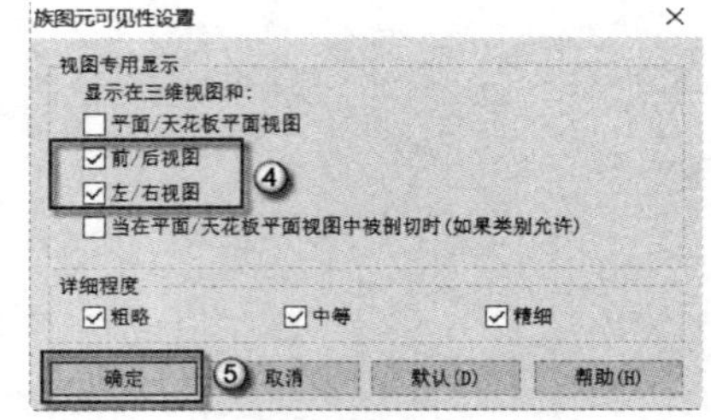

图 4.160 设置视图

(4) 设置烟囱口 B 部分材质。在【属性】面板中单击【关联族参数】按钮，在弹出的【关联族参数】对话框中选择“材质”选项，单击【确定】按钮，如图 4.161 所示。设置完成后，单击【√】按钮，可观察到绘制完成的烟囱口 B 部分，如图 4.162 所示。

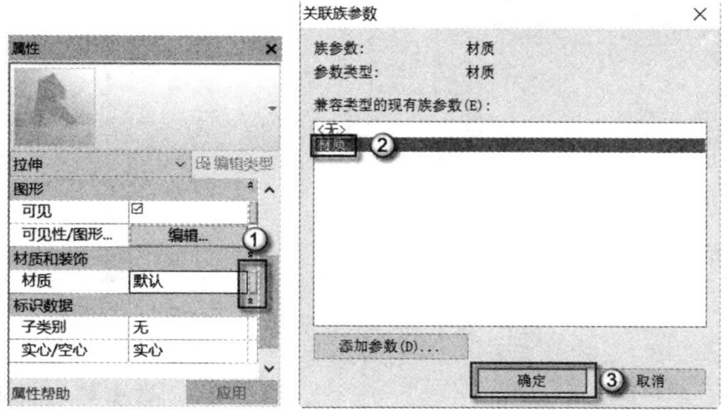

图 4.161 设置烟囱口 B 部分材质

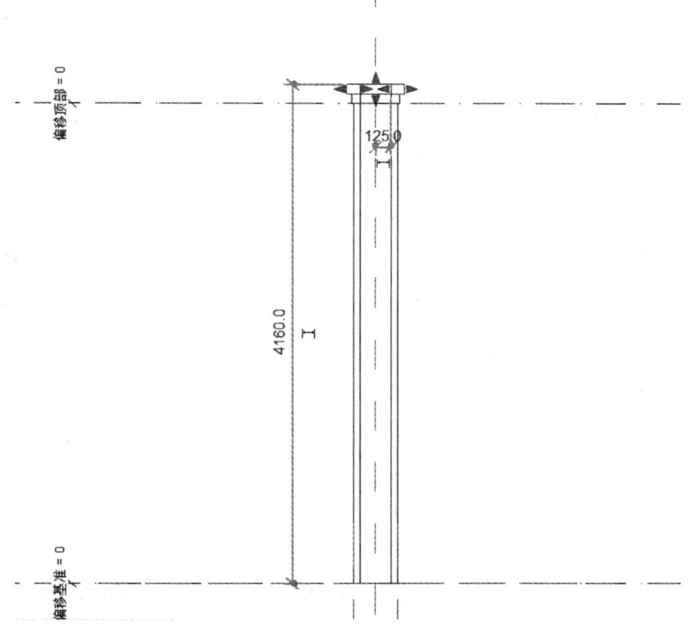

图 4.162 烟囱口 B 部分绘制完成

(5) 绘制烟囱口 C 部分。在【项目浏览器】中单击【楼层平面】→【第一层】平面，如图 4.163 所示。由 CAD 图可知，C 部分为烟囱口 B 部分上的四个角柱，高度为 200 mm。单击【创建】→【拉伸】，选择【边界线】中的【矩形】工具，绘制角柱，如图 4.164所示。在【项目浏览器】中单击【立面(立面 1)】→【前】平面，在【属性】面板中将【拉伸起点】改为“4160”，将【拉伸终点】改为“4360”，如图 4.165 所示。在【可见性/图形替换】栏中单击【编辑】按钮，将烟囱口 C 部分设置为只在“前/后视图”与“左/右视图”中可见，设置完毕后单击【确定】按钮，如图 4.166 所示。

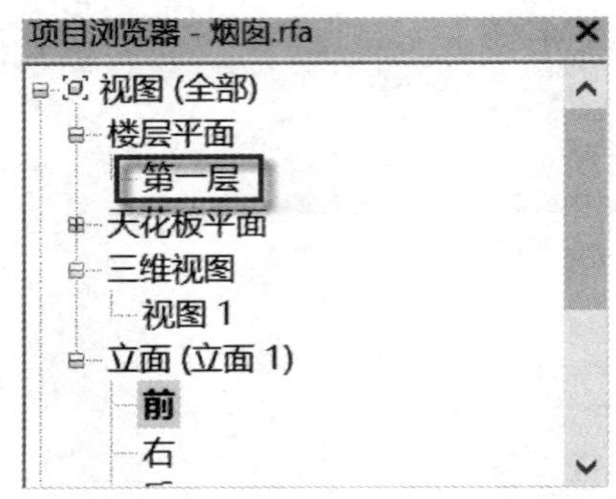

图 4.163　选择第一层平面

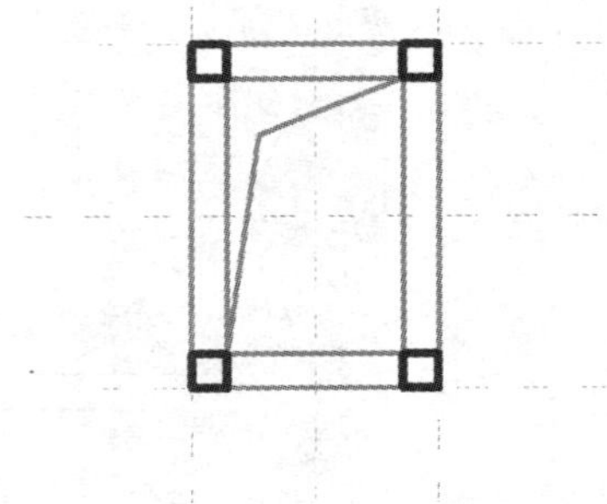

图 4.164　绘制角柱

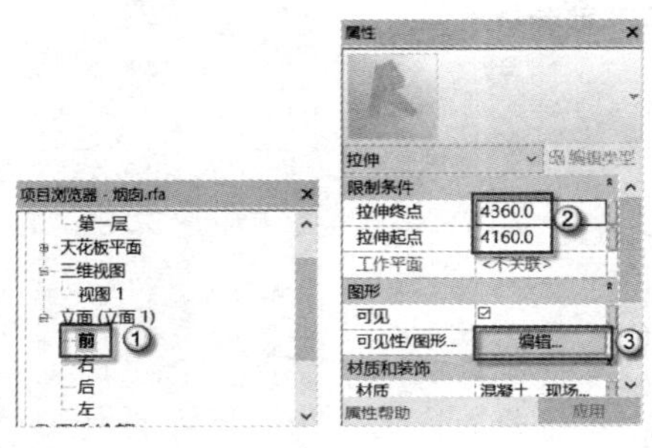

图 4.165　拉伸选择

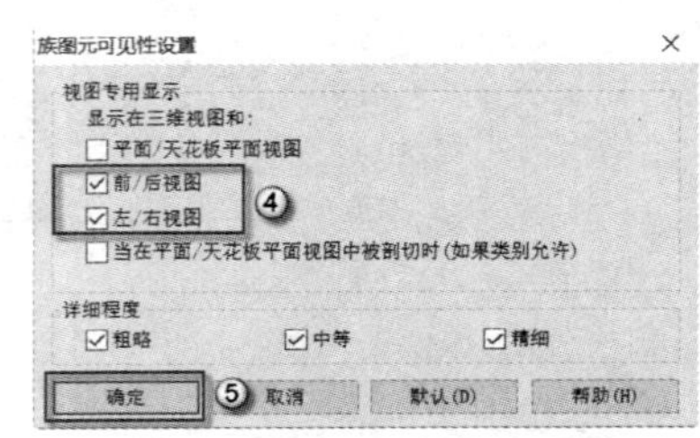

图 4.166　设置视图

(6) 设置烟囱口C部分材质。在【属性】面板中单击【关联族参数】按钮，在弹出的【关联族参数】对话框中选择“材质”选项，单击【确定】按钮，如图 4.167 所示。设置完成后，单击【√】按钮，可观察到绘制完成的烟囱口C部分，如图 4.168 所示。

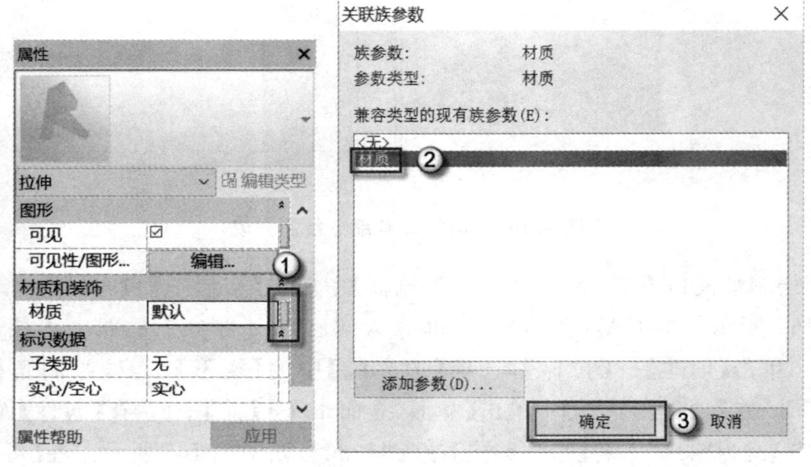

图 4.167　设置烟囱口C部分材质

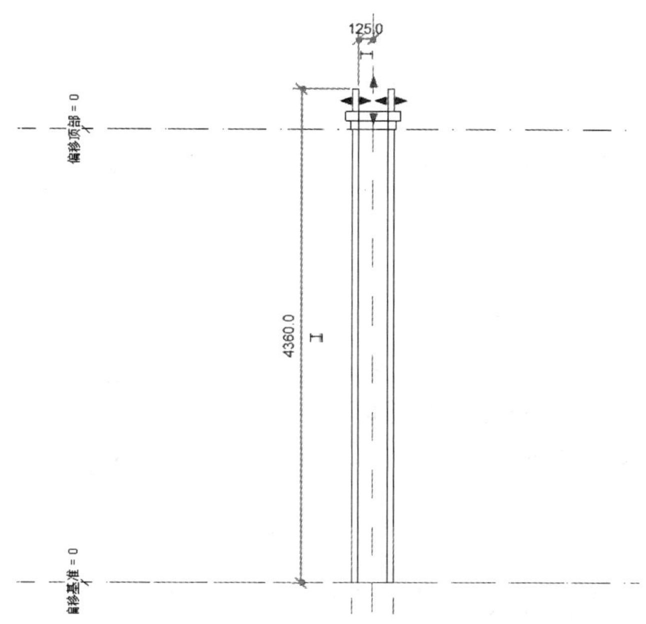

图 4.168　烟囱口 C 部分绘制完成

(7) 绘制烟囱口 D 部分。在【项目浏览器】中单击【楼层平面】→【第一层】平面，如图 4.169 所示。由 CAD 图可知，D 部分相对于水平向的偏移为 60 mm，高度为 100 mm。单击【创建】→【拉伸】，选择【边界线】中的【矩形】工具，将【偏移量】设置为“60”，绘制 D 部分，如图 4.170 所示。在【项目浏览器】中单击【立面(立面 1)】→【前】平面，在【属性】面板中将【拉伸起点】改为“4360”，将【拉伸终点】改为“4460”，如图 4.171所示。在【可见性/图形替换】栏中单击【编辑】按钮，将烟囱口 D 部分设置为只在“前/后视图”与“左/右视图”中可见，设置完毕后单击【确定】按钮，如图 4.172 所示。

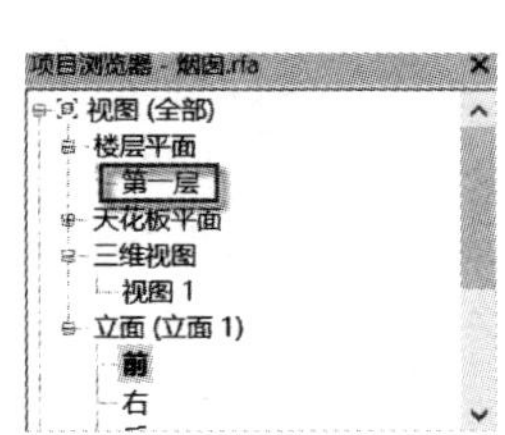

图 4.169　选择第一层平面

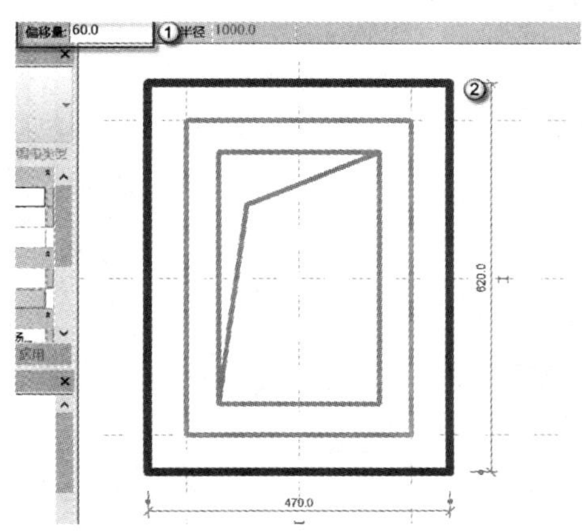

图 4.170　绘制烟囱口 D 部分

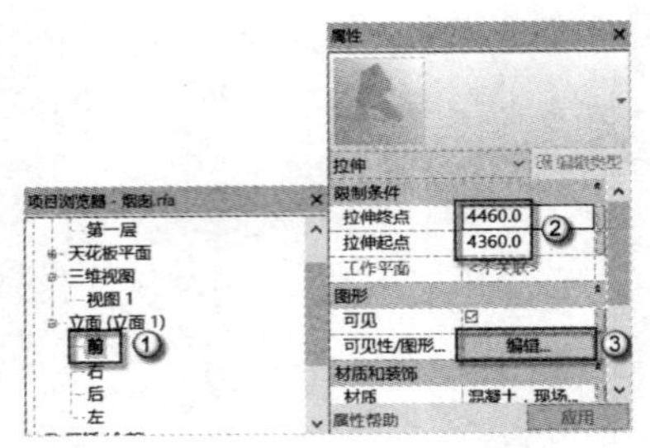

图 4.171　拉伸选择

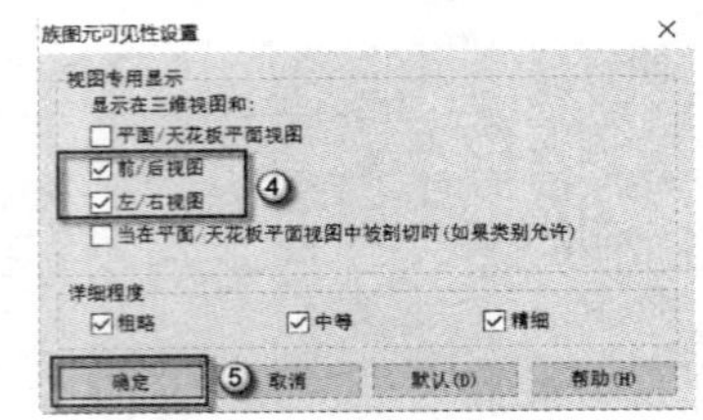

图 4.172　设置视图

(8) 设置烟囱口 D 部分材质。在【属性】面板中单击【关联族参数】按钮,在弹出的【关联族参数】对话框中选择“材质”选项,单击【确定】按钮,如图 4.173 所示。设置完成后,单击【√】按钮,可观察到绘制完成的烟囱口 D 部分,如图 4.174 所示。

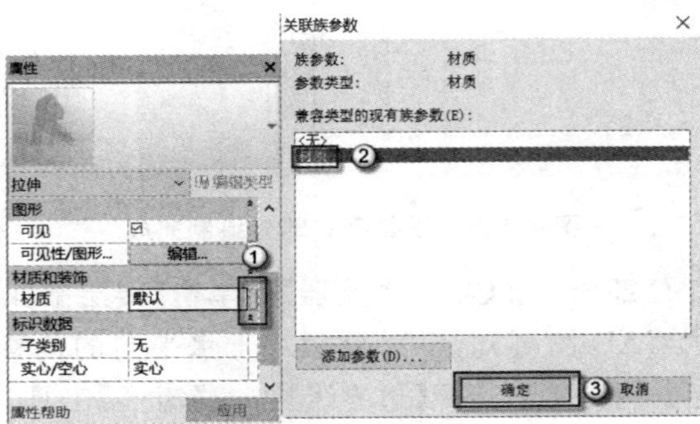

图 4.173　设置烟囱口 D 部分材质

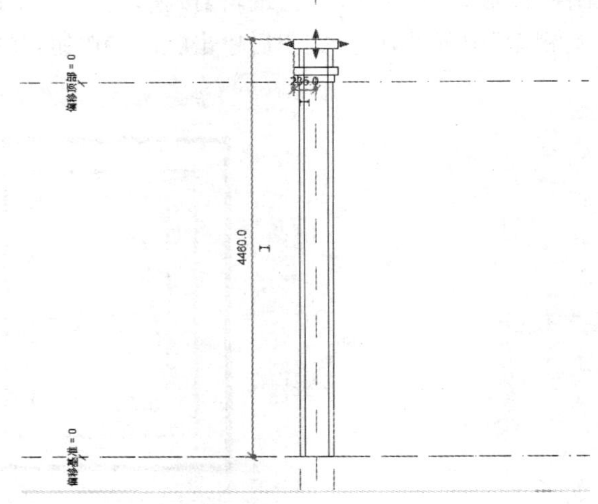

图 4.174　烟囱口 D 部分绘制完成

（9）创建烟囱口组。选择烟囱口 A、B、C、D 部分，如图 4.175 所示。在【修改/拉伸】界面选择【创建组】，将组命名为“烟囱口”，如图 4.176 所示。单击【确定】按钮，完成后如图 4.177 所示。

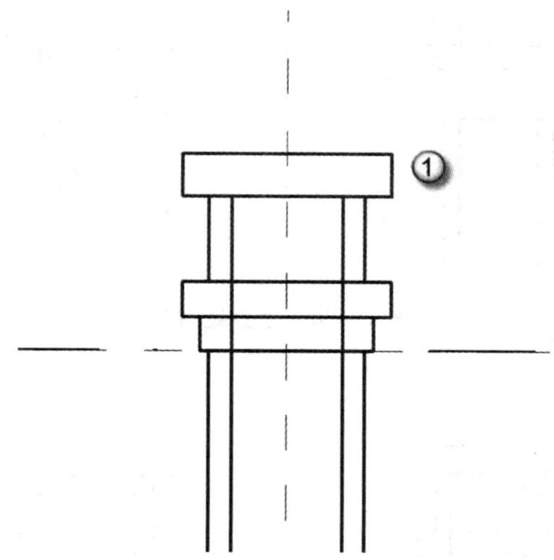

图 4.175 选择烟囱口 A、B、C、D 部分

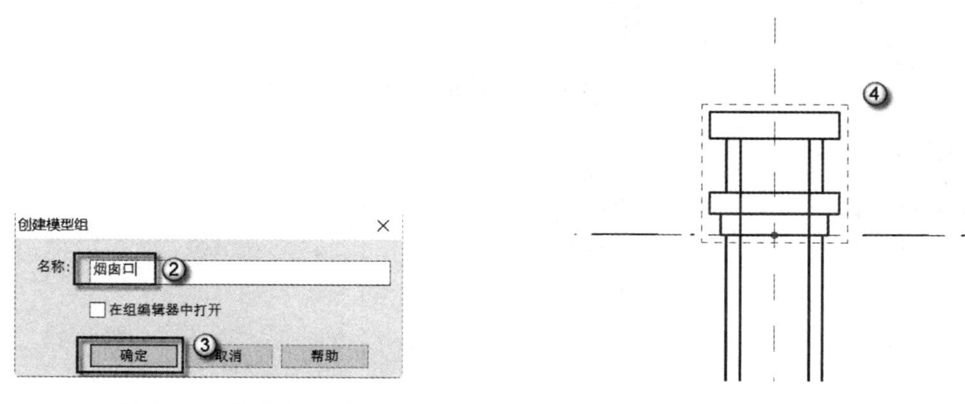

图 4.176 重命名

图 4.177 创建完成

（10）对齐烟囱口。选择烟囱口组，按下【Alt】键，发出“对齐”命令，先单击②所在的边界线，再单击③所在的边界线，将边界线②③对齐，如图 4.178 所示。对齐后，按下【锁定】按钮，至此，烟囱口对齐完毕，如图 4.179 所示。按下【F4】键，观察绘制完成的烟囱族，如图 4.180 所示。

（11）载入烟囱族。单击【插入】→【载入族】，在弹出的【载入族】对话框中，单击【建筑】→【柱】→【烟囱】，单击【打开】按钮，如图 4.181 所示。单击【建筑】→【柱】→【柱:建筑】，可在【属性】面板中看到载入的烟囱族，如图 4.182 所示。

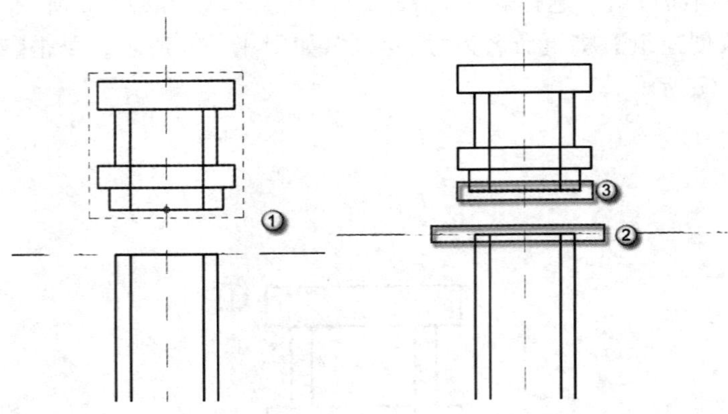

图 4.178　边界线对齐

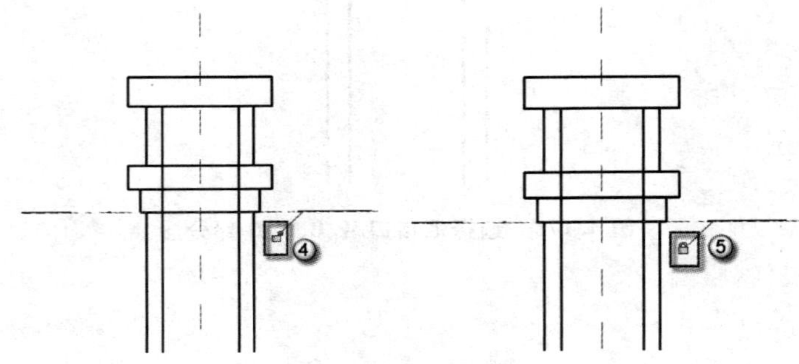

图 4.179　对齐烟囱口

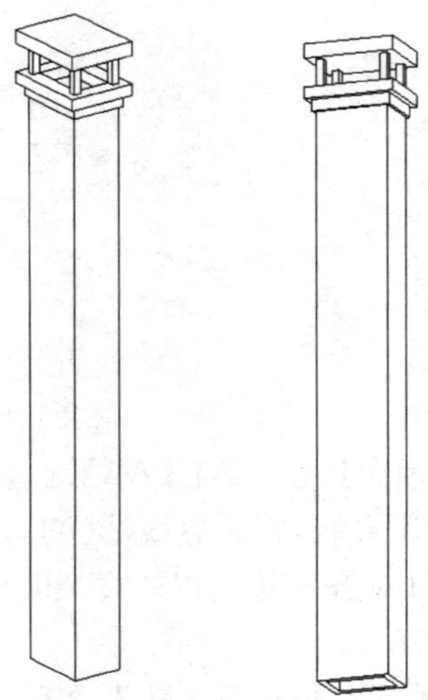

图 4.180　烟囱族绘制完成

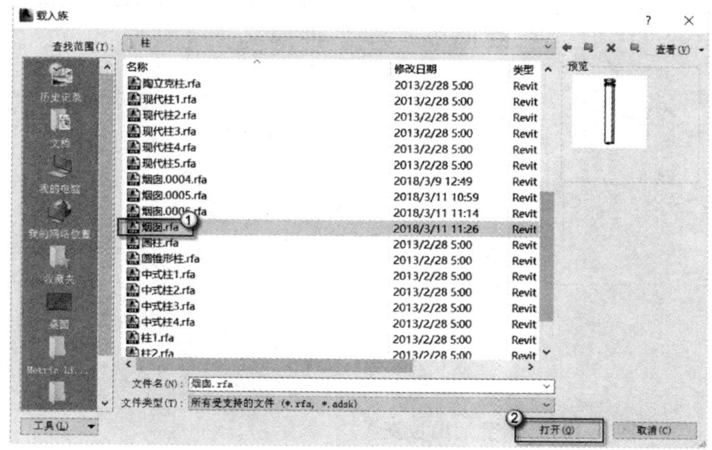

图 4.181 载入烟囱族

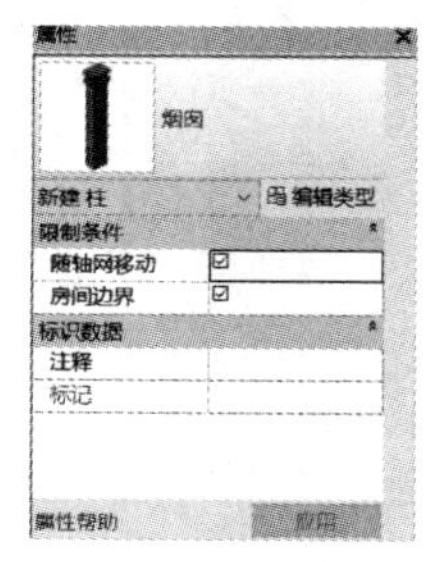

图 4.182 查看烟囱族

3. 放置烟囱

(1) 放置烟囱一。在【项目浏览器】中单击【楼层平面】→【屋顶】平面,可观察到烟囱放置的位置,如图 4.183 所示。单击【建筑】→【柱】→【柱:建筑】,在【属性】面板中选择“烟囱”选项,按下【MV】键,将烟囱由位置②移动到位置③,如图 4.184 所示。在【属性】面板中将【底部标高】改为“3”,将【顶部标高】改为“屋顶”,完成后如图 4.185 所示。单击【楼层平面】→【3】平面,可观察到烟囱底部,如图 4.186 所示。

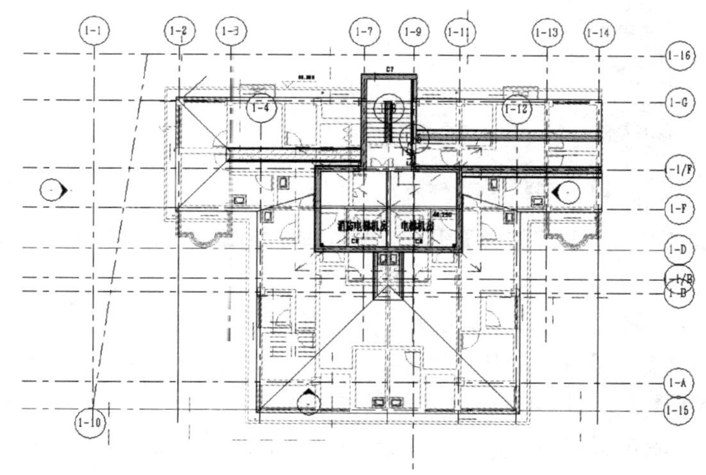

图 4.183 选择屋顶平面

(2) 放置烟囱二。在【项目浏览器】中单击【楼层平面】→【屋顶】平面,选择烟囱一,按下【CO】键,由烟囱一(①处)复制生成烟囱二(②处),如图 4.187 所示。在【属

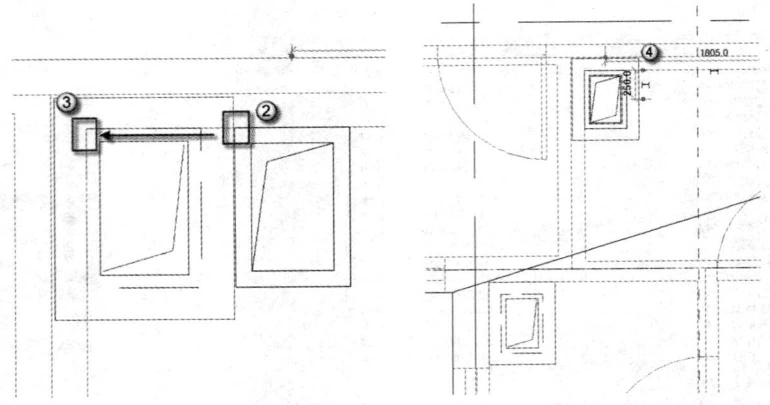

图 4.184　调整烟囱位置

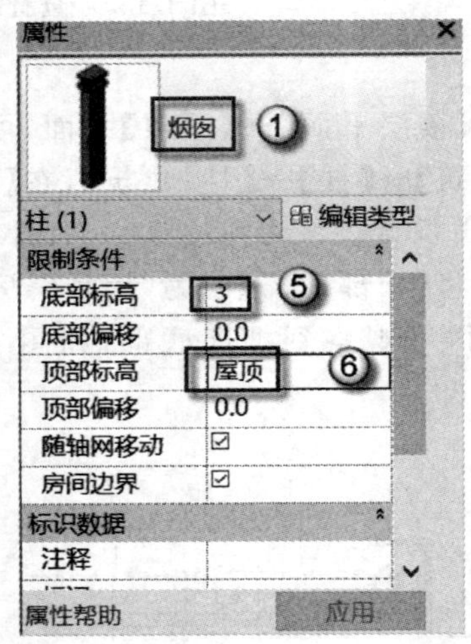

图 4.185　设置标高

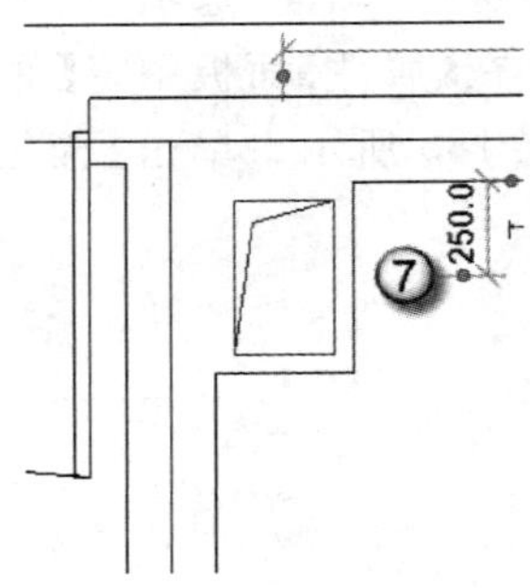

图 4.186　观察烟囱底部

性】面板中将【顶部偏移】设置为“1200”,如图 4.188 所示。绘制完成后,如图 4.189 所示。

(3) 放置烟囱三。在【项目浏览器】中单击【楼层平面】→【屋顶】平面,选择烟囱二,按下【CO】键,将烟囱二(②处)复制到烟囱三(③处)的位置,如图 4.190 所示。按下【MO】键,将烟囱三顺时针旋转 90°,如图 4.191 所示。按下【MV】键,将烟囱三放置到相应位置,如图 4.192 所示。在【项目浏览器】中单击【楼层平面】→【3】平面,按下【MV】键,将烟囱三由位置⑥移动到位置⑦,完成后,如图 4.193 所示。标高位移与烟囱二均相同,不必修改。

(4) 放置烟囱四。在【项目浏览器】中单击【楼层平面】→【屋顶】平面,选择烟囱二,按下【CO】键,由烟囱二(②处)复制生成烟囱四(④处),如图 4.194 所示。在【属

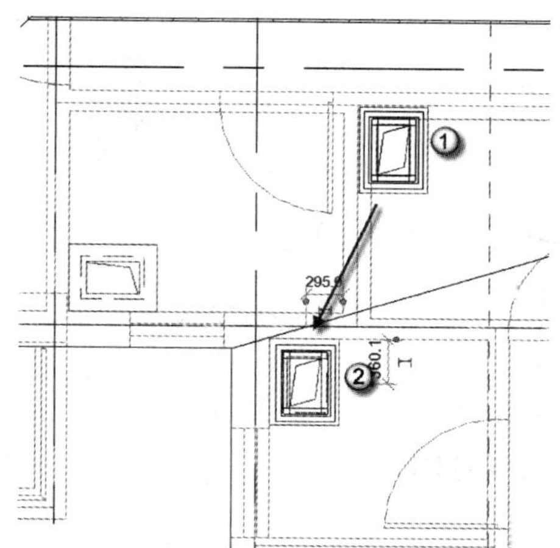

图 4.187 复制生成烟囱二

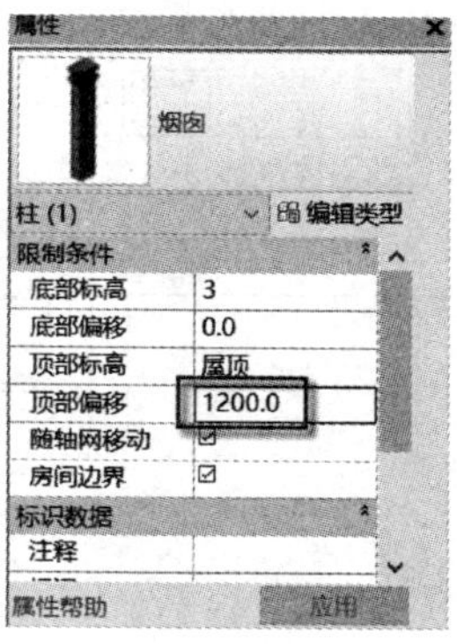

图 4.188 设置顶部偏移

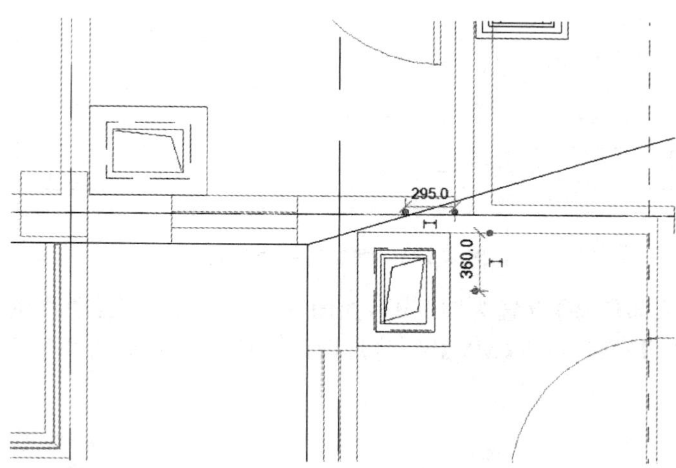

图 4.189 烟囱二绘制完成

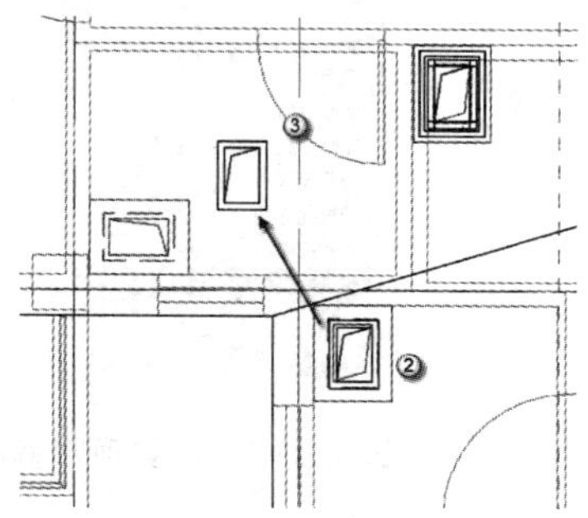

图 4.190 复制生成烟囱三

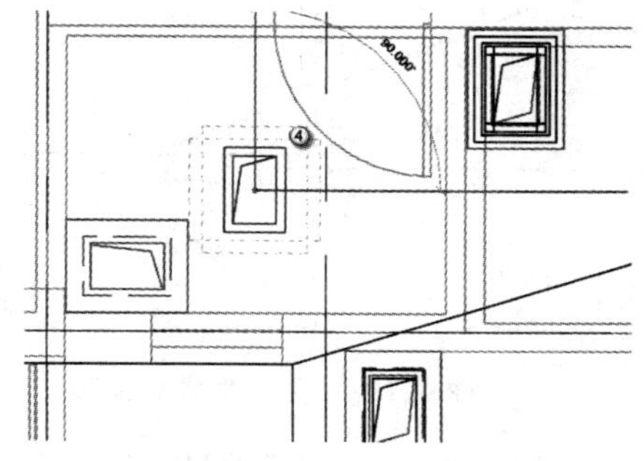

图 4.191 顺时针旋转 90°

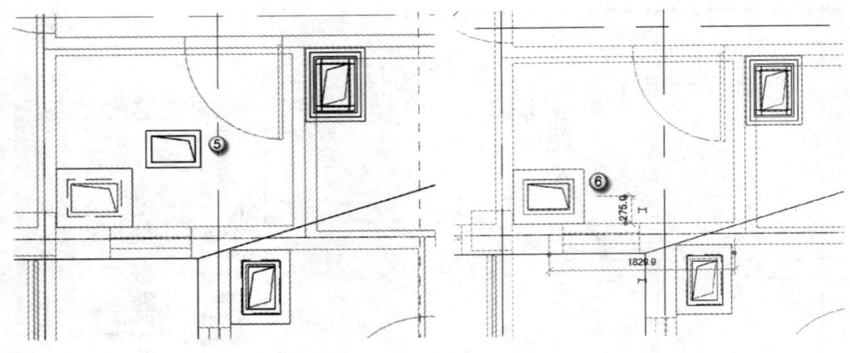

图 4.192　移动烟囱三

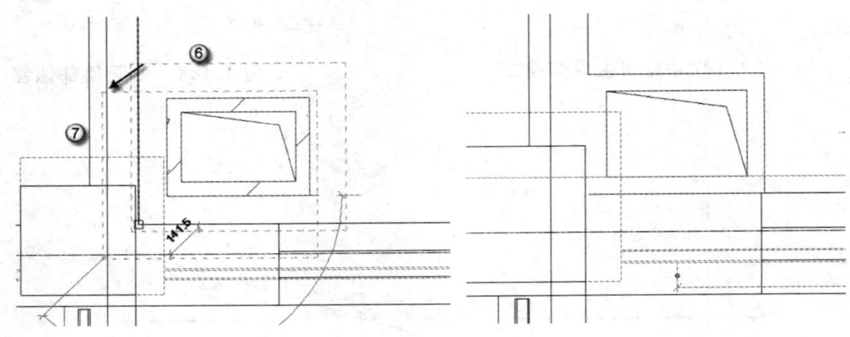

图 4.193　烟囱三移动完成

性】面板中将【顶部偏移】设置为“1500”,如图 4.195 所示。在【项目浏览器】中单击【楼层平面】→【3】平面,按下【MV】键,将烟囱四由位置①移动到位置②,完成后如图 4.196 所示。

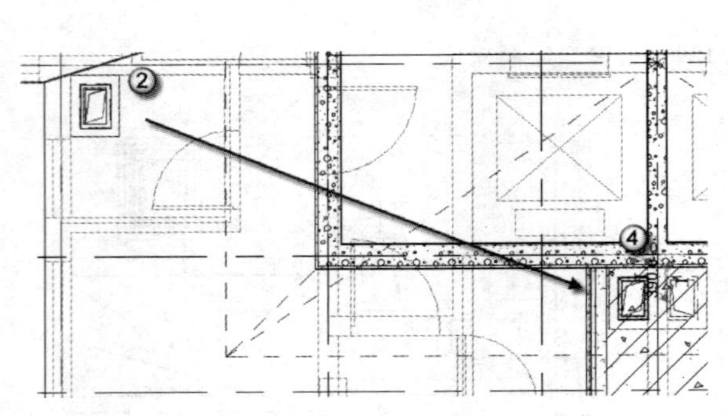

图 4.194　复制生成烟囱四

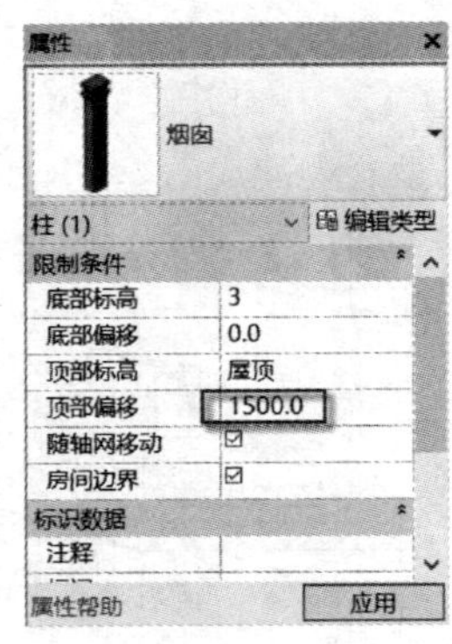

图 4.195　设置顶部偏移

(5) 放置烟囱五。在【项目浏览器】中单击【楼层平面】→【屋顶】平面,选择烟囱三,按下【CO】键,由烟囱三(③处)复制生成烟囱五(⑤处),如图 4.197 所示。在【属

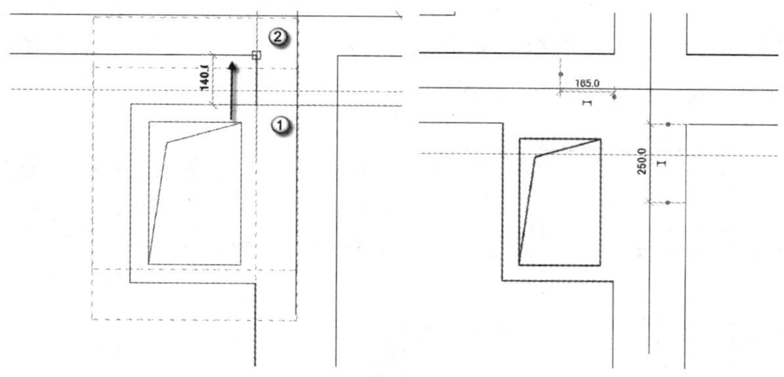

图 4.196　烟囱四移动完成

性】面板中将【顶部偏移】设置为“1500”，如图 4.198 所示。在【项目浏览器】中单击【楼层平面】→【3】平面，按下【MV】键，将烟囱五由位置①移动到位置②，完成后如图 4.199 所示。

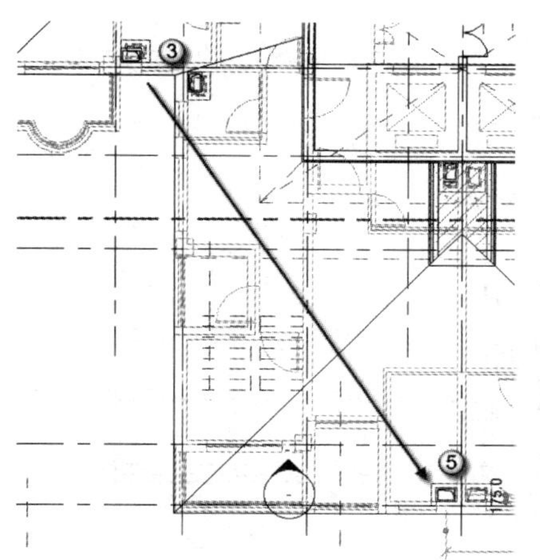

图 4.197　复制生成烟囱五

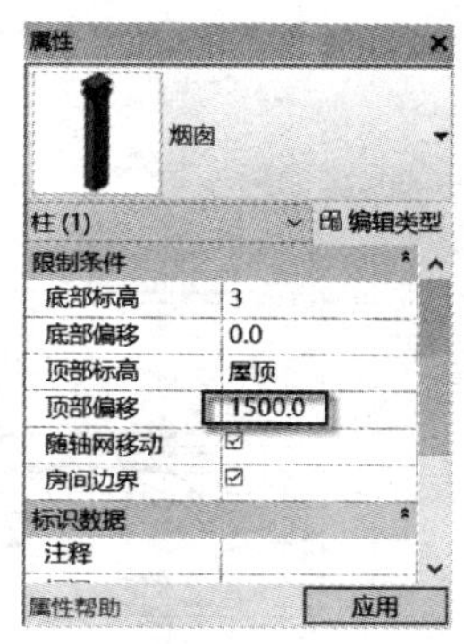

图 4.198　设置顶部偏移

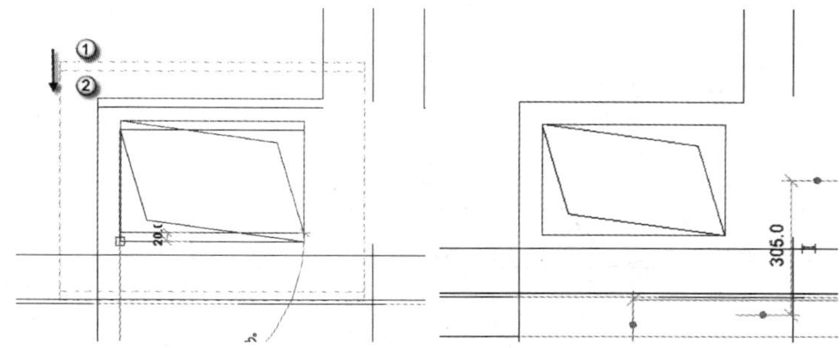

图 4.199　烟囱五移动完成

(6) 镜像烟囱。选择绘制完成的烟囱一～五,如图 4.200 所示。按下【MM】键,选择轴⑴-⑻为镜像轴,将另一侧的烟囱镜像完成,如图 4.201 所示。按下【F4】键进入三维视图,观察绘制完成的烟囱,如图 4.202 所示。

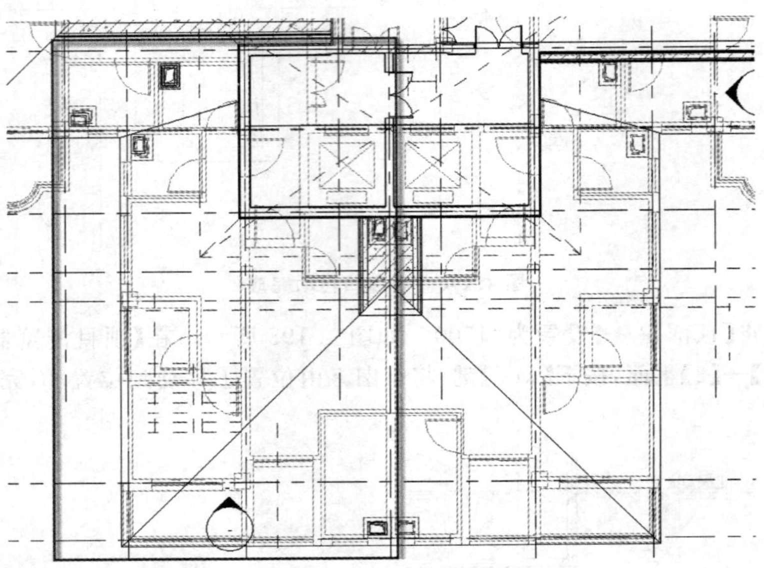

图 4.200 选择烟囱一～五

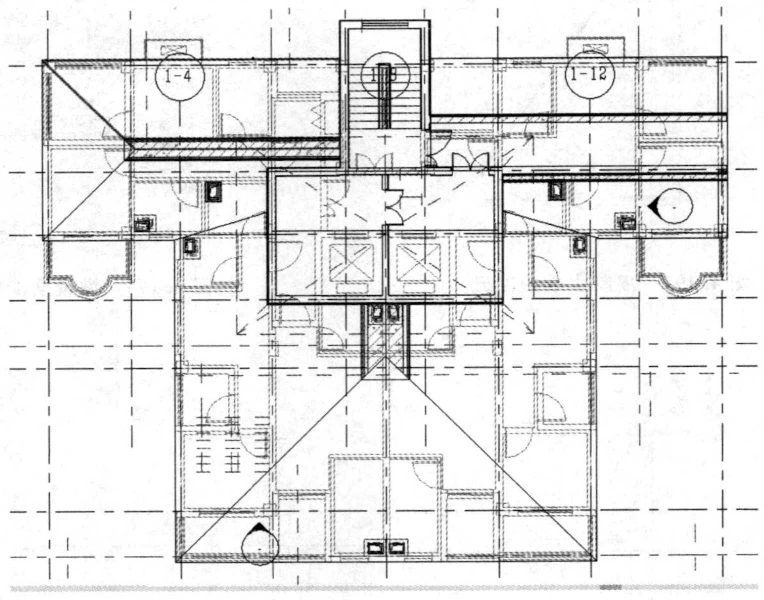

图 4.201 镜像烟囱

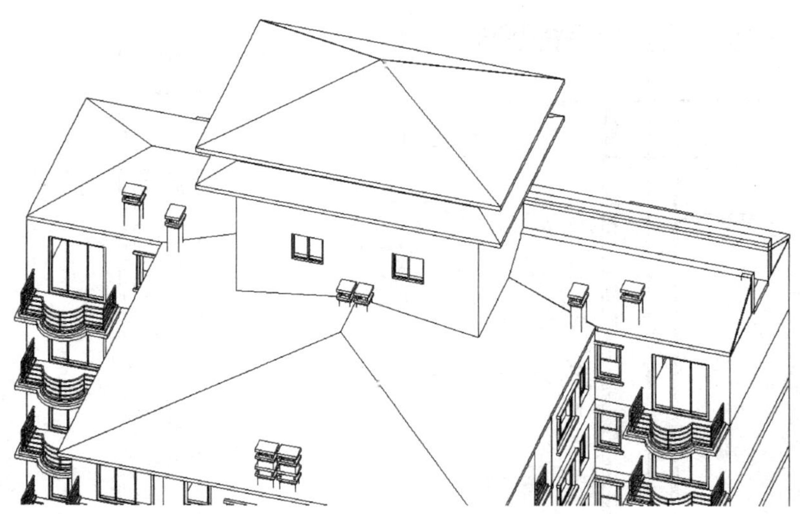

图 4.202 烟囱绘制完成

4. 绘制侧面墙

(1) 绘制侧面墙一。单击【建筑】→【墙】→【墙:建筑】按钮,在【属性】面板中选择“住宅楼-14F 及以上-砌块-米黄色涂料”选项。由 CAD 图将墙一的【定位线】设置为“墙中心线”,将【偏移量】设置为“20”,如图 4.203 所示。在⑭轴处绘制墙体,绘制完成后如图 4.204 所示。按下【Enter】键,重复上一次的命令,将【偏移量】设置为“25”,如图 4.205 所示,绘制完成后如图 4.206 所示。按下【F4】键,观察绘制完成的墙体,如图 4.207 所示。

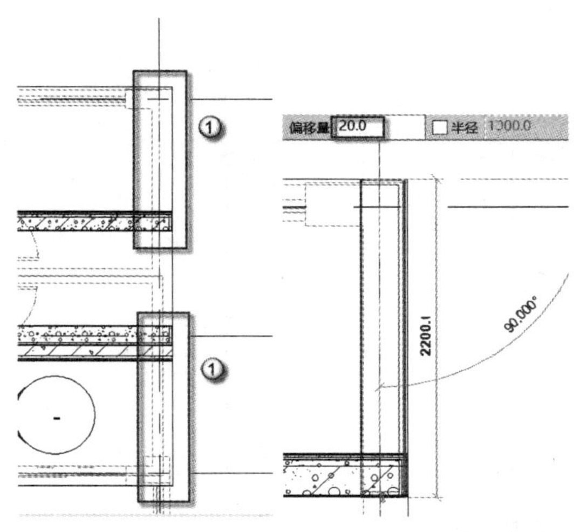

图 4.203 设置偏移量 1

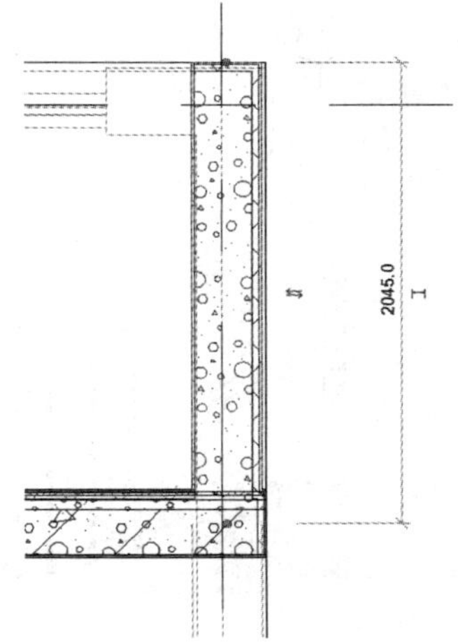

图 4.204 绘制侧面墙一

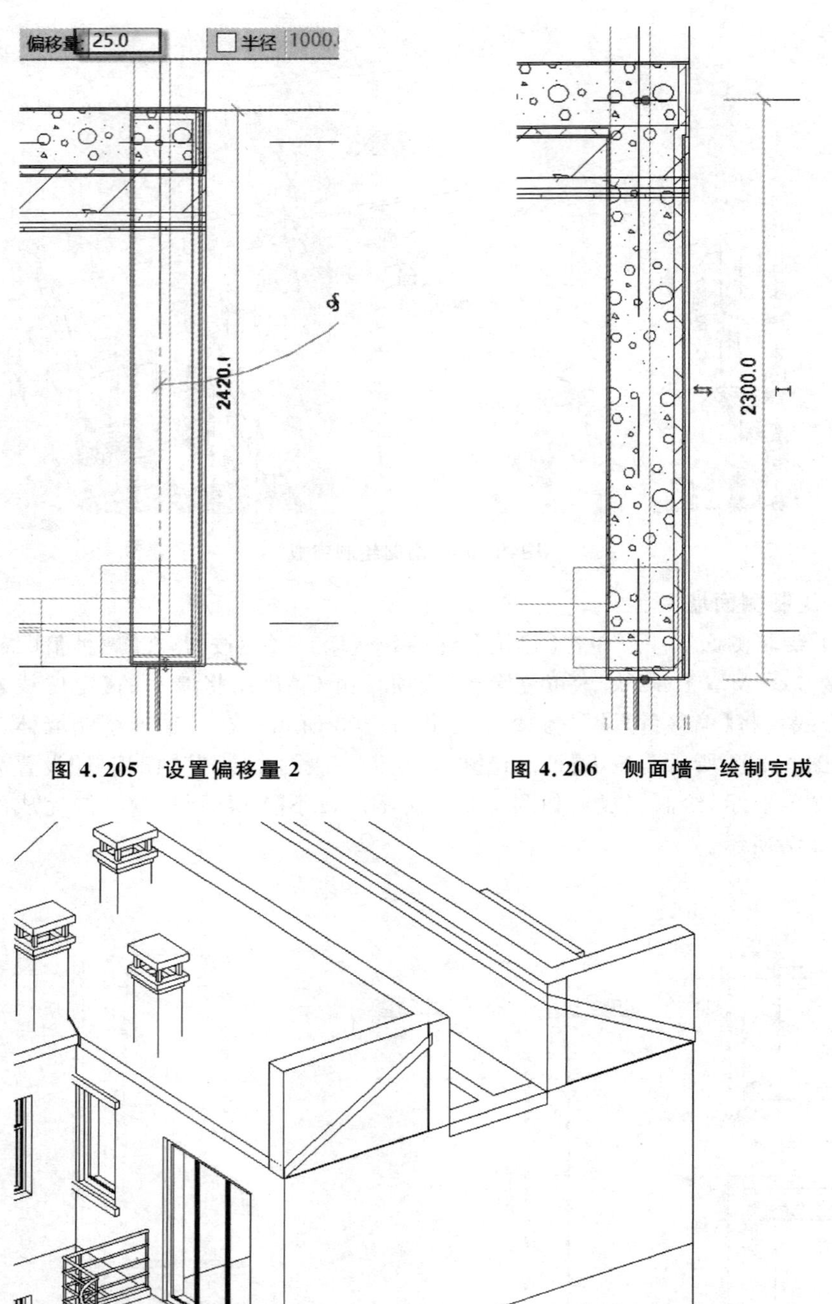

图 4.205 设置偏移量 2

图 4.206 侧面墙一绘制完成

图 4.207 观察三维效果

(2) 绘制侧面墙二。在【项目浏览器】中单击【楼层平面】→【建筑:1F】平面,将立面观测线由位置②移动到位置③，如图 4.208 所示。单击【立面(建筑立面)】→【东】平面，可观察到侧面墙二，如图 4.209 所示。双击侧面墙二，进入【修改/编辑轮廓】模式，如图 4.210 所示。选择【直线】工具，将侧面墙二的轮廓由①型修改为②型，如图 4.211 所示。按下【F4】键，观察绘制完成的侧面墙二，如图 4.212 所示。

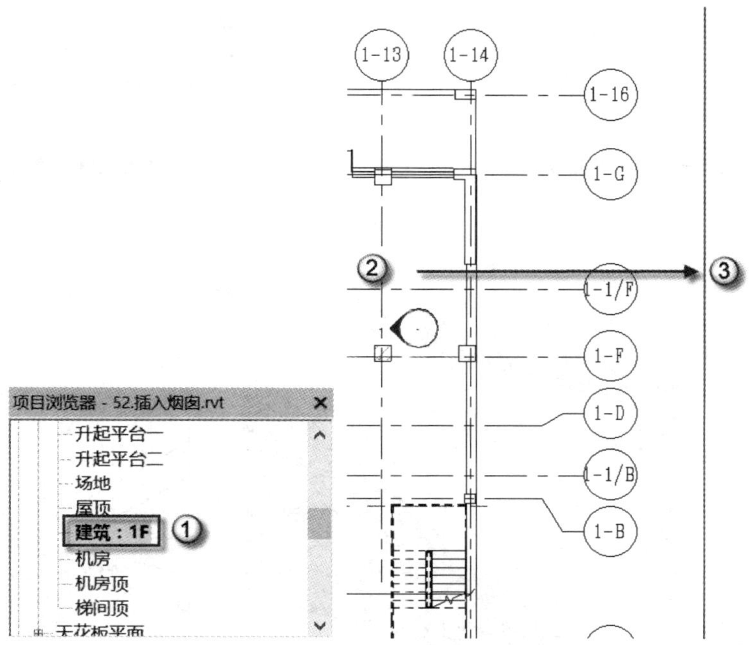

图 4.208　移动立面观测线

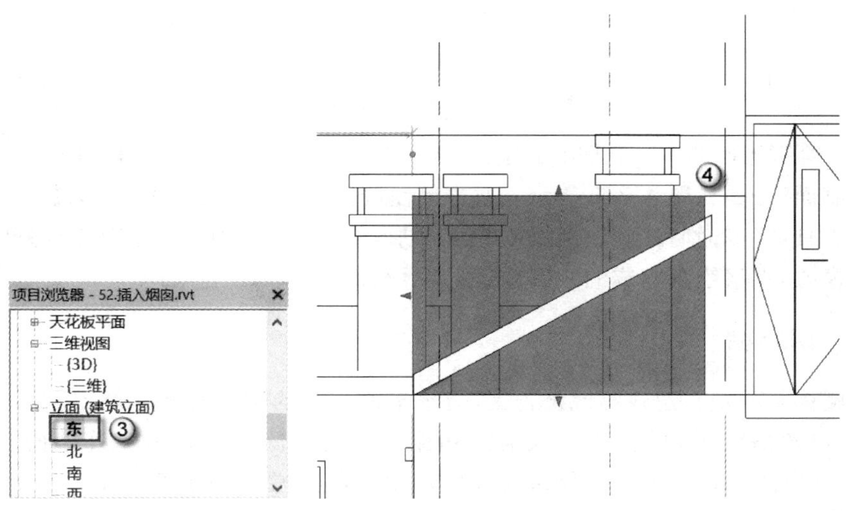

图 4.209　观察侧面墙二

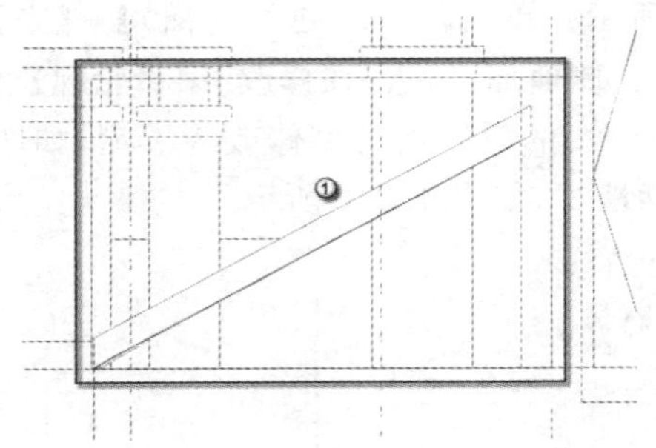

图 4.210 进入【修改/编辑轮廓】模式

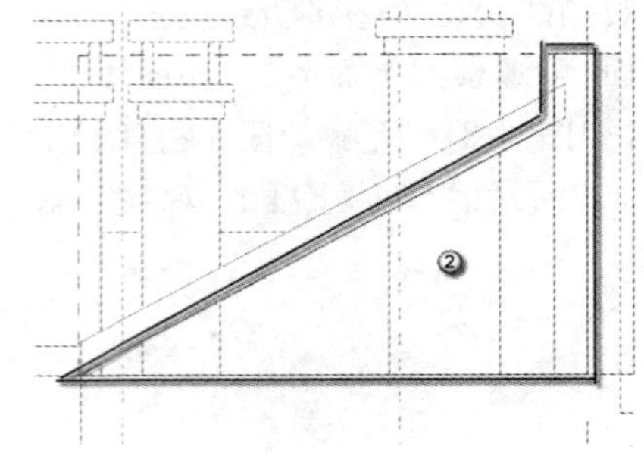

图 4.211 修改侧面墙二轮廓

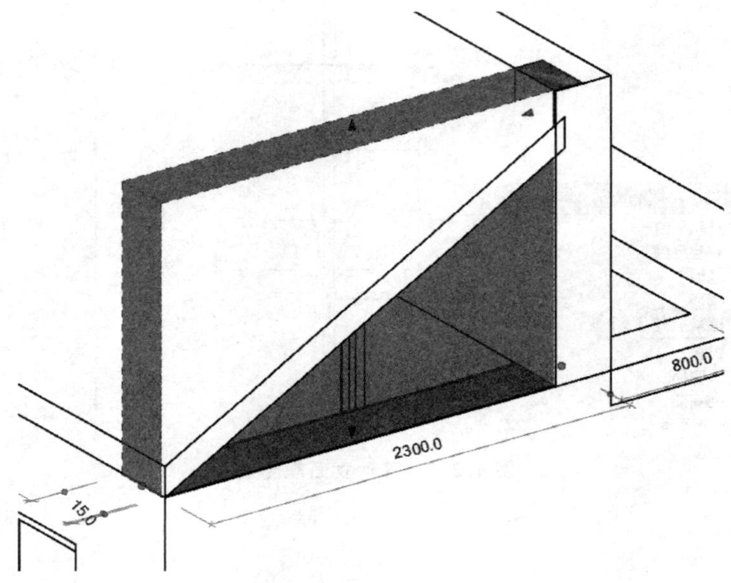

图 4.212 绘制完成侧面墙二

(3) 绘制侧面墙三。在【项目浏览器】中单击【立面(建筑立面)】→【东】平面,可观察到侧面墙三,如图 4.213 所示。双击侧面墙三,进入【修改/编辑轮廓】模式,选择【直线】工具,将侧面墙三的轮廓修改为三角形,如图 4.214 所示。按下【F4】键,选择【真实】模式,观察绘制完成的侧面墙三,如图 4.215 所示。

4.3.2 钢爬梯

钢爬梯是固定在建筑物或设备上,与水平面垂直的钢质直梯。供到屋面进行检修、清灰以及擦洗天窗用,并兼顾消防功能。钢爬梯低端应高出室外地面 1000 ~ 1500 mm,以防儿童攀爬。钢爬梯与外墙表面距离通常不小于 250 mm。梯梁用焊接的角钢埋入墙内,墙预留孔 260 mm×260 mm,深度最小为 240 mm,然后用 C15 混凝土嵌固,或做成带角钢的预制块,砌墙时砌入。

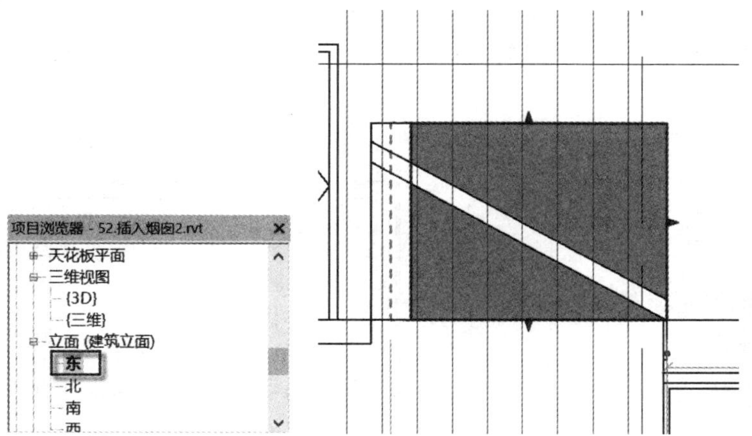

图 4.213　观察侧面墙三

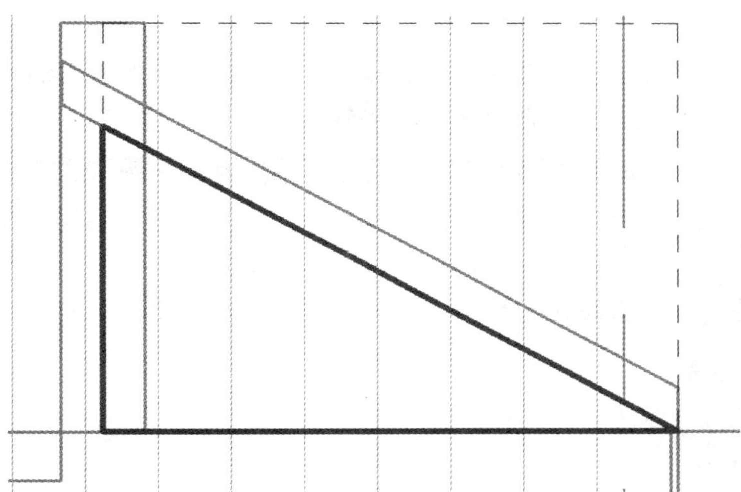

图 4.214　修改侧面墙三轮廓

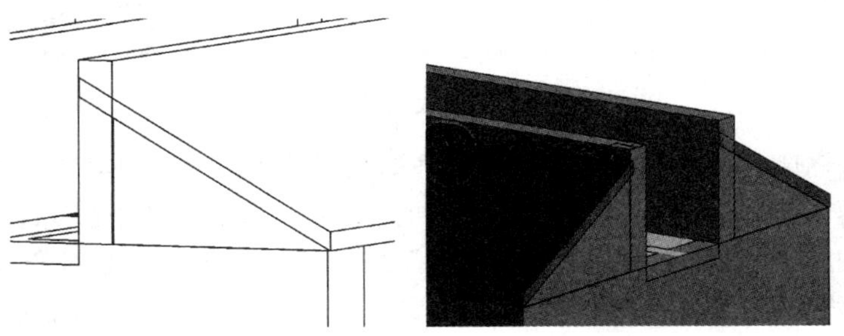

图 4.215　绘制完成侧面墙三

(1) 打开机房顶视图。在【项目浏览器】中单击【楼层平面】→【机房顶】按钮,进入机房顶视图,如图 4.216 所示。

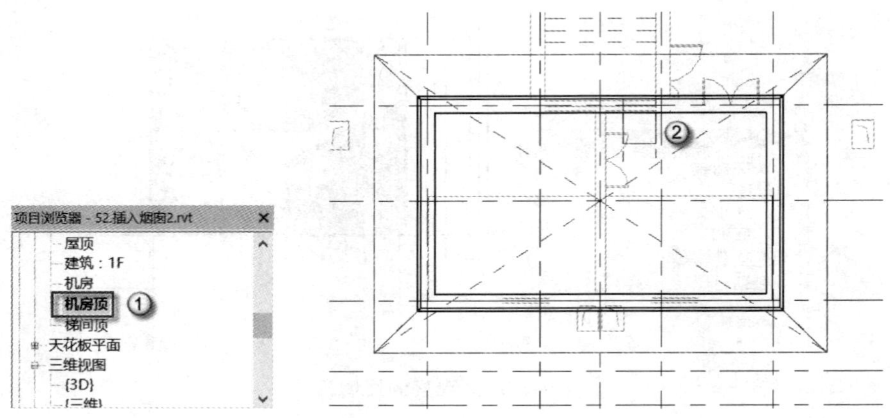

图 4.216 打开机房顶视图

(2) 载入人孔爬梯族。单击【插入】→【载入族】,在弹出的【载入族】对话框中,选择【建筑】→【专用设备】→【梯子】→【人孔爬梯】,如图 4.217 所示。

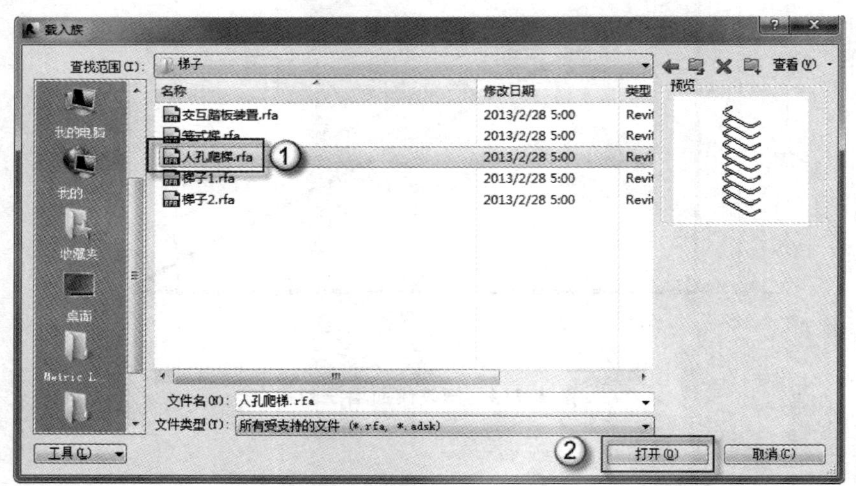

图 4.217 载入人孔爬梯族

(3) 放置钢爬梯。单击【建筑】→【构件】→【放置构件】,选择“人孔爬梯 200×600 mm”选项,在其相应位置放置钢爬梯,如图 4.218 所示。按下【DI】键,对人孔爬梯进行标注,按下【EQ】按钮,标注变为“EQ”字样,使其与洞口中心对齐,如图 4.219 所示,随即可将“EQ”删除,爬梯放置完成后如图 4.220 所示。单击立面符号,将立面观测线由位置①移动到位置②,如图 4.221 所示。这样才能在立面图中观察到钢爬梯。

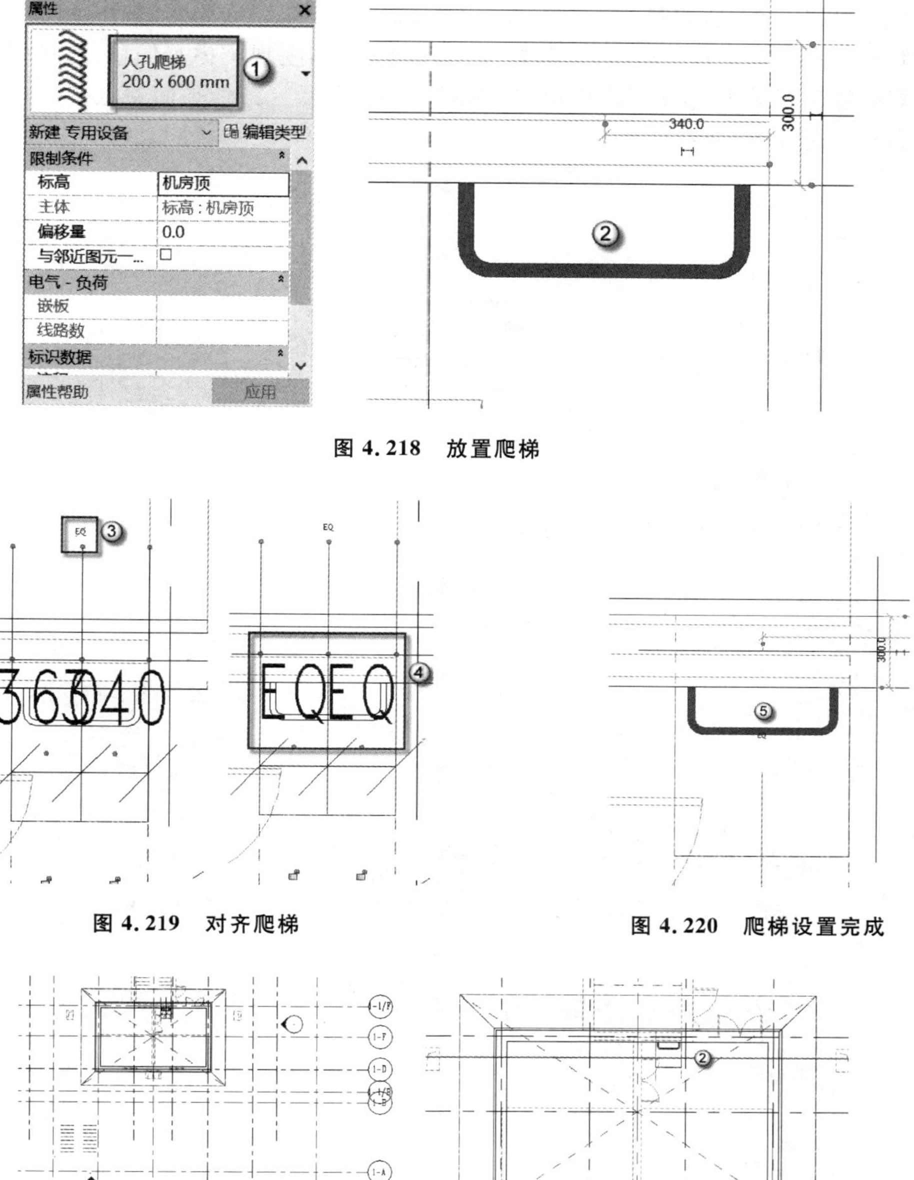

图 4.218　放置爬梯

图 4.219　对齐爬梯

图 4.220　爬梯设置完成

图 4.221　移动立面观测线

(4) 调整爬梯参数。在【项目浏览器】中单击【立面(建筑立面)】→【南】平面，选择爬梯，在【属性】面板中设置【标高】为“屋顶”，如图 4.222 所示。单击【编辑类型】按钮,在弹出的【类型属性】对话框中将【爬梯踏步深度】设置为"300"个单位,【踏步数】设置为"20"个单位,如图4.223所示。单击【确定】按钮完成操作,如图4.224所示。在【项目浏览器】中单击【楼层平面】→【屋顶】平面时,发现爬梯有偏移,选择爬梯,按下【MV】键,将爬梯移动到相应位置,如图4.225所示。其他平面检查后应无误,爬梯部分全部绘制完成。

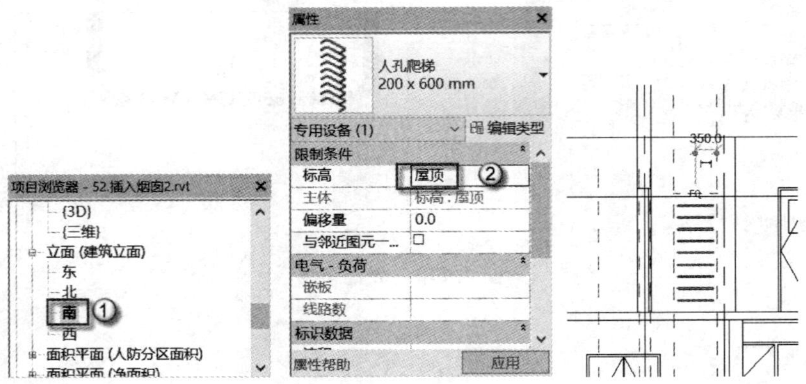

图4.222 设置爬梯标高

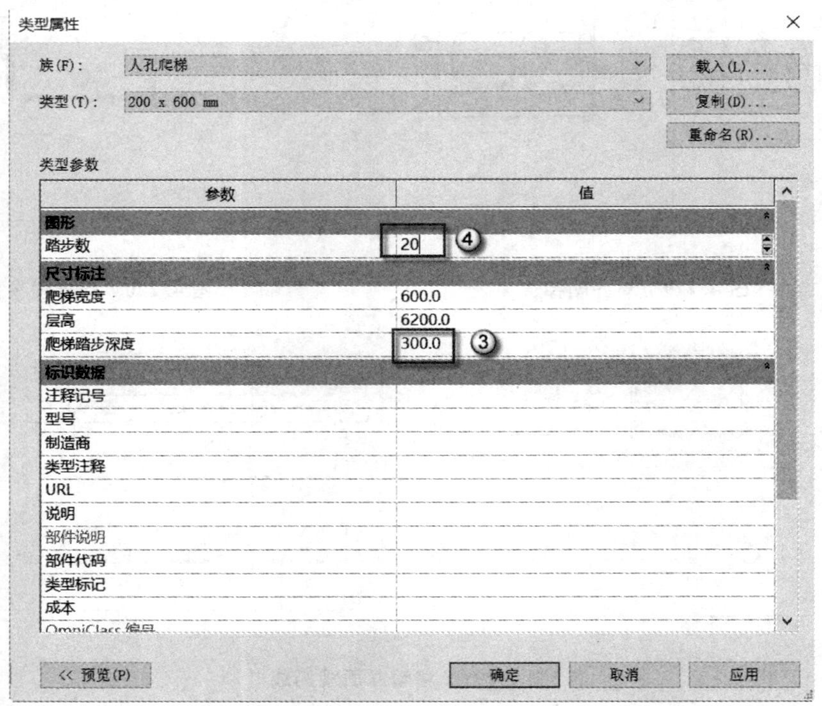

图4.223 设置爬梯参数

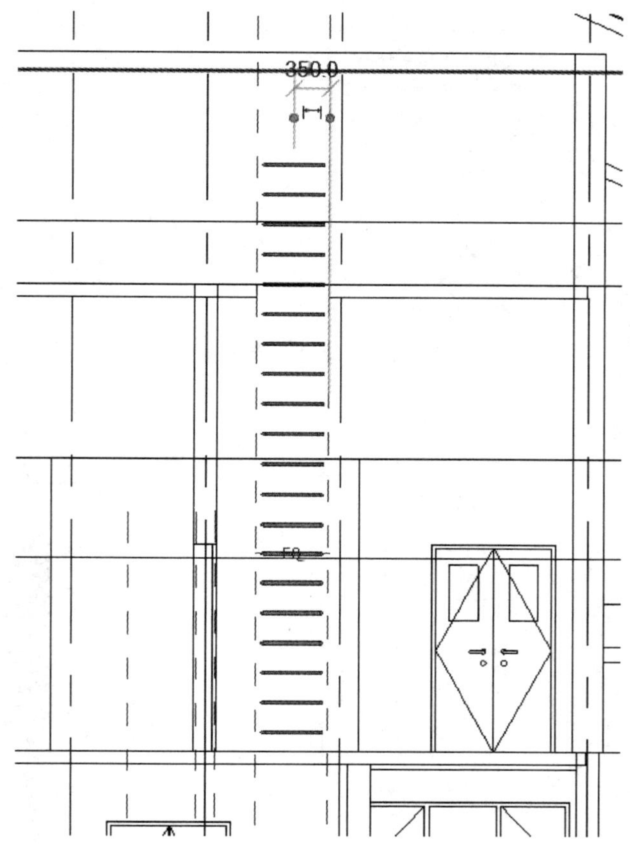

图 4.224　爬梯设置完成

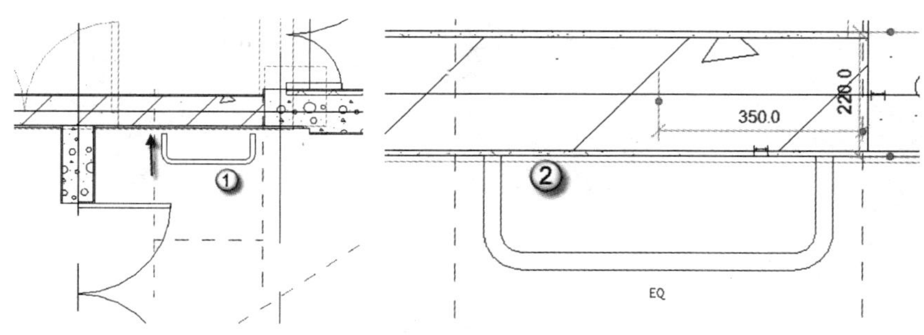

图 4.225　移动爬梯

(5) 还原立面观测线。单击立面符号，将立面观测线由位置①移动到位置②，如图 4.226 所示。在【项目浏览器】中单击【立面(建筑立面)】→【南】，观察不到钢爬梯，如图 4.227 所示。按下【F4】键进入三维视图，可观察到绘制完成的高层部分，如图 4.228 所示。

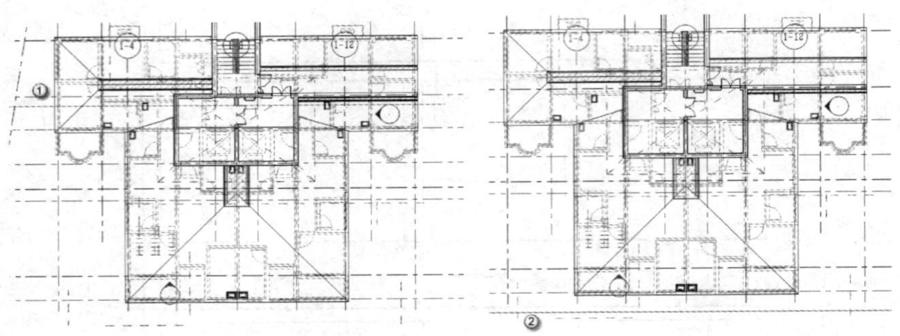

图 4.226　移动立面观测线

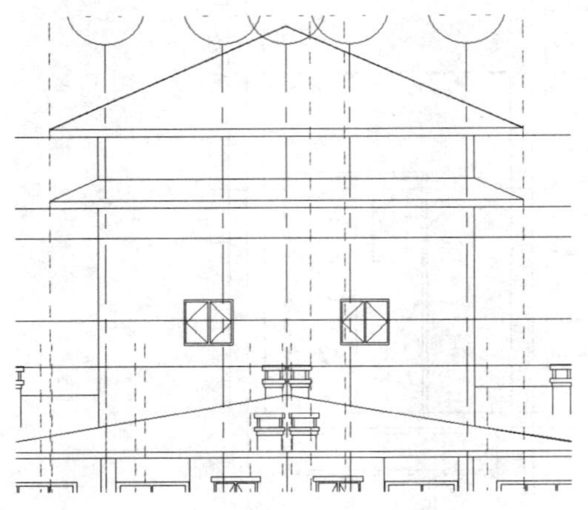

图 4.227　观察南立面

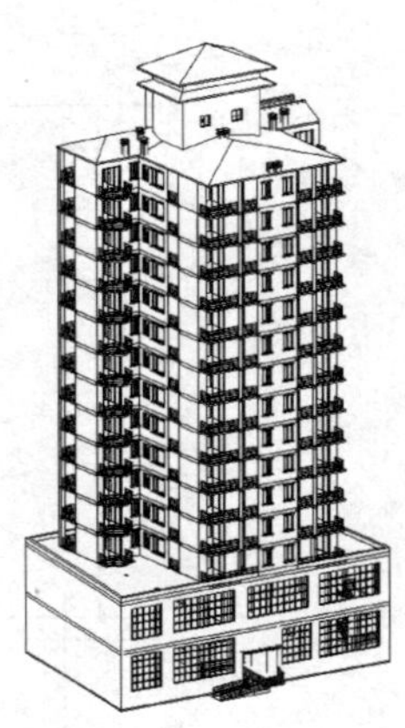

图 4.228　高层部分绘制完成

第 5 章　楼梯及其他

楼梯作为建筑物中楼层间垂直交通的重要构件，用于楼层之间和建筑高差较大时的交通联系。在设有电梯、自动扶梯作为主要垂直交通设施的多层和高层建筑中也要设置楼梯。楼梯由连续的梯段（又称梯跑）、平台（休息平台）和围护构件等组成。楼梯按梯段可分为单跑楼梯、双跑楼梯和多跑楼梯等。单跑楼梯最为简单，适合于层高较低的建筑；双跑楼梯最为常见，有双跑直上、双跑曲折、双跑对折（平行）等形式，适用于一般民用建筑和工业建筑；三跑楼梯有三折式、丁字式、分合式等形式，多用于公共建筑；剪刀楼梯由一对方向相反的双跑平行楼梯组成，或由一对互相重叠而又不连通的单跑直上梯构成，剖面呈交叉的剪刀形，能同时通过较多的人流并节省空间；螺旋转梯是以扇形踏步支承在中立柱上，虽行走欠舒适，但节省空间，适用于人流较少、使用不频繁的场所。

5.1　楼梯

本例中有两种类型的楼梯：住宅楼梯与商铺楼梯。住宅楼梯全是双跑等跑楼梯，比较简单；而商铺楼梯由于层高不同，略显复杂。

5.1.1　住宅楼梯

本例中的住宅楼梯的踏步尺寸为 175 mm×260 mm，采用双跑等跑、每跑 9 级的形式，休息平台净宽 1300 mm。具体绘图方法如下。

（1）楼梯的创建方式。楼梯的创建一般有两种方式，单击【建筑】→【楼梯】，在下拉菜单中出现两种楼梯创建方式："按构件"和"按草图"。建议用"按构件"方式创建，这是在 Revit 2013 之后才出现的新功能。其涵盖了"按草图"绘制模式下的所有创建功能，而且增加了更多的新功能，为楼梯创建带来了极大的灵活性和方便性。

（2）楼梯的组成部件。在 Revit 楼梯"按构件"创建过程中，将梯段、平台、支撑等构件作为楼梯的装配构件进行拆分，使用者可以灵活进行各种组装，从而满足最终的需要。其中，各个装配部件绘制方式如下。各装配部件详情如图 5.1 所示。

①梯段（①处）。直梯、螺旋转梯、U 形楼梯（主要用于 U 形楼梯的创建）、L 形楼梯（主要用于 L 形楼梯的创建）、自定义绘制的梯段。

②平台（②处）。平台有三种创建方式：在梯段之间自动创建、通过拾取两个梯段进行创建、自定义绘制。

③支撑（侧边和中心）（③处）。支撑有两种创建方式：随梯段的生成自动创建和

拾取梯段或者平台边缘创建。

④栏杆扶手(④处)。在创建过程中自动生成,或者通过选择楼梯主体进行放置。

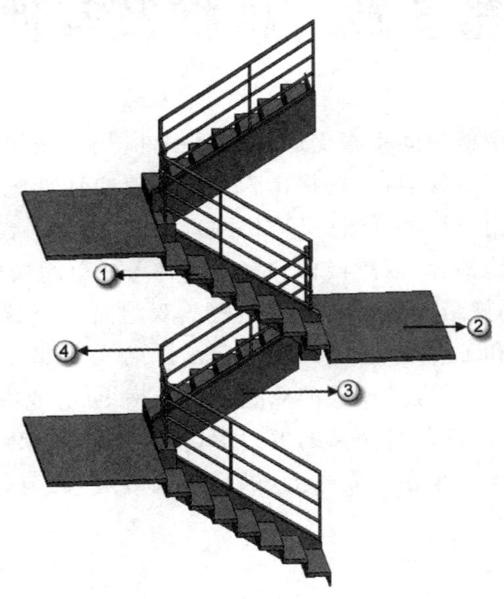

图 5.1　楼梯的组成部件

(3) 进入 3 层楼层平面。进入【项目浏览器】,点击【视图(全部)】→【结构平面】→【3】,即进入 3 层楼层平面视图,如图 5.2 所示。

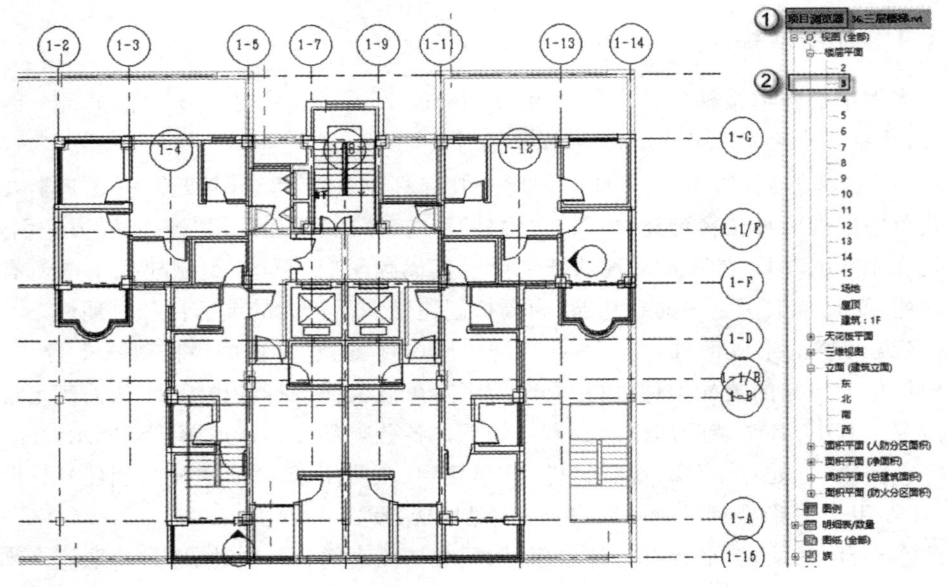

图 5.2　进入 3 层楼层平面

（4）导入CAD图。单击【插入】→【导入CAD】。将配套下载资源中的“中间层底图.dwg”文件导入项目的3层平面中，如图5.3所示。成功导入后再对齐CAD图，选择导入的CAD图，按下【MV】键，移动CAD图。CAD图与原结构对齐并且放入成功后，效果如图5.4所示。

图5.3 导入CAD图

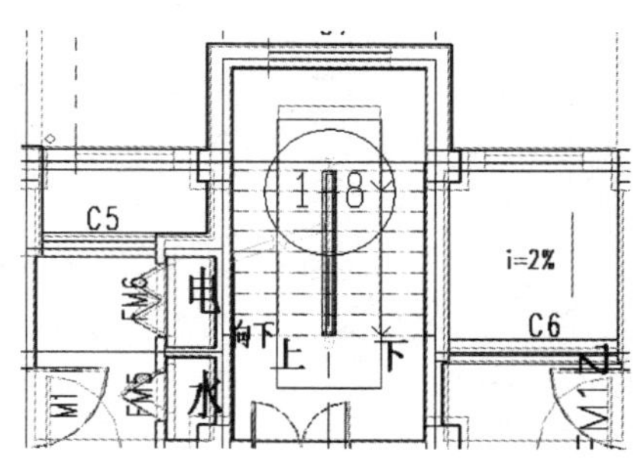

图5.4 CAD图成功对齐效果图

（5）绘制竖直参照平面线。按下【RF】键绘制参照平面线，与最左边墙线对齐绘制一条参照平面线（①处），再选择这条参照平面线，按下【CO】键，向左复制，分别输入“1100”（②处）、“180”（③处）、“1100”（④处）个单位，复制生成3条参照平面线，效果如图5.5所示。

注意：参照平面垂直于该平面视图，在进行参数标记时，将对象对齐在该参照平面上并且锁定，可以实现由该参照平面驱动实体的目的。参照平面线为线条形式，相对于参照平面来说多了两个端点的属性，以及多了两个工作平面，主要用于控制角度。

（6）绘制踏步的参照平面线。按下【RP】键绘制参照平面线，对齐第一条楼梯线，将其绘制，按下【CO】键，捕捉CAD图上对应的点，复制10条参照平面线，完成效果如图5.6所示。

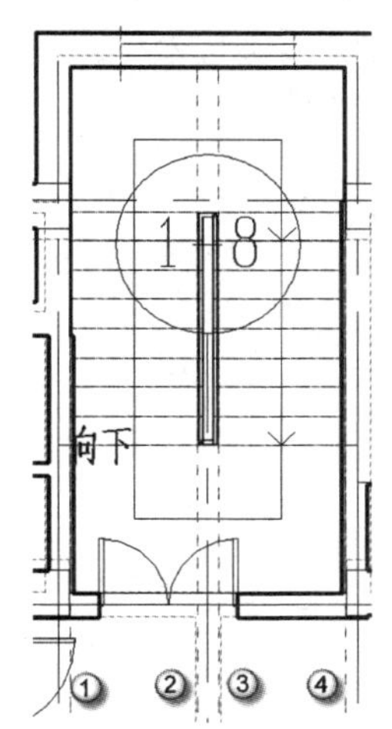

图5.5 竖直参照平面线绘制完成

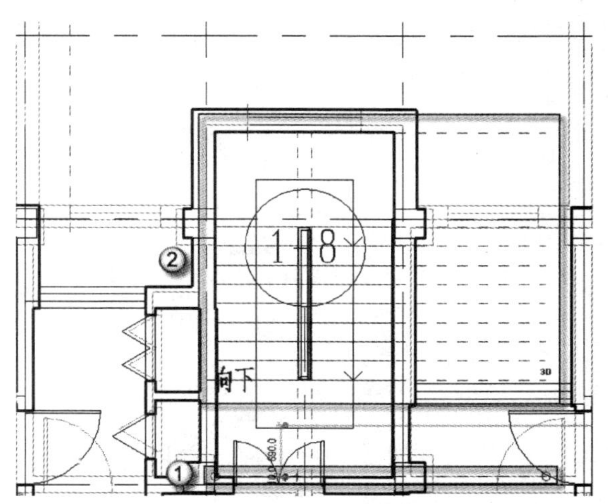

图5.6 踏步参照平面线绘制完成

（7）新建组合楼梯类型。单击【建筑】→【楼梯】→【楼梯（按构件）】，在【属性】面板中单击【编辑类型】按钮，在弹出的【类型属性】对话框中单击【复制】→【重命名】按钮，在弹出的【重命名】对话框中输入“3层楼梯梯段”字样，连续两次单击【确定】按钮，即完成新建组合楼梯类型，具体情况如图5.7所示。

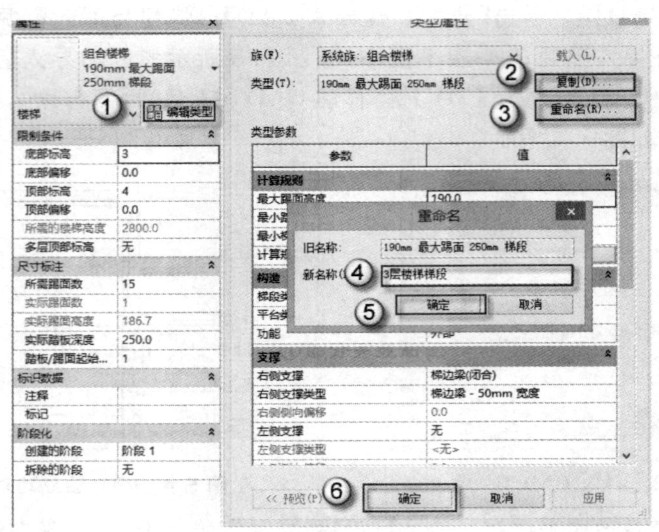

图 5.7　新建组合楼梯类型

(8) 设置楼梯尺寸及位置。观察导入的中间层底图可知该楼梯尺寸。在【属性】对话框中通过设置【底部标高】为“3”层平面、【底部偏移】为“0”个单位、【顶部标高】为“4”层平面、【顶部偏移】为“0”个单位来确定楼梯的起始和终止高度。通过设置【所需踢面数】为“18”个,从而可以调整【实际踢面高度】为“155.6”个单位(实际踢面高度由程序自动计算,不需要另行设置),同时调整【实际踏板深度】为“260”个单位。在选项栏中设置【定位线】为“梯段:右”对齐,【偏移量】为“0”个单位,【实际梯段宽度】为“1100”个单位,如图 5.8 所示。

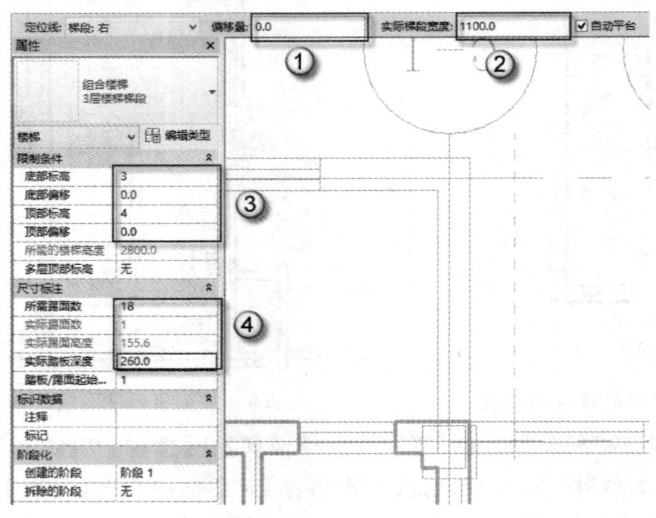

图 5.8　设置楼梯尺寸及位置

(9) 绘制楼梯第一梯段。捕捉楼梯梯段的起始点①,沿竖直方向平面参照线向上绘制至梯段的终点②,如图 5.9 所示。用同样的方法绘制楼梯第二梯段。捕捉楼梯梯段的起始点③,沿竖直方向参照平面线绘制至梯段的终点④,如图 5.10 所示。第二梯段绘制完成后会自动生成休息平台。

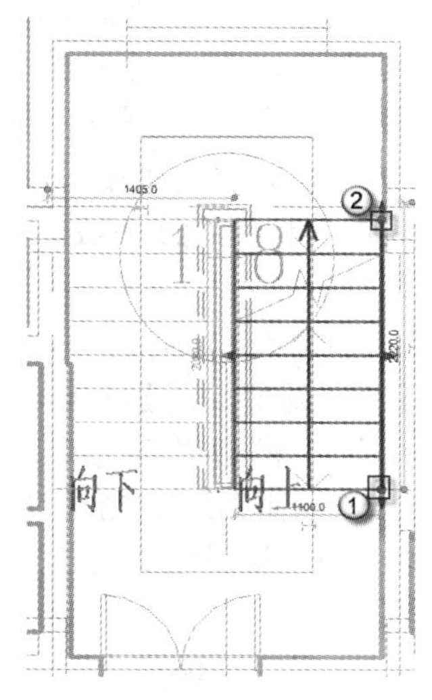

图 5.9　绘制第一梯段

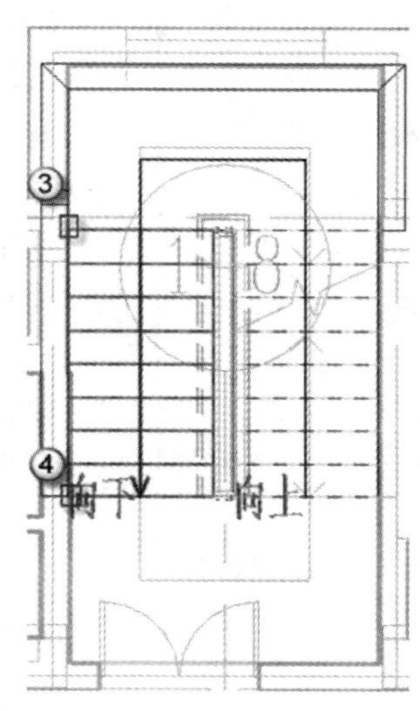

图 5.10　绘制第二梯段

(10) 调整休息平台。单击休息平台,选择造型操纵柄(即小三角),向上拖至与墙边线对齐,如图 5.11 所示。然后单击项目选项卡中的【√】按钮,即完成绘制。

(11) 删除 CAD 图。用光标从左上到右下框选所有图元。单击选项卡中的【过滤器】,在弹出的【过滤器】对话框中单击【放弃全部】按钮。勾选"中间层底图.dwg"选项,并单击【确定】按钮,如图 5.12 所示,按下【Delete】键,删除作为参照的 CAD 图。

注意:在 Revit 中,图元类型众多,合理使用【过滤器】容易达到选择要求,即从过滤的图元中选择一个或多个图元,对选择需要的图元十分方便。模型文件越大,优势越明显。

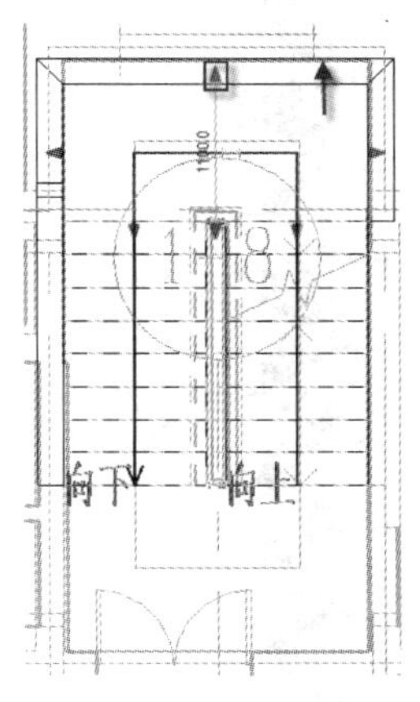

图 5.11　调整休息平台

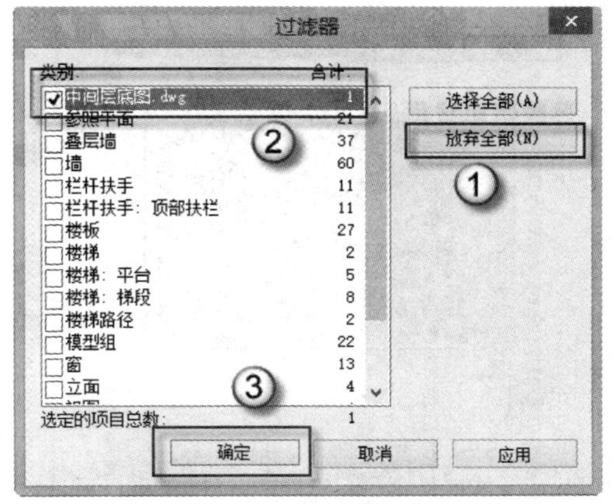

图 5.12　删除 CAD 图

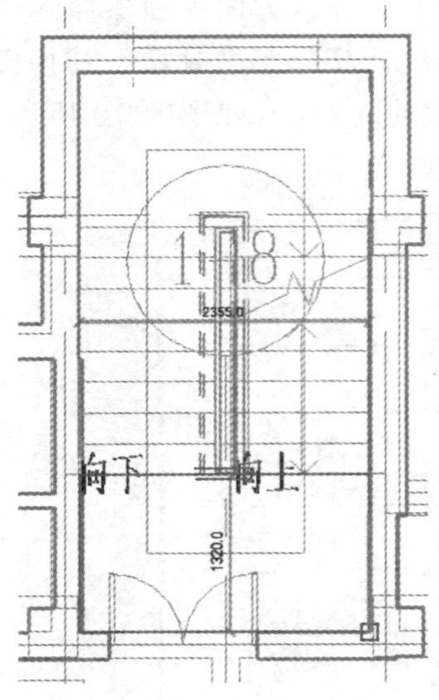

图 5.13　绘制楼梯板

(12) 删除楼梯栏杆扶手。选择楼梯的外部栏杆,按下【Delete】键删除外部栏杆(由于该楼梯外部栏杆与墙重叠,不符合实际情况)。

(13) 绘制楼梯板。单击【建筑】→【楼板】,单击【编辑属性】按钮,在弹出的【类型属性】对话框中,单击【复制】按钮,出现名称修改框,将名称"常规 110"修改为"住宅楼梯建筑板",最后单击【确定】按钮,即完成新建楼梯板类型。在【修改|创建楼层边界】选项栏中选择【边界线】→【矩形】,使用【矩形】工具绘制楼梯板,如图 5.13 所示。

(14) 复制楼梯。选择绘制好的楼梯,在【修改|楼梯】选项栏中选择【复制到剪贴板】,在【粘贴】下拉框中选择"与选定的标高对齐"选项,配合【Shift】键从"4"选择到"15",并单击【确定】按钮,完成复制,如图 5.14 所示。再复制楼梯板,复制完成后的三维效果如图 5.15 所示。

图 5.14　复制楼梯

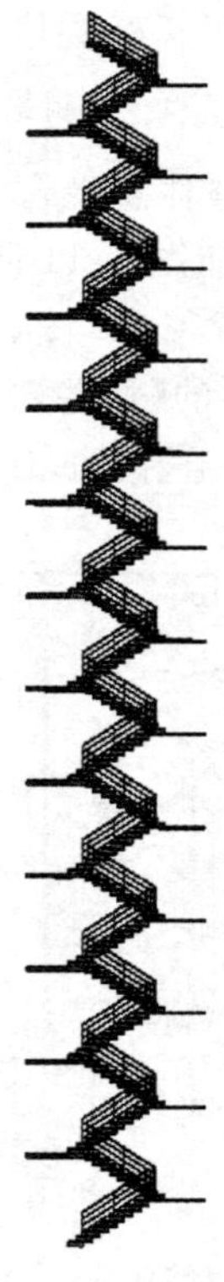

图 5.15　住宅楼梯绘制完成

5.1.2　商铺楼梯

商铺楼梯比较复杂，从标高 0.450 起，直到 9.900 止，高差为 9450 mm。踏步尺寸为 175 mm×260 mm，共 54 级(6 跑)。具体操作如下。

(1) 绘制楼梯准备工作。同上一小节住宅楼梯绘制步骤类似，导入“一层底图.dwg”文件，进入建筑：1F 视图，对齐 CAD 底图，绘制完参照平面，即完成准备工作。

(2) 新建组合楼梯类型。在【属性】面板中单击【编辑类型】按钮，在弹出的【类型属性】对话框中单击【复制】→【重命名】按钮，在弹出的【重命名】对话框中输入“商铺楼梯”字样，连续两次单击【确定】按钮，如图 5.16 所示。

(3) 设置楼梯尺寸及位置。观察导入的 CAD 图可知该楼梯尺寸。在【属性】对话框中设置【底部标高】为“建筑：1F”平面、【底部偏移】为“450”个单位、【顶部标高】为“3”层平面、【顶部偏移】为“0”个单位。通过设置【所需踢面数】为“54”个，从而可以调整【实际踢面高度】为“175”个单位(实际踢面高度由程序自动计算，不需要另行设置)，同时调整【实际踏板深度】为“260”个单位，如图 5.17 所示。

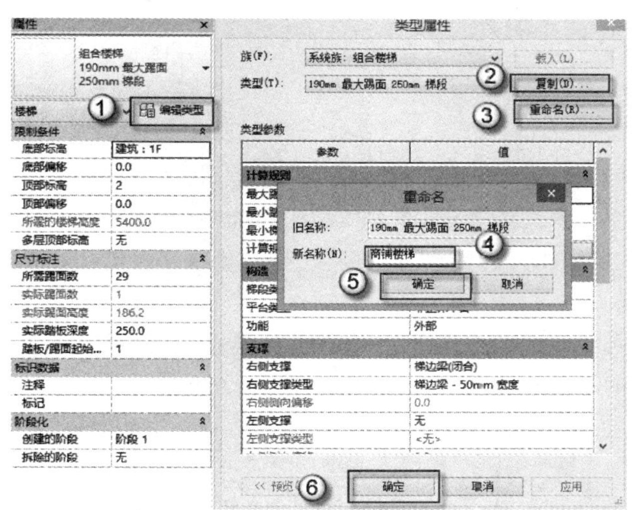

图 5.16　新建组合楼梯类型

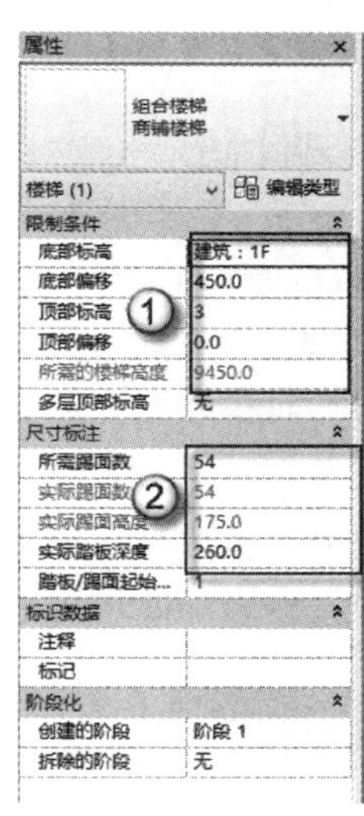

图 5.17　设置楼梯尺寸及位置

(4) 绘制所有梯段。同上一小节所述方法类似，绘制 6 段梯段，然后调整休息平台，删除外部栏杆，绘制完成后如图 5.18 所示。

(5) 绘制其他商铺楼梯。本单元有两部商铺楼梯，轴 ⓵-A 与轴 ⓵/B 商铺楼梯绘制步骤一致。两部楼梯形状相同，第二部楼梯可直接复制生成。绘制完成后的效果如图 5.19 所示。

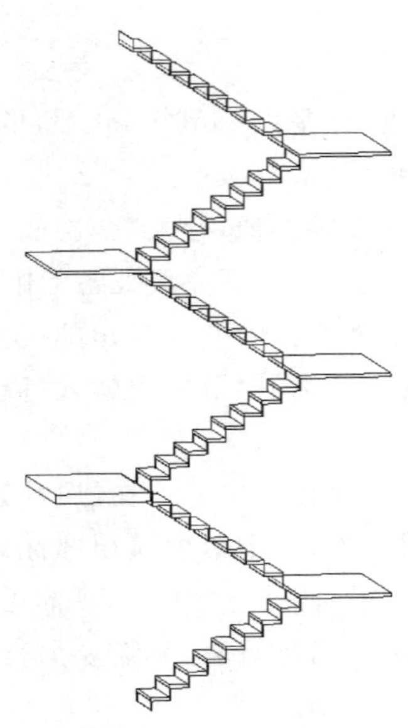

图 5.18 绘制完成效果

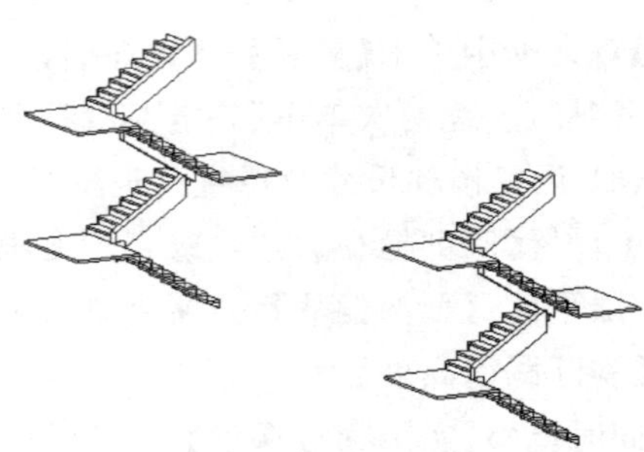

图 5.19 其他商铺楼梯绘制完成效果

5.2 阳台

阳台是建筑物室内空间的延伸,其设计需要兼顾实用与美观。阳台一般有悬挑式、嵌入式、转角式三类。相关房屋建筑规范规定:在主体结构内的阳台,应按其结构外围水平面积计算全部面积;在主体结构外的阳台,应按其结构底板水平投影面积计算 1/2 面积,露台不计算建筑面积。

本例的阳台是住宅建筑中极具特色的弧形阳台。考虑到安全性,阳台板上设置了反梁。此做法能增加下部空间的净空空间,也能起到很好的防水作用。

5.2.1 弧形阳台

弧形阳台在建筑设计中可以为立面带来一些变化的效果,但是在空间的利用上却略显不足。具体操作如下。

(1) 新建楼板。双击【项目浏览器】→【楼层平面】→【3】楼层按钮,在当前层中新建楼板,单击【建筑】→【楼板】→【楼板:建筑】按钮。

(2) 弧形阳台楼板命名。在【属性】面板中单击【编辑类型】按钮,在弹出的【类型属性】对话框中单击【复制】→【重命名】按钮,在弹出的【重命名】对话框中输入“厨房阳台露台板”字样,连续两次单击【确定】按钮,如图 5.20 所示。

(3) 编辑弧形阳台楼板参数。在【类型属性】对话框中单击【编辑】按钮,在弹出的【编辑部件】对话框中设置各部件属性,具体情况如图 5.21 所示。

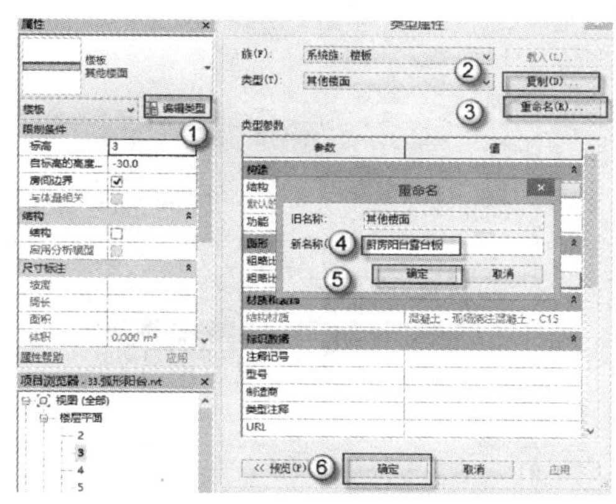

图 5.20 弧形阳台楼板命名

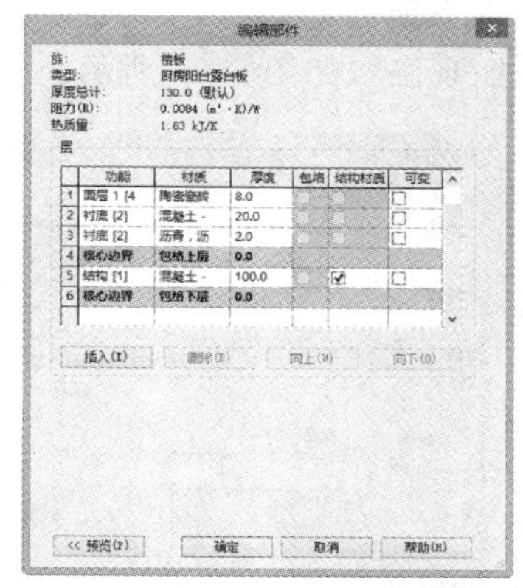

图 5.21 编辑弧形阳台楼板参数

(4) 绘制弧形阳台。单击【建筑】→【楼板】→【楼板:建筑】绘制阳台楼板,在【修改|创建楼层边界】界面中,分别使用【边界线】→【直线】和【边界线】→【起点-终点-半径弧】工具,绘制闭合的阳台边界,如图 5.22 所示。

(5) 设置弧形阳台限制条件。选择阳台,在【属性】面板的【标高】栏中选择"3",在【自标高的高度偏移】栏中输入"-30.0"个单位,然后单击【应用】按钮,如图 5.23 所示。弧形阳台楼板绘制完成。

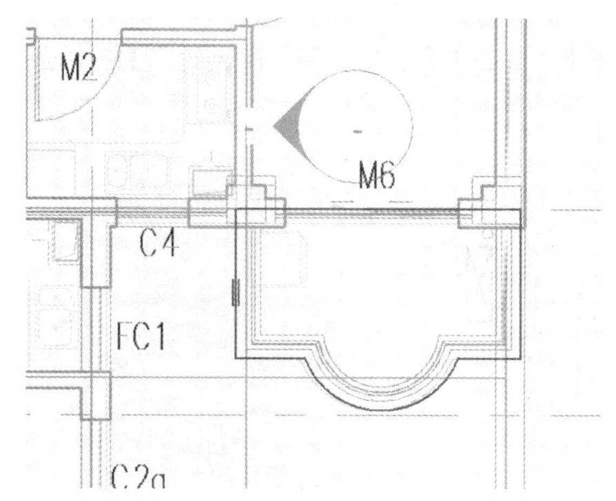

图 5.22 绘制弧形阳台

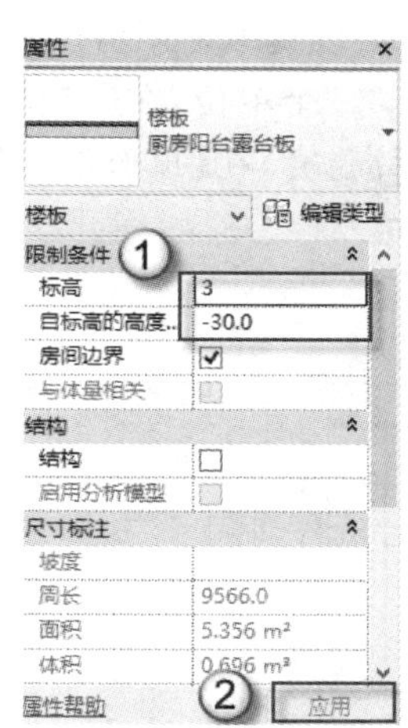

图 5.23 设置弧形阳台限制条件

(6) 新建弧形阳台反梁。单击【项目浏览器】→【楼层平面】→【3】楼层按钮,在当前层中新建阳台反梁,单击【建筑】→【墙】→【墙:建筑】按钮。

(7) 弧形阳台反梁命名。在【属性】面板中单击【编辑类型】按钮,在弹出的【类型属性】对话框中单击【重命名】按钮,在弹出的【重命名】对话框中输入"住宅楼-阳台反梁"字样,最后单击【确定】按钮,如图 5.24 所示。

(8) 编辑弧形阳台反梁参数。在【类型属性】对话框中单击【编辑】按钮,在弹出

注意:在进行弧形阳台反梁绘制时,通常使用"墙"命令而不用"梁"命令来绘制。因为在建筑模型中不考虑建梁。

的【编辑部件】对话框中的【结构】栏【厚度】中输入“150”个单位，在【材质】中选择“混凝土-现浇”，如图 5.25 所示。

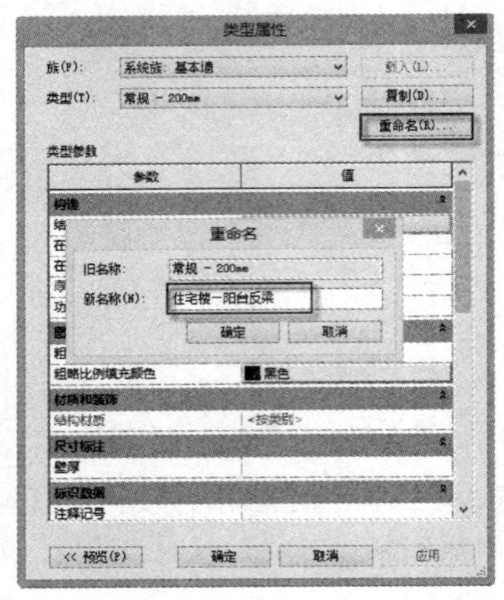

图 5.24　弧形阳台反梁命名

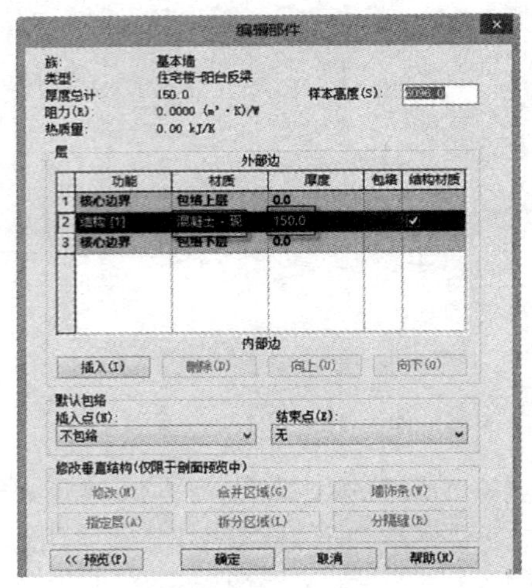

图 5.25　编辑弧形阳台反梁参数

(9) 绘制弧形阳台反梁。沿着楼板轮廓绘制弧形阳台反梁，使用【TR】键调整弧形阳台反梁弧线和直线的交会处，绘制完成后如图 5.26 所示。

(10) 设置弧形阳台反梁限制条件。选择墙体，在【属性】面板的【底部偏移】栏中输入“－30”个单位，在【定位线】栏中选择“核心面:外部”，在【顶部约束】栏中选择“直到标高:3”，在【顶部偏移】栏中输入“70”个单位，如图 5.27 所示。弧形阳台反梁绘制完成。

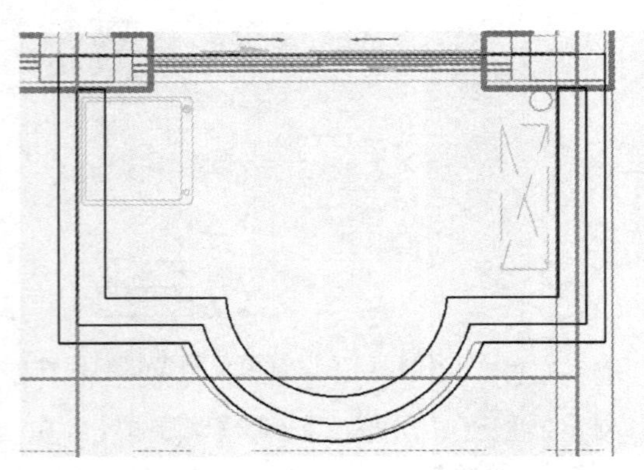

图 5.26　绘制弧形阳台反梁

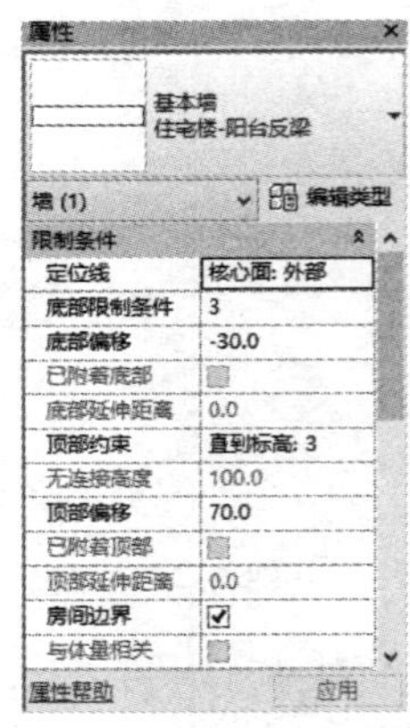

图 5.27　设置弧形阳台反梁限制条件

5.2.2　阳台栏杆

阳台栏杆是位于阳台外边缘的美化和防护设施，由金属管材经过焊接或组装而成。一般栏杆净高不应低于 1.05 m；中高层住宅的栏杆净高不应低于 1.1 m。

(1) 新建阳台栏杆。单击【项目浏览器】→【楼层平面】→【3】楼层按钮，在当前层中新建阳台栏杆，单击【建筑】→【栏杆扶手】→【绘制路径】按钮。

(2) 阳台栏杆命名。在【属性】面板中单击【编辑类型】按钮，在弹出的【类型属性】对话框中单击【复制】→【重命名】按钮，在弹出的【重命名】对话框中输入“阳台栏杆”字样，单击【确定】按钮，如图 5.28 所示。

(3) 绘制阳台栏杆。在【√|×】选项板中，单击【矩形】按钮，绘制出如图 5.29 所示的矩形。完成绘制后，单击【√】按钮完成，按下【F4】键，切换到三维视图观察并调整位置。

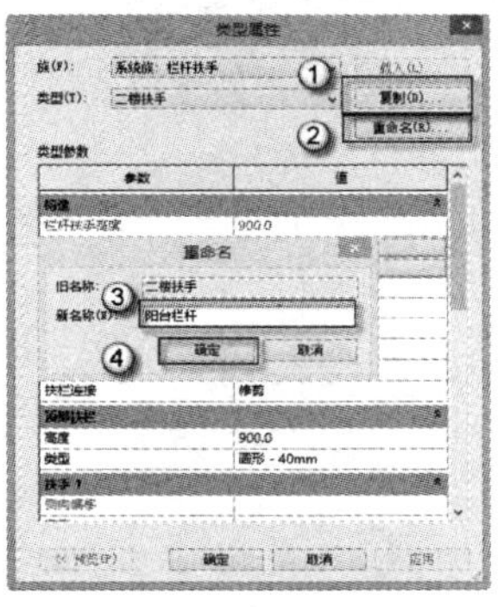

图 5.28　阳台栏杆命名

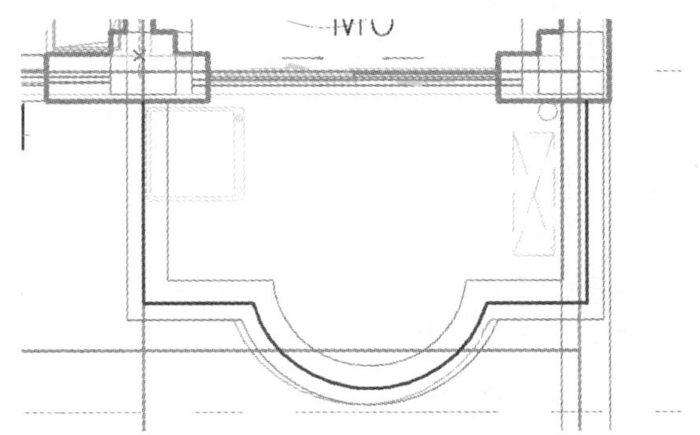

图 5.29　绘制阳台栏杆

(4) 编辑栏杆。在【类型属性】对话框中的【栏杆偏移】栏中输入“75”个单位，单击【栏杆位置】右侧的【编辑】按钮，如图 5.30 所示。在弹出的【编辑扶手(非连续)】对话框中，在【偏移】栏中统一输入“75”个单位，单击【确定】按钮，完成绘制，如图 5.31 所示。

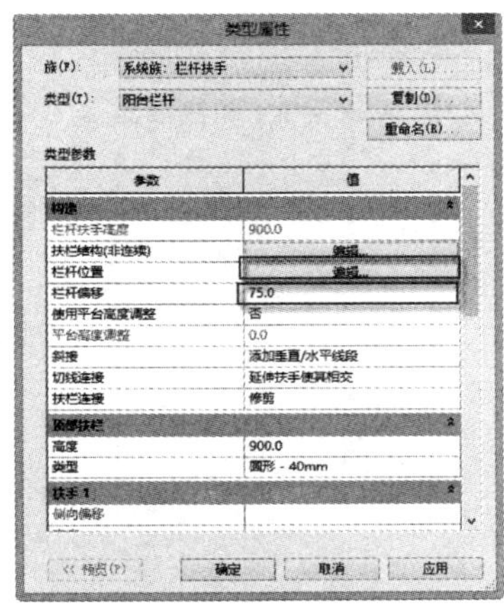

图 5.30　设置栏杆参数

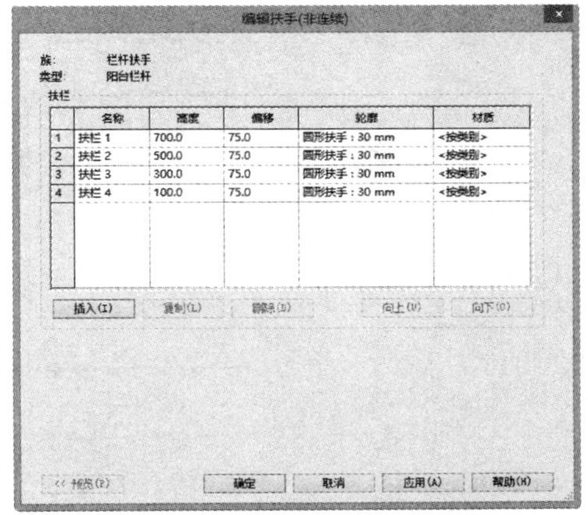

图 5.31　设置栏杆位置

(5) 成组弧形阳台。配合【Shift】键依次选择阳台板、反梁、阳台扶手,按下【GP】键进行成组,将【名称】改为“弧形阳台”,如图 5.32 所示。按下【F4】键,观察生成的三维模型,如图 5.33 所示。

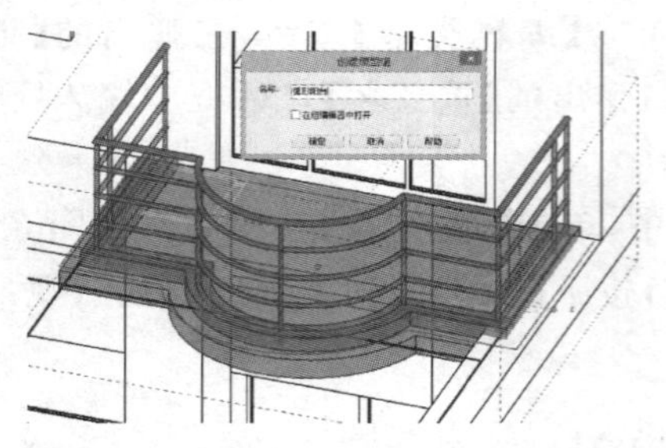

图 5.32 成组弧形阳台

图 5.33 弧形阳台三维模型

5.3 出入口

建筑物出入口的三要素是台阶、坡道、雨篷。可以利用坡道代替台阶。坡道可以利用 Revit 自带的族,而雨篷则需要自己建族。

5.3.1 绘制坡道

在用 Revit 绘制坡道时,不仅要设置相应的参数,还要用线绘制出坡道的范围,然后自动生成,并在生成坡道的同时生成栏杆。具体步骤如下。

(1) 进入首层平面视图。进入【项目浏览器】,点击【视图(全部)】→【楼层平面】→【建筑:1F】,在图中矩形框内绘制坡道,如图 5.34 所示。

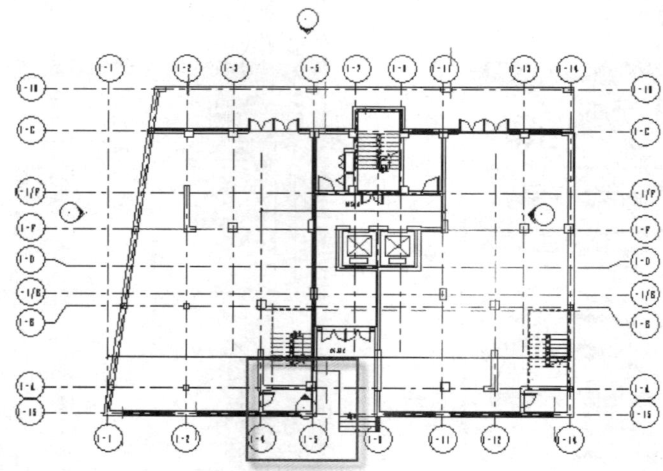

图 5.34 进入首层平面视图

(2) 绘制参照平面。在平面图中找到绘制坡道的位置，向前滑动鼠标中键放大绘图区域，使用【RP】键，在【偏移量】处输入“800”个单位，按下【Enter】键确定，沿着轴1-5从上往下单击绘制参照平面(①处)。用同样的方法，在【偏移量】处输入“1650”个单位，按下【Enter】键确定，沿着水平轴线从右往左单击绘制参照平面(②处)，其他参照平面(③④⑤处)参照 CAD 图绘制，绘制完成后如图 5.35 所示。

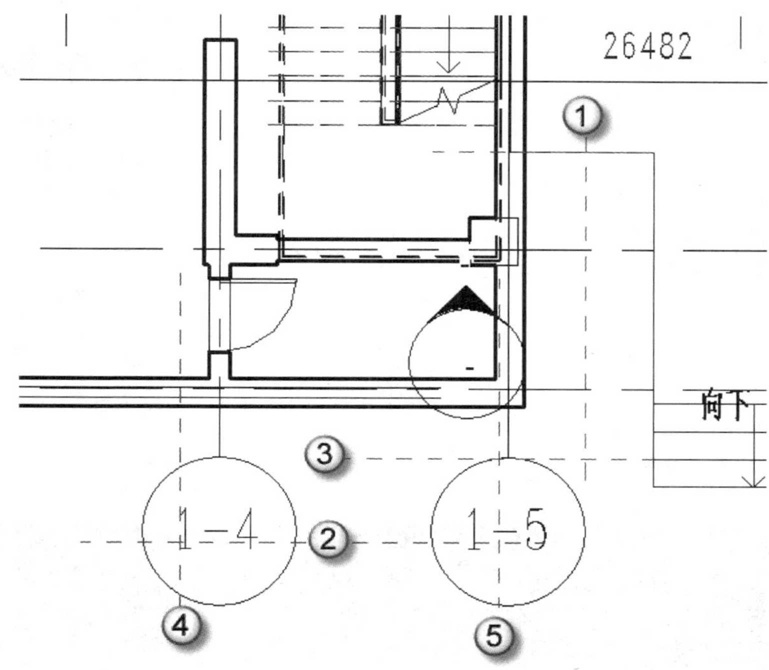

图 5.35　绘制参照平面

(3) 绘制坡道。单击【建筑】→【坡道】按钮，在激活的【修改/创建坡道草图】选项栏中单击【坡道】按钮，然后进入坡道的绘制模式。

(4) 设置坡道参数。观察 CAD 图中的一层平面图可知该坡道尺寸。在【属性】面板中【尺寸标注】标签下的【宽度】栏中输入“1400”个单位，在【底部标高】和【顶部标高】栏中选择“建筑:1F”，在【底部偏移】栏中输入“－100”个单位，在【顶部偏移】栏中输入“450”个单位，完成坡道参数设置，如图 5.36 所示。【属性】面板中的其他参数不变。

注意：坡道绘制完成后修改时，右坡道边线不需要移动调整，因为是按照已经绘制好的参照平面捕捉而确定的位置，所以不存在位置不正确的情况。

(5) 绘制坡道。捕捉坡道的起始点①，即之前绘制的参照平面，沿坡道向上的方向绘制至梯段的终点②，再捕捉坡道的起始点③，沿坡道向上的方向绘制至梯段的终点④，如图 5.37 所示。坡道绘制完成后会自动生成栏杆。在【√|×】选项板中单击【√】按钮，完成坡道的初步绘制。按下【F4】键，查看坡道的三维效果，如图 5.38 所示。

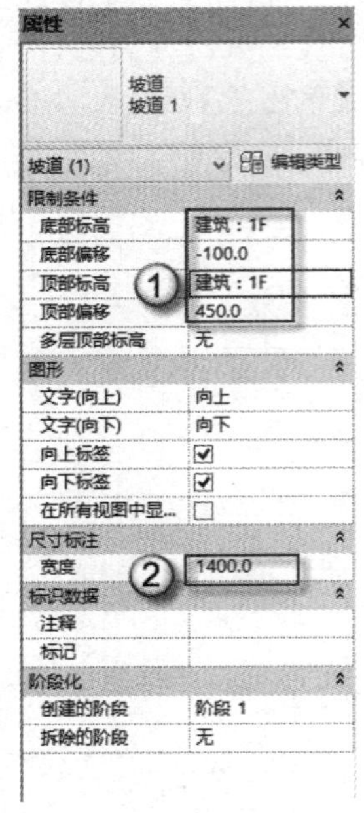

图 5.36 设置坡道参数

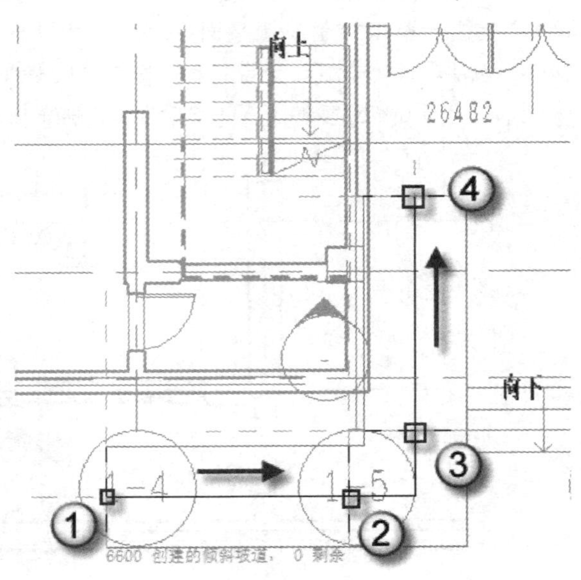

图 5.37 绘制坡道

图 5.38 坡道三维效果图

5.3.2 雨篷

在 Revit 中，导入配套下载资源中的雨篷骨架 SketchUp 文件并查找雨篷的长、宽尺寸，完成雨篷族的建立。

1. 新建族样板文件

(1) 打开样板文件。单击【应用程序】→【新建】→【族】，在弹出的【新族-选择样板文件】对话框中选择“基于墙的公制常规模型.rfa”族文件，单击【打开】按钮，如图 5.39 所示。

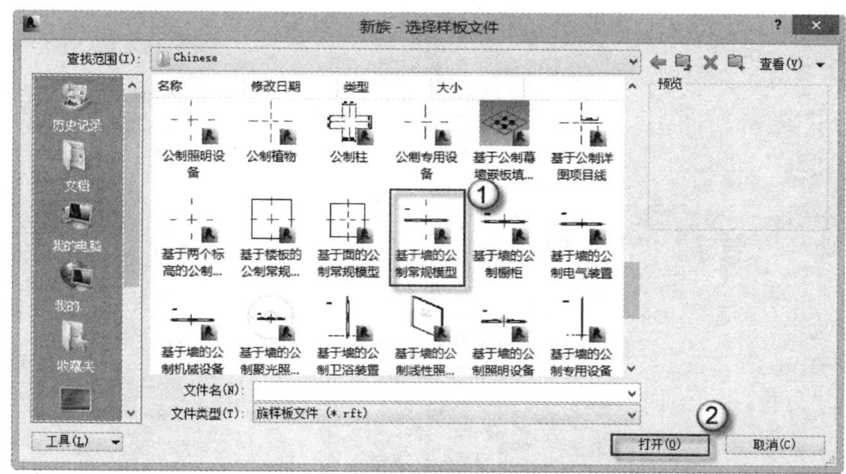

图 5.39　打开样板文件

(2) 绘制辅助线。在【项目浏览器】中单击【立面(立面 1)】按钮，在弹出的下属目录中单击【放置边】按钮，主界面就会进入放置边所对应的立面，在该立面上配合【RP】和【MM】键绘制辅助线，并根据作图需要调整墙体和辅助线的尺寸，如图 5.40 所示。

(3) 导入配套下载资源中的 SketchUp 文件。单击【插入】→【导入 CAD】，在弹出的对话框中选择“钢梁”文件夹，将【文件类型】更改为“SketchUp 文件 *.skp”，选择需要的文件，单击【打开】按钮，如图 5.41 所示。

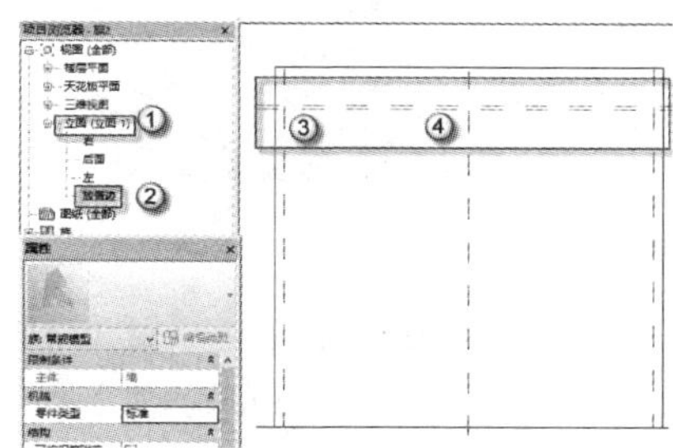

图 5.40　绘制辅助线

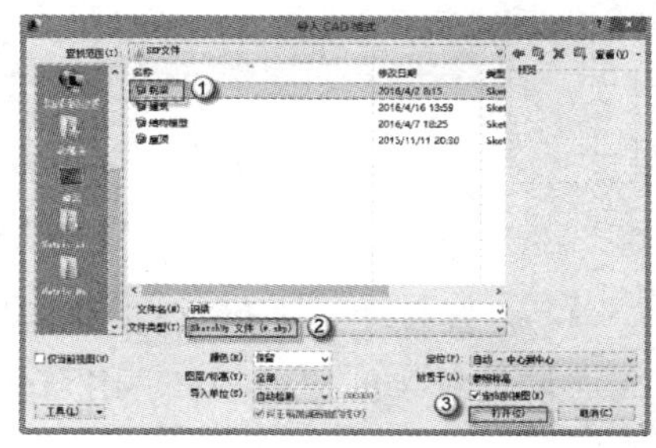

图 5.41　导入骨架 SketchUp 文件

2. 编辑导入的模型骨架并安置骨架

(1) 分解组件。右击【骨架】组，选择【全部分解】。

(2) 编辑可见性。重新选中骨架图元，在【属性】面板中点击【可见性/图形替换】栏后的【编辑】按钮，在弹出的【族图元可见性设置】对话框中去掉“平面/天花板平面视图”的勾选，并单击【确定】按钮，如图 5.42 所示。

(3) 添加材质。在【属性】面板中的【材质】栏中单击【按类别】按钮，在弹出的对话框中选择“不锈钢”材质并单击【确定】按钮，如图 5.43 所示。

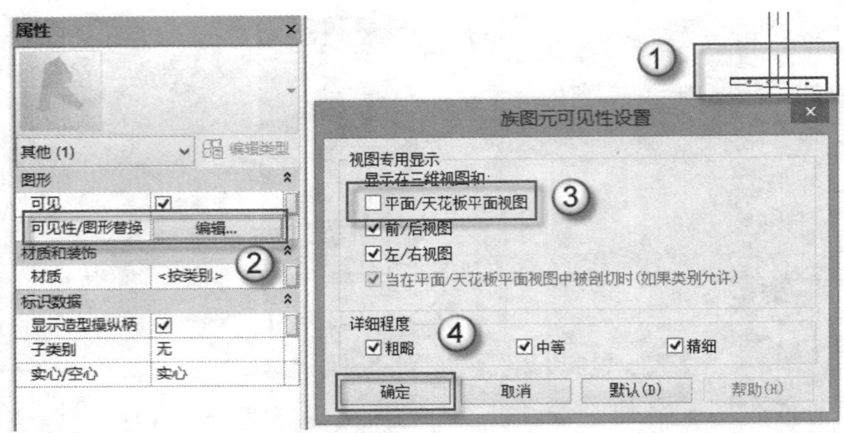

图 5.42　编辑可见性

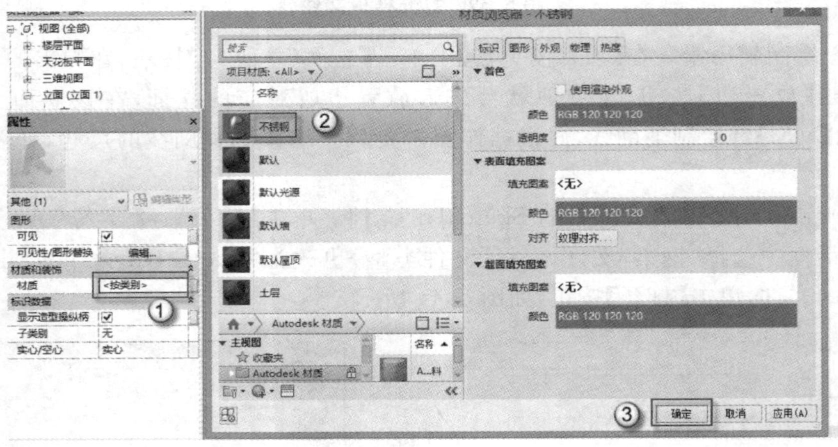

图 5.43　添加材质

(4) 安置骨架。在【项目浏览器】中的【立面(立面 1)】视图中配合左立面和放置边立面调整骨架的位置,并使用“阵列”“复制”“镜像”命令完成骨架的安置,如图5.44所示。

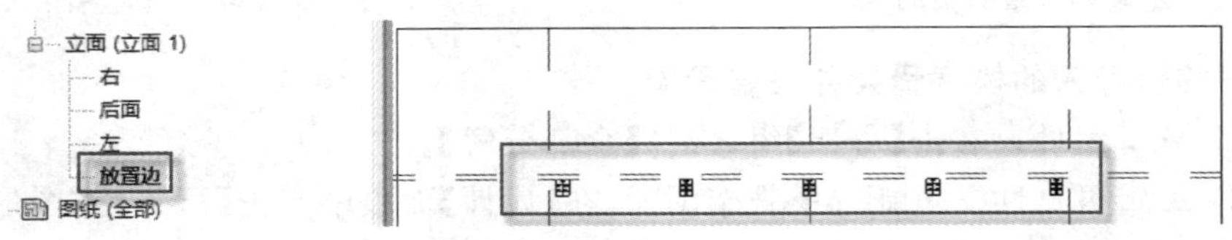

图 5.44　安置骨架

3. 绘制其他构件

(1) 绘制雨篷。在【项目浏览器】中选择【放置边】立面视图,单击【创建】→【拉

伸】,在弹出的【√|×】选项板中选择“矩形框”选项,并在墙体上对应位置根据玻璃面板长度和厚度的辅助线绘制出其截面,然后单击【√】按钮。

(2) 编辑玻璃面板。切换至左立面视图,按下【DI】键,测量相关尺寸,选中玻璃面板,根据设计要求的宽度在【属性】面板中编辑【拉伸起点】和【拉伸终点】的数值,最终完成玻璃面板的绘制,如图 5.45 所示。

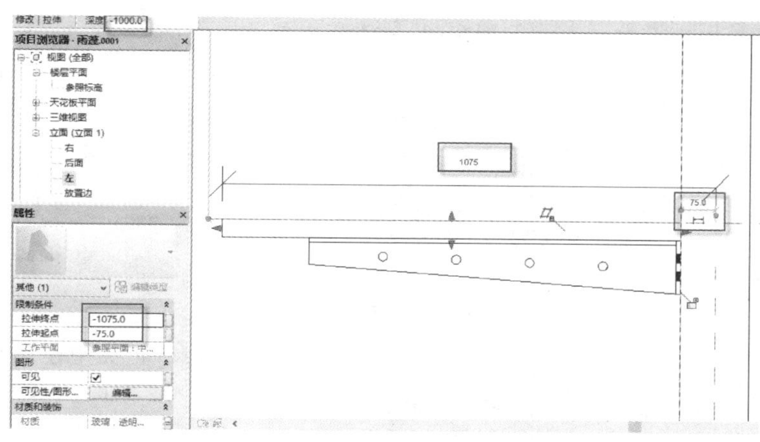

图 5.45　编辑玻璃面板

(3) 编辑玻璃面板可见性。选中玻璃面板图元,在【属性】面板中点击【可见性/图形替换】栏后的【编辑】按钮,在弹出的【族图元可见性设置】对话框中勾选“平面/天花板平面视图”选项并单击【确定】按钮。

(4) 添加材质。选中图元并在【属性】面板中添加玻璃面板的材质,选择已有的“玻璃材质”类型或新增一种“雨篷玻璃”的类型,并单击【确定】按钮,如图 5.46 和图 5.47 所示。

注意:有时此处只是给定了雨篷的材质类型,并未添加雨篷的玻璃材质,所以应该在三维视图中检查材质给定是否完整。

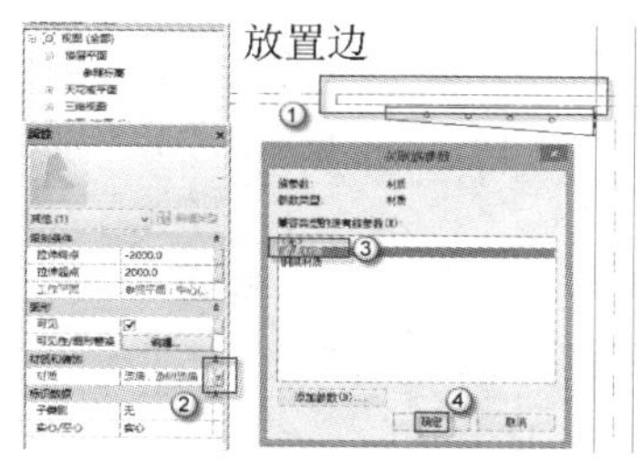

图 5.46　添加材质类型 1

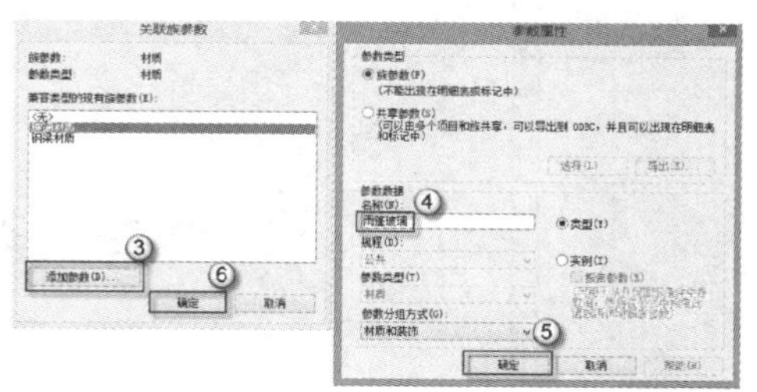

图 5.47　添加材质类型 2

(5) 绘制辅助线。切换至左立面视图,运用【直线】工具在骨架的预留孔洞上绘制辅助线,如图 5.48 所示。

(6) 绘制连接构件横截面。单击【创建】→【拉伸】,在弹出的【√|×】选项板中选择“圆形框”选项,并在骨架上的对应位置绘制出连接构件横截面,完成后单击【√】按钮,如图 5.49 所示。

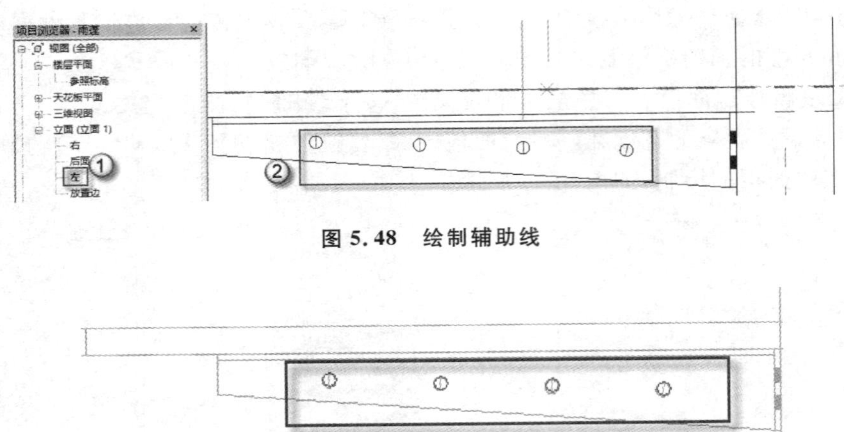

图 5.48 绘制辅助线

图 5.49 绘制连接构件横截面

(7) 编辑连接构件。在放置边立面视图中，按下【DI】键，测量连接构件的长度，计算并编辑其【拉伸起点】和【拉伸终点】的数值。

(8) 编辑可见性并添加材质。首先，选中连接构件图元，在【属性】面板中点击【可见性/图形替换】栏后的【编辑】按钮，并在弹出的【族图元可见性设置】对话框中去掉“平面/天花板平面视图”的勾选，单击【确定】按钮。其次，添加连接构件的材质，选择或添加“不锈钢”类型，单击【确定】按钮。

(9) 根据需要的连接构件数量，借助辅助线，使用“复制”命令复制构件，如图 5.50所示。

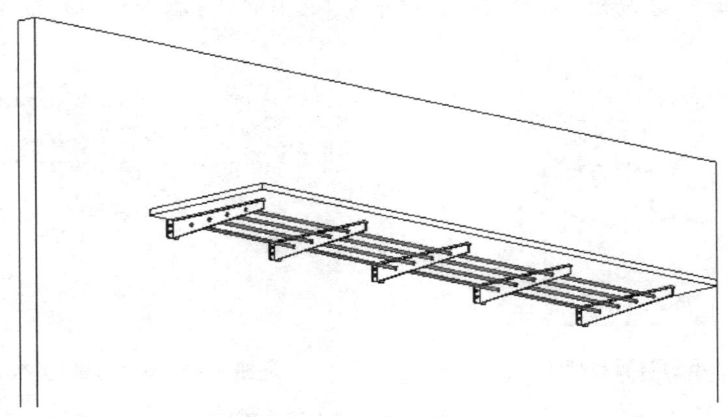

图 5.50 绘制出连接构件

4. 编辑成果并保存

(1) 成组雨篷架。选中雨篷架(即骨架和连接构件)图元，在选项卡中单击【创建组】，在弹出的对话框中将其命名为“雨篷架”，并单击【确定】按钮，如图 5.51 所示。

(2) 新建雨篷族。在选项卡中单击【族类型】，在弹出的【族类型】对话框中单击【新建】按钮，然后在弹出的【名称】对话框中将其命名为“雨篷”，并两次单击【确定】按钮，如图 5.52 所示。

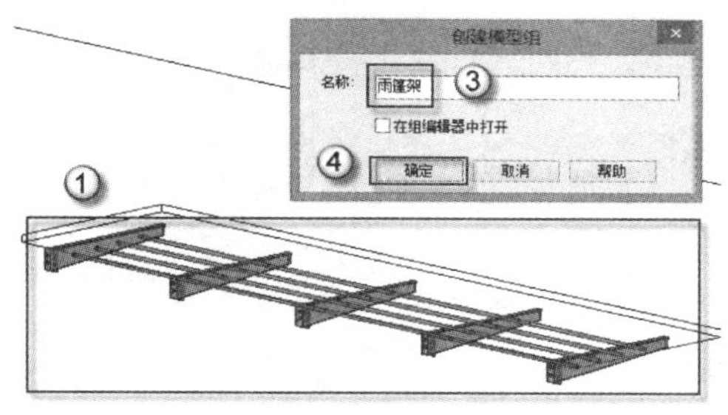

图 5.51　创建组

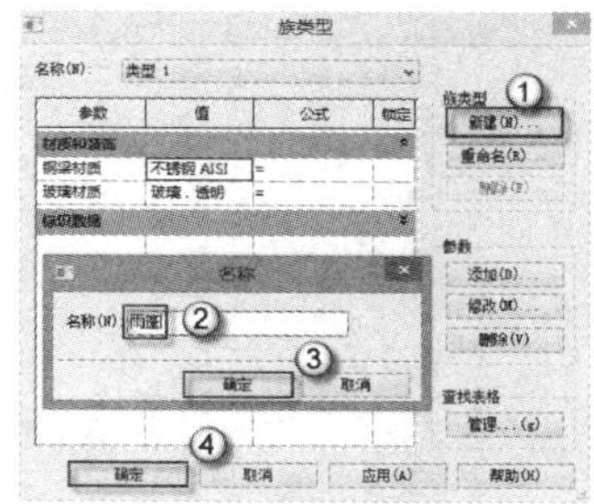

图 5.52　新建雨篷族

(3) 保存族。单击【R】→【另存为】→【族】，在【另存为】对话框中选择相应的族文件夹，更改【文件名】为“雨篷”并单击【保存】按钮，如图 5.53 所示。

图 5.53　保存族

通过以上 4 个大步骤，一个完整的雨篷族就建好了。总结起来，这种建雨篷的方法的优点是节省设计师建族时间；缺点是灵活性较差，若有尺寸变动，更改起来比较复杂。

5. 在项目中插入雨篷

(1) 载入雨篷族。单击【插入】→【载入族】，找到对应的雨篷族文件位置，选中“雨篷”族文件，单击【打开】按钮，如图 5.54 所示。

(2) 插入轴Ⓑ©之间与轴⑩相交的雨篷族。单击【建筑】→【构件】→【放置构件】→【雨篷族】，进入立面视图，调整好立面标高，在相应的位置插入雨篷。如果雨篷插入的位置不精确，可以使用【MV】键进行调整。调整完成后雨篷族的三维视图如图

5.55 所示。

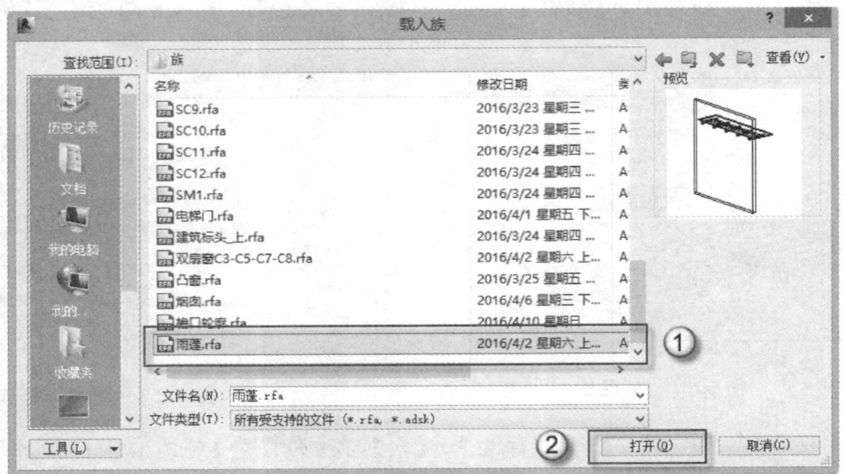

图 5.54　载入雨篷族

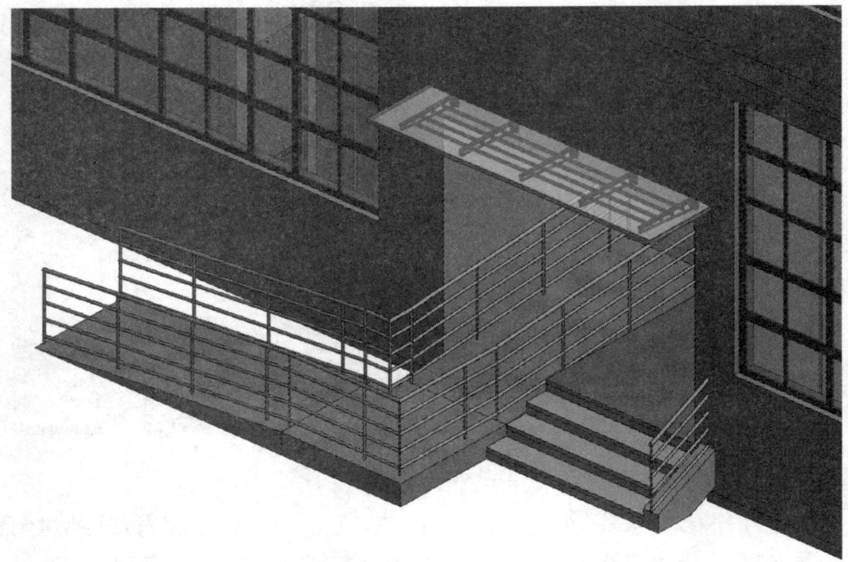

图 5.55　雨篷族三维视图

第 6 章　建筑施工图

在建筑模型绘制完成之后，模型会在投影方向上自动生成平面图、立面图，但是缺少相应的标注。没有标注，就达不到施工图的深度。本章主要介绍如何建立相应的标记、标注族文件。有了这些二维的注释族，软件可以自动生成相应的尺寸、符号标注。

6.1　平面标高

标高表示建筑物各部分的高度，是建筑物某一部位相对于基准面(标高的零点)的竖向高度，是竖向定位的依据。在施工图中以倒立的等腰直角三角形为标头，加上标高数值组成标高。

平面标高分为三类：一般标高、带基线标高、带引线标高。在本节中，将一般标高与带基线标高作为一个族，带引线标高作为一个族。

6.1.1　平面标高(带基线)

将一般标高与带基线标高放到一个族里，这二者的区别就是标高倒三角标头下面有无基线。制作方法如下。

(1) 选择族样板。单击【族】→【打开】，在弹出的【新族-选择样板文件】对话框中，选择【注释】→【公制常规注释】族样板文件，单击【打开】按钮，如图 6.1 所示。

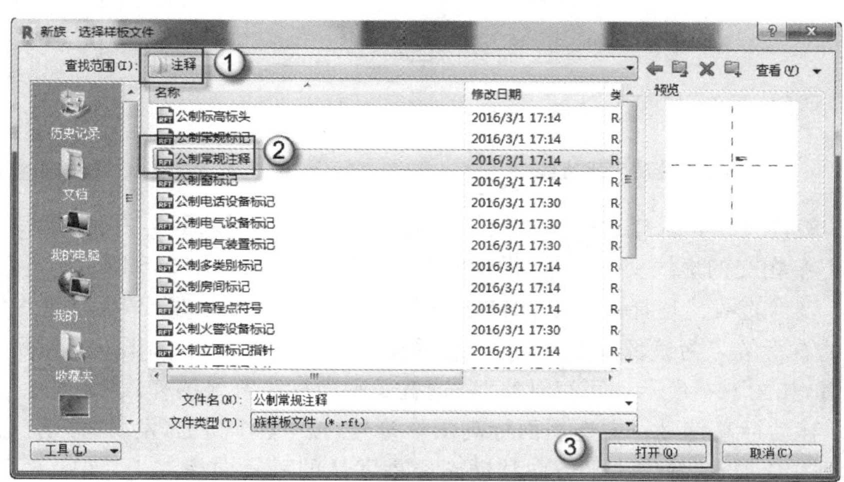

图 6.1　选择族样板

(2) 删除提示语。进入族编辑模式后,选择屏幕中以"Note"开头的一段文字,按下【Delete】键,将其删除,如图 6.2 所示。

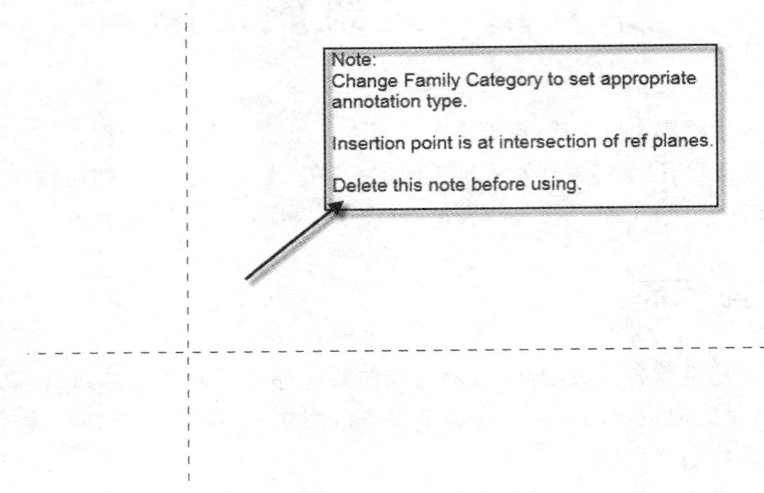

图 6.2　删除提示语

(3) 绘制水平直线。单击【创建】→【直线】,以屏幕中两条十字相交的虚线交点为起点,向右侧水平绘制一条长度为 19.5 个单位的直线,如图 6.3 所示。

(4) 绘制垂直直线。单击【创建】→【直线】,以屏幕中两条十字相交的虚线交点为起点,向下侧垂直绘制一条长度为 4.2 个单位的直线,如图 6.4 所示。

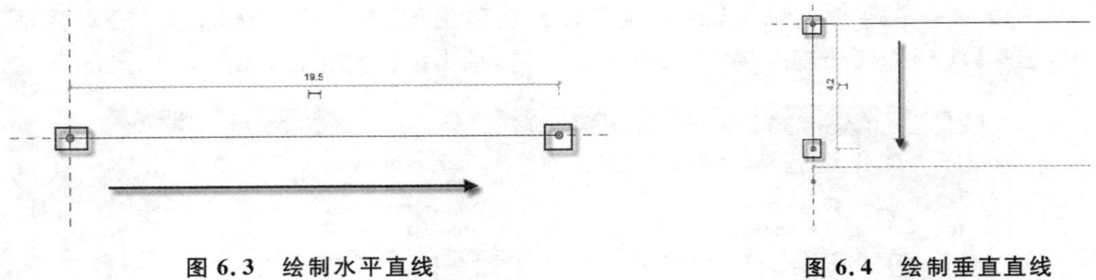

图 6.3　绘制水平直线　　**图 6.4　绘制垂直直线**

注意:在 Revit 中镜像有两种,即"有轴镜像"命令,快捷键是【MM】;"无轴镜像"命令,快捷键是【DM】。此处没有镜像轴,需要绘制,因此使用【DM】键。

(5) 旋转直线。选择上一步绘制好的垂直直线,按下【RO】键,发出"旋转"命令,以两条十字相交的虚线交点为轴,沿逆时针方向旋转 45°,如图 6.5 所示。

(6) 镜像直线。选择上一步旋转好的直线,按下【DM】键,发出"无轴镜像"命令,以直线的右下端点为镜像线起点,向上沿垂直方向绘制镜像线,如图 6.6 所示。镜像线完成后,如图 6.7 所示。可以观察到,这就是平面标高符号的样式。

(7) 移动标高符号。框选平面标高图形符号,按下【MV】键,发出"移动"命令,捕捉标头倒三角顶点,并沿水平方向移动到屏幕默认的垂直向虚线上,如图 6.8 所示。操作完成后,如图 6.9 所示。

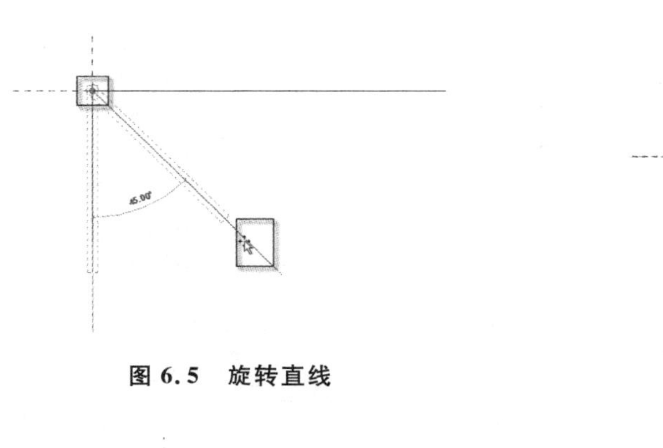

图 6.5　旋转直线

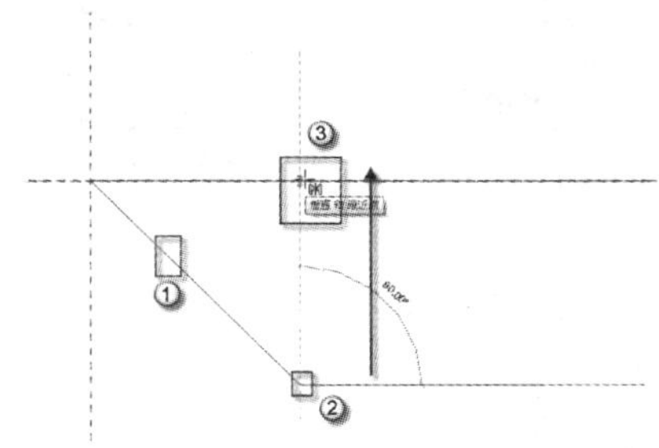

图 6.6　镜像直线

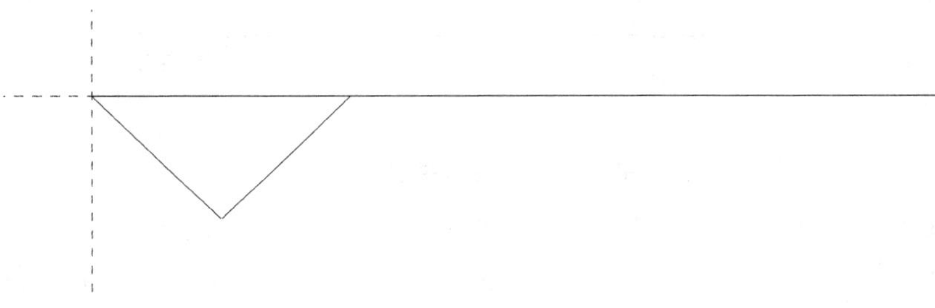

图 6.7　平面标高符号

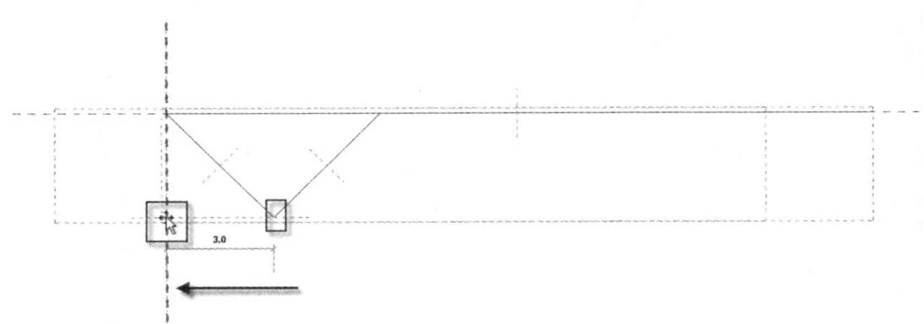

图 6.8　移动标高符号

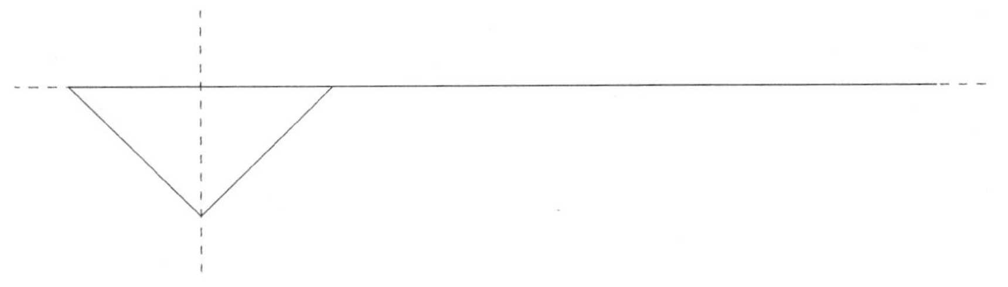

图 6.9　完成移动标高符号

注意：在 Revit 中一样需要使用捕捉功能。这里的捕捉功能与 AutoCAD 中的类似，一样是对点（如端点、中点、交点等）进行捕捉，精确作图。

(8) 绘制水平参照线。单击【创建】→【参照线】，在【偏移量】栏中输入“2”个单位，从标高符号左侧顶点向右侧顶点画参照线。由于设置了偏移量为 2 个单位，所以生成的参照线有 2 个单位的间距,如图 6.10 所示。

图 6.10　绘制水平参照线

注意:在绘制线(如直线、参照线、参照平面)对象时,偏移量功能很重要。设置偏移量后,绘制的线对象会以偏移量数值为距离,平行于绘图的位置。如果不用这个功能,就需要先绘制线对象,然后再平行移动一定的距离。

(9) 绘制垂直参照线。单击【创建】→【参照线】,在【偏移量】栏中输入"9.8"个单位,从标高符号倒三角顶点向上侧沿垂直方向画参照线。由于设置了偏移量为 9.8 个单位,所以生成的参照线有 9.8 个单位的间距,如图 6.11 所示。

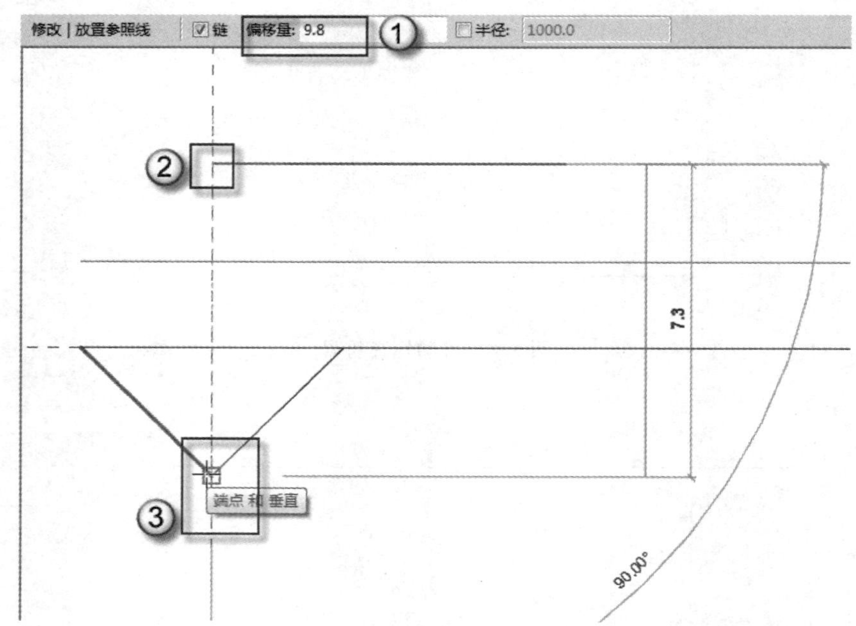

图 6.11　绘制垂直参照线

如图 6.12 所示的两条参照线(①和②)绘制完成后,可以观察到这两条参照线交于一点,这个交点就是标高数值中心的对齐点。

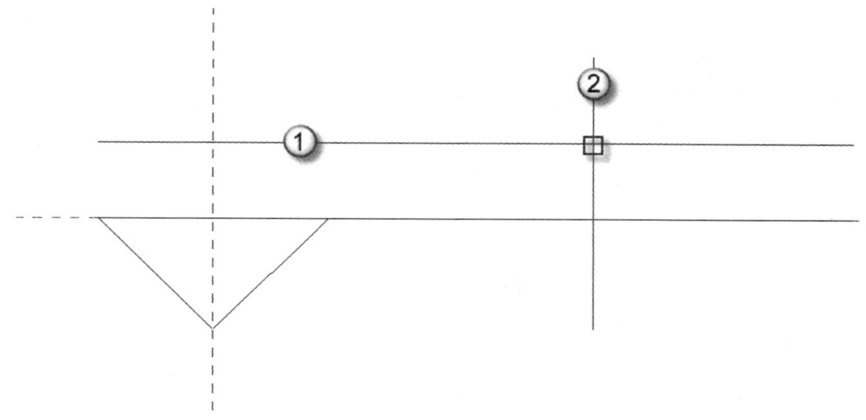

图 6.12 两条参照线及其交点

(10) 载入注释族。单击【插入】→【载入族】,在弹出的【载入族】对话框中,选择"请输入数值"族,然后单击【打开】按钮,将其载入,如图 6.13 所示。

图 6.13 载入注释族

(11) 在屏幕中插入族。在【项目浏览器】中,选择【族】→【注释符号】→【请输入数值】→【请输入数值】,将其拖到屏幕中两条参照线的交点,如图 6.14 所示。然后单击这个交点,如图 6.15 所示。

(12) 输入提示语。完成后,在两条参照线的交点会出现一个"?"号,单击"?"号,输入"请输入标高"提示语,如图 6.16 所示。然后单击屏幕空白处,完成操作,如图 6.17 所示。

(13) 关联嵌套族参数。选择"请输入标高"标签,在【属性】面板中单击【关联族参数】按钮,在弹出的【关联族参数】对话框中单击【新建参数】按钮,在弹出的【参数属

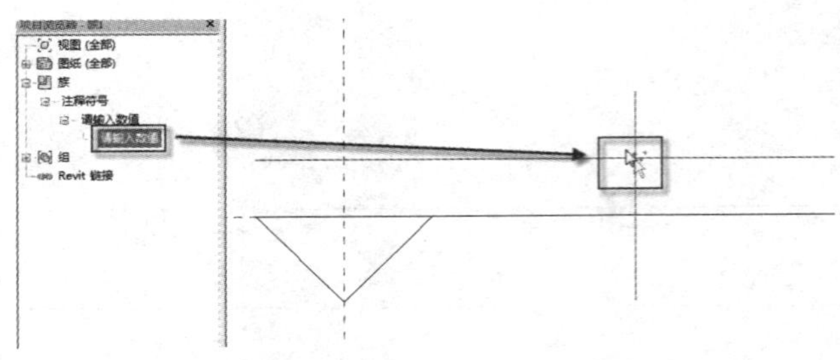

图 6.14 插入族

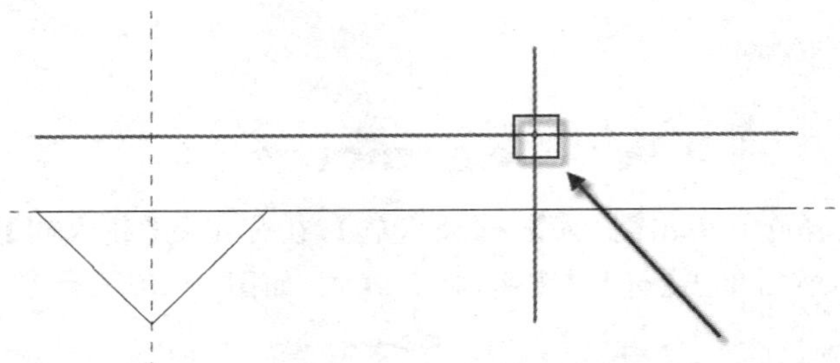

图 6.15 单击交点

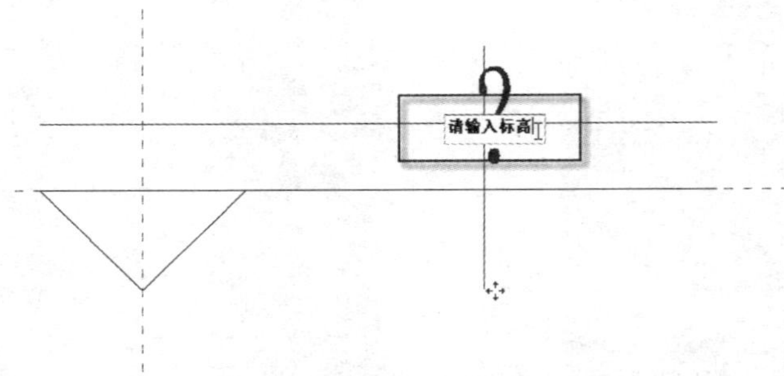

图 6.16 输入提示语

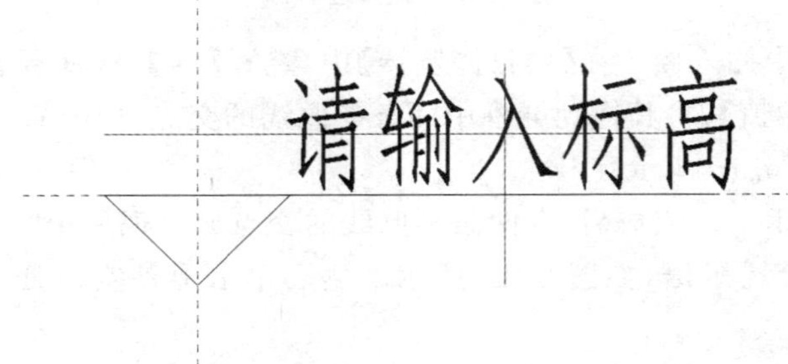

图 6.17 检查标高

性】对话框中的【名称】栏中输入“请输入标高”字样，并选择“实例”选项，两次单击【确定】按钮完成操作，如图 6.18 所示。

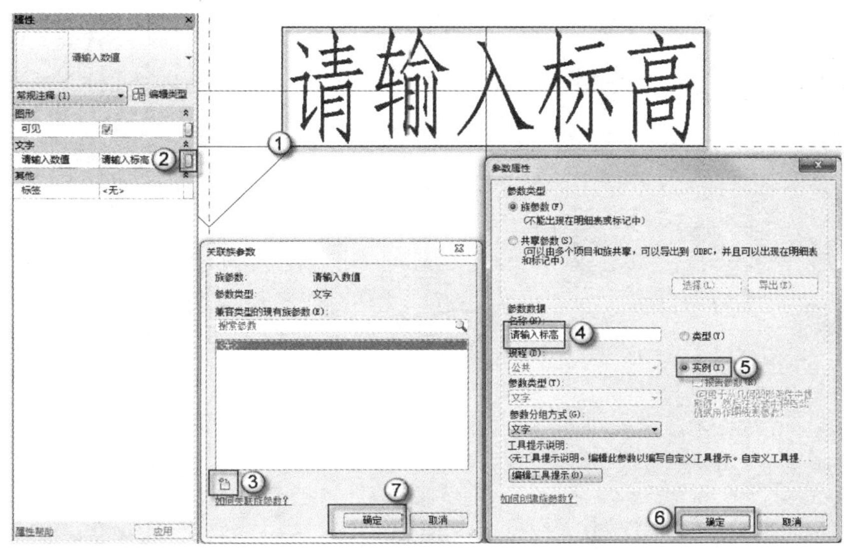

图 6.18　关联嵌套族参数

(14) 绘制不变长度基线。单击【创建】→【直线】，以标高符号倒三角顶点为起点，向右侧沿水平方向绘制一条长度为 2 个单位的直线，如图 6.19 所示。

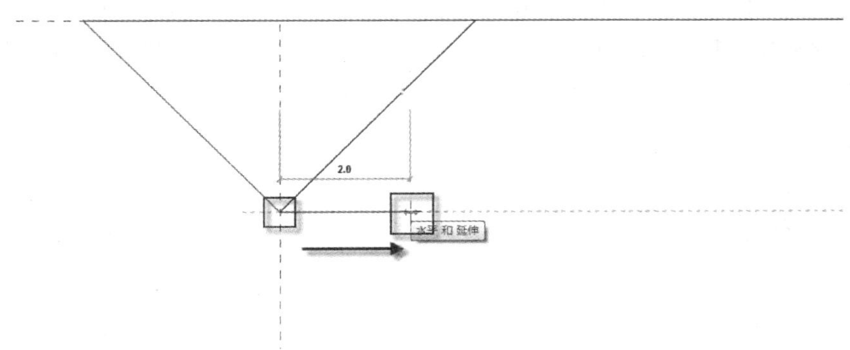

图 6.19　绘制不变长度基线

(15) 绘制可变长度基线的参照线。单击【创建】→【参照线】，在【偏移量】栏中输入“10”个单位，从标高符号倒三角顶点向上侧沿垂直方向画参照线。由于设置了偏移量为 10 个单位，所以生成的参照线有 10 个单位的间距，如图 6.20 所示。

(16) 对齐标注。按下【DI】键，发出“对齐标注”命令，分别对之前绘制的参照线和垂直向虚线进行标注，如图 6.21 所示。这里的“10.0”就是上一个步骤中输入的 10 个单位的偏移量。

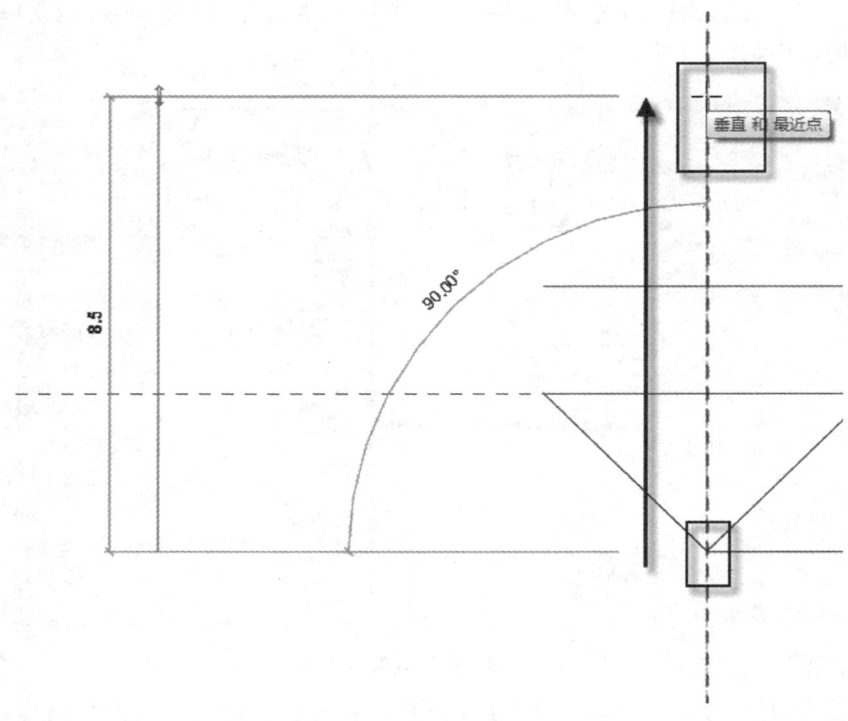

图 6.20 绘制参照线

(17) 关联标注。选择上一步添加的标注，单击【创建参数】按钮，在弹出的【参数属性】对话框中的【名称】栏输入“基线长度”字样，然后选择“实例”选项，单击【确定】按钮，如图 6.22 所示。

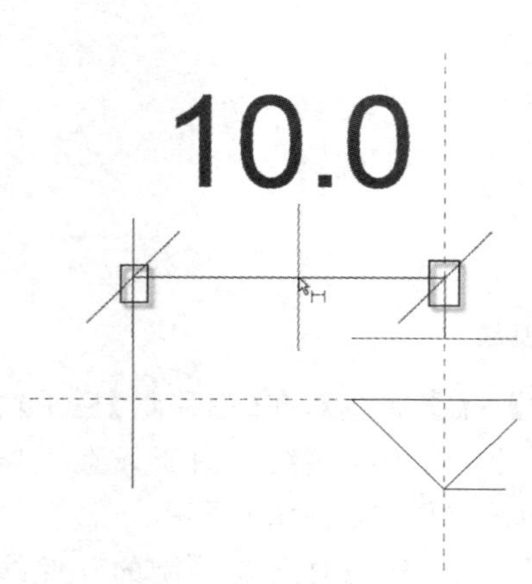

图 6.21 对齐标注

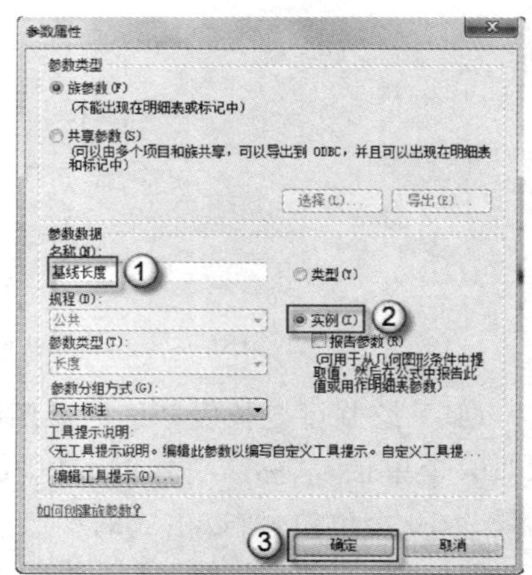

图 6.22 关联标注

完成关联标注操作后，可以观察到标注的字样“10.0”变为“基线长度＝10.0”，如

图 6.23 所示。字样的变化表明操作成功。

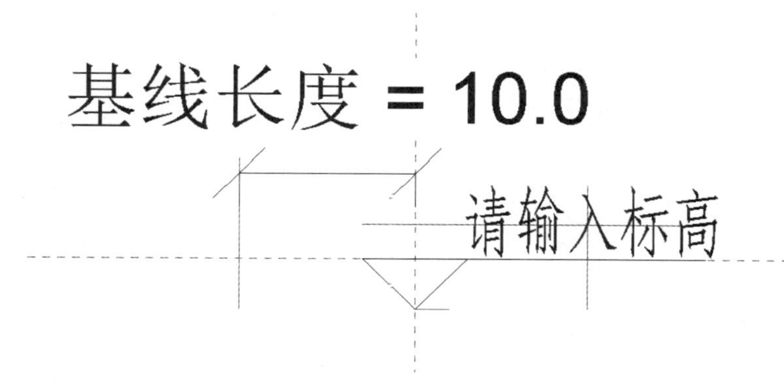

图 6.23　检查关联标注

(18) 绘制可变长度基线。单击【创建】→【直线】，以标高符号倒三角顶点为起点，向左侧沿水平方向绘制直线至标注的左边界线，如图 6.24 所示。

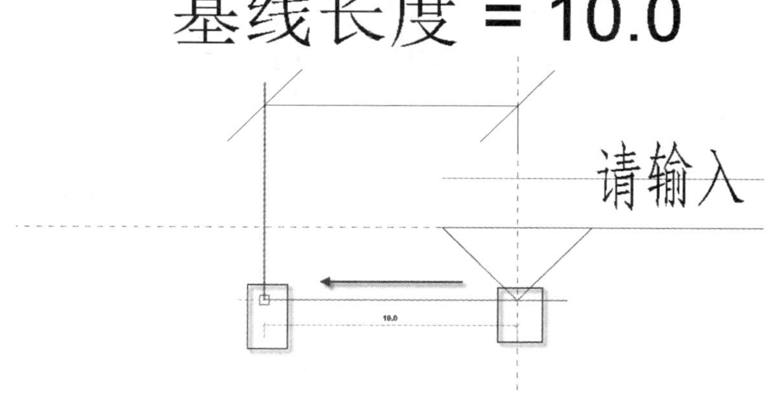

图 6.24　绘制可变长度基线

(19) 锁定可变长度基线。单击可变长度基线的左侧端点，会出现一个打开的锁头，单击这个锁头使其关闭，如图 6.25 所示。这样锁定后，可变长度基线的长度就由参照线决定了。

(20) 设置基线的可见性。选择可变长度基线与不变长度基线，在【属性】面板中单击【关联族参数】按钮，在弹出的【关联族参数】对话框中单击【新建参数】按钮，在弹出的【参数属性】对话框中的【名称】栏中输入“是否需要基线”字样，选择“实例”选项，两次单击【确定】按钮，完成设置可见性的操作，如图 6.26 所示。

(21) 检查参数和新建族类型。单击【创建】→【族类型】，在弹出的【族类型】对话框中检查是否有三个参数，然后单击【新建类型】按钮，在弹出的【名称】对话框中输入“平面标高(带基线)”字样，两次单击【确定】按钮，如图 6.27 所示。

注意：用一个族表达一般标高与带基线标高两种标高，就是用基线的可见性来进行区分的。基线可见就是带基线标高，基线不可见就是一般标高。

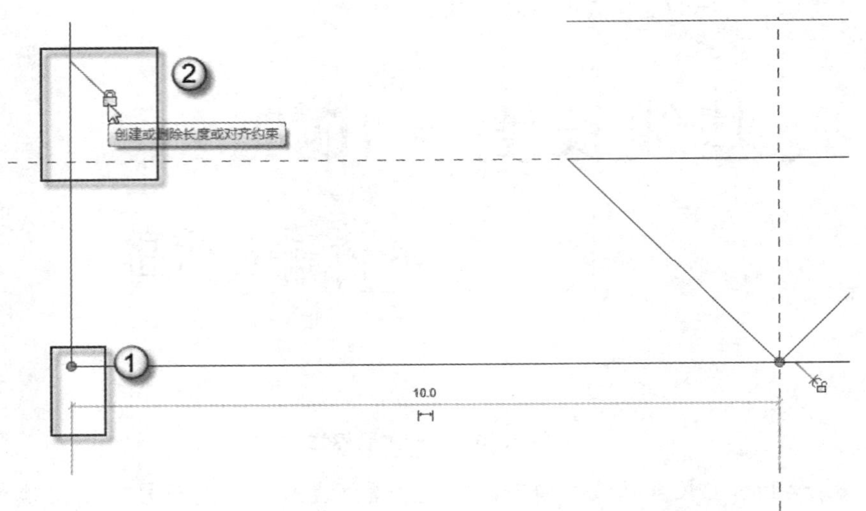

图 6.25　锁定可变长度基线

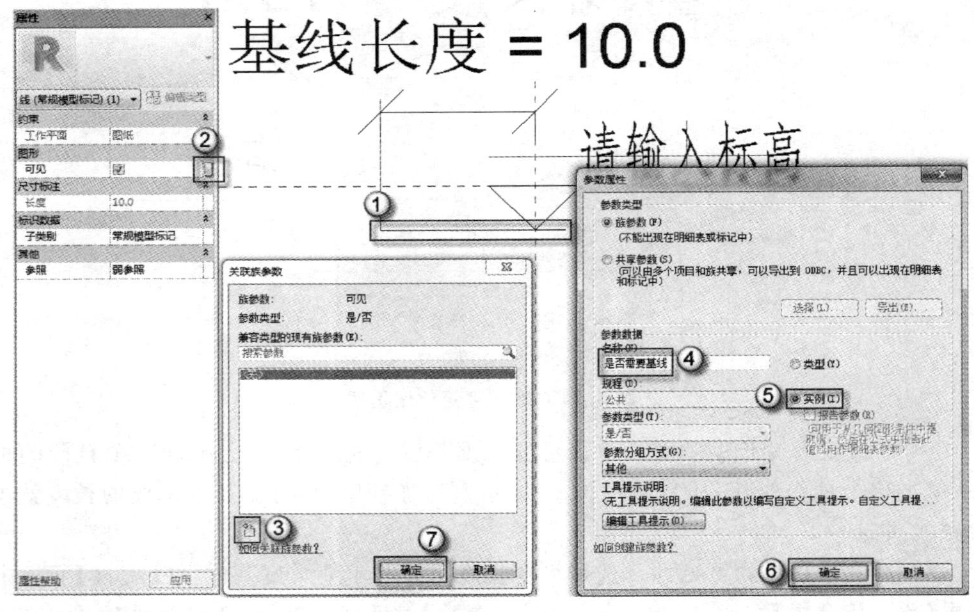

图 6.26　设置基线的可见性

注意：如果标高的族类别不正确，不是常规注释类别，那么按下【SY】键，发出"符号"命令是找不到相应的标高族的。

(22) 改变族类别。单击【创建】→【族类别和族参数】，在弹出的【族类别和族参数】对话框中的【族类别】栏中选择"常规注释"选项，然后单击【确定】按钮，如图 6.28 所示。

(23) 另存为族文件。单击【程序】→【另存为】→【族】按钮，在弹出的【另存为】对

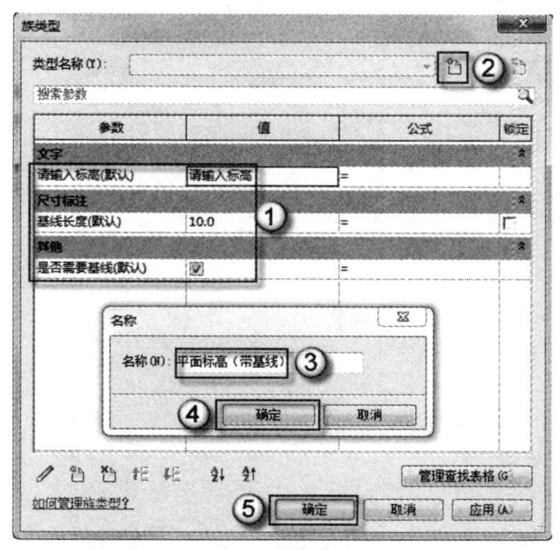

图 6.27　检查参数和新建族类型

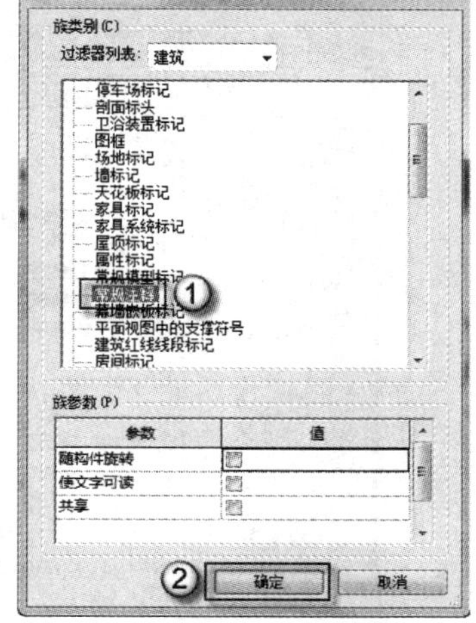

图 6.28　改变族类别

话框的【文件名】栏中输入“平面标高(带基线)”字样，单击【保存】按钮，保存新族文件，如图 6.29 所示。

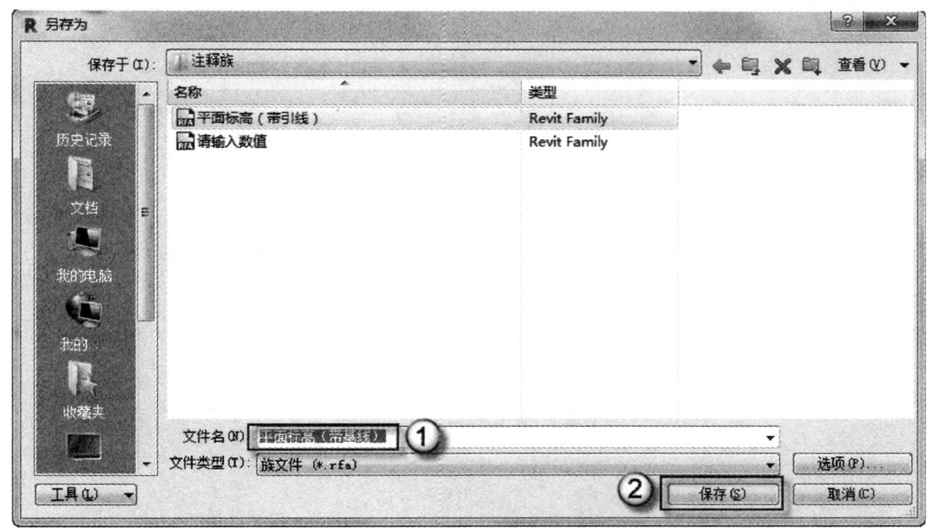

图 6.29　另存为族文件

6.1.2　带引线标高

带引线标高主要用于建筑施工图中标注的位置偏小，无法使用一般标高，需要用引线将标高引出的情况。具体操作如下。

(1) 选择族样板。单击【族】→【打开】，在弹出的【新族-选择样板文件】对话框中,选择【注释】→【公制常规注释】族样板文件,单击【打开】按钮,如图 6.30 所示。

图 6.30 选择族样板

(2) 删除提示语。进入族编辑模式后,选择屏幕中以“Note”开头的一段文字,按下【Delete】键,将其删除,如图 6.31 所示。

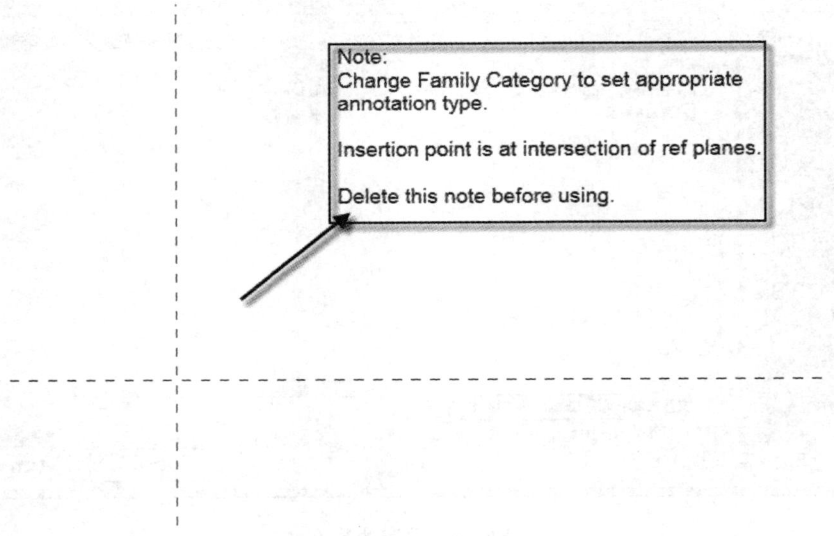

图 6.31 删除提示语

(3) 绘制直线。单击【创建】→【直线】,以屏幕中两条十字相交的虚线交点为起点,向右侧水平绘制一条长度为 15 个单位的直线,如图 6.32 所示。

(4) 绘制水平参照线。单击【创建】→【参照线】,在【偏移量】栏中输入“2”个单位,从标高符号左侧顶点向右侧顶点画参照线。由于设置了偏移量为 2 个单位,所以生成的参照线有 2 个单位的间距,如图 6.33 所示。

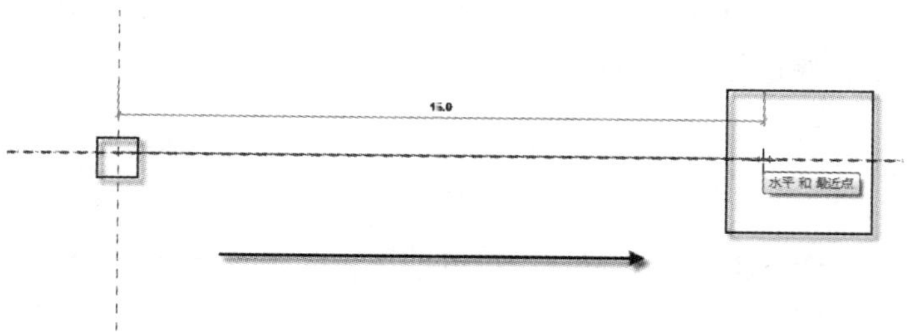

图 6.32　绘制直线

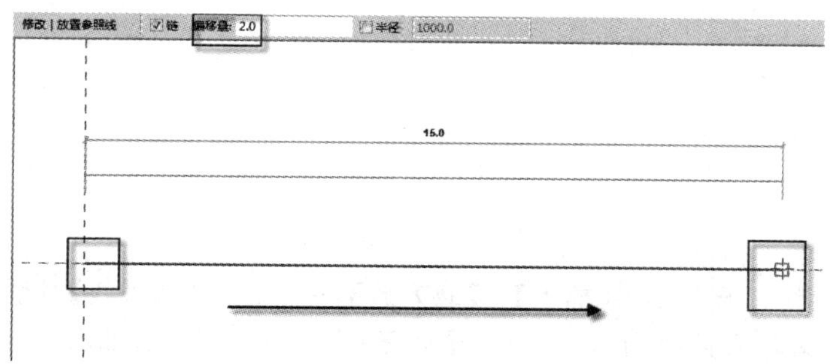

图 6.33　绘制水平参照线

(5) 绘制垂直参照线。单击【创建】→【参照线】，在【偏移量】栏中输入“7.5”个单位，从标高符号倒三角顶点向上侧沿垂直方向画参照线。由于设置了偏移量为 7.5 个单位，所以生成的参照线有 7.5 个单位的间距，如图 6.34 所示。

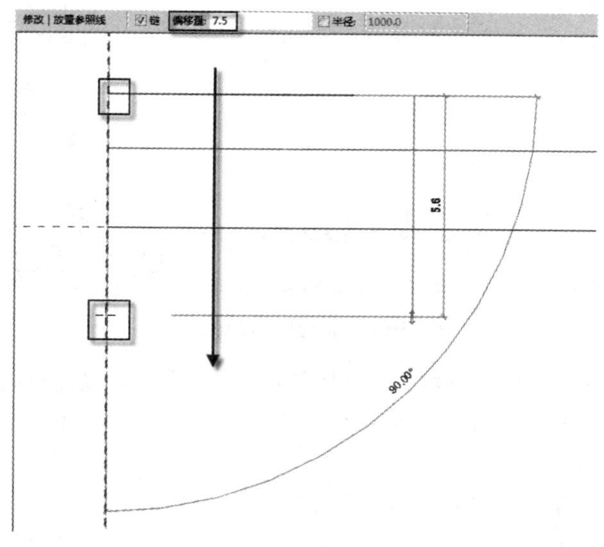

图 6.34　绘制垂直参照线

如图 6.35 所示的两条参照线(①和②)绘制完成后,可以观察到这两条参照线交于一点,这个交点就是标高数值中心的对齐点。

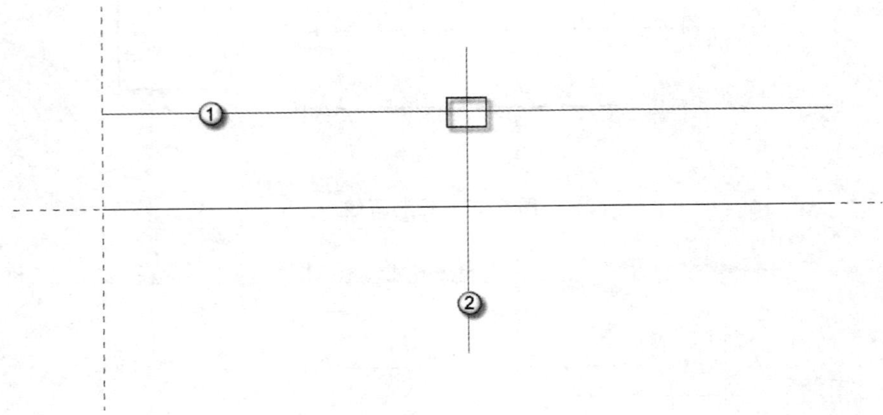

图 6.35 检查交点

(6) 载入注释族。单击【插入】→【载入族】,在弹出的【载入族】对话框中,选择前面制作好的"请输入数值"族,然后单击【打开】按钮,将其载入,如图 6.36 所示。

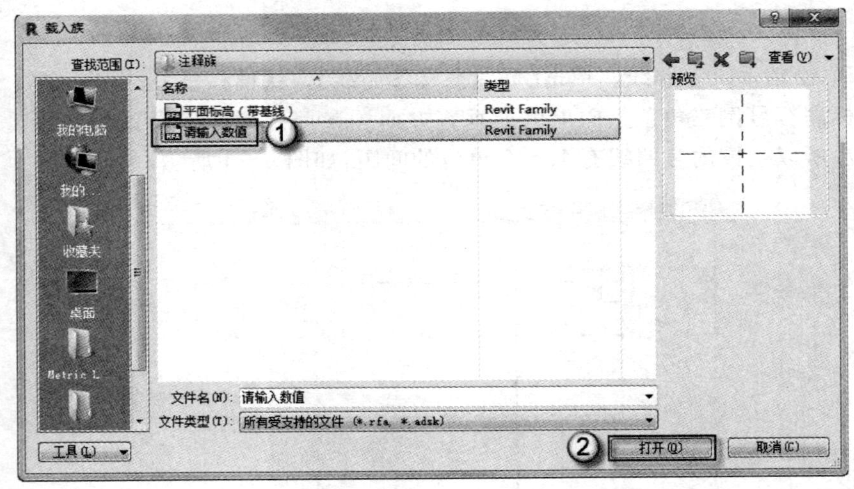

图 6.36 载入注释族

(7) 在屏幕中插入族。在【项目浏览器】中,选择【族】→【注释符号】→【请输入数值】→【请输入数值】,将其拖到屏幕中两条参照线的交点,如图 6.37 所示。然后单击这个交点,如图 6.38 所示。

(8) 输入提示语。完成后,在两条参照线的交点会出现一个"?"号,单击"?"号,输入"请输入标高"提示语,如图 6.39 所示。然后单击屏幕空白处,完成操作,如图 6.40 所示。

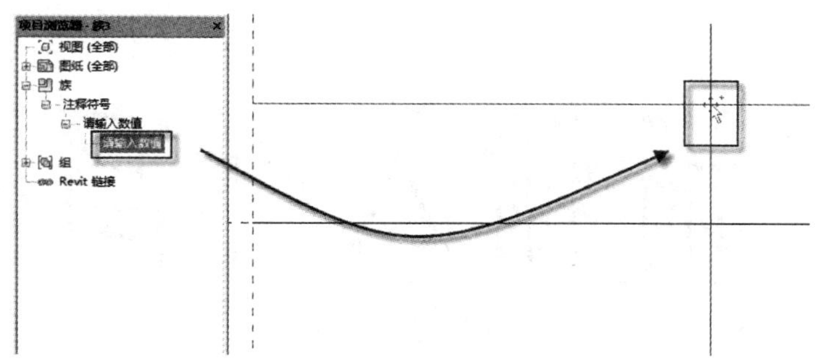

图 6.37　插入族

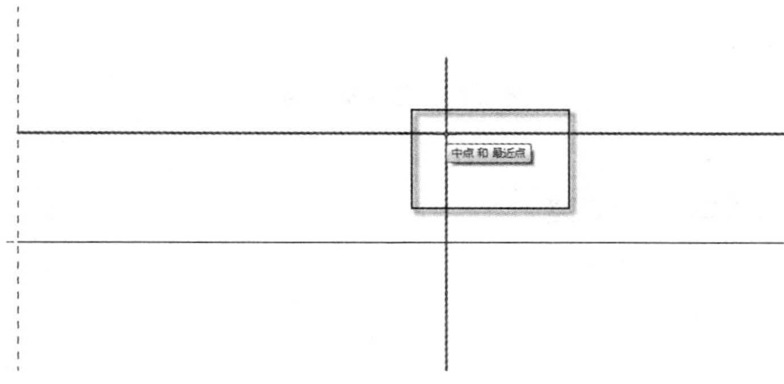

图 6.38　捕捉交点

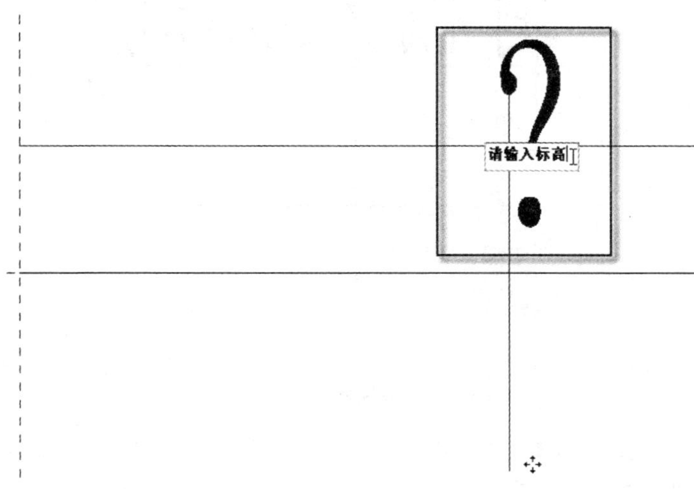

图 6.39　输入提示语

(9) 绘制标头参照线一。单击【创建】→【参照线】，在【偏移量】栏中输入“6”个单位，沿屏幕水平虚线任意一点向左侧绘制参照线(长度不限)。由于设置了偏移量为 6 个单位，所以生成的参照线有 6 个单位的间距，如图 6.41 所示。

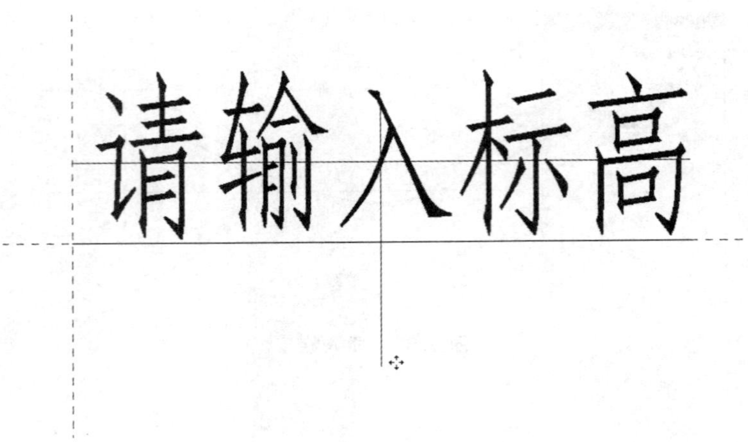

图 6.40　检查提示语

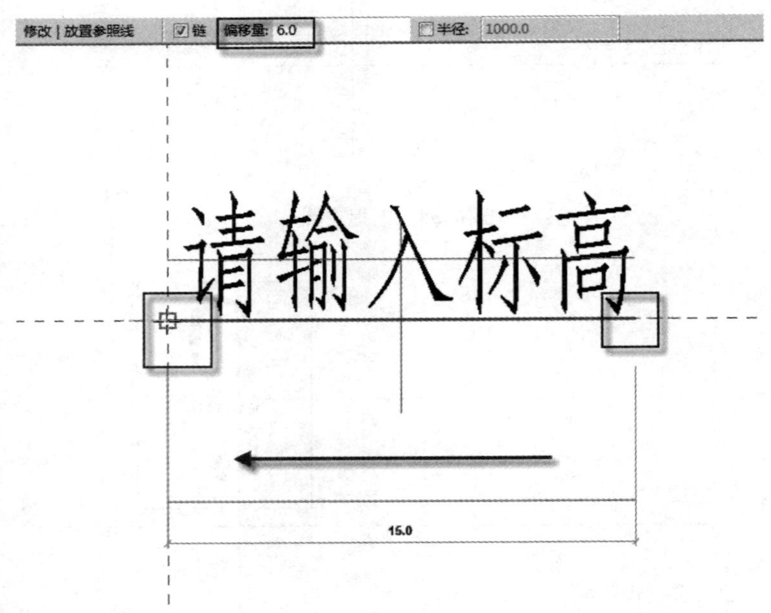

图 6.41　绘制标头参照线一

(10) 对齐标注。按下【DI】键,发出“对齐标注”命令,分别对之前绘制的参照线和水平向虚线进行标注,如图 6.42 所示。这里的“6.0”就是上一个步骤中输入的 6 个单位的偏移量。

(11) 关联标注。选择上一步添加的标注,单击【创建参数】按钮,在弹出的【参数属性】对话框中的【名称】栏中输入“引线长度”字样,然后选择“实例”选项,单击【确定】按钮,如图 6.43 所示。

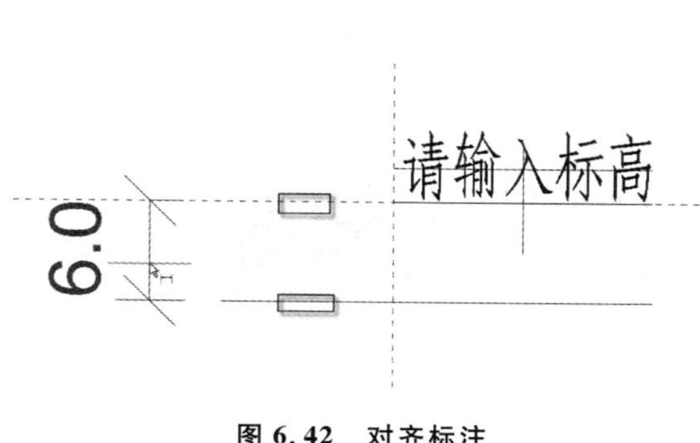

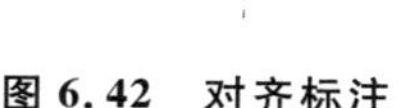

图 6.42　对齐标注

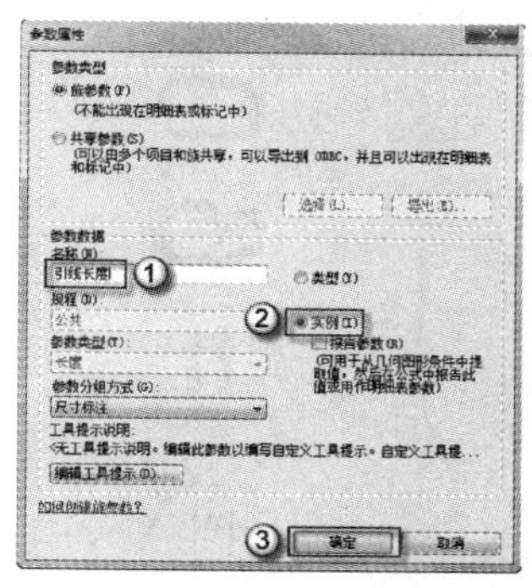

图 6.43　关联标注

完成关联标注操作后，可以观察到标注的字样“6.0”变为“引线长度＝6.0”，如图 6.44 所示。字样的变化表明操作成功。

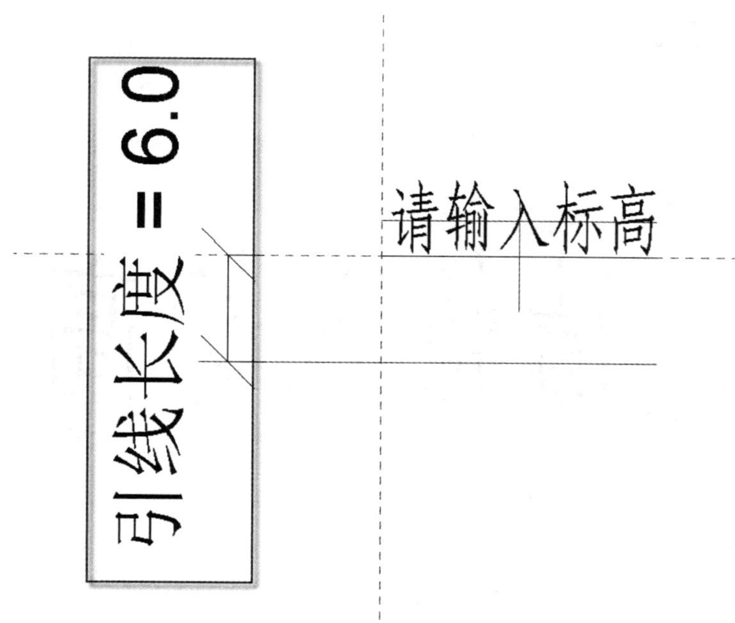

图 6.44　检查关联标注

(12) 绘制直线。单击【创建】→【直线】，以两条虚线的交点为起点，向下绘制直线到垂直虚线与标头参照线一的交点，如图 6.45 所示。

(13) 锁定直线。单击上一步绘制的直线的下端点，会出现一个打开的锁头，单击这个锁头使其关闭，如图 6.46 所示。这样锁定后，这条直线的长度就由参照线决定了。

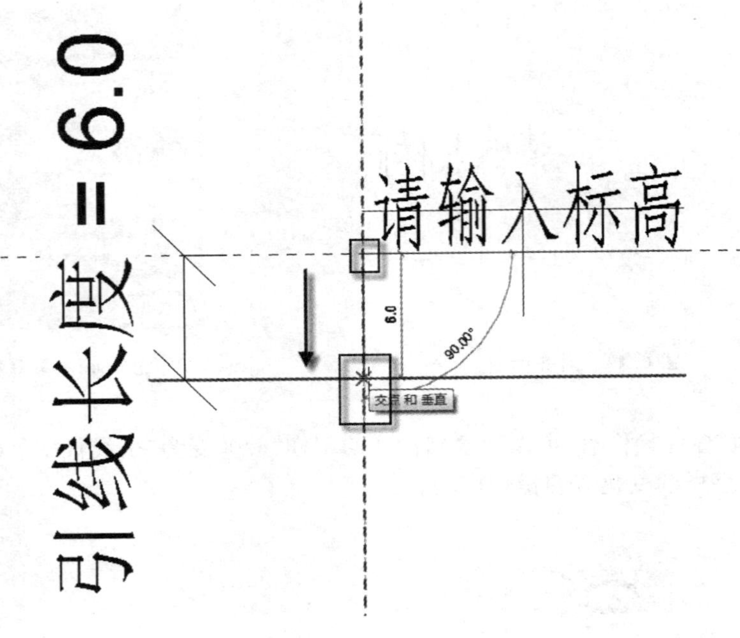

图 6.45 绘制直线

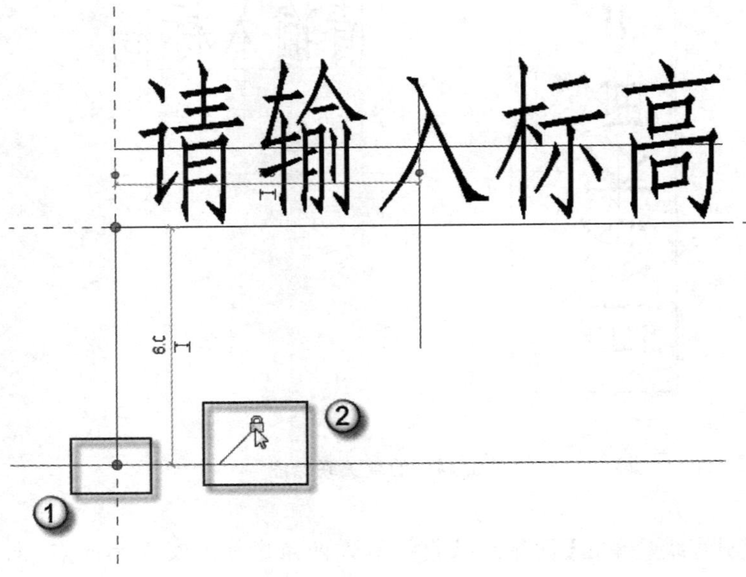

图 6.46 锁定直线

(14) 绘制标头参照线二。单击【创建】→【参照线】,在【偏移量】栏中输入“3”个单位,沿屏幕水平虚线任意一点向左侧绘制参照线(长度不限)。由于设置了偏移量为 3 个单位,所以生成的参照线有 3 个单位的间距,如图 6.47 所示。

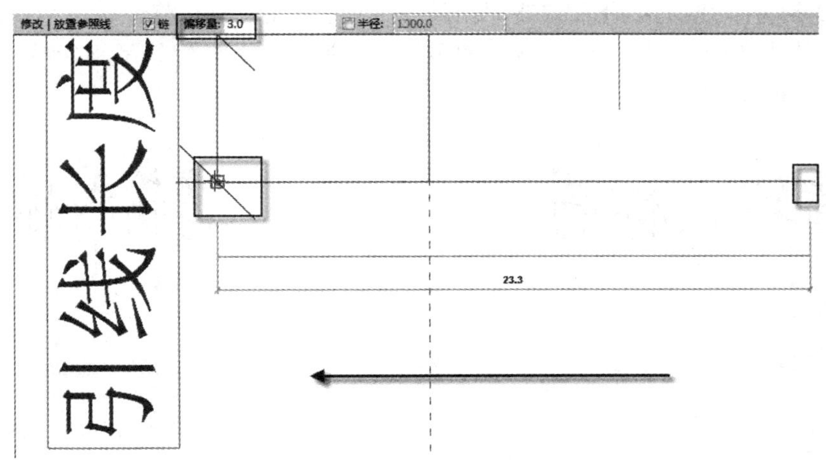

图 6.47　绘制标头参照线二

(15) 绘制连接直线。单击【创建】→【直线】,将垂直虚线与标头参照线一、标头参照线二的两个交点连接起来,如图 6.48 所示。

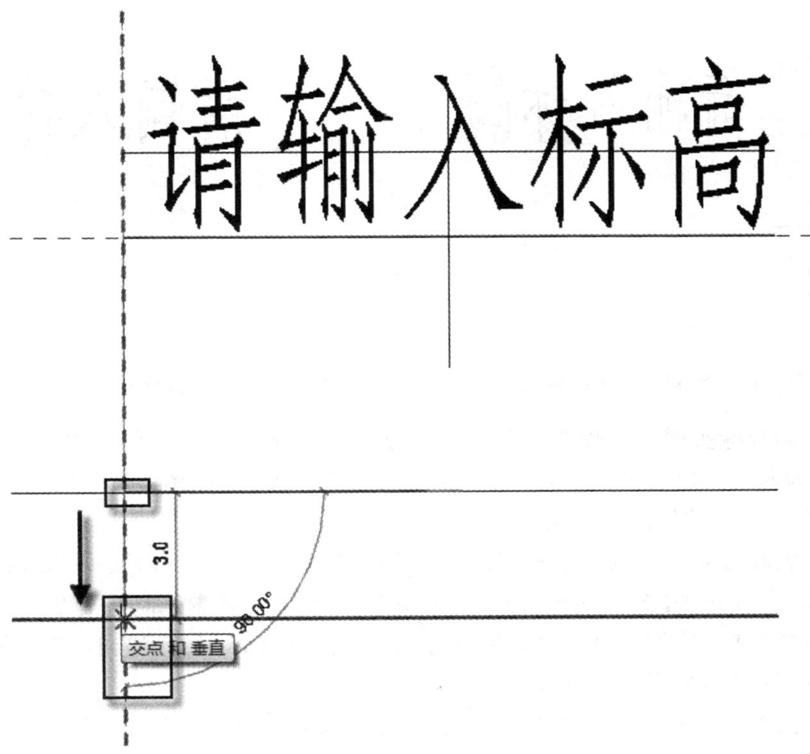

图 6.48　绘制连接直线

注意：使用“对齐尺寸标注”命令时，先选择参照对象、源对象(就是不动的对象)，然后再选择需要对齐对象、目标对象(就是要动的对象)，不要选反了。

(16) 对齐直线。按下【AL】键，发出“对齐尺寸标注”命令，将上一步绘制的直线分别与标头参照线一、标头参照线二对齐，并分别按下锁头使其呈锁定状态，如图 6.49、图 6.50 所示。

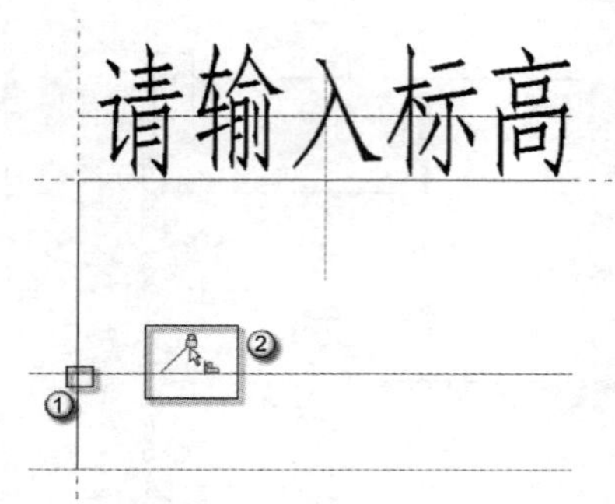

图 6.49 对齐标头参照线一

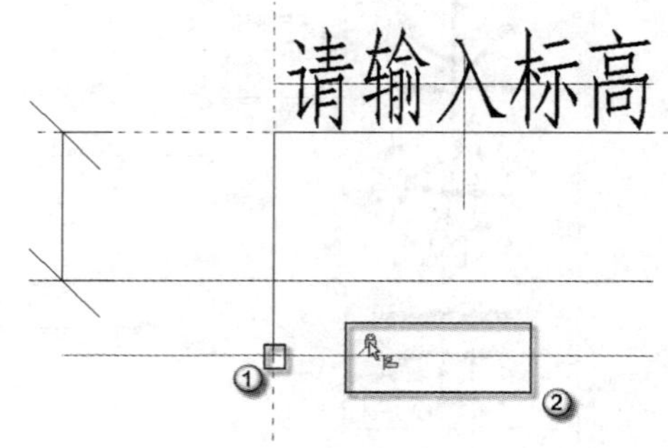

图 6.50 对齐标头参照线二

(17) 绘制标头倒三角底边线。单击【创建】→【直线】，以垂直向虚线与标头参照线一的交点为起点，沿水平方向向左、向右各绘制长度为 3 个单位的直线，如图6.51、图 6.52 所示。

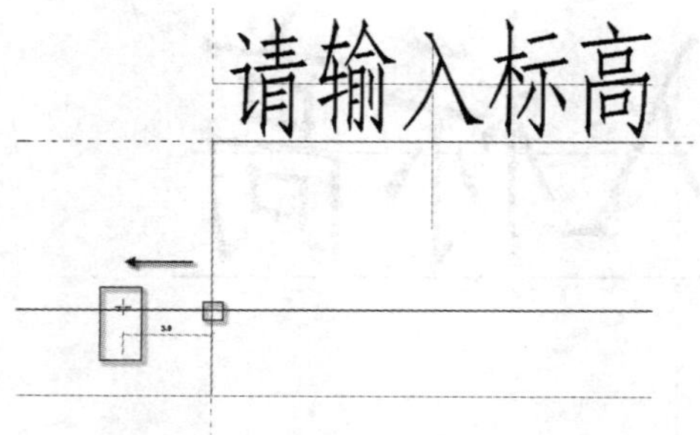

图 6.51 向左绘制 3 个单位长的直线

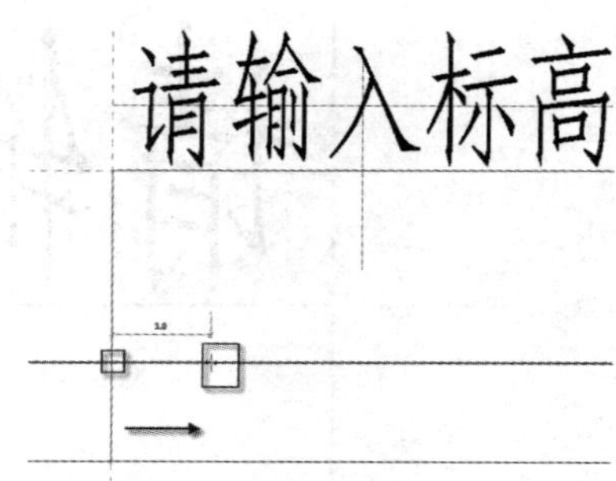

图 6.52 向右绘制 3 个单位长的直线

(18) 绘制标头倒三角腰线。单击【创建】→【直线】，以上一步绘制的两条直线的两个端点为起点，分别向虚线与标头参照线二的交点连线，如图 6.53 所示。这样就完成了标高标头的倒三角腰线的绘制。

(19) 关联嵌套族参数。选择“请输入标高”标签，在【属性】面板中单击【关联族参数】按钮，在弹出的【关联族参数】对话框中单击【新建参数】按钮，在弹出的【参数属性】对话框中的【名称】栏中输入“请输入标高”字样，并选择“实例”选项，两次单击【确定】按钮完成操作，如图 6.54 所示。

(20) 检查参数和新建族类型。单击【创建】→【族类型】，在弹出的【族类型】对话框中检查是否有两个参数，然后单击【新建类型】按钮，在弹出的【名称】对话框中输入“带引线标高”字样，两次单击【确定】按钮，如图 6.55 所示。

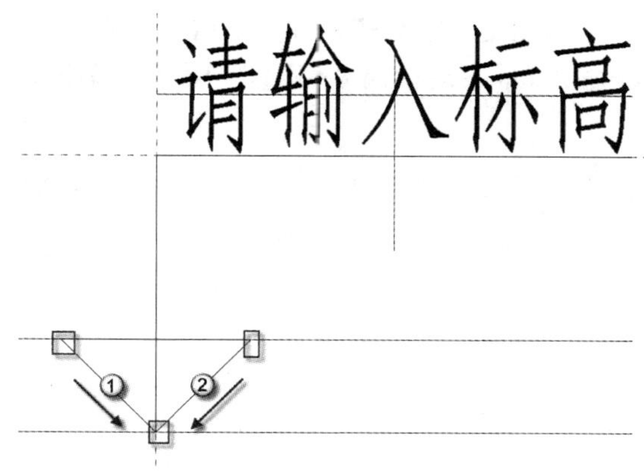

图 6.53　绘制标头倒三角腰线

图 6.54　关联嵌套族参数

(21) 改变族类别。单击【创建】→【族类别和族参数】。在弹出的【族类别和族参数】对话框中的【族类别】栏中选择“常规注释”选项，然后单击【确定】按钮，如图 6.56 所示。

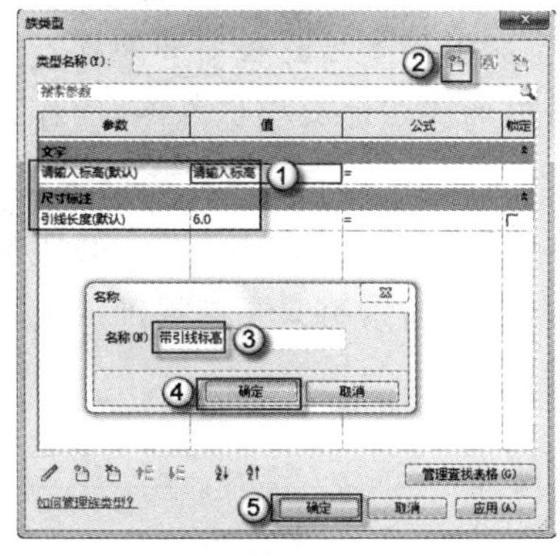

图 6.55　检查参数和新建族类型

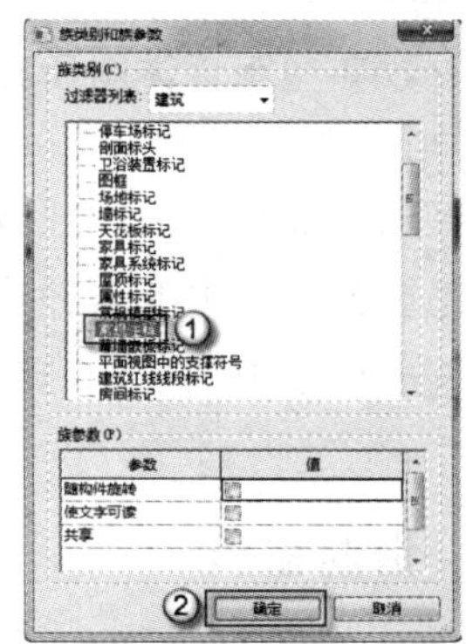

图 6.56　改变族类别

(22) 另存为族文件。单击【程序】→【另存为】→【族】按钮，在弹出的【另存为】对话框中的【文件名】栏中输入“带引线标高”字样，单击【保存】按钮，保存新族文件，如图 6.57 所示。

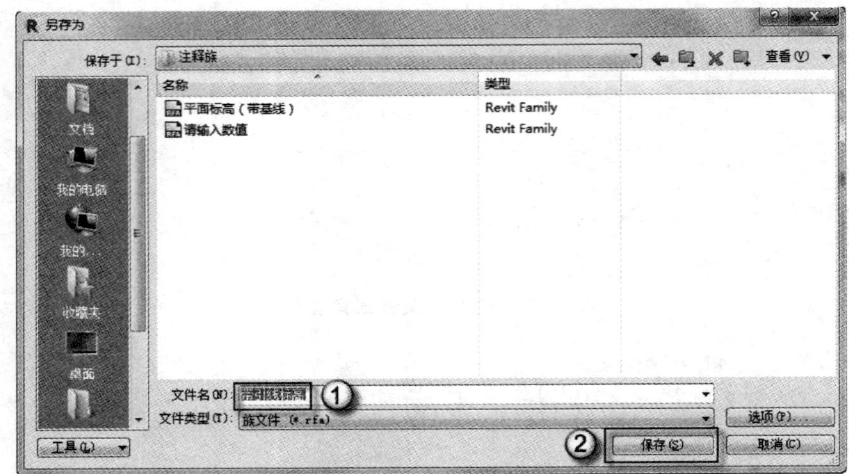

图 6.57　另存为族文件

6.2　索引

在施工图中，有时会因为图纸比例问题而无法清楚表达某一局部的细节，为方便施工需另画详图(或称大样图)。一般用索引符号注明画出详图的位置、详图的编号以及详图所在的图纸编号。索引符号和详图符号内的详图编号与图纸编号两者对应一致。

根据规定，索引符号应以细实线绘制，圆直径为 8～10 mm。引出线应对准圆心，圆内过圆心画一条水平线，上半圆中用阿拉伯数字注明该详图的编号，下半圆中用阿拉伯数字注明该详图所在图纸的图纸编号。如果详图与被索引的图样在同一张图纸内，则在下半圆中间画一水平细实线。索引出的详图如采用标准图，应在索引符号水平直径的延长线上加注该标准图的编号。

在建筑施工图中有两种类型的索引：剖切索引与指向索引。剖切索引表示对建筑进行虚拟剖切，看到其内容的细节构造；而指向索引只是起局部放大比例的作用。

6.2.1　指向索引

指向索引是由指向引线、索引两个部分组成的。这两个族文件放置在配套下载资源中，本小节中只需要将二者结合起来，设置一定的信息就可以了。打开

“索引”族，其后的操作如下。

(1) 载入“指向引线”嵌套族。单击【插入】→【载入族】，在弹出的【载入族】对话框中选择配套下载资源中的“指向引线”族文件，单击【打开】按钮，将其嵌套进来，如图 6.58 所示。

图 6.58　载入“指向引线”嵌套族

(2) 在屏幕中插入嵌套族。在【项目浏览器】中，选择【族】→【注释符号】→【指向引线】→【指向引线】，将其拖到屏幕中两条虚线交点处，如图 6.59 所示。操作完成后，如图 6.60 所示。可以观察到，指向索引的图形形式已经大致完成了。

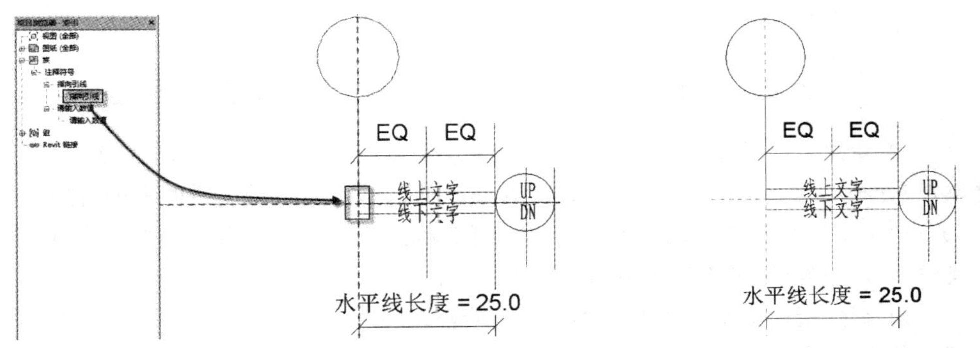

图 6.59　插入嵌套族　　图 6.60　检查指向索引

(3) 阵列指向引线。选择指向引线对象，按下【AR】键，发出“阵列”命令，单击【径向】按钮，改为环形阵列模式，去掉“成组并关联”的勾选，在【项目数】栏中输入“5”个单位，单击【地点】按钮，选择屏幕中两条虚线的交点为环形阵列的旋转中心，如图 6.61 所示。

将选择的对象向逆时针方向旋转 45°，如图 6.62 所示。完成阵列操作后，可以观察到包括已选择的第一根指向引线在内，共有 5 个对象，如图 6.63 所示，这就是在【项目数】栏中输入“5”个单位的原因。

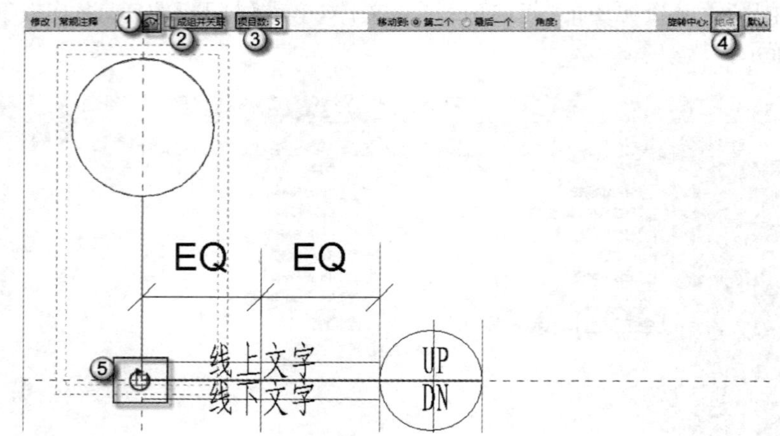

图 6.61　设置阵列参数

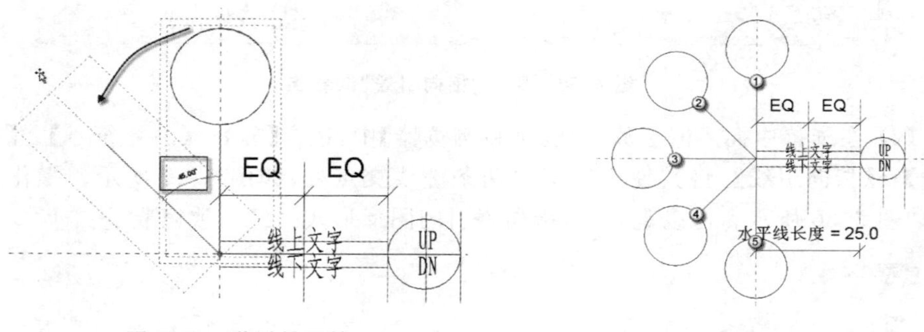

图 6.62　逆时针旋转

图 6.63　5 个对象

(4) 新建引线长度关联族参数。配合【Ctrl】键，依次选择 5 个指向引线对象，在【属性】面板中单击【关联族参数】按钮，在弹出的【关联族参数】对话框中单击【新建参数】按钮，在弹出的【参数属性】对话框中的【名称】栏中输入“引线长度”字样，并选择“实例”选项，两次单击【确定】按钮完成操作，如图 6.64 所示。

(5) 新建指向圈半径关联族参数。配合【Ctrl】键，依次选择 5 个指向引线对象，在【属性】面板中单击【关联族参数】按钮，在弹出的【关联族参数】对话框中单击【新建参数】按钮，在弹出的【参数属性】对话框中的【名称】栏中输入“指向圈半径”字样，并选择“实例”选项，两次单击【确定】按钮完成操作，如图 6.65 所示。

(6) 设置 90 度引线族参数。选择第一根指向引线即 90 度引线，在【属性】面板中单击【关联族参数】按钮，在弹出的【关联族参数】对话框中单击【新建参数】按钮，在弹出的【参数属性】对话框中的【名称】栏中输入“90 度引线”字样，并选择“实例”选项，两次单击【确定】按钮完成操作，如图 6.66 所示。

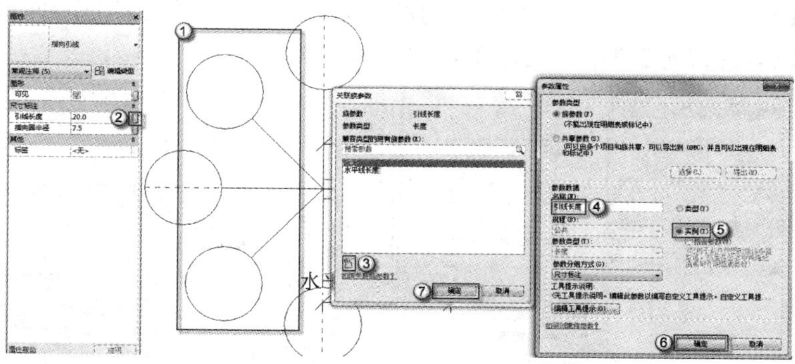

图 6.64　新建引线长度关联族参数

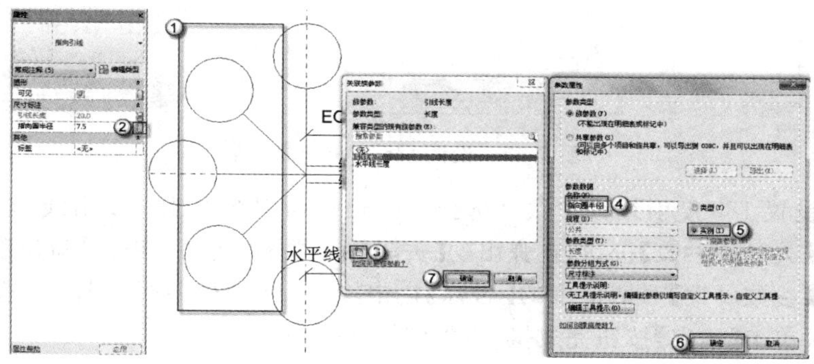

图 6.65　新建指向圈半径关联族参数

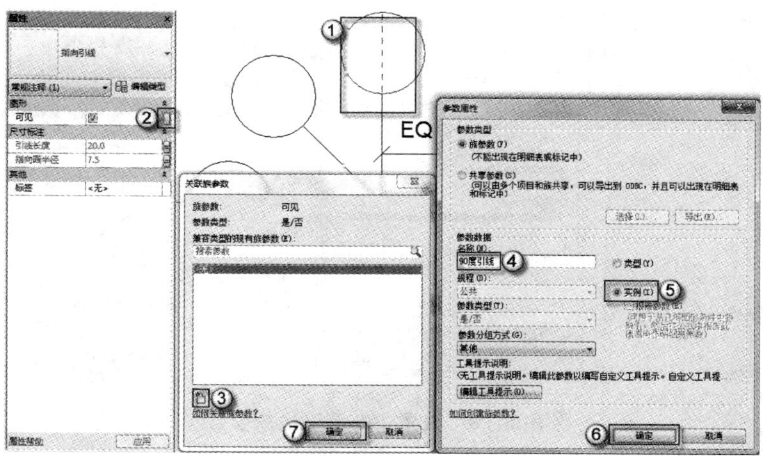

图 6.66　设置 90 度引线族参数

(7) 设置 135 度引线族参数。选择第二根指向引线即 135 度引线，在【属性】面板中单击【关联族参数】按钮，在弹出的【关联族参数】对话框中单击【新建参数】按钮，在弹出的【参数属性】对话框中的【名称】栏中输入“135 度引线”字样,并选择“实例”选项,两次单击【确定】按钮完成操作,如图 6.67 所示。

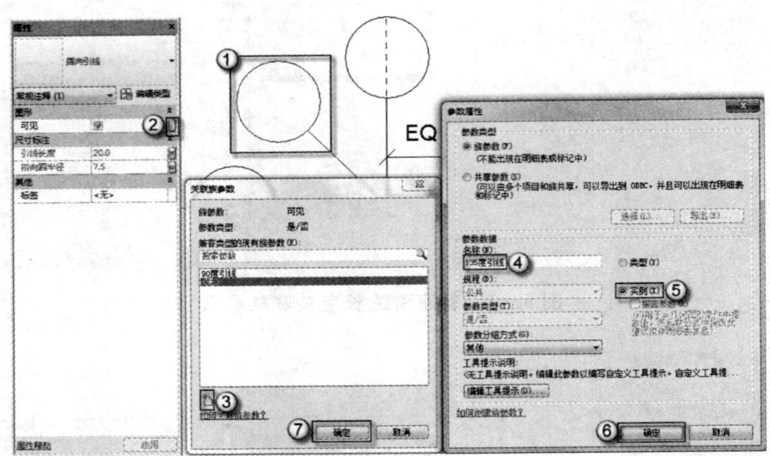

图 6.67　设置 135 度引线族参数

(8) 设置 180 度引线族参数。选择第三根指向引线即 180 度引线,在【属性】面板中单击【关联族参数】按钮,在弹出的【关联族参数】对话框中单击【新建参数】按钮,在弹出的【参数属性】对话框中的【名称】栏中输入“180 度引线”字样,并选择“实例”选项,两次单击【确定】按钮完成操作,如图 6.68 所示。

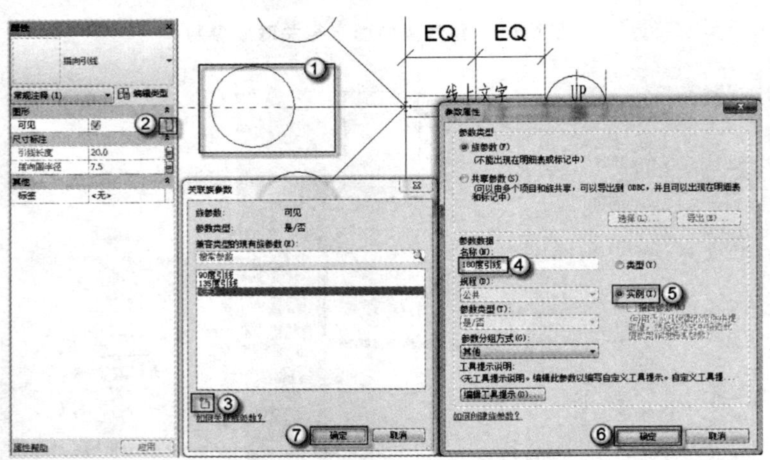

图 6.68　设置 180 度引线族参数

(9) 设置 225 度引线族参数。选择第四根指向引线即 225 度引线,在【属性】面板中单击【关联族参数】按钮,在弹出的【关联族参数】对话框中单击【新建参数】按钮,在弹出的【参数属性】对话框中的【名称】栏中输入“225 度引线”字样,并选择“实例”选项,两次单击【确定】按钮完成操作,如图 6.69 所示。

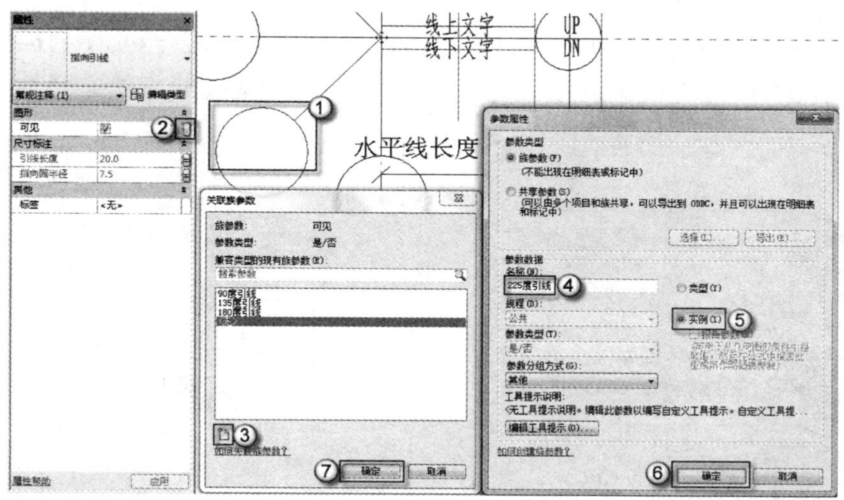

图 6.69 设置 225 度引线族参数

(10) 设置 270 度引线族参数。选择第五根指向引线即 270 度引线,在【属性】面板中单击【关联族参数】按钮,在弹出的【关联族参数】对话框中单击【新建参数】按钮,在弹出的【参数属性】对话框中的【名称】栏中输入"270 度引线"字样,并选择"实例"选项,两次单击【确定】按钮完成操作,如图 6.70 所示。

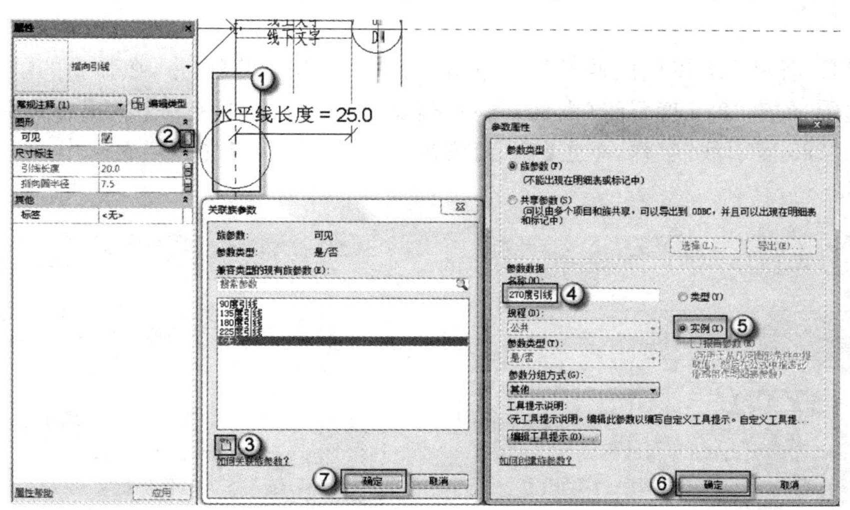

图 6.70 设置 270 度引线族参数

(11) 新建 90 度引线族类型。单击【创建】→【族类型】,在弹出的【族类型】对话框中,勾选"90 度引线(默认)",单击【新建类型】按钮,在弹出的【名称】对话框中输入"90 度引线"字样,单击【确定】按钮,再单击【应用】按钮完成操作,如图 6.71 所示。

(12) 新建 135 度引线族类型。单击【创建】→【族类型】,在弹出的【族类型】对话框中,勾选“135 度引线(默认)”,单击【新建类型】按钮,在弹出的【名称】对话框中输入“135 度引线”字样,单击【确定】按钮,再单击【应用】按钮完成操作,如图 6.72 所示。

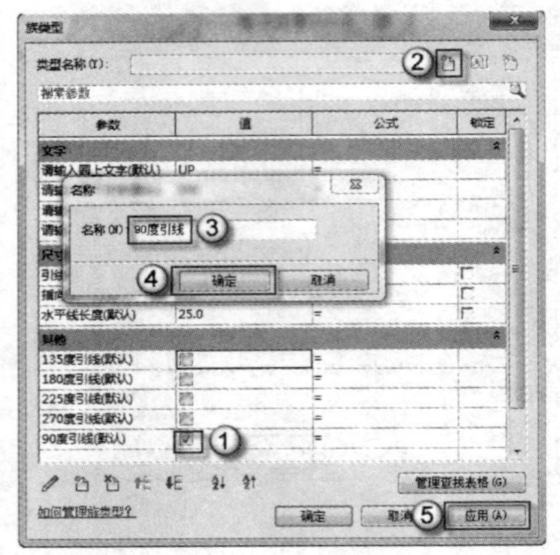

图 6.71 新建 90 度引线族类型

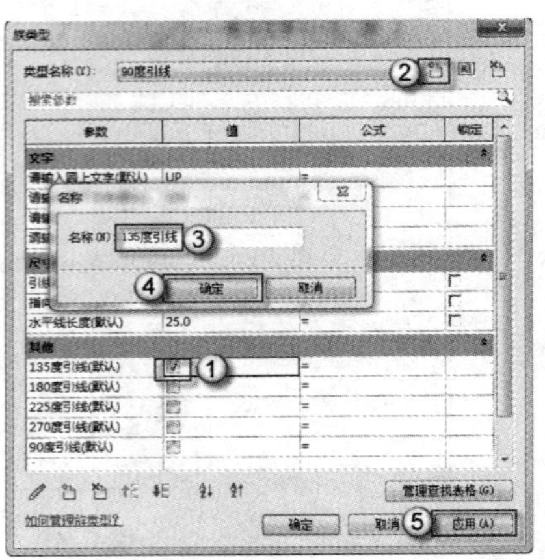

图 6.72 新建 135 度引线族类型

(13) 新建 180 度引线族类型。单击【创建】→【族类型】,在弹出的【族类型】对话框中,勾选“180 度引线(默认)”,单击【新建类型】按钮,在弹出的【名称】对话框中输入“180 度引线”字样,单击【确定】按钮,再单击【应用】按钮完成操作,如图 6.73 所示。

(14) 新建 225 度引线族类型。单击【创建】→【族类型】命令,在弹出的【族类型】对话框中,勾选“225 度引线(默认)”,单击【新建类型】按钮,在弹出的【名称】对话框中输入“225 度引线”字样,单击【确定】按钮,再单击【应用】按钮完成操作,如图 6.74 所示。

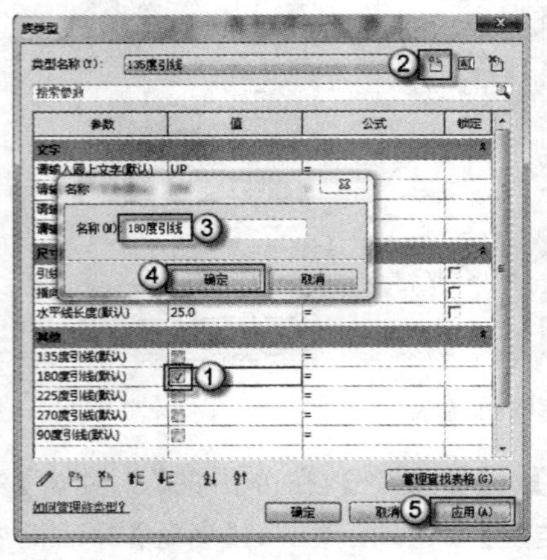

图 6.73 新建 180 度引线族类型

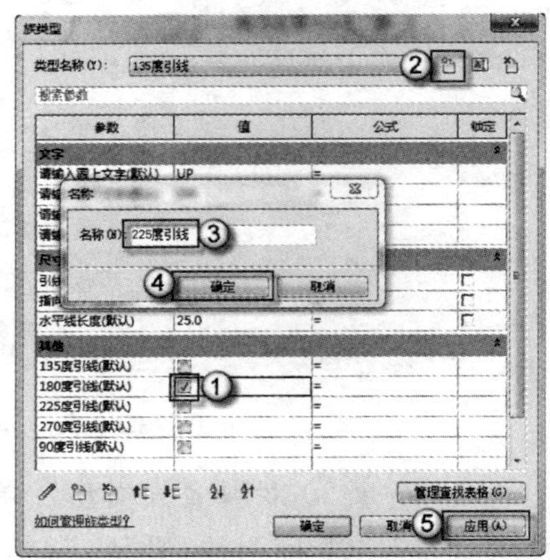

图 6.74 新建 225 度引线族类型

(15) 新建 270 度引线族型。单击【创建】→【族类型】,在弹出的【族类型】对话框中,勾选"270 度引线(默认)",单击【新建类型】按钮,在弹出的【名称】对话框中输入"270 度引线"字样,单击【确定】按钮,再单击【应用】按钮,如图 6.75 所示。然后在【类型名称】下拉列表中检查是否有 5 个族类型,单击【确定】按钮完成操作,如图 6.76 所示。

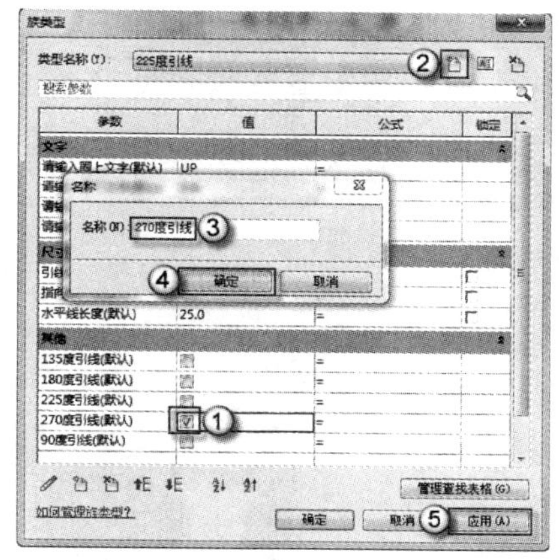

图 6.75　新建 270 度引线族类型

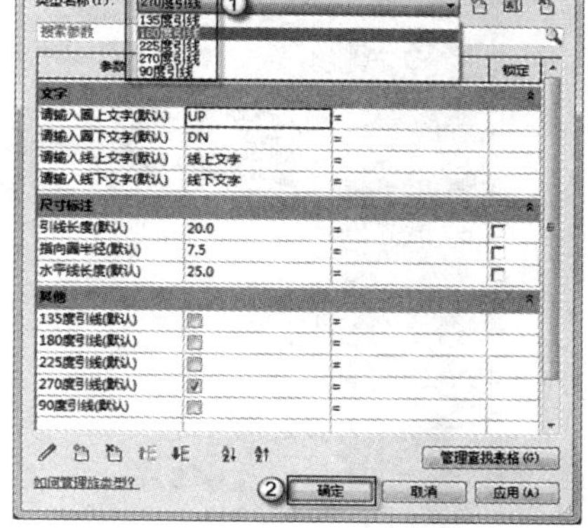

图 6.76　检查引线族类型

(16) 另存为族文件。单击【程序】→【另存为】→【族】按钮,在弹出的【另存为】对话框中的【文件名】栏中输入"指向索引"字样,单击【保存】按钮,保存新族文件,如图 6.77 所示。

图 6.77　另存为族文件

6.2.2　剖切索引

剖切索引与指向索引的制作方法类似,也是使用嵌套族的方法,然后在类型中增加相应的角度变化,具体操作如下。

(1) 载入“剖切引线”嵌套族。单击【插入】→【载入族】,在弹出的【载入族】对话框中选择配套下载资源中的“剖切引线”族文件,单击【打开】按钮,将其嵌套进来,如图6.78所示。

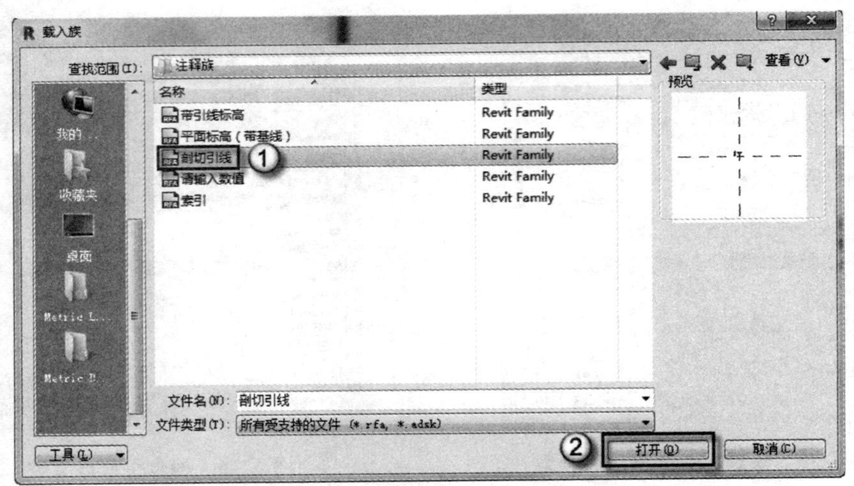

图6.78 载入“剖切引线”嵌套族

(2) 在屏幕中插入嵌套族。在【项目浏览器】中,选择【族】→【注释符号】→【剖切引线】→【剖切引线】,将其拖到屏幕中任意位置,如图6.79所示。

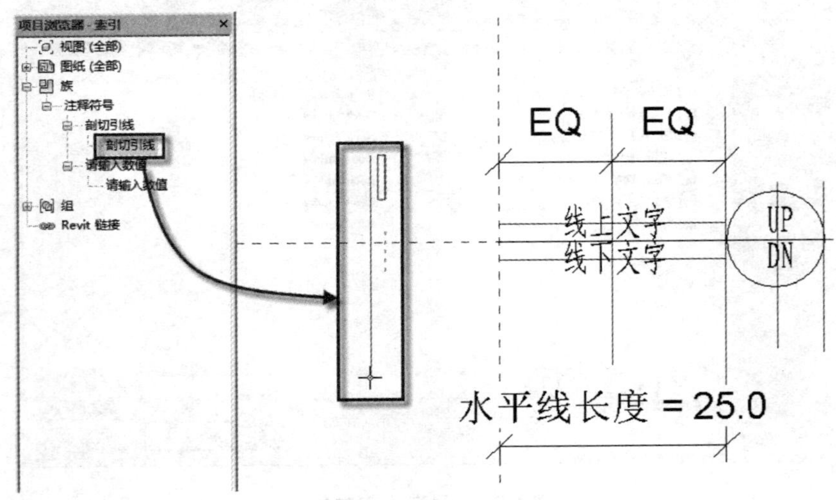

图6.79 插入嵌套族

(3) 移动嵌套族。选择插入的剖切引线嵌套族,按下【MV】键,发出“移动”命令,将其底部的端点捕捉对齐到屏幕中两条虚线的交点,如图6.80所示。对齐后,按下

【Esc】键退出操作，可以观察到剖切索引基本完成，如图 6.81 所示。

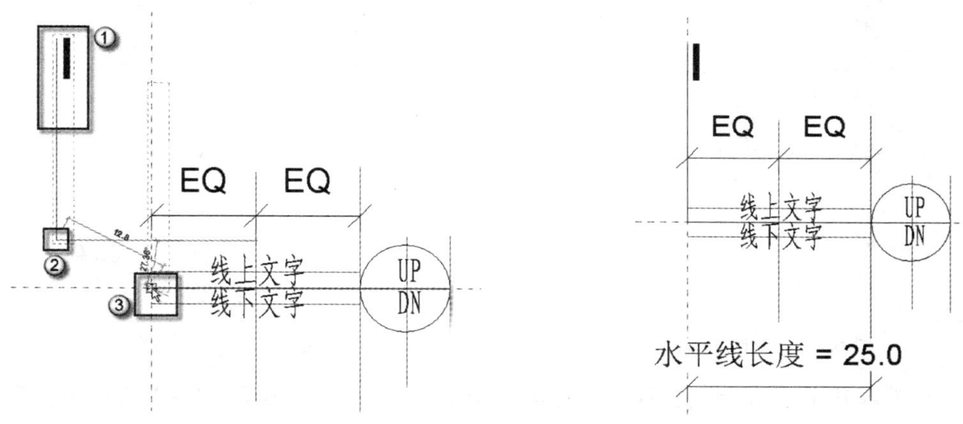

图 6.80　移动嵌套族　　　　图 6.81　剖切引线基本完成

(4) 阵列剖切引线。选择剖切引线对象，按下【AR】键，发出“阵列”命令，单击【径向】按钮，改为环形阵列模式，去掉“成组并关联”的勾选，在【项目数】栏中输入“5”个单位，在【移动到】栏中选择“第二个”选项，单击【地点】按钮，选择屏幕中两条虚线的交点为环形阵列的旋转中心，如图 6.82 所示。

将选择的对象向逆时针方向旋转 45°，如图 6.83 所示。完成阵列操作后，可以观察到包括已选择的第一根剖切引线在内，共有 5 个对象，如图 6.84 所示，这就是在【项目数】栏中输入“5”个单位的原因。

注意：Revit 的阵列与 AutoCAD 类似，也有两种。在 Revit 中叫做线性阵列(与 AutoCAD 中的矩形阵列类似)、径向阵列(与 AutoCAD 中的环形阵列类似)。

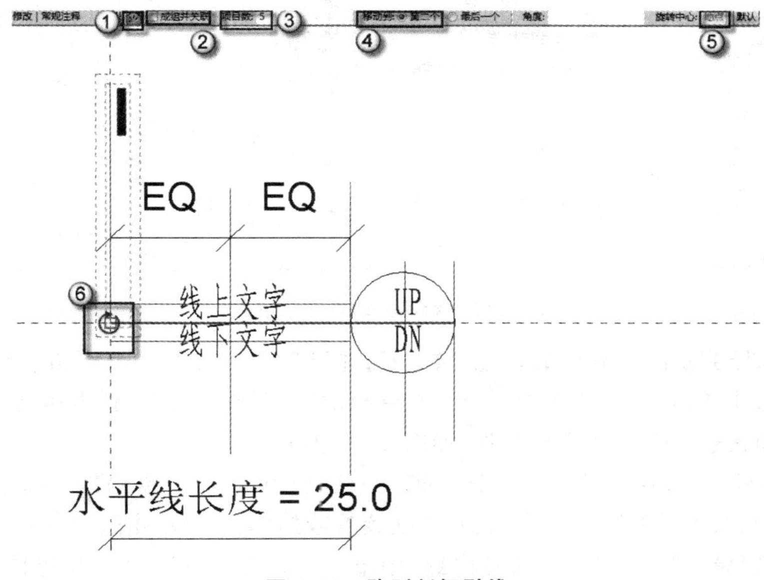

图 6.82　阵列剖切引线

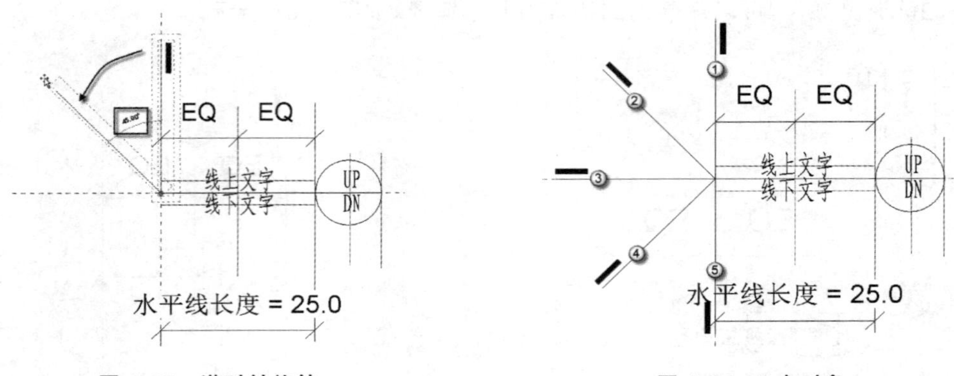

图 6.83 逆时针旋转　　　　图 6.84 5 个对象

注意:如果利用此线的角度变化来制作这个可变参数的剖切索引族,会过于复杂。因为还涉及引线长度的变化。因此此处通过对这 5 个剖切引线的可见性进行调整来达到剖切位置的要求。

(5) 新建关联嵌套族参数。选择第一个剖切引线对象,在【属性】面板中单击【关联族参数】按钮,在弹出的【关联族参数】对话框中单击【新建参数】按钮,在弹出的【参数属性】对话框中的【名称】栏中输入“引线长度”字样,并选择“实例”选项,两次单击【确定】按钮完成操作,如图 6.85 所示。

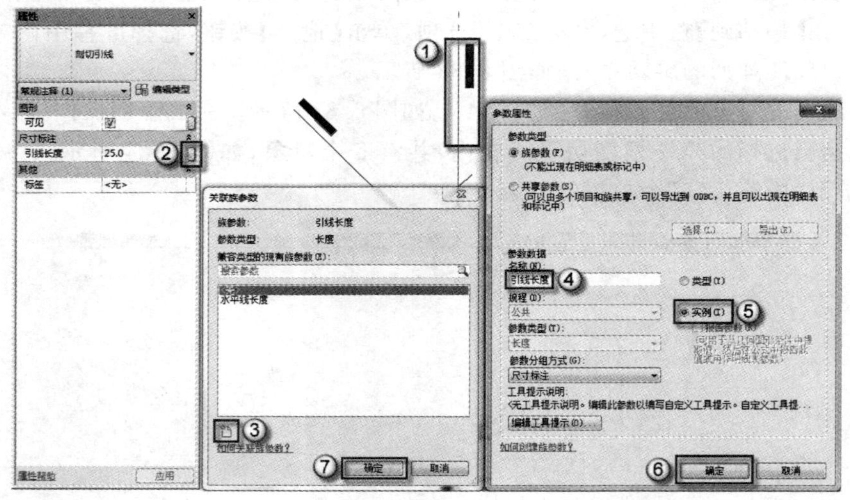

图 6.85 新建关联嵌套族参数

(6) 选择关联嵌套族参数。配合【Ctrl】键依次选择其他 4 个剖切引线对象,在【属性】面板中单击【关联族参数】按钮,在弹出的【关联族参数】对话框中选择“引线长度”选项,单击【确定】按钮完成操作,如图 6.86 所示。

(7) 设置 90 度引线族参数。选择第一根剖切引线即 90 度引线,在【属性】面板中单击【关联族参数】按钮,在弹出的【关联族参数】对话框中单击【新建参数】按钮,在弹出的【参数属性】对话框中的【名称】栏中输入“90 度引线”字样,并选择“实例”选项,两次单击【确定】按钮完成操作,如图 6.87 所示。

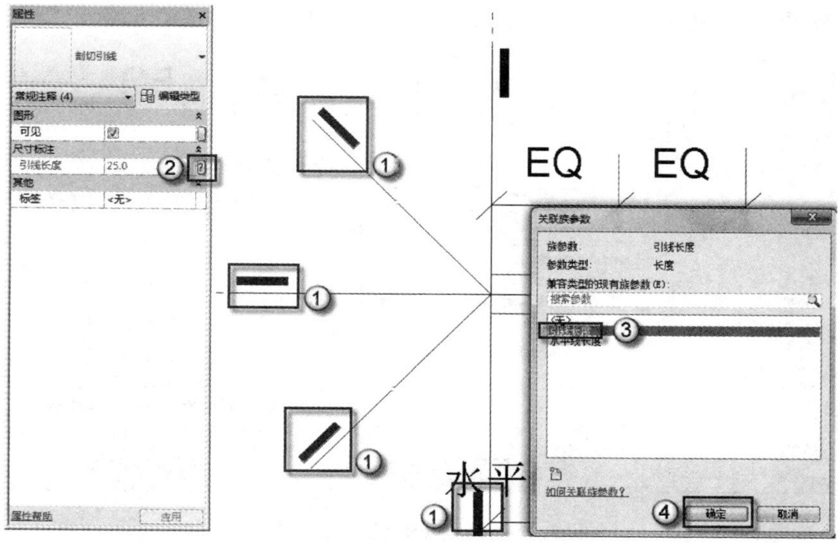

图 6.86 选择关联嵌套族参数

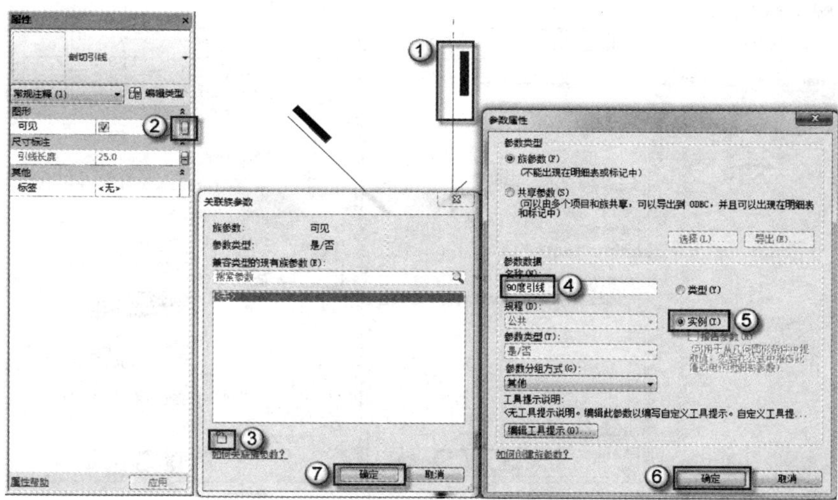

图 6.87 设置 90 度引线族参数

(8) 设置 135 度引线族参数。选择第二根剖切引线即 135 度引线，在【属性】面板中单击【关联族参数】按钮，在弹出的【关联族参数】对话框中单击【新建参数】按钮，在弹出的【参数属性】对话框中的【名称】栏中输入“135 度引线”字样，并选择“实例”选项，两次单击【确定】按钮完成操作，如图 6.88 所示。

(9) 设置 180 度引线族参数。选择第三根剖切引线即 180 度引线，在【属性】面板中单击【关联族参数】按钮，在弹出的【关联族参数】对话框中单击【新建参数】按钮，在弹出的【参数属性】对话框中的【名称】栏中输入“180 度引线”字样，并选择“实例”选项，两次单击【确定】按钮完成操作，如图 6.89 所示。

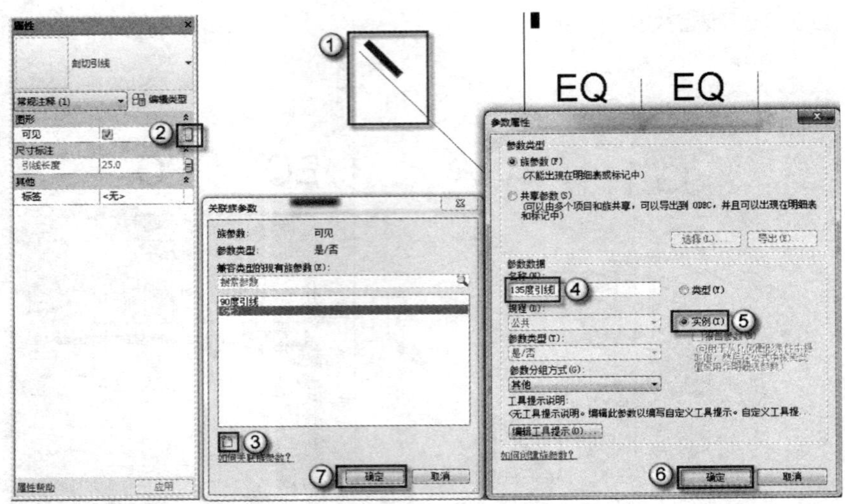

图 6.88 设置 135 度引线族参数

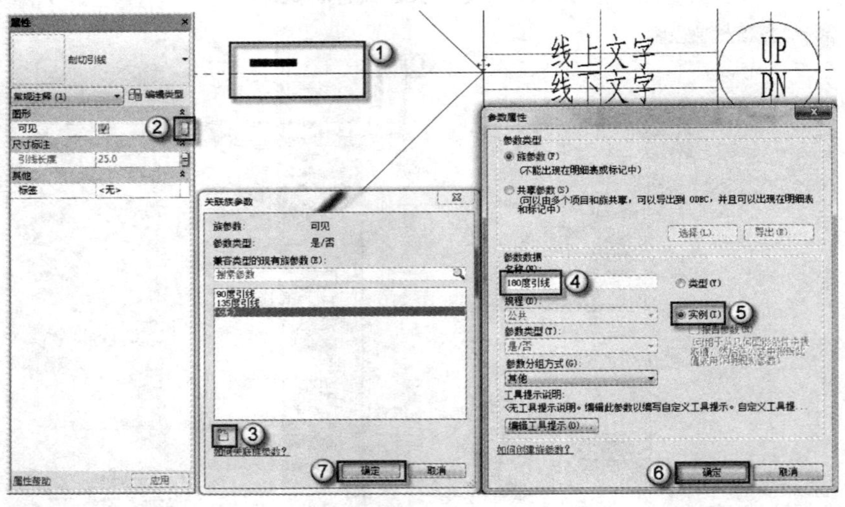

图 6.89 设置 180 度引线族参数

(10) 设置 225 度引线族参数。选择第四根剖切引线即 225 度引线，在【属性】面板中单击【关联族参数】按钮，在弹出的【关联族参数】对话框中单击【新建参数】按钮，在弹出的【参数属性】对话框中的【名称】栏中输入“225 度引线”字样，并选择“实例”选项，两次单击【确定】按钮完成操作，如图 6.90 所示。

(11) 设置 270 度引线族参数。选择第五根剖切引线即 270 度引线，在【属性】面板中单击【关联族参数】按钮，在弹出的【关联族参数】对话框中单击【新建参数】按钮，在弹出的【参数属性】对话框中的【名称】栏中输入“270 度引线”字样，并选择“实例”选项，两次单击【确定】按钮完成操作，如图 6.91 所示。

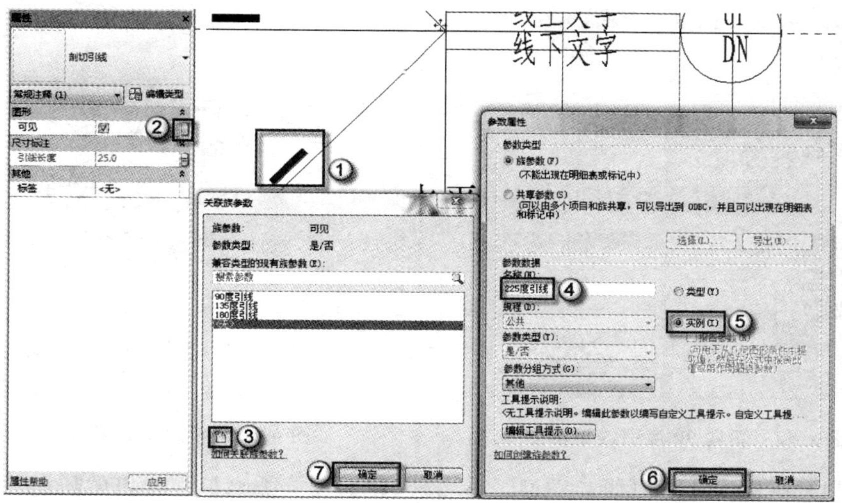

图 6.90 设置 225 度引线族参数

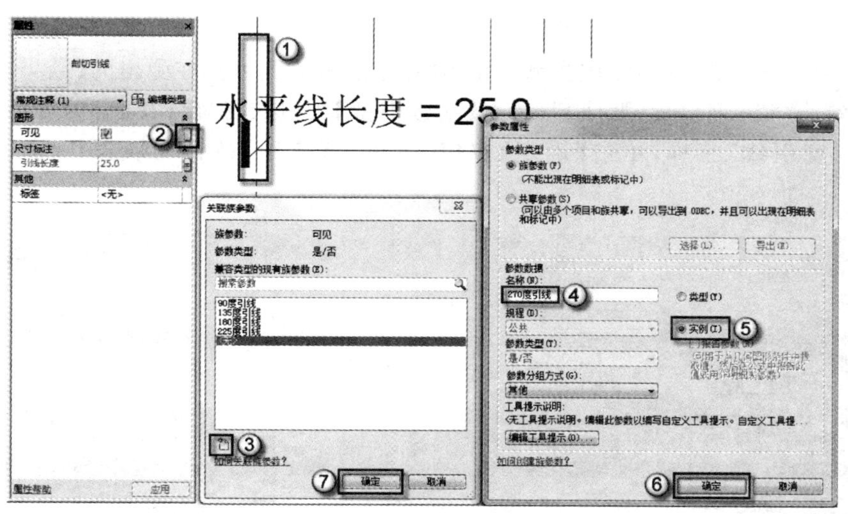

图 6.91 设置 270 度引线族参数

(12) 新建 90 度引线族类型。单击【创建】→【族类型】，在弹出的【族类型】对话框中，勾选“90 度引线(默认)”，单击【新建类型】按钮，在弹出的【名称】对话框中输入“90 度引线”字样，单击【确定】按钮，再单击【应用】按钮完成操作，如图 6.92 所示。

(13) 新建 135 度引线族类型。单击【创建】→【族类型】，在弹出的【族类型】对话框中，勾选“135 度引线(默认)”，单击【新建类型】按钮，在弹出的【名称】对话框中输入“135 度引线”字样，单击【确定】按钮，再单击【应用】按钮完成操作，如图 6.93 所示。

注意：这样操作的好处就是，在将这个剖切索引族导入项目后，可以直接选择需要的类型，需要 90 度引线就只出现 90 度引线，需要 135 度引线就只出现 135 度引线……

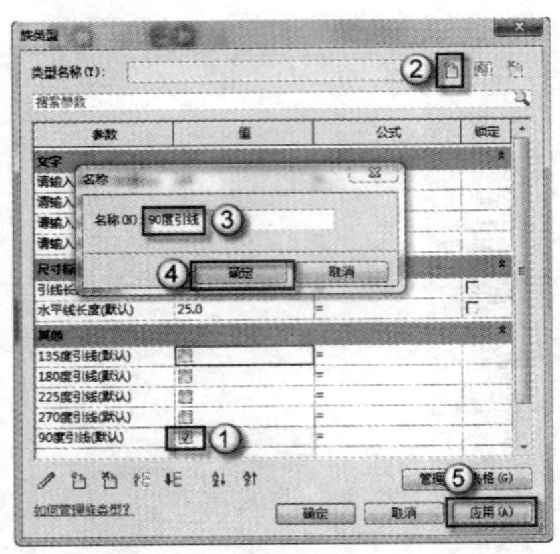

图 6.92　新建 90 度引线族类型

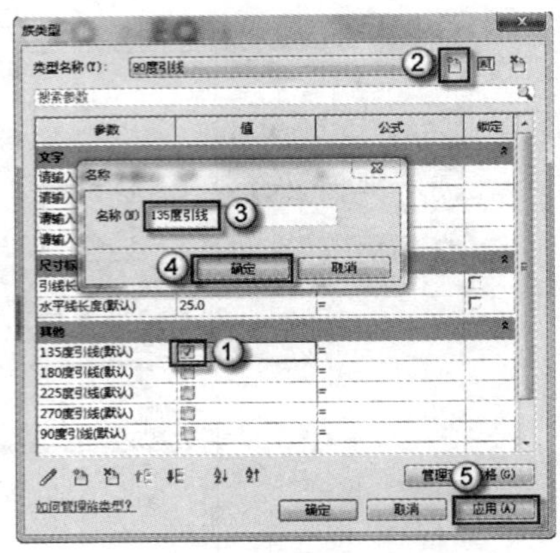

图 6.93　新建 135 度引线族类型

(14) 新建 180 度引线族类型。单击【创建】→【族类型】,在弹出的【族类型】对话框中,勾选“180 度引线(默认)”,单击【新建类型】按钮,在弹出的【名称】对话框中输入“180 度引线”字样,单击【确定】按钮,再单击【应用】按钮完成操作,如图 6.94 所示。

(15) 新建 225 度引线族类型。单击【创建】→【族类型】,在弹出的【族类型】对话框中,勾选“225 度引线(默认)”,单击【新建类型】按钮,在弹出的【名称】对话框中输入“225 度引线”字样,单击【确定】按钮,再单击【应用】按钮完成操作,如图 6.95 所示。

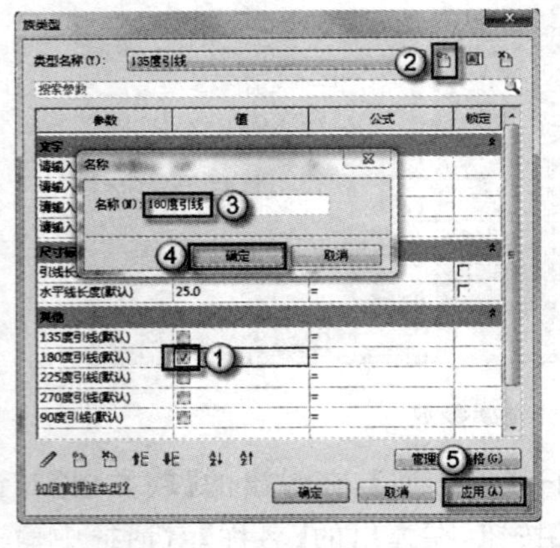

图 6.94　新建 180 度引线族类型

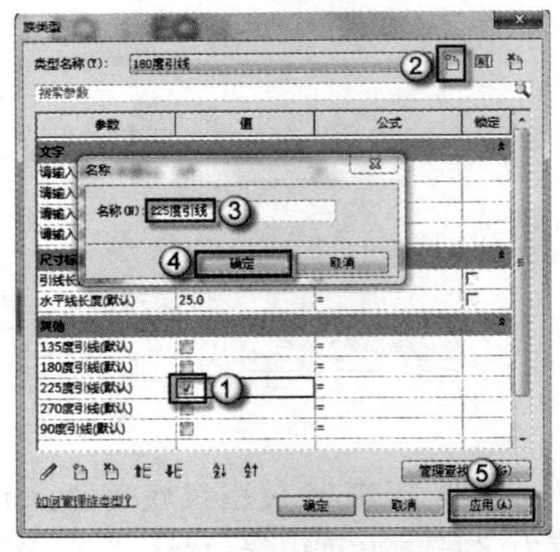

图 6.95　新建 225 度引线族类型

注意:由于剖切索引族中参数比较多,一定要单击【类型名称】的下拉列表,检查整个族的相关参数。

(16) 新建 270 度引线族类型。单击【创建】→【族类型】,在弹出的【族类型】对话框中,勾选“270 度引线(默认)”,单击【新建类型】按钮,在弹出的【名称】对话框中输入“270 度引线”字样,单击【确定】按钮,再单击【应用】按钮,如图 6.96 所示。然后在【类型名称】下拉列表中检查是否有 5 个族类型,单击【确定】按钮完成操作,如图 6.97 所示。

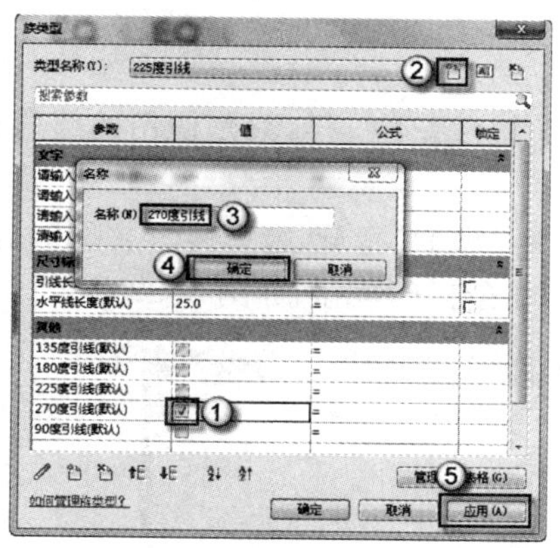

图 6.96　新建 270 度引线族类型

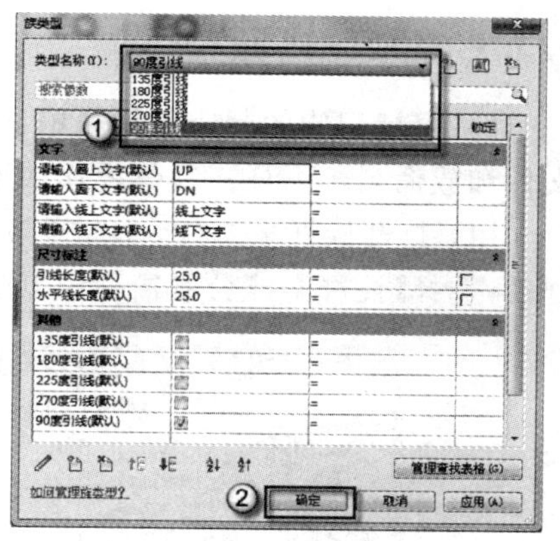

图 6.97　检查族类型

（17）另存为族文件。单击【程序】→【另存为】→【族】按钮，在弹出的【另存为】对话框中的【文件名】栏中输入“剖切索引”字样，单击【保存】按钮，保存新族文件，如图 6.98 所示。

图 6.98　另存为族文件

6.3　标记

标记是注释族的一个类别。标记可以自动识别图元的属性，然后自动进行标记，十分方便。在建筑施工图中，最常用的是门、窗、幕墙的编号，这些就要使用注释族中的标记制作。本节将介绍门、窗标记族的制作与使用。本例中的幕墙采用窗嵌板制作，因此幕墙也可以进行标记。

6.3.1 门、窗标记

门、窗标记族的制作不仅简单,而且二者在制作上基本一样,只是使用的族样板文件和族命名不一样。具体操作如下。

(1) 打开族样板文件。单击【族】→【打开】,在弹出的【新族-选择样板文件】对话框中,选择【注释】→【公制窗标记】族样板文件,单击【打开】按钮,如图 6.99 所示。

图 6.99 打开"公制窗标记"族样板文件

(2) 确定标记族的几何中心。单击【创建】→【标签】,再单击屏幕中两条虚线的交点,如图 6.100 所示。这个交点,就是标记族的几何中心,插入标记族,也是以这个点为中心点插入的。

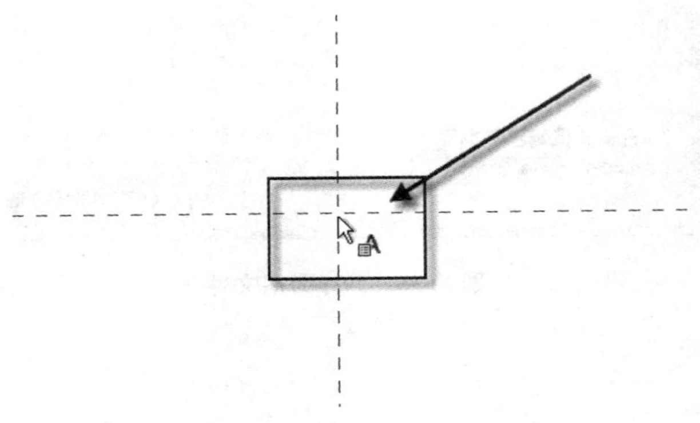

图 6.100 确定标记族的几何中心

(3) 编辑标签。在弹出的【编辑标签】对话框中,选择"类型名称",再单击【将参数添加到标签】按钮,将"类型名称"添加到【标签参数】列表中,单击【确定】按钮完成操作,如图 6.101 所示。此时可以观察到在屏幕中心(也就是两条虚线的交点处)有"类型名称"字样,如图 6.102 所示,表明编辑标签操作已经成功。

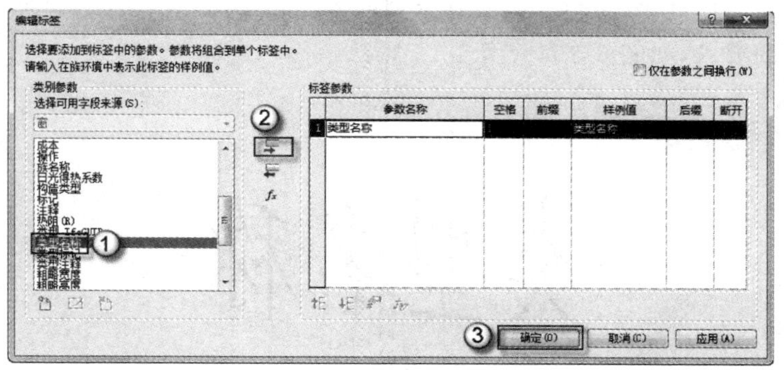

图 6.101　编辑标签

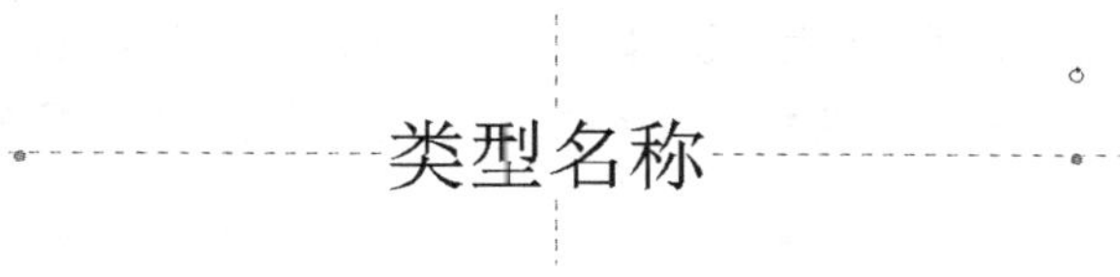

图 6.102　检查标签

（4）编辑字体。虽然标签已经编辑成功，但是标签的字体不符合建筑施工图出图的要求。选择“类型名称”标签，在【属性】面板中单击【编辑类型】按钮，在弹出的【类型属性】对话框中，调整【背景】栏为“透明”选项，调整【文字字体】栏为“仿宋_GB2312”字体，调整【宽度系数】栏为“0.7”个单位，单击【确定】按钮完成操作，如图 6.103 所示。

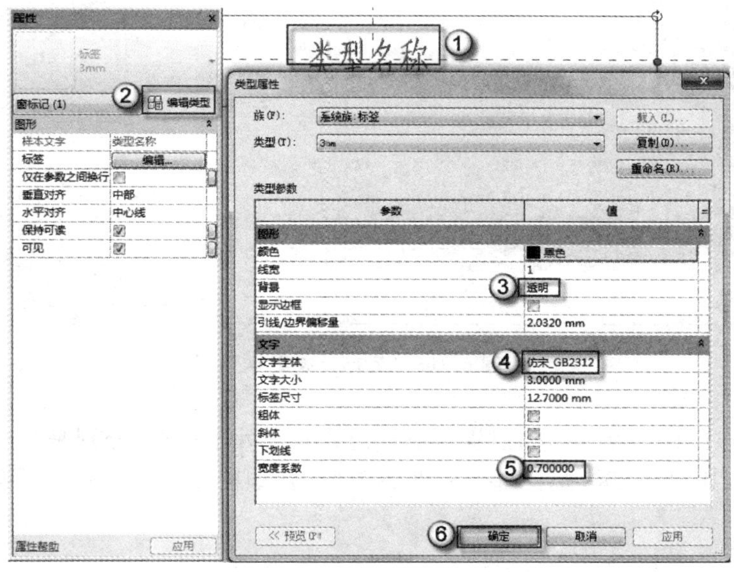

图 6.103　编辑字体

完成编辑字体的操作之后,可以观察到标签文本变为长仿宋字,这种字体符合建筑制图规范的要求,如图 6.104 所示。

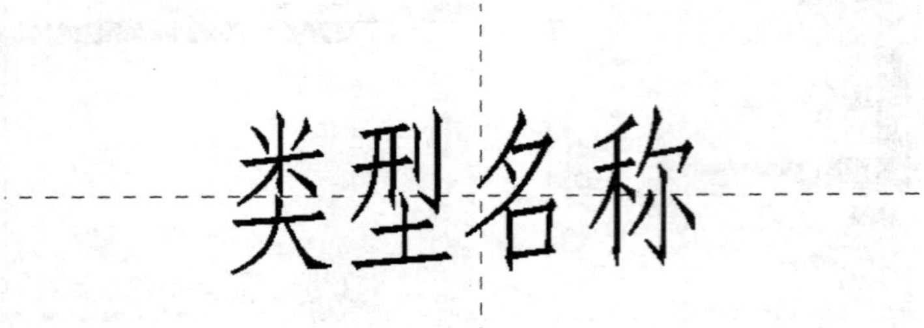

图 6.104 检查字体

(5) 另存为族文件。单击【程序】→【另存为】→【族】按钮,在弹出的【另存为】对话框中的【文件名】栏中输入"窗标记"字样,单击【保存】按钮,保存新族文件,如图 6.105所示。

图 6.105 另存为族文件

(6) 制作门标记族。门标记族与窗标记族有两处不一样,分别是第一步的选择族样板文件,如图 6.106 所示;最后一步的族命名,如图 6.107 所示。其余操作步骤一样。

图 6.106　选择族样板文件

图 6.107　另存为族文件

6.3.2　房间标记

建筑施工图中要求对房间的功能、面积进行标注。而在 Revit 中可以使用房间功能自动标记，并且系统会自动生成房间面积标记。

(1) 房间标记。打开前面制作好的模型，单击【项目浏览器】中的【楼层平面】→【2】，单击【建筑】→【房间】，对需标记的房间进行标记，标记好的房间会出现“房间”字样，如图 6.108 所示。

(2) 修改房间标记名称。双击所标记的“房间”字样，将其修改为对应的房间名称，按下【Enter】键确定，如图 6.109 所示。

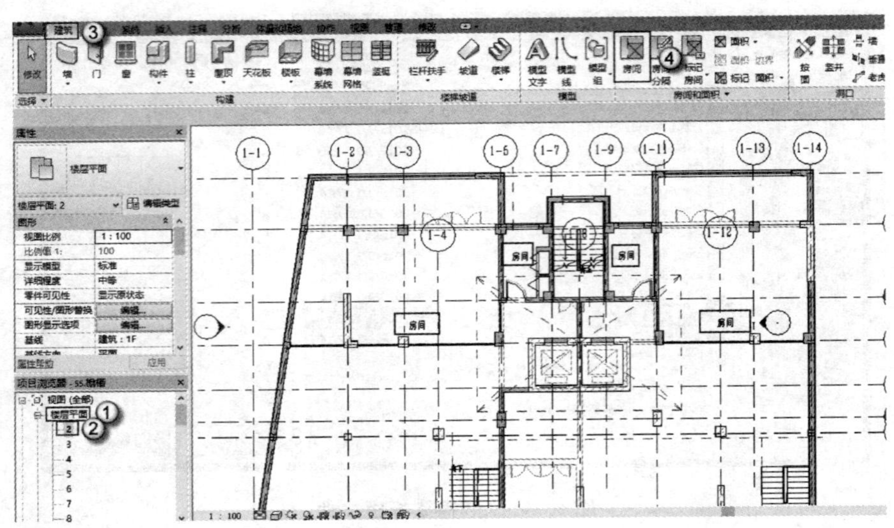

图 6.108　房间标记

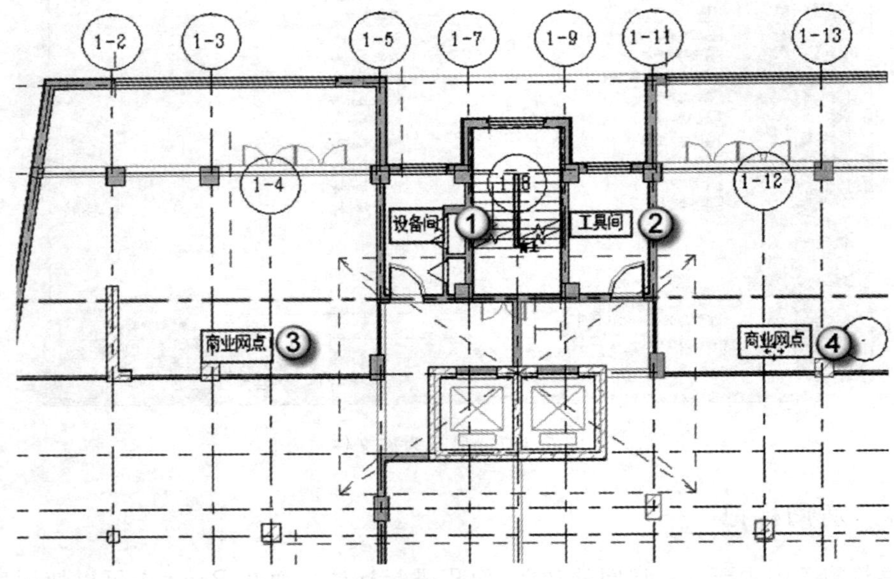

图 6.109　修改房间标记名称

(3) 面积标注。选择修改之后的房间名称,在【属性】面板中选择“标记-房间-有面积-方案-黑体-4.5mm-0-8”选项,为房间添加面积标注,如图 6.110 所示。

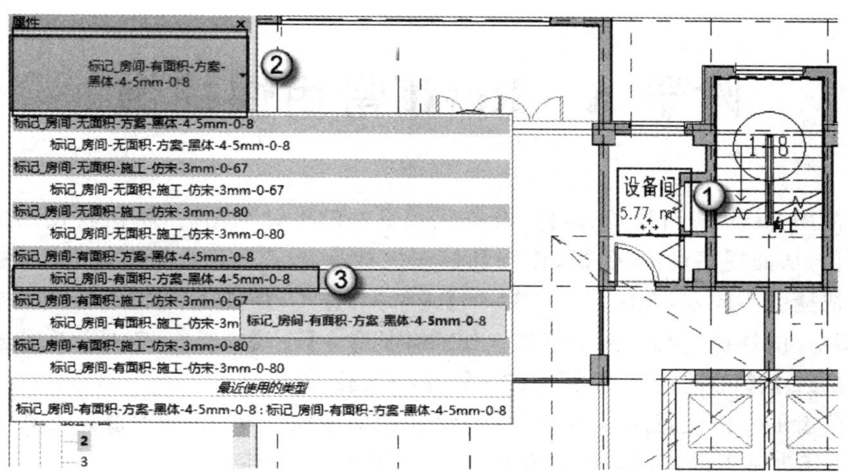

属性
标记_房间-有面积-方案-
黑体-4-5mm-0-8
2
标记_房间-无面积-方案-黑体-4-5mm-0-8
标记_房间-无面积-方案-黑体-4-5mm-0-8
标记_房间-无面积-施工-仿宋-3mm-0-67
标记_房间-无面积-施工-仿宋-3mm-0-67
标记_房间-无面积-施工-仿宋-3mm-0-80
标记_房间-无面积-施工-仿宋-3mm-0-80
标记_房间-有面积-方案-黑体-4-5mm-0-8
标记_房间-有面积-方案-黑体-4-5mm-0-8
3
标记_房间-有面积-施工-仿宋-3mm-0-67
标记_房间-有面积-施工-仿宋-3m
标记_房间-有面积-方案 黑体-4-5mm-0-8
标记_房间-有面积-施工-仿宋-3mm-0-80
标记_房间-有面积-施工-仿宋-3mm-0-80
最近使用的类型
标记_房间-有面积-方案-黑体-4-5mm-0-8 : 标记_房间-有面积-方案-黑体-4-5mm-0-8
设备间
5.77 m²
1
向上
2
3

图 6.110　面积标注

附录 A　Revit 常用快捷键

在使用 Revit 进行建筑、结构、设备三大专业的设计绘图时，都需要使用快捷键进行操作，从而提高设计、建模、作图和修改的效率。与 AutoCAD 的不定位数字加字母的快捷键不同，与 3ds Max 的【Ctrl】、【Shift】、【Alt】键加字母的组合式快捷键也不同，Revit 的快捷键都是两个字母。如“轴网”命令【GR】的操作，就是依次快速按下键盘上的【G】、【R】键，而不是同时按下【G】和【R】键不放。

请读者朋友们注意从本书中学习作者用快捷键操作 Revit 的习惯。表 A.1 中给出了 Revit 中常见的快捷键使用方式，以方便读者经常查阅。

表 A.1　Revit 常用快捷键

类别	快捷键	命令名称	备注
建筑	W+A	墙	
	D+R	门	
	W+N	窗	
	L+L	标高	
	G+R	轴网	
结构	B+M	梁	
	S+B	楼板	
	C+L	柱	
共用	R+P	参照平面	
	T+L	细线	
	D+I	对齐尺寸标注	
	T+G	按类别标记	
	S+Y	符号	需要自定义
	T+X	文字	
	C+M	放置构件	

续表

类别	快捷键	命令名称	备注
编辑	A+L	对齐	
	M+V	移动	
	C+O	复制	
	R+O	旋转	
	M+M	有轴镜像	
	D+M	无轴镜像	
	T+R	修剪或延伸图元	
	S+L	拆分图元	
	P+N	解锁	
	U+P	锁定	
	G+P	创建组	
	O+F	偏移	
	R+E	缩放	
	A+R	阵列	
	D+E	删除	
	M+A	类型属性匹配	
	C+S	创建类似	
	R+3(或 Space)	定义旋转中心	
视图	F4	默认三维视图	需要自定义
	F8	视图控制盘	
	V+V	可见性/图形	
	Z+R	区域放大	
	Z+F(或双击滚轮)	缩放匹配	
	Z+P	上一次缩放	
视觉样式	W+F	线框	
	H+L	隐藏线	
	S+D	着色	
	G+D	图形显示选项	

续表

类别	快捷键	命令名称	备注
临时隐藏/隔离	H+H	临时隐藏图元	
	H+C	临时隐藏类别	
	H+I	临时隔离图元	
	I+C	临时隔离类别	
	H+R	重设临时隐藏/隔离	
视图隐藏	E+H	在视图中隐藏图元	
	V+H	在视图中隐藏类别	
	R+H	显示隐藏的图元	
选择	S+A	在整个项目中选择全部实例	
	R+C(或 Enter)	重复上一次命令	
	Ctrl+←	重复上一次选择集	
捕捉替代	S+R	捕捉远距离对象	
	S+Q	象限点	
	S+P	垂足	
	S+N	最近点	
	S+M	中点	
	S+I	交点	
	S+E	端点	
	S+C	中心	
	S+T	切点	
	S+S	关闭替换	
	S+Z	形状闭合	
	S+O	关闭捕捉	

自定义快捷键的方法是,选择菜单栏中的【文件】→【选项】,在弹出的【选项】面板中,选择【用户界面】选项卡,单击【快捷键】栏的【自定义】按钮,在弹出的【快捷键】面板中找到需要自定义快捷键的命令,如图 A.1 所示。

或者按【KS】键,在弹出的【快捷键】对话框中找到需要定义快捷键的命令,在【按新键】栏中输入相应快捷键,单击【确定】按钮完成操作,如图 A.2 所示。

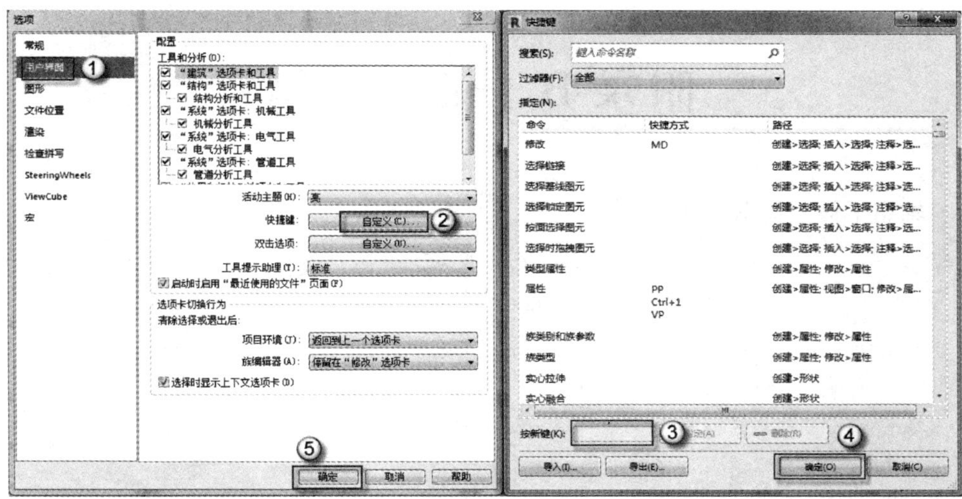

图 A.1　自定义快捷键 1

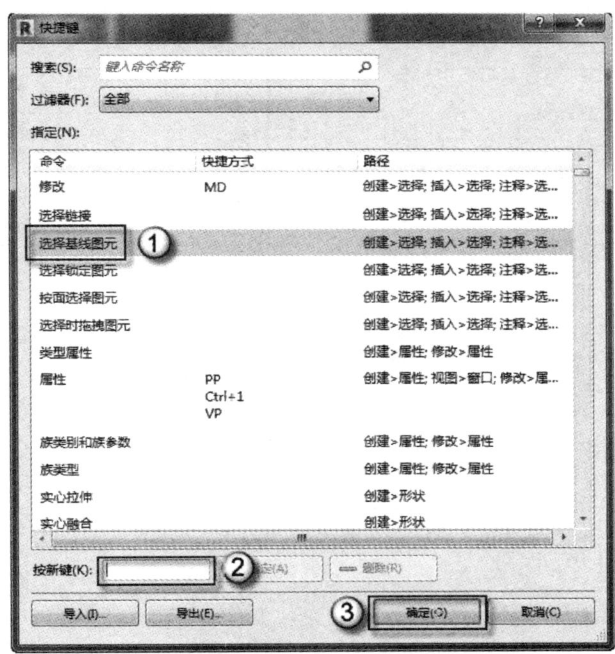

图 A.2　自定义快捷键 2

附录B 轴　　网

轴网平面图如图 B.1 所示。

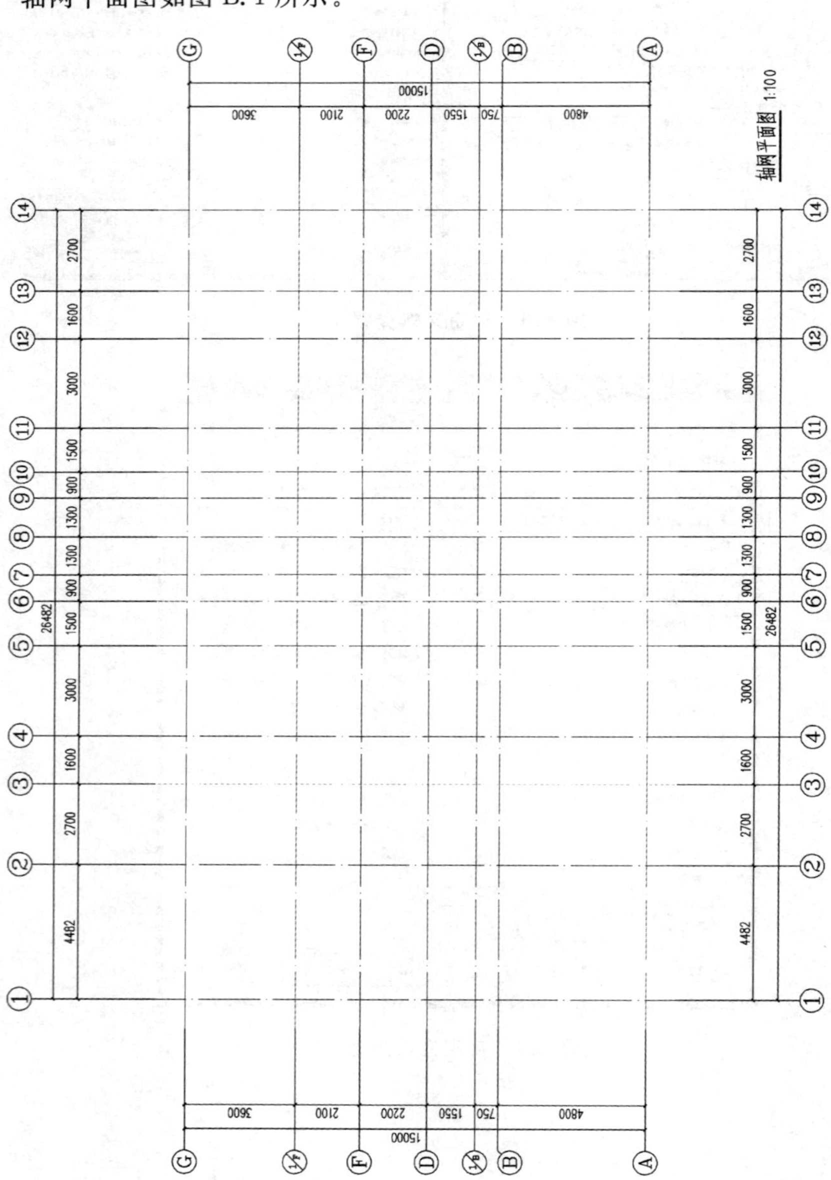

图 B.1　轴网平面图

附录C 建筑与结构专业标高对照

本书案例采用15层的框架-剪力墙结构的高层住宅。地面之下无建筑标高，一层无结构标高。一层、二层为商铺，一层层高为5.4 m，二层层高为4.5 m。三层至十五层为住宅，层高皆为2.8 m。同楼层结构专业标高比建筑专业标高低30 mm。两个专业的详细标高对照如表C.1所示。

表C.1 建筑与结构专业标高对照

层号	建筑标高/m	结构标高/m	高差/mm	层高/m
屋顶	46.300	46.270	30	—
15	43.500	43.470	30	2.800
14	40.700	40.670	30	2.800
13	37.900	37.870	30	2.800
12	35.100	35.070	30	2.800
11	32.300	32.270	30	2.800
10	29.500	29.470	30	2.800
9	26.700	26.670	30	2.800
8	23.900	23.870	30	2.800
7	21.100	21.070	30	2.800
6	18.300	18.270	30	2.800
5	15.500	15.470	30	2.800
4	12.700	12.670	30	2.800
3	9.900	9.870	30	2.800
2	5.400	5.370	30	4.500
1	±0.000	—	30	5.400
基础顶	—	−1.700	—	—
桩顶	—	−3.200	—	—

附录 D 毕业设计题目(建筑专业)

表 D.1 中列出了一部分可供参照的毕业设计题目。

表 D.1 毕业设计题目(建筑专业)

序号	毕业设计题目(建筑专业)
1	××市第三人民医院建筑信息模型(BIM)设计(建筑专业)
2	××市中医院建筑信息模型(BIM)设计(建筑专业)
3	××市××区××酒店建筑信息模型(BIM)设计(建筑专业)
4	××市儿童医院内科综合楼建筑信息模型(BIM)设计(建筑专业)
5	××新区妇幼儿童保健中心建筑信息模型(BIM)设计(建筑专业)
6	××大学××医院教学科研楼建筑信息模型(BIM)设计(建筑专业)
7	××医科大学××学院大学生活动中心建筑信息模型(BIM)设计(建筑专业)
8	××医科大学××学院药学系楼建筑信息模型(BIM)设计(建筑专业)
9	××学院综合楼建筑信息模型(BIM)设计(建筑专业)
10	××市××区××广场××酒店建筑信息模型(BIM)设计(建筑专业)